AF226858

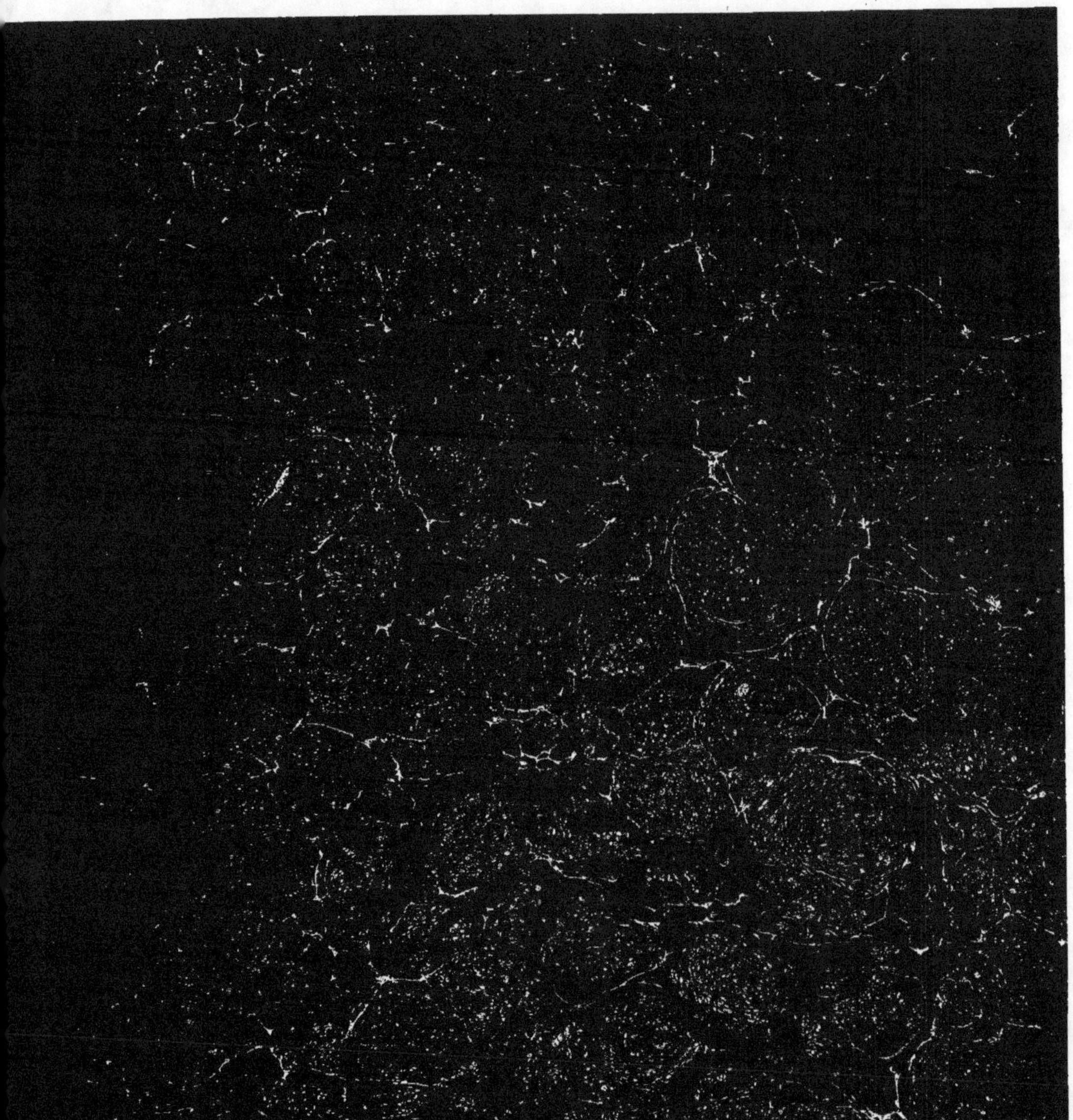

V 955
A. 6. k.

6833.

TRAITÉ-PRATIQUE

DE LA TENUE SIMPLIFIÉE

DES LIVRES A PARTIES DOUBLES,

ET DES CHANGES ÉTRANGERS.

CET OUVRAGE SE TROUVE ÉGALEMENT AUX ADRESSES SUIVANTES :

A PARIS, chez Ant^{e}. BAILLEUL, Imprimeur-Libraire du *Commerce*, rue Sainte-Anne, n°. 71 ; et LENORMANT, Libraire, rue de Seine.

A LYON, chez J. VERNAREL, Et. CABIN et Cie. Libraires, rue Saint-Dominique, n°. 6.

A BORDEAUX, chez veuve BERGERET et BEAUNE, Libraires.

A LILLE, chez WANACKÈRE, Libraire.

AU HAVRE, chez S^{as}. FAURE, Imprimeur-Libraire.

A DIEPPE, chez CORSANGE, Libraire.

A NANTES, chez MELINET-MALASSIS.

A BRUXELLES, chez LECHARLIER et DEMAT, Libraire.

A ANVERS, chez POITEVIN, Imprimeur-Libraire.

A AMSTERDAM, chez DELACHAUX, Libraire.

A LONDRES, chez TREUTTEL et WURTZ, Libraires.

A HAMBOURG, chez NEMNICH, au Borsen-Hall, et HENRY et Cie., Libraires.

A GENÈVE, chez J.-J. PASCHOUD, Libraire.

A BASLE, chez HANS, Libraire.

A ZURICH, chez FUESSLY et Ce., Libraires.

A LAUSANNE, chez FISCHER, Libraire.

TRAITÉ-PRATIQUE

DE LA TENUE SIMPLIFIÉE

DES LIVRES A PARTIES DOUBLES,

ET DES LIVRES AUXILIAIRES,

D'ARITHMÉTIQUE RAISONNÉE, DE CHANGES ÉTRANGERS, PARITÉS ET ARBITRAGES DE BANQUE,

Avec le Tableau de la Bourse de Paris et Places correspondantes, la Comparaison des Nouveaux Poids et Mesures avec les Anciens et ceux de l'Étranger, la Concordance des deux Calendriers, et un Vocabulaire des principaux Termes de Marine et de Commerce ;

PRÉCÉDÉ

DU CODE DE COMMERCE ;

PAR BOUCHAIN le jeune, de BRUXELLES, Ancien Teneur de Livres, et Professeur de Commerce dans les principales Places de l'Europe.

BIBLIOTHEQUE ROYALE

A ROUEN,

DE L'IMPRIMERIE DE F^{s}. MARIE, PROPRIÉTAIRE-ÉDITEUR, RUE DES CARMES, N°. 36.

1819.

NOMS DE MM. LES SOUSCRIPTEURS.

ANVERS.

MM.

A.-J. Cardon.
Fabry, ci-devant receveur des douanes.

BOULOGNE-SUR-MER.

MM.

Bleriot.
Compène.
Dujanvault.
Louis Fontaine.
Merlin de Riaux.
Moleux-Crouy.
William Sturgeon.
Verliat.

BRUXELLES.

MM.

Baert.
F. Basse.
P.-J. Baudewins, instituteur.
J. Brown.
Burton l'aîné et Compagnie.
D.-J. Chastelain, instituteur.
J.-J. Claeis.
F. Crickx.
M.-J.-A. Devis.
F. Devitz.
Duplessy.
M. Duchamps fils.
Engels cadet.
Engler et Compagnie.
Galler-Ligeois.
M. Gervais.
Gros-Davillier, Roman et Compagnie.
Jean Hofer et Compagnie.
J. Lacroix-Lefebvre.
J. Lasent.
Leburmaker et Compagnie.
F.-G. Mans.
P.-J. Mascré.
Palmaert et Rodembergh.
Peyre.
F. Provin.
Rittwiger, pour la Chambre de Commerce.
Ronstorf, Rahlembeck et Compagnie.
Rush frères.
P. Schavye fils et Compagnie.
Soehnée l'aîné et Compagnie.
P.-T. Tastein.
P. et D. Vanderlst.
Zeghers-S'kint.

BOLBEC.

MM.

Daniel Lemaître.
G.-P. Manoury.

DUNKERQUE.

MM.

Bigorgne.
Bréant-Devries.
Buquet.
J. Chamoulaud.
Choquet.
Veuve Dupouis et Fils.
Gaspard Stival.
Le Baron de Kenny.
Paul Lemaire.
A.-C. Lenoir.
Rebier.
Vandevyvez.
Verhane.

LE HAVRE.

MM.

Acher le jeune.
Auber.
Begouen-Demeaux.
Caron-Donovan.
Caumont Père et Fils.
Courant aîné et Paumelle.
Delafraye.
Delamotte.
Delaroche, A. Delessert et Compagnie.
Hyacinthe Delonguemare.
Desmonts.
Dorange.
Ducheval.
Pierre Duval.
Eyriès frères.
Pierre Feray et Compagnie.
Foubert.
V.-G. Feuillet-Lallemand.
Firebrace Davidson.
M. Foache et Fils.
F. Fortin fils
Lafarge et Patterson.
Langlois.
Lebarrois-Delemmery.
Lebigre.
Ledué et Compagnie.
Veuve Le Fevre-Roussac, Labarraque et Cie.
Lelièvre.
Louis Papillon.
A. Leseigneur et Alexandre.
Lemezurier et Mce. Call.
Loisel.
Martin Lafitte et Compagnie.
Maze.
L. Melun.
Aug. Mercier.
J.-G. Merian et Compagnie.

MM. SUITE DU HAVRE.

Veuve MILLOT, TOUSSAINT et Compagnie.
MOUQUET.
P. MUCREL.
F. PERQUER.
E. et H. PETIT.
POUPEL et SERY.
Guillaume PRIER.
J. QUERTIER.
A. QUERTIER-DUCOLOMBIER.
A. REILLY.
RUSSEL et LAFARGE.
Guillaume DE ROURE.
SCHMUCK.
SEZILLE aîné.
TURBAN.
R. VAQUERIE.
VARNIER le jeune.
Pierre VASSE.

NEUFCHATEL.

M. CREVEL.

PARIS.

MM.

Le comte D'AUDIFFRÉ.
CONTENCIN.
A. GRAET.
DE RAINVILLE.
Le lieutenant-général baron DE VINCENT.

ROUEN.

MM.

ANQUETIN le jeune.
ARNAUD-TIZON père et fils.
Th^{s}.-L^{s}. ASSELIN et Fils.
AVIOLAT-LARÉGNÈRE.
Veuve G^{me}. ANGRAN et Fils.
E. ANFRYE.
P^{re}. BAPAUME.
BAZILE.
BEAUDOUIN.
E. BAUDRY aîné.
BONNIÈRES frères.
BESNIER-DUCHAUSSAIS.
BIDAULT-MILON et V^{e}. MILON.
BISSIEU aîné.
BONNET.
BOVARD-BOURDILLON et Compagnie.
BOYARD-MOULIN.
L.-E. BOYARD.
BRETTEVILLE fils.
BOURGEOIS le jeune et Compagnie.
A^{te}. BARBET.
Cl. BÉRAT et BÉRAT aîné.
A. BOUCHON.
BAUDRY et MANSEL.
J. BARBET aîné.
BOUDEHAN.
BOSCHER.
Hyacinthe CALBRIS.
Aimé CARION et SAUSSINE.
E. COLETTE-QUENOUILLE.

MM. SUITE DE ROUEN.

CORSANGE.
L^{s}. CREVEL jeune.
CHAMBOSSE-TARBÉ.
G. CHEUVREUX.
CREVERAUX.
CHATEL fils aîné.
CHENÉE, chef de pensionnat.
CHARBONNEL.
COURTOIS père et fils.
COCAGNE.
Louis CÔTY.
V. DEFONTENAY.
DELARUE neveu.
DELANOS.
Ezéchiel DÉMAREST.
DIEUSY frères.
DUROSOY.
DUBOIS-TURGIS.
DURAND.
Benjamin DUMONT.
Ch^{es}.-Ant^{e}. DEZILLES.
DARPENTIGNY.
DUCHESNE-DELARBRE.
Veuve DODARD et Fils.
G^{me}. DEPLANQUE fils.
DELAQUÉRIÈRE frères.
DEPEAUX.
DUHAMEL aîné.
DABANCOURT-MULLER.
DELAUNAY.
G^{me}. DÉMAREST le jeune.
C. DELAVILLE.
DESCHAMPS-ALEXANDRE et Compagnie.
F^{s}. DUPONT.
DELCOURT fils aîné.
DUVERGIER le jeune.
Ferdinand DULAC.
DELACROIX.
DELAHALLE et LEMOYNE fils.
DUVAL frères.
Et. DUBOS.
DUCHESNE et BENARD.
DAVRANCHES.
J.-B. DUPAS fils.
P. EUDELINNE.
V^{or}. ELIELEFEBURE.
ELIELEFEBURE aîné.
ERNULT aîné.
ERNULT le jeune.
FAUCON, inspecteur de l'Académie.
F. FOULON.
FAUVEL aîné.
Lorin FREBOURG.
FERRY.
C. GABORY.
GARVEY frères, DELASTRE et PELTZER.
GOTTEREAU.
GONFREVILLE père.
GUENET et LEFEBVRE.
GUTTINGUER fils et Compagnie.
GUEST fils.
GUILLOUT.
GRIEUX.
GONSSOLLIN frères, LOIR et BLANC.

MM. SUITE DE ROUEN.

Gouyer fils.
Guerard.
J.-B. Hébert.
J.-B. Heuzé.
Hesbert frères.
Ant. Hommais.
Housez-Lelennier.
Juvel neveu.
Lachesnezheude neveu.
Lachèvre neveu.
L'Allier-Delamare.
Ase. Lambert.
J. Lambert aîné.
Lancelevée et Lelong.
L. Lanier.
B. Landrin.
S. Lasne.
Laumonier fils.
Abel Laurent.
Alex. Leborgne.
E. Leboullenger.
J.-Ches. Lebreton.
Lebrethon-Vallée.
Adre. Lebrun.
Lecarpentier père.
Lefort.
Pre. Lehaitre et Viret.
J.-B. Lemire et Fils.
Lenglé-Demoulin.
Leprêtre.
Leseure.
Letellier.
Veuve Ls. Long.
Ches. Letellier.
Lepicard frères et Compagnie.
Lemaire et Delaporte.
Leroy.
Lemasson.
Leverdier.
A. Limare.
Veuve Louvet et Fils.
Lefebvre.
Leroy-Leprevost.
Lecaron père et fils.
Ls. Lemonnier.
J.-J. Liard.
Lescuyer.
Levavasseur et Binet.
Loysel aîné.
Lézurier frères.
Benoist Lucet.
Veuve Malcouronne et Fils aîné.
J. Mallet.
L. Mallet.
Manchon jeune.
Manoury, Président du Tribunal de Commerce.
Marc-Déthan.
Ph. Marie.
Martin fils.
Martin-Akerman et Compagnie.
J. Martel et Compagnie.
J.-B. Martin l'aîné.
Veuve Hy. Martin et Compagnie.
Mathieu-Bazire.

MM. SUITE DE ROUEN.

Malfilatre et Mousset.
Martin-Groult.
A. Moisant.
Moreau.
Ch. Morel.
Morinville.
Moulin fils.
Monnier, Poyer et Compagnie.
Morin frères.
Ed. Morris.
Morel-Fatio.
Monet.
Muller et Vozaine.
Ls. Muret.
Mutel.
P. Néel-Lebourstier.
Neveu.
Nicolle.
Niatel-Laurent.
Noury-Vallée et Compagnie.
Auguste Pgès.
Dme. Petit.
Petit-Legentil et Hy. Duhamel.
Petit-Durand.
Picard frères.
L. Piégard.
J.-B. Pinel et Fils.
X. Pivent.
Piquerel jeune.
Pitte.
L. Pluard-Lettré.
Poittevin.
Pre. Pouchet et Fils.
Piquerel père, Fils et Compagnie.
Poullain-Dumesnil.
Poullet et Lelièvre.
S. Pugh.
J.-B. Prevost.
C. Quesnel.
Jes. Queval.
Quévremont et Alexandre.
Ches. Renard.
G. Raimbert.
Ratouis père et fils.
Reizet, receveur général du département.
Ricard.
Roulland l'aîné.
Rouff.
Veuve Rondel.
Rozey.
P. Emml. Rouland.
W. Rawle.
Sieurin et Aubron.
Ls. Sénéchal.
Selot.
J.-B. Soyer.
Tabur jeune.
Tharel-Vallet.
Thérouenne.
Tinel-Ancelot.
P. Tronson et Compagnie.
Alex. Toussin.
Thirion.
Troussel.

MM. SUITE DE ROUEN.

Vacossin.
Vallée, rue Cauchoise.
Vallée jeune.
A. Vallée.
F. Vanier.
Vanier et Compagnie.
J.-B. Vasselin.
Vastey-Touzain.
Vauquelin.
Welz et Compagnie.
F[s]. Weilker.
Viger fils.
J. Viguerard.
Veuve Vimard.
A. Vogel.
S. Vonoven fils aîné.
Yvernez et Compagnie.

SAINT-QUENTIN.

MM.

Arpin.
Chenuau.
Dufour fils.
Joly aîné.
F. Ladrierre et A. Pioh.
H. Ladrierre.
Lefranc.
Quinnesson-Hennequerre.

STRASBOURG.

MM.

Arroy.
Besson.
Bruthaupt.
Dielsch.
Grun fils.
Hottzappel.

MM. SUITE DE STRASBOURG.

Karth.
Klose.
Ferd. Kolb et Compagnie.
Lefebure.
René Leroux.
J.-B. Manuberguer.
Marocco.
Joseph Menuet.
F[s].-X[er]. Mertian.
Moris.
Napler.
Ohlman.
M. et N. Jean Picard et Compagnie.
Porteret.
Charles Rœderer.
Rief frères et Compagnie.
Riva.
Roef et Bicard.
Roussel.
Saum.
Seylis frères.
Sengenwald.
Schauer.
Trautwein.
Turckheim.

TOURNAY.

MM.

G.-C. Amey.
Auverlot, notaire.
Allard.
Brabant, chef de pensionnat.
Lahure, Receveur principal des douanes.
Lefevre.
Pollet-Datty.
L[s]. L'Hoir.
Delevraque-Duvivier.
Delécourt, receveur particulier.

AVIS DE L'ÉDITEUR.

L'impression de cet Ouvrage a été retardée depuis deux ans par plusieurs causes indépendantes de la volonté de l'Auteur ainsi que de la mienne, et qu'il serait superflu de détailler ici. J'espère que Messieurs les Souscripteurs se trouveront dédommagés de ce retard par plusieurs Additions importantes et utiles, qui ont été faites à cet Ouvrage, annoncé d'abord pour quarante feuilles d'impression seulement, et qui en contient plus de soixante.

L'Auteur, en quittant cette Ville, avait confié la direction de son Traité à M. Dujardin, également versé dans la pratique du Commerce, et qui n'y a épargné ni le temps ni les soins. En ce qui me concerne, je n'ai rien ménagé pour concourir à l'utilité de cet Ouvrage qui doit se distinguer du grand nombre de ceux qui ont paru depuis long-temps sur cette matière, d'ailleurs si aride par elle-même.

Je préviens, en ma qualité de Propriétaire-Editeur, que j'ai fait le dépôt des cinq Exemplaires voulus par la Loi, et que je poursuivrai tout Contrefacteur ou Débitant d'Édition contrefaite, devant les Tribunaux. Je désavouerai tout Exemplaire qui ne portera pas ma Signature ci-dessous.

Fs Marie

NOTA. Quelque soin qu'on ait apporté à la correction des Epreuves, il s'est glissé dans l'impression quelques fautes, qui font, à la fin de l'Ouvrage, l'objet d'un Errata auquel on prie le Lecteur de recourir.

AVERTISSEMENT.

On a beaucoup écrit, depuis quelques années, sur le Commerce, sur la Tenue des Livres et les Changes Étrangers. La plupart des Ouvrages qui ont paru sur cette matière embrassent de grands détails, des principes de spéculation et des théories d'opérations mercantiles, dont l'expérience a démontré que l'application est à-peu-près nulle dans la pratique. Ces Ouvrages, souvent très-compliqués, sont en général plus propres à fatiguer l'attention et surcharger la mémoire qu'à instruire réellement les jeunes gens qui se destinent au Commerce.

La science du Commerce ne s'apprend guères dans les livres; elle ne peut être l'objet d'un système ou d'une simple théorie. C'est par la pratique et la méditation, par l'amour du travail, de l'ordre et de l'économie, que l'on peut espérer de devenir véritablement Négociant.

Les connaissances que l'on peut acquérir sur cette partie dans les livres, même par une très-longue étude, sont peu de chose en comparaison de celles qu'on peut tenir de la pratique. L'élève qui n'aurait que les premières, quelqu'étendues qu'elles soient, se flatterait vainement d'en tirer, pour lui et pour les autres, l'utilité et les avantages que lui procureront la pratique et l'habitude des affaires. Pour être utile, dès son début dans la carrière, il n'a besoin que de connaissances très-simples et propres, si je puis m'exprimer ainsi, au seul mécanisme du travail. Mais si, pour obtenir ces connaissances préliminaires, il est forcé de les extraire et de les distinguer dans un Recueil volumineux et souvent mal digéré, on conviendra qu'il faudrait qu'il commençât par où il doit finir, puisque c'est nécessairement lui supposer un discernement qu'il ne peut tenir que de l'expérience.

Les Ouvrages abstraits et trop étendus sur le Commerce sont donc au moins inutiles, si même ils ne sont pas nuisibles aux commençans, en leur faisant adopter des principes équivoques et porter des jugemens qu'ils seront forcés de rectifier péniblement dans la suite.

Ces sortes d'Ouvrages ne présenteront, même aux Commerçans instruits, qu'un degré d'utilité très-secondaire, quant à leur objet. Ceux-ci n'y reconnaîtront guères en effet que ce qu'ils savent déjà mieux par expérience, s'ils n'y trouvent pas des erreurs ; à peine auront-ils besoin, pour leur état, de les consulter quelquefois dans tout le cours de leur vie ; le temps qu'ils emploieraient à leur étude serait presque toujours perdu pour les affaires, et de très-bons Ouvrages sur cette matière n'ont souvent d'autre avantage que de garnir la bibliothèque d'un curieux, ou tout au plus de servir quelquefois à ceux qui font profession d'enseigner.

Mon intention n'est point, au surplus, de dénigrer personne pour faire valoir l'Ouvrage que je présente au public; je n'ai prétendu ici que démontrer cette vérité, qui sera sentie de tous les Commerçans expérimentés : c'est qu'ils tiennent leurs connaissances acquises de la pratique des affaires, et peu ou point de l'étude particulière et préalable qu'ils auraient faite dans les Traités sur le Commerce.

En résumant ce que j'ai dit jusqu'ici, on reconnaîtra facilement que mon intention n'a été que de faire un Ouvrage élémentaire spécialement destiné aux jeunes gens ; j'ai eu cependant le dessein que le Commerçant instruit y trouve aussi, pour soulager sa mémoire, les bases de quelques-unes de ses opérations, qu'il établira et raisonnera ensuite d'après les circonstances et son propre jugement.

C'est au public à juger si j'ai atteint le but que je me suis proposé.

Si au moins j'en ai approché d'assez près pour que cet Ouvrage, résultat de vingt-cinq ans d'exercice et de méditation, soit d'une utilité réelle, j'aurai alors reçu de mon travail la récompense à laquelle j'attache le plus de prix.

Un point essentiel pour tout Commerçant, et sur lequel le secours des livres peut lui être d'une grande utilité, c'est la partie légale et contentieuse du Commerce; non pour y puiser un esprit de chicane, rien n'est plus diamétralement opposé à l'esprit du négoce, ni plus indigne d'un véritable Négociant qui doit n'avoir d'autre règle de conduite que la bonne foi, mais pour le mettre en garde contre la mauvaise foi, et lui donner les moyens de prévenir les contestations en se conformant lui-même à la loi, en mettant le plus grand ordre dans ses écritures et dans ses papiers, la clarté et la précision dans sa correspondance et dans les ordres qu'il donne, une exacte et judicieuse exécution dans ceux qu'il reçoit.

On sent que cette matière s'écarte de mon sujet, puisque sur ce point c'est encore à la pratique et à la réflexion que le Commerçant devra ses lumières et ses connaissances. Toutefois, le texte de la loi en fait la base; il est utile et même nécessaire à tout le monde de le connaître, et je conseille aux jeunes gens qui se destinent au Commerce d'en lire souvent le Code, et, s'il est possible, de l'apprendre par cœur. Ce qu'ils y trouveraient d'abord obscur, deviendra pour eux d'autant plus clair par la suite, que la mémoire venant alors au secours de l'expérience, les mettra à même de porter promptement un jugement sain, lorsque l'occasion le requerra.

C'est sous ce point de vue, et comme objet élémentaire, que j'ai cru devoir faire entrer le Code de Commerce dans le corps de cet Ouvrage; d'autant plus que ses dispositions renferment, sur beaucoup de points, les préceptes les plus précis et les plus exacts qu'on puisse donner, et auxquels j'aurai quelquefois occasion de renvoyer; enfin, c'est par la même raison que j'y ajouterai très-peu d'observations, et seulement sur les points les plus usuels et les plus importans.

Je ne m'étendrai pas longuement sur l'utilité et la nécessité, pour tout Commerçant, d'une tenue de livres régulière; c'est une vérité devenue en quelque sorte triviale, et qui n'exige ni preuve ni raisonnement. En effet, sans écritures, point d'ordre ni d'ensemble dans les opérations que la mémoire et le jugement ne suffisent plus à diriger; point de confiance ni de crédit pour le Négociant qui manque d'ordre et d'exactitude, et ne peut, en tout temps, se rendre compte à lui-même et aux autres de sa position, ni être en mesure d'exiger qu'on lui rende justice.

Le Code de Commerce, qui remplace l'Ordonnance de 1673, prescrit, comme elle, à cet égard, des règles qu'aucun Commerçant ne peut enfreindre sans se rendre coupable envers la Société et sans blesser en particulier ses intérêts propres.

Mais le législateur, en imposant aux Commerçans l'obligation de tenir des livres, n'en a réglé ni la forme ni le nombre, et il ne le pouvait pas. Il est évident, en effet, que la loi est générale, et pour tous sans exception, et que la forme et la multiplicité des registres dépendent des circonstances, du genre de Commerce et d'industrie de chacun, du plus ou moins d'étendue de ses affaires, et enfin de sa capacité et de ses moyens personnels.

Les seules obligations dont aucun Commerçant ne puisse s'écarter, quant à la tenue des livres, paraissent à peu près renfermées dans les articles 8 et 9 du Code de Commerce; et il faut en tirer cette conséquence, qu'on doit trouver en tout temps dans les livres d'un Commerçant les bases de son état actif et passif, la suite et la filiation des opérations, les pertes et les bénéfices, les obligations et leurs causes, quelle que soit, d'ailleurs, la forme extérieure des livres; et qu'enfin ces livres doivent être accompagnés de papiers et pièces justificatives.

Il ne faut point croire, en effet, qu'il suffise de se traîner servilement sur la lettre de la loi pour en remplir l'objet. C'est à l'esprit de cette loi qu'il faut s'attacher, et c'est surtout en matière de Commerce que ce principe est vrai. Le législateur, en donnant des règles très-précises et très-succinctes en général, suppose nécessairement que chaque Commerçant en particulier possède au moins, sur ce point, les connaissances préliminaires et indispensables.

Qu'un Commerçant ne connaisse pas bien le genre de Commerce qu'il entreprend, la peine suivra de près ; il n'y prospérera pas. Mais qu'il tienne ses écritures mal en ordre, ou qu'il n'en tienne pas du tout, la loi le répute coupable de fraude et de mauvaise foi; et, quand il échapperait à la punition, il lui sera toujours impossible de se justifier pleinement aux yeux de la société.

Toutes les Méthodes possibles de tenir les principaux livres de Commerce, c'est-à-dire le journal et le grand-livre, se rapportent à une des deux dénominations qui suivent ; savoir : La Tenue *en Parties simples* et celle *en Parties doubles* (1).

L'une et l'autre, également susceptibles d'une infinité de modifica-

(1) Je ne parle point de quelques Méthodes particulières, telles que celles de *Jones* et autres semblables productions bizarres, dont le premier défaut est d'être inutiles si elles ne sont pas absolument impraticables. On fera long-temps des efforts superflus avant de trouver une marche plus simple et mieux conçue que les parties doubles, qui embrasse plus d'objets et les résume avec plus d'ordre, plus de clarté et en moins de lignes, et qui soit en même temps à la portée d'un plus grand nombre d'individus. N'allons donc point prendre de modèles chez les Anglais ; ils ne doivent nous donner de préceptes ni sur cette matière ni sur bien d'autres.

J'ai pensé qu'on pouvait simplifier les règles, les dégager de beaucoup de préceptes incohérens ou superflus, exposer enfin la théorie d'une manière plus claire et plus intelligible ; c'est ce que je me suis efforcé de faire. Il faut néanmoins des raisonnemens et des exemples ; soit pour fixer la marche ordinaire des écritures, soit pour guider suffisamment dans tous les cas impossibles à prévoir : la difficulté est de n'en donner ni trop ni trop peu. Il a paru pendant l'impression de cet Ouvrage un petit Opuscule in-18 sur la Tenue des Livres. On y voit que l'Auteur possède sa matière ; mais son Ouvrage manque le but faute de développemens nécessaires : inutile à ceux qui savent comme lui, il ne peut suffire à ceux qui ne savent pas et veulent apprendre.

tions, peuvent aussi s'appliquer à toute espèce de négoce et d'affaires de comptabilité.

La tenue *en parties simples* est presqu'entièrement arbitraire quant aux formes, et dépend en quelque sorte du caprice de ceux qui la suivent ou qu'un Commerce très-borné détermine à la préférer; elle est cependant soumise à quelques règles, mais extrêmement simples, que le seul texte de la loi indique déjà, quant au journal, et qui, au surplus, se renferment naturellement dans celles relatives à la tenue *en parties doubles*. C'est par cette raison que je ne ferai qu'indiquer dans ce Traité les différences entre l'une et l'autre méthodes, sans donner de modèle complet de celle *à parties simples*.

Les parties doubles exigent à la vérité plus de soins et d'attention; elles reposent sur une théorie exacte dont il faut avoir une connaissance certaine pour les bien tenir; mais cette connaissance se réduit à un raisonnement. Il ne faut qu'une dose médiocre de bon sens et d'intelligence pour saisir la marche, quoiqu'abstraite, des parties doubles et les apprendre en fort peu de temps. Simple et ingénieuse tout à-la-fois, la tenue à parties doubles convient à tous les Commerçans. Elle est évidemment préférable aux parties simples, sur-tout pour les affaires multipliées; et quoiqu'elle paraisse plus compliquée au premier apperçu, elle a encore sur les parties simples l'avantage réel et inappréciable de résumer promptement et sûrement toutes les opérations qui se contrôlent toujours entre elles avec la plus grande régularité, et d'en offrir à volonté l'ensemble et les résultats. Enfin, les erreurs, les omissions ne peuvent échapper à cette méthode, et les balances donnent la certitude mathématique des résultats qu'elles présentent. Il est impossible de trouver cet ensemble et ces avantages dans les parties simples, où les opérations n'ont aucune liaison entre elles.

Les parties doubles sont encore susceptibles de pouvoir se simplifier considérablement sans rien perdre de leurs avantages, en résumant les écritures de plusieurs jours sur un journal particulier et sur le grand-livre. Je me réserve d'en indiquer les moyens, mais toutefois après avoir donné le modèle de la tenue journalière sur laquelle il est nécessaire que l'élève soit invariablement fixé, avant de penser à résumer et réduire ses écritures, pour ne pas courir le risque de s'embrouiller et de se tromper. Au reste, la marche que j'indiquerai à ce sujet aura l'avantage d'offrir tout à-la-fois la balance ou le résultat aussi certain qu'abrégé des écritures détaillées, dans un intervalle de temps donné, sur le journal qui doit toujours être tenu proprement, jour par jour et en détail, aux termes de la loi.

Quant aux livres dits *auxiliaires*, leur forme et leur nombre sont presqu'entièrement subordonnés à la volonté et à la commodité de celui qui les tient, et d'une manière tout-à-fait indépendante de la forme du journal et du grand-livre. Je n'en présente, par cette raison, que des modèles très-abrégés, seulement pour en donner une teintute et guider les commençans qui n'en auraient aucune idée.

Au reste, on ne trouvera d'opérations commerciales dans cet Ouvrage, que celles que j'ai été forcé de supposer pour l'application des principes, soit de la tenue des livres, soit même des changes, et seulement comme bases des écritures ou des calculs.

Après la tenue des livres, l'objet le plus important de cet Ouvrage est sans contredit celui des Changes étrangers. J'y ai apporté toute l'attention et l'exactitude dont j'ai été capable. Mais de toutes les formes sous lesquelles on peut présenter cette partie, l'expérience m'a convaincu que la plus simple et la plus universellement suivie était celle à préférer. J'ai donc écarté tout appareil scientifique, toute charlatanerie, et j'ai donné des exemples d'opérations simples ou compliquées, telles qu'elles peuvent se présenter, avec leurs calculs.

Les opérations compliquées de l'arithmétique et de l'algèbre peuvent être d'un grand secours et donner beaucoup de facilité à celui qui se les est rendues familières; mais elles sont d'un usage bien moins général et bien moins nécessaire dans le Commerce, qu'on ne le pense peut-être. Au surplus, cette science, considérée dans toutes ses parties, sort de mon objet, et j'ai supposé, dans l'élève qui voudra s'instruire avec mon Ouvrage, au moins quelques notions sur les quatre premières règles et l'idée d'une règle de trois et d'une règle conjointe. Quelqu'élémentaire que soit ce Traité en lui-même, il n'est fait que pour ceux qui, se destinant au Commerce, sont toujours censés avoir de la capacité, les premières instructions communes à tous les jeunes gens, et nécessaires pour entrer dans un comptoir qui, en effet, n'est point une école d'écriture et de calcul. Par cette raison, ce que j'ai dit sur l'arithmétique est très-résumé, et se borne à rappeler les principes sur lesquels reposent les principales opérations du calcul, de manière à servir d'introduction aux changes et arbitrages; enfin, quoique j'aie cru devoir partir des principes, mon Traité d'Arithmétique serait trop peu étendu pour celui qui n'en aurait aucune connaissance pratique préliminaire.

Il a fallu nécessairement, quant à cette partie de mon Ouvrage, prendre une place centrale sur laquelle roulassent toutes les opérations des autres places principales avec lesquelles celle-là correspond, soit directement, soit intermédiairement, et cette place est Paris.

En conséquence, sous le titre de Bourse de Paris, je présente le Tableau des principales places de l'Europe qui y correspondent, avec leurs monnaies de change, la manière dont s'y tiennent les écritures, leur cours avec Paris, soit certain, soit incertain, et des observations pour faciliter les opérations.

On sent que pour faire alternativement de chaque place principale un centre d'opérations, il faudrait faire autant de Traités complets, ce qui produirait une confusion aussi embarrassante qu'inutile. Au surplus, pour indiquer suffisamment ce qu'il y aurait à faire en pareil cas, j'ai donné les opérations des changes directs entre quelques-unes de ces places; d'ailleurs, le Traité des parités qui se trouvent sur un certain nombre de places données, entre Paris et chacune d'elles, complette suffisamment le système pour mettre tout cambiste un peu exercé à même de faire toutes les opérations directes et indirectes sur quelque place qu'il se trouve.

Je n'ai rien à dire des autres parties que renferme cet Ouvrage. Les Tableaux des monnaies réelles, des distances, les formules d'actes, les poids et mesures de France et de l'étranger, la concordance des calendriers, le vocabulaire des principaux termes de marine et de Commerce: tous ces objets ne sont point susceptibles de discussion, et démontrent suffisamment, par eux-mêmes, leur utilité, sans être trop multipliés et sans s'écarter du but que je me suis proposé en composant cet Ouvrage, que j'ai annoncé dégagé de tous détails, ou inutiles ou qui ne doivent être que le résultat de l'expérience.

CODE DE COMMERCE.

LIVRE PREMIER.

DU COMMERCE EN GÉNÉRAL.

(Tit. Ier. — VII. Loi décrétée le 10 Septembre 1807, promulguée le 20. — Tit. VIII. Loi décrétée le 11, promulguée le 21.)

TITRE PREMIER.

DES COMMERÇANS.

Art. 1er. Sont commerçans ceux qui exercent des actes de commerce, et en font leur profession habituelle.

2. Tout mineur émancipé de l'un et de l'autre sexe, âgé de dix-huit ans accomplis, qui voudra profiter de la faculté que lui accorde l'art. 487 du Code civil, de faire le commerce, ne pourra en commencer les opérations, ni être réputé majeur, quant aux engagemens par lui contractés pour fait de commerce, 1°. s'il n'a été préalablement autorisé par son père, ou par sa mère, en cas de décès, interdiction ou absence du père, ou, à défaut du père et de la mère, par une délibération du conseil de famille, homologuée par le tribunal civil; 2°. si, en outre, l'acte d'autorisation n'a été enregistré et affiché au tribunal de commerce du lieu où le mineur veut établir son domicile.

3. La disposition de l'article précédent est applicable aux mineurs même non commerçans, à l'égard de tous les faits qui sont déclarés faits de commerce par les dispositions des articles 632 et 633.

4. La femme ne peut être marchande publique sans le consentement de son mari.

5. La femme, si elle est marchande publique, peut, sans l'autorisation de son mari, s'obliger pour ce qui concerne son négoce; et, audit cas, elle oblige aussi son mari, s'il y a communauté entre eux.

Elle n'est pas réputée marchande publique, si elle ne fait que détailler les marchandises du commerce de son mari; elle n'est réputée telle que lorsqu'elle fait un commerce séparé.

6. Les mineurs marchands, autorisés comme il est dit ci-dessus, peuvent engager et hypothéquer leurs immeubles.

Ils peuvent même les aliéner, mais en suivant les formalités prescrites par les articles 457 et suivans du Code civil.

7. Les femmes marchandes publiques peuvent également engager, hypothéquer et aliéner leurs immeubles.

Toutefois leurs biens stipulés dotaux, quand elles sont mariées sous le régime dotal, ne peuvent être hypothéqués ni aliénés que dans les cas déterminés et avec les formes réglées par le Code civil.

TITRE II.

DES LIVRES DE COMMERCE.

8. Tout commerçant est tenu d'avoir un livre-journal qui *présente*, jour par jour, ses dettes actives et passives, les opérations de son commerce, ses négociations, acceptations ou endossemens d'effets, et généralement tout ce qu'il reçoit et paie, à quelque titre que ce soit; et qui *énonce*, mois par mois, les sommes employées à la dépense de sa maison : le tout indépendamment des autres livres usités dans le commerce, mais qui ne sont pas indispensables.

Il est tenu de mettre en liasse les lettres missives qu'il reçoit, et de copier sur un registre celles qu'il envoie.

9. Il est tenu de faire, tous les ans, sous seing privé, un inventaire de ses effets mobiliers et immobiliers, et de ses dettes actives et passives, et de le copier, année par année, sur un registre spécial à ce destiné.

10. Le livre-journal et le livre des inventaires seront paraphés et visés une fois par année.

Le livre de copies de lettres ne sera pas soumis à cette formalité.

Tous seront tenus par ordre de dates, sans blancs, lacunes, ni transports en marge.

11. Les livres dont la tenue est ordonnée par les articles 8 et 9 ci-dessus, seront cotés, paraphés et visés soit par un des juges des tribunaux de commerce, soit par le maire ou un adjoint, dans la forme ordinaire et sans frais. Les commerçans seront tenus de conserver ces livres pendant dix ans.

12. Les livres de commerce, régulièrement tenus, peuvent être admis par le juge pour faire preuve entre commerçans pour faits de commerce.

13. Les livres que les individus faisant le commerce sont obligés de tenir, et pour lesquels ils n'auront pas observé les formalités ci-dessus prescrites, ne pourront être représentés ni faire foi en justice, au profit de ceux qui les auront tenus; sans préjudice de ce qui sera réglé au livre *des Faillites et Banqueroutes*.

14. La communication des livres et inventaires ne peut être ordonnée en justice que dans les affaires de succession, communauté, partage de société, et en cas de faillite.

15. Dans le cours d'une contestation, la représentation des livres peut être ordonnée par le juge, même d'office, à l'effet d'en extraire ce qui concerne le différent.

16. En cas que les livres dont la représentation est offerte, requise ou ordonnée, soient dans des lieux éloignés du tribunal saisi de l'affaire, les juges peuvent adresser une commission rogatoire au tribunal de commerce du lieu, ou déléguer un juge de paix pour en prendre connaissance, dresser un procès-verbal du contenu, et l'envoyer au tribunal saisi de l'affaire.

17. Si la partie aux livres de laquelle on offre d'ajouter foi, refuse de les représenter, le juge peut déférer le serment à l'autre partie.

TITRE III.

DES SOCIÉTÉS.

SECTION Ire. *Des diverses Sociétés, et de leurs Règles.*

18. Le contrat de société se règle par le droit civil, par les lois particulières au commerce, et par les conventions des parties.

19. La loi reconnaît trois espèces de sociétés commerciales :

La société en nom collectif,

La société en commandite,

La société anonyme.

20. La *société en nom collectif* est celle que contractent deux personnes ou un plus grand nombre, et qui a pour objet de faire le commerce sous une raison sociale.

21. Les noms des associés peuvent seuls faire partie de la raison sociale.

22. Les associés en nom collectif, indiqués dans l'acte de société, sont solidaires pour tous les engagemens de la société, encore qu'un seul des associés ait signé, pourvu que ce soit sous la raison sociale.

23. La *société en commandite* se contracte entre un ou plusieurs associés responsables et solidaires, et un ou plusieurs associés simples bailleurs de fonds, que l'on nomme *commanditaires* ou *associés en commandite.*

Elle est régie sous un nom social, qui doit être nécessairement celui d'un ou plusieurs des associés responsables et solidaires.

24. Lorsqu'il y a plusieurs associés solidaires et en nom, soit que tous gèrent ensemble, soit qu'un ou plusieurs gèrent pour tous, la société est, à la fois, société en nom collectif à leur égard, et société en commandite à l'égard des simples bailleurs de fonds.

25. Le nom d'un associé commanditaire ne peut faire partie de la raison sociale.

26. L'associé commanditaire n'est passible des pertes que jusqu'à concurrence des fonds qu'il a mis ou dû mettre dans la société.

27. L'associé commanditaire ne peut faire aucun acte de gestion, ni être employé pour les affaires de la société, même en vertu de procuration.

28. En cas de contravention à la prohibition mentionnée dans l'article précédent, l'associé commanditaire est obligé solidairement, avec les associés en nom collectif, pour toutes les dettes et engagemens de la société.

29. La *société anonyme* n'existe point sous un nom social : elle n'est désignée par le nom d'aucun des associés

30. Elle est qualifiée par la désignation de l'objet de son entreprise.

31. Elle est administrée par des mandataires à temps, révocables, associés ou non associés, salariés ou gratuits.

32. Les administrateurs ne sont responsables que de l'exécution du mandat qu'ils ont reçu.

Ils ne contractent, à raison de leur gestion, aucune obligation personnelle ni solidaire relativement aux engagemens de la société.

33. Les associés ne sont passibles que de la perte du montant de leur intérêt dans la société.

34. Le capital de la société anonyme se divise en actions et même en coupons d'action d'une valeur égale.

35. L'action peut être établie sous la forme d'un titre au porteur.

Dans ce cas, la cession s'opère par la tradition du titre.

36. La propriété des actions peut être établie par une inscription sur les registres de la société.

Dans ce cas, la cession s'opère par une déclaration de transfert inscrite sur les registres, et signée de celui qui fait le transport, ou d'un fondé de pouvoir.

37. La société anonyme ne peut exister qu'avec l'autorisation du Roi, et avec son approbation pour l'acte qui la constitue; cette approbation doit être donnée dans la forme prescrite pour les réglemens d'administration publique.

38. Le capital des sociétés en commandite pourra être aussi divisé en actions, sans aucune autre dérogation aux règles établies pour ce genre de sociétés.

39. Les sociétés en nom collectif ou en commandite doivent être constatées par des actes publics ou sous signatures privées, en se conformant, dans ce dernier cas, à l'article 1325 du Code civil.

40. Les sociétés anonymes ne peuvent être formées que par des actes publics.

41. Aucune preuve par témoins ne peut être admise contre et outre le contenu dans les actes de société, ni sur ce qui serait allégué avoir été dit avant l'acte, lors de l'acte ou depuis, encore qu'il s'agisse d'une somme au-dessous de cent cinquante francs.

42. L'extrait des actes de société en nom collectif et en commandite doit être remis, dans la quinzaine de leur date, au greffe du tribunal de commerce de l'arrondissement dans lequel est établie la maison du commerce social, pour être transcrit sur le registre, et affiché pendant trois mois dans la salle des audiences.

Si la société a plusieurs maisons de commerce situées dans divers arrondissemens, la remise, la transcription et l'affiche de cet extrait, seront faites au tribunal de commerce de chaque arrondissement.

Ces formalités seront observées, à peine de nullité à l'égard des intéressés; mais le défaut d'aucune d'elles ne pourra être opposé à des tiers par les associés.

43. L'extrait doit contenir

Les noms, prénoms, qualités et demeures des associés autres que les actionnaires ou commanditaires,

La raison de commerce de la société,

La désignation de ceux des associés autorisés à gérer, administrer et signer pour la société,

Le montant des valeurs fournies ou à fournir par actions ou en commandite,

L'époque où la société doit commencer, et celle où elle doit finir.

44. L'extrait des actes de société est signé, pour les actes publics, par les notaires, et pour les actes sous seing privé, par tous les associés, si la société est en nom collectif; et par les associés solidaires ou gérens, si la société est en commandite, soit qu'elle se divise ou ne se divise pas en actions.

45. L'ordonnance du Roi qui autorise les sociétés anonymes devra être affichée avec l'acte d'association et pendant le même temps.

46. Toute continuation de société, après son terme expiré, sera constatée par une déclaration des coassociés.

Cette déclaration, et tous actes portant dissolution de société avant le terme fixé pour sa durée par l'acte qui l'établit, tout changement ou retraite d'associés, toutes nouvelles stipulations ou clauses, tout changement à la raison de société, sont soumis aux formalités prescrites par les articles 42, 43 et 44.

En cas d'omission de ces formalités, il y aura lieu à l'application des dispositions pénales de l'article 42, 3e. alinéa.

47. Indépendamment des trois espèces de sociétés ci-dessus, la loi reconnaît les *associations commerciales en participation.*

48. Ces associations sont relatives à une ou plusieurs *opérations de commerce;* elles ont lieu pour les objets, dans les formes, avec les proportions d'intérêt et aux conditions convenus entre les participans.

49. Les associations en participation peuvent être constatées par la représentation des livres, de la correspondance, ou par la preuve testimoniale, si le tribunal juge qu'elle peut être admise.

50. Les associations commerciales en participation ne sont pas sujettes aux formalités prescrites pour les autres sociétés.

Section II. *Des Contestations entre Associés, et de la manière de les décider.*

51. Toute contestation entre associés, et pour raison de la société, sera jugée par des arbitres.

52. Il y aura lieu à l'appel du jugement arbitral ou au pourvoi en cassation, si la renonciation n'a pas été stipulée. L'appel sera porté devant la cour royale.

53. La nomination des arbitres se fait

Par un acte sous signature privée,

Par acte notarié,

Par acte extrajudiciaire,

Par un consentement donné en justice.

54. Le délai pour le jugement est fixé par les parties, lors de la nomination des arbitres; et, s'ils ne sont pas d'accord sur le délai, il sera réglé par les juges.

55. En cas de refus de l'un ou de plusieurs des associés de nommer des arbitres, les arbitres sont nommés d'office par le tribunal de commerce.

56. Les parties remettent leurs pièces et mémoires aux arbitres, sans aucune formalité de justice.

57. L'associé en retard de remettre les pièces et mémoires, est sommé de le faire dans les dix jours.

58. Les arbitres peuvent, suivant l'exigence des cas, proroger le délai pour la production des pièces.

59. S'il n'y a renouvellement de délai, ou si le nouveau délai est expiré, les arbitres jugent sur les seules pièces et mémoires remis.

60. En cas de partage, les arbitres nomment un sur-arbitre, s'il n'est nommé par le compromis; si les arbitres sont discordans sur le choix, le sur-arbitre est nommé par le tribunal de commerce.

61. Le jugement arbitral est motivé.

Il est déposé au greffe du tribunal de commerce.

Il est rendu exécutoire sans aucune modification, et transcrit sur les registres, en vertu d'une ordonnance du président du tribunal, lequel est tenu de la rendre pure et simple, et dans le délai de trois jours du dépôt au greffe.

62. Les dispositions ci-dessus sont communes aux veuves, héritiers ou ayant cause des associés.

63. Si des mineurs sont intéressés dans une contestation pour raison d'une société commerciale, le tuteur ne pourra renoncer à la faculté d'appeler du jugement arbitral.

64. Toutes actions contre les associés non liquidateurs et leurs veuves, héritiers ou ayant cause, sont prescrites cinq ans après la fin ou la dissolution de la société, si l'acte de société qui en énonce la durée, ou l'acte de dissolution, a été affiché et enregistré conformément aux articles 42, 43, 44 et 46, et si, depuis cette formalité remplie, la prescription n'a été interrompue à leur égard par aucune poursuite judiciaire.

TITRE IV.

DES SÉPARATIONS DE BIENS.

65. Toute demande en séparation de biens sera poursuivie, instruite et jugée conformément à ce qui est prescrit au Code civil, liv. III, tit. V., chap. II, section III, et au Code de procédure civile, 2e. partie, liv. I, titre VIII. (1)

---

(1) Art. 865. Aucune demande en séparation de biens ne pourra être formée sans une autorisation préalable, que le président du tribunal devra donner sur la requête qui lui sera présentée à cet effet. Pourra néanmoins le président, avant de donner l'autorisation, faire les observations qui lui paraîtront convenables.

Art. 866. Le greffier du tribunal inscrira, sans délai, dans un tableau placé à cet effet dans l'auditoire, un extrait de la demande en séparation, lequel contiendra,

1°. La date de la demande;

2°. Les noms, prénoms, profession et demeure des époux;

3°. Les noms et demeure de l'avoué constitué, qui sera tenu de remettre, à cet effet, ledit extrait au greffier, dans les trois jours de la demande.

Art. 867. Pareil extrait sera inséré dans des tableaux placés, à cet effet, dans l'auditoire du tribunal de commerce, dans les chambres d'avoués de première instance et dans celles de notaires, le tout dans les lieux où il y en a: lesdites insertions seront certifiées par les greffiers et par les secrétaires des chambres.

Art. 868. Le même extrait sera inséré, à la poursuite de la femme, dans l'un des journaux qui s'impriment dans le lieu où siége le tribunal; et s'il n'y en a pas, dans l'un de ceux établis dans le département, s'il y en a.

Ladite insertion sera justifiée ainsi qu'il est dit au titre *de la Saisie immobiliaire*, article 683.

Art. 869. Il ne pourra être, sauf les actes conservatoires, prononcé, sur la demande en séparation, aucun jugement qu'un mois après l'observation des formalités ci-dessus prescrites, et qui seront observées à peine de nullité, laquelle pourra être opposée par le mari ou par ses créanciers.

Art. 870. L'aveu du mari ne fera pas preuve, lors même qu'il n'y aurait pas de créanciers.

Art. 871. Les créanciers du mari pourront, jusqu'au jugement définitif, sommer l'avoué de la femme, par acte d'avoué à avoué, de leur communiquer la demande en séparation et les pièces justificatives, même intervenir pour la conservation de leurs droits, sans préliminaire de conciliation.

Art. 872. Le jugement de séparation sera lu publiquement, l'audience tenante, au tribunal de commerce du lieu, s'il y en a: extrait de ce jugement, contenant la date, la désignation du tribunal où il a été rendu, les noms, prénoms, profession et demeure des époux, sera inséré sur un tableau à ce destiné, et exposé pendant un an dans l'auditoire des tribunaux de première instance et de commerce du domicile du mari, même lorsqu'il ne sera pas négociant; et, s'il n'y a pas de tribunal de commerce, dans la principale salle de la maison commune du domicile du mari. Pareil extrait sera inséré au tableau exposé en la chambre des avoués et notaires, s'il y en a. La femme ne pourra commencer l'exécution du jugement que du jour où les formalités ci-dessus auront été remplies, sans que néanmoins il soit nécessaire d'attendre l'expiration du susdit délai d'un an.

Le tout sans préjudice des dispositions portées en l'article 1445 du Code civil.

Art. 873. Si les formalités prescrites au présent titre ont été observées, les créanciers du mari ne seront plus reçus, après l'expiration du délai dont il s'agit dans l'article précédent, à se pourvoir par tierce opposition contre le jugement de séparation.

Art. 874. La renonciation de la femme à la communauté sera faite au greffe du tribunal saisi de la demande en séparation.

66. Tout jugement qui prononcera une séparation de corps ou un divorce (1) entre mari et femme, dont l'un serait commerçant, sera soumis aux formalités prescrites par l'article 872 du Code de procédure civile ; à défaut de quoi, les créanciers seront toujours admis à s'y opposer, pour ce qui touche leurs intérêts, et à contredire toute liquidation qui en aurait été la suite.

67. Tout contrat de mariage entre époux dont l'un sera commerçant, sera transmis par extrait, dans le mois de sa date, aux greffes et chambres désignés par l'article 872 du Code de procédure civile, pour être exposé au tableau, conformément au même article.

Cet extrait annoncera si les époux sont mariés en communauté, s'ils sont séparés de biens, ou s'ils ont contracté sous le régime dotal.

68. Le notaire qui aura reçu le contrat de mariage sera tenu de faire la remise ordonnée par l'article précédent, sous peine de cent francs d'amende, et même de destitution et de responsabilité envers les créanciers, s'il est prouvé que l'omission soit la suite d'une collusion.

69. Tout époux séparé de biens ou marié sous le régime dotal, qui embrasserait la profession de commerçant postérieurement à son mariage, sera tenu de faire pareille remise dans le mois du jour où il aura ouvert son commerce, à peine, en cas de faillite, d'être puni comme banqueroutier frauduleux.

70. La même remise sera faite, sous les mêmes peines, dans l'année de la publication de la présente loi, par tout époux séparé de biens, ou marié sous le régime dotal, qui, au moment de ladite publication, exercerait la profession de commerçant.

TITRE V.

DES BOURSES DE COMMERCE, AGENS DE CHANGE ET COURTIERS.

SECTION Ire. *Des Bourses de Commerce.*

71. La bourse de commerce est la réunion qui a lieu, sous l'autorité du Roi, des commerçans, capitaines de navire, agens de change et courtiers.

72. Le résultat des négociations et des transactions qui s'opèrent dans la bourse, détermine le cours du change, des marchandises, des assurances, du fret ou nolis, du prix des transports par terre ou par eau, des effets publics et autres dont le cours est susceptible d'être coté.

73. Ces divers cours sont constatés par les agens de change et courtiers, dans la forme prescrite par les réglemens de police généraux ou particuliers.

SECTION II. *Des Agens de Change et Courtiers.*

74. La loi reconnaît, pour les actes de commerce, des agens intermédiaires ; savoir : les agens de change et les courtiers.

75. Il y en a dans toutes les villes qui ont une bourse de commerce.

Ils sont nommés par le Roi.

76. Les agens de change, constitués de la manière prescrite par la loi, ont seuls le droit de faire les négociations des effets publics et autres susceptibles d'être cotés, de faire pour le compte d'autrui les négociations des lettres de change ou billets, et de tous papiers commerçables, et d'en constater le cours.

Les agens de change pourront faire, concurremment avec les courtiers de marchandises, les négociations et le courtage des ventes ou achats des matières métalliques. Ils ont seuls le droit d'en constater le cours.

77. Il y a des courtiers de marchandises,
Des courtiers d'assurances,
Des courtiers interprètes et conducteurs de navires,
Des courtiers de transport par terre et par eau.

(1) *Loi du 8 mai* 1816. Art. 1er. « Le divorce est aboli. »

78. Les courtiers de marchandises, constitués de la manière prescrite par la loi, ont seuls le droit de faire le courtage des marchandises, d'en constater le cours ; ils exercent, concurremment avec les agens de change, le courtage des matières métalliques.

79. Les courtiers d'assurances rédigent les contrats ou polices d'assurances, concurremment avec les notaires ; ils en attestent la vérité par leur signature, certifient le taux des primes pour tous les voyages de mer ou de rivière.

80. Les courtiers interprètes et conducteurs de navires font le courtage des affrétemens : ils ont, en outre, seuls le droit de traduire, en cas de contestations portées devant les tribunaux, les déclarations, chartes-parties, connaissemens, contrats, et tous actes de commerce dont la traduction serait nécessaire ; enfin, de constater le cours du fret ou du nolis.

Dans les affaires contentieuses de commerce, et pour le service des douanes, ils serviront seuls de truchement à tous étrangers, maîtres de navire, marchands, équipages de vaisseau et autres personnes de mer.

81. Le même individu peut, si l'acte du Gouvernement qui l'institue l'y autorise, cumuler les fonctions d'agent de change, de courtier de marchandises ou d'assurances, et de courtier interprète et conducteur de navires.

82. Les courtiers de transport par terre et par eau, constitués selon la loi, ont seuls, dans les lieux où ils sont établis, le droit de faire le courtage des transports par terre et par eau ; ils ne peuvent cumuler, dans aucun cas et sous aucun prétexte, les fonctions de courtiers de marchandises, d'assurances, ou de courtiers conducteurs de navires, désignées aux articles 78, 79 et 80.

83. Ceux qui ont fait faillite ne peuvent être agens de change ni courtiers, s'ils n'ont été réhabilités.

84. Les agens de change et courtiers sont tenus d'avoir un livre revêtu des formes prescrites par l'article 11.

Ils sont tenus de consigner dans ce livre, jour par jour, et par ordre de dates, sans ratures, interlignes ni transpositions, et sans abréviations ni chiffres, toutes les conditions des ventes, achats, assurances, négociations, et en général de toutes les opérations faites par leur ministère.

85. Un agent de change ou courtier ne peut, dans aucun cas et sous aucun prétexte, faire des opérations de commerce ou de banque pour son compte.

Il ne peut s'intéresser directement ni indirectement, sous son nom, ou sous un nom interposé, dans aucune entreprise commerciale.

Il ne peut recevoir ni payer pour le compte de ses commettans.

86. Il ne peut se rendre garant de l'exécution des marchés dans lesquels il s'entremet.

87. Toute contravention aux dispositions énoncées dans les deux articles précédens, entraîne la peine de destitution, et une condamnation d'amende, qui sera prononcée par le tribunal de police correctionnelle, et qui ne peut être au-dessus de trois mille francs, sans préjudice de l'action des parties en dommages et intérêts.

88. Tout agent de change ou courtier destitué en vertu de l'article précédent, ne peut être réintégré dans ses fonctions.

89. En cas de faillite, tout agent de change ou courtier est poursuivi comme banqueroutier.

90. Il sera pourvu, par des réglemens d'administration publique, à tout ce qui est relatif à la négociation et transmission de propriété des effets publics.

TITRE VI.

DES COMMISSIONNAIRES.

SECTION Ire. *Des Commissionnaires en général.*

91. Le commissionnaire est celui qui agit en son propre nom, ou sous un nom social, pour le compte d'un commettant.

92. Les devoirs et les droits du commissionnaire qui agit au nom d'un commettant, sont déterminés par le Code civil, livre III, titre XIII.

93. Tout commissionnaire qui a fait des avances sur des marchandises à lui expédiées d'une

autre place pour être vendues pour le compte d'un commettant, a privilége, pour le remboursement de ses avances, intérêts et frais, sur la valeur des marchandises, si elles sont à sa disposition, dans ses magasins, ou dans un dépôt public, ou si, avant qu'elles soient arrivées, il peut constater, par un connaissement ou par une lettre de voiture, l'expédition qui lui en a été faite.

94. Si les marchandises ont été vendues et livrées pour le compte du commettant, le commissionnaire se rembourse, sur le produit de la vente, du montant de ses avances, intérêts et frais, par préférence aux créanciers du commettant.

95. Tous prêts, avances ou paiemens qui pourraient être faits sur des marchandises déposées ou consignées par un individu résidant dans le lieu du domicile du commissionnaire, ne donnent privilége au commissionnaire ou dépositaire qu'autant qu'il s'est conformé aux dispositions prescrites par le Code civil, liv. III, tit. XVII, pour les prêts sur gages ou nantissemens.

Section II. *Des Commissionnaires pour les transports par terre et par eau.*

96. Le commissionnaire qui se charge d'un transport par terre ou par eau, est tenu d'inscrire sur son livre-journal la déclaration de la nature et de la quantité des marchandises, et, s'il en est requis, de leur valeur.

97. Il est garant de l'arrivée des marchandises et effets dans le délai déterminé par la lettre de voiture, hors les cas de la force majeure légalement constatée.

98. Il est garant des avaries ou pertes de marchandises et effets, s'il n'y a stipulation contraire dans la lettre de voiture, ou force majeure.

99. Il est garant des faits du commissionnaire intermédiaire auquel il adresse les marchandises.

100. La marchandise sortie du magasin du vendeur ou de l'expéditeur, voyage, s'il n'y a convention contraire, aux risques et périls de celui à qui elle appartient, sauf son recours contre le commissionnaire et le voiturier chargés du transport.

101. La lettre de voiture forme un contrat entre l'expéditeur et le voiturier, ou entre l'expéditeur, le commissionnaire et le voiturier.

102. La lettre de voiture doit être datée.

Elle doit exprimer

La nature et le poids ou la contenance des objets à transporter,

Le délai dans lequel le transport doit être effectué.

Elle indique

Le nom et le domicile du commissionnaire par l'entremise duquel le transport s'opère, s'il y en a un,

Le nom de celui à qui la marchandise est adressée,

Le nom et le domicile du voiturier.

Elle énonce

Le prix de la voiture,

L'indemnité due pour cause de retard.

Elle est signée par l'expéditeur ou le commissionnaire.

Elle présente en marge les marques et numéros des objets à transporter.

La lettre de voiture est copiée par le commissionnaire sur un registre coté et paraphé, sans intervalle et de suite.

Section III. *Du Voiturier.*

103. Le voiturier est garant de la perte des objets à transporter, hors les cas de la force majeure.

Il est garant des avaries autres que celles qui proviennent du vice propre de la chose ou de la force majeure.

104. Si, par l'effet de la force majeure, le transport n'est pas effectué dans le délai convenu, il n'y a pas lieu à indemnité contre le voiturier pour cause de retard.

105. La réception des objets transportés et le paiement du prix de la voiture éteignent toute action contre le voiturier.

106. En cas de refus ou contestation pour la réception des objets transportés, leur état est vérifié

et constaté par des experts nommés par le président du tribunal de commerce, ou, à son défaut, par le juge de paix, et par ordonnance au pied d'une requête.

Le dépôt ou séquestre, et ensuite le transport dans un dépôt public, peut en être ordonné.

La vente peut en être ordonnée en faveur du voiturier, jusqu'à concurrence du prix de la voiture.

107. Les dispositions contenues dans le présent titre sont communes aux maîtres de bateaux, entrepreneurs de diligences et voitures publiques.

108. Toutes actions contre le commissionnaire et le voiturier, à raison de la perte ou de l'avarie des marchandises, sont prescrites, après six mois, pour les expéditions faites dans l'intérieur de la France, et après un an, pour celles faites à l'étranger; le tout à compter, pour les cas de perte, du jour où le transport des marchandises aurait dû être effectué, et pour les cas d'avaries, du jour où la remise des marchandises aura été faite; sans préjudice des cas de fraude ou d'infidélité.

TITRE VII.

DES ACHATS ET VENTES.

109. Les achats et ventes se constatent,
Par actes publics,
Par actes sous signature privée,
Par le bordereau ou arrêté d'un agent de change ou courtier, dûment signé par les parties,
Par une facture acceptée,
Par la correspondance,
Par les livres des parties,
Par la preuve testimoniale, dans le cas où le tribunal croira devoir l'admettre.

TITRE VIII.

DE LA LETTRE DE CHANGE, DU BILLET A ORDRE ET DE LA PRESCRIPTION.

SECTION Ire. De la Lettre de change.

§. Ier. *De la forme de la Lettre de change.*

110. La lettre de change est tirée d'un lieu sur un autre.
Elle est datée.
Elle énonce
La somme à payer,
Le nom de celui qui doit payer,
L'époque et le lieu où le paiement doit s'effectuer,
La valeur fournie en espèces, en marchandises, en compte, ou de toute autre manière.
Elle est à l'ordre d'un tiers, ou à l'ordre du tireur lui-même.
Si elle est par 1re., 2e., 3e., 4e. etc., elle l'exprime.

111. Une lettre de change peut être tirée sur un individu, et payable au domicile d'un tiers.
Elle peut être tirée par ordre et pour le compte d'un tiers.

112. Sont réputées simples promesses toutes lettres de change contenant supposition soit de nom, soit de qualité, soit de domicile, soit des lieux d'où elles *sont* tirées ou dans lesquels elles *sont* payables.

113. La signature des femmes et des filles non négociantes ou marchandes publiques sur lettres de change, ne vaut, à leur égard, que comme simple promesse.

114. Les lettres de change souscrites par des mineurs non négocians sont nulles à leur égard, sauf les droits respectifs des parties, conformément à l'art. 1312 du Code civil.

§. II. *De la Provision.*

115. La provision doit être faite par le tireur, ou par celui pour le compte de qui la lettre de change sera tirée, sans que le tireur cesse d'être personnellement obligé (1).

116. Il y a provision, si, à l'échéance de la lettre de change, celui sur qui elle est fournie est redevable au tireur, ou à celui pour compte de qui elle est tirée, d'une somme au moins égale au montant de la lettre de change.

117. L'acceptation suppose la provision.

Elle en établit la preuve à l'égard des endosseurs.

Soit qu'il y ait ou non acceptation, le tireur seul est tenu de prouver, en cas de dénégation, que ceux sur qui la lettre était tirée, avaient provision à l'échéance : sinon il est tenu de la garantir, quoique le protêt ait été fait après les délais fixés.

§. III. *De l'Acceptation.*

118. Le tireur et les endosseurs d'une lettre de change sont garans solidaires de l'acceptation et du paiement à l'échéance.

119. Le refus d'acceptation est constaté par un acte que l'on nomme *protêt faute d'acceptation.*

120. Sur la notification du protêt faute d'acceptation, les endosseurs et le tireur sont respectivement tenus de donner caution pour assurer le paiement de la lettre de change à son échéance, ou d'en effectuer le remboursement avec les frais de protêt et de rechange.

La caution, soit du tireur, soit de l'endosseur, n'est solidaire qu'avec celui qu'elle a cautionné.

121. Celui qui accepte une lettre de change, contracte l'obligation d'en payer le montant.

L'accepteur n'est pas restituable contre son acceptation, quand même le tireur aurait failli à son insu avant qu'il eût accepté.

122. L'acceptation d'une lettre de change doit être signée.

L'acceptation est exprimée par le mot *accepté.*

Elle est datée, si la lettre est à un ou plusieurs jours ou mois de vue ;

Et, dans ce dernier cas, le défaut de date de l'acceptation rend la lettre exigible au terme y exprimé, à compter de sa date.

123. L'acceptation d'une lettre de change payable dans un autre lieu que celui de la résidence de l'accepteur, indique le domicile où le paiement doit être effectué ou les diligences faites.

124. L'acceptation ne peut être conditionnelle ; mais elle peut être restreinte quant à la somme acceptée.

Dans ce cas, le porteur est tenu de faire protester la lettre de change pour le surplus.

125. Une lettre de change doit être acceptée à sa présentation, ou au plus tard dans les vingt-quatre heures de la présentation.

Après les vingt-quatre heures, si elle n'est pas rendue acceptée ou non acceptée, celui qui l'a retenue est passible de dommages-intérêts envers le porteur.

§. IV. *De l'Acceptation par intervention.*

126. Lors du protêt faute d'acceptation, la lettre de change peut être acceptée par un tiers intervenant pour le tireur ou pour l'un des endosseurs.

L'intervention est mentionnée dans l'acte du protêt ; elle est signée par l'intervenant.

127. L'intervenant est tenu de notifier sans délai son intervention à celui pour qui il est intervenu.

128. Le porteur de la lettre de change conserve tous ses droits contre le tireur et les endosseurs, à raison du défaut d'acceptation par celui sur qui la lettre était tirée, nonobstant toutes acceptations par intervention.

---

(1) Cet article a fait naître beaucoup de controverses. On avait prétendu que *le tireur pour compte* était obligé à la provision, même envers l'accepteur, si celui pour qui il avait accepté ne faisait pas cette provision. Diverses Cours avaient proscrit cette prétention ; enfin, sur renvoi au Gouvernement, par la Cour de Cassation, en interprétation de l'art. 115, est intervenue la Loi du 19 mars 1817, dont l'article 1er. est ainsi conçu : « L'article 115 du Code de » Commerce sera modifié ainsi qu'il suit : « La provision doit être faite par le tireur, ou par celui pour le compte de » qui la lettre de change sera tirée, sans que le tireur pour compte d'autrui cesse d'être personnellement obligé envers » les endosseurs et le porteur seulement. » *Bulletin des Lois*, n°. 144, an 1817.

§. V. *De l'Échéance.*

129. Une lettre de change peut être tirée à vue,
à un ou plusieurs jours / à un ou plusieurs mois / à une ou plusieurs usances — de vue,
à un ou plusieurs jours / à un ou plusieurs mois / à une ou plusieurs usances — de date,
à jour fixe ou à jour déterminé,
en foire.

130. La lettre de change à vue est payable à sa présentation.

131. L'échéance d'une lettre de change
à un ou plusieurs jours / à un ou plusieurs mois / à une ou plusieurs usances — de vue,
est fixée par la date de l'acceptation, ou par celle du protêt faute d'acceptation.

132. L'usance est de trente jours, qui courent du lendemain de la date de la lettre de change.
Les mois sont tels qu'ils sont fixés par le Calendrier Grégorien.

133. Une lettre de change payable en foire est échue la veille du jour fixé pour la clôture de la foire, ou le jour de la foire, si elle ne dure qu'un jour.

134. Si l'échéance d'une lettre de change est à un jour férié légal, elle est payable la veille.

135. Tous délais de grâce, de faveur, d'usage ou d'habitude locale, pour le paiement des lettres de change, sont abrogés.

§. VI. *De l'Endossement.*

136. La propriété d'une lettre de change se transmet par la voie de l'endossement.

137. L'endossement est daté.
Il exprime la valeur fournie.
Il énonce le nom de celui à l'ordre de qui il est passé.

138. Si l'endossement n'est pas conforme aux dispositions de l'article précédent, il n'opère pas le transport; il n'est qu'une procuration.

139. Il est défendu d'antidater les ordres, à peine de faux.

§. VII. *De la Solidarité.*

140. Tous ceux qui ont signé, accepté ou endossé une lettre de change, sont tenus à la garantie solidaire envers le porteur.

§. VIII. *De l'Aval.*

141. Le paiement d'une lettre de change, indépendamment de l'acceptation et de l'endossement, peut être garanti par un aval.

142. Cette garantie est fournie par un tiers, sur la lettre même ou par acte séparé.
Le donneur d'aval est tenu solidairement et par les mêmes voies que les tireur et endosseurs, sauf les conventions différentes des parties.

§. IX. *Du Paiement.*

143. Une lettre de change doit être payée dans la monnaie qu'elle indique.

144. Celui qui paie une lettre de change avant son échéance, est responsable de la validité du paiement.

145. Celui qui paie une lettre de change à son échéance et sans opposition, est présumé valablement libéré.

146. Le porteur d'une lettre de change ne peut être contraint d'en recevoir le paiement avant l'échéance.

147. Le paiement d'une lettre de change fait sur une seconde, troisième, quatrième, etc., est valable, lorsque la seconde, troisième, quatrième, etc., porte que ce paiement annulle l'effet des autres.

148. Celui qui paie une lettre de change sur une seconde, troisième, quatrième, etc., sans retirer celle sur laquelle se trouve son acceptation, n'opère point sa libération à l'égard du tiers porteur de son acceptation.

149. Il n'est admis d'opposition au paiement qu'en cas de perte de la lettre de change, ou de la faillite du porteur.

150. En cas de perte d'une lettre de change *non acceptée*, celui à qui elle appartient peut en poursuivre le paiement sur une seconde, troisième, quatrième, etc.

151. Si la lettre de change perdue est revêtue de l'acceptation, le paiement ne peut en être exigé sur une seconde, troisième, quatrième, etc., que par ordonnance du juge, et en donnant caution.

152. Si celui qui a perdu la lettre de change, qu'elle soit acceptée ou non, ne peut représenter la seconde, troisième, quatrième, etc., il peut demander le paiement de la lettre de change perdue, et l'obtenir par l'ordonnance du juge, en justifiant de sa propriété par ses livres, et en donnant caution.

153. En cas de refus de paiement, sur la demande formée en vertu des deux articles précédens, le propriétaire de la lettre de change perdue conserve tous ses droits par un acte de protestation.

Cet acte doit être fait le lendemain de l'échéance de la lettre de change perdue.

Il doit être notifié aux tireur et endosseurs, dans les formes et délais prescrits ci-après pour la notification du protêt.

154. Le propriétaire de la lettre de change égarée doit, pour s'en procurer la seconde, s'adresser à son endosseur immédiat, qui est tenu de lui prêter son nom et ses soins pour agir envers son propre endosseur; et ainsi en remontant d'endosseur en endosseur jusqu'au tireur de la lettre. Le propriétaire de la lettre de change égarée supportera les frais.

155. L'engagement de la caution, mentionné dans les articles 151 et 152, est éteint après trois ans, si, pendant ce temps, il n'y a eu ni demandes ni poursuites juridiques.

156. Les paiemens faits à compte sur le montant d'une lettre de change, sont à la décharge des tireur et endosseurs.

Le porteur est tenu de faire protester la lettre de change pour le surplus.

157. Les juges ne peuvent accorder aucun délai pour le paiement d'une lettre de change.

§. X. *Du Paiement par intervention.*

158. Une lettre de change protestée peut être payée par tout intervenant pour le tireur, ou pour l'un des endosseurs.

L'intervention et le paiement seront constatés dans l'acte de protêt ou à la suite de l'acte.

159. Celui qui paie une lettre de change par intervention, est subrogé aux droits du porteur, et tenu des mêmes devoirs pour les formalités à remplir.

Si le paiement par intervention est fait pour le compte du tireur, tous les endosseurs sont libérés.

S'il est fait pour un endosseur, les endosseurs subséquens sont libérés.

S'il y a concurrence pour le paiement d'une lettre de change par intervention, celui qui opère le plus de libérations est préféré.

Si celui sur qui la lettre était originairement tirée, et sur qui a été fait le protêt faute d'acceptation, se présente pour la payer, il sera préféré à tous autres.

§. XI. *Des Droits et Devoirs du Porteur.*

160. Le porteur d'une lettre de change tirée du continent et des îles de l'Europe, et payable dans les possessions européennes de la France, soit à vue, soit à un ou plusieurs jours ou mois ou usances de vue, doit en exiger le paiement ou l'acceptation dans les six mois de sa date, sous peine de perdre son recours sur les endosseurs et même sur le tireur, si celui-ci a fait provision.

Le délai est de huit mois pour la lettre de change tirée des Echelles du Levant et des côtes septentrionales de l'Afrique, sur les possessions européennes de la France; et réciproquement, du continent et des îles de l'Europe sur les établissemens français aux Echelles du Levant et aux côtes septentrionales de l'Afrique.

Le délai est d'un an pour les lettres de change tirées des côtes occidentales de l'Afrique, jusques et compris le cap de Bonne-Espérance.

Il est aussi d'un an pour les lettres de change tirées du continent et des îles des Indes occidentales sur les possessions européennes de la France ; et réciproquement, du continent et des îles de l'Europe sur les possessions françaises ou établissemens français aux côtes occidentales de l'Afrique, au continent et aux îles des Indes occidentales.

Le délai est de deux ans pour les lettres de change tirées du continent et des îles des Indes orientales sur les possessions européennes de la France ; et réciproquement, du continent et des îles de l'Europe sur les possessions françaises ou établissemens français au continent et aux îles des Indes orientales (1).

Les délais ci-dessus, de huit mois, d'un an et de deux ans, sont doublés en temps de guerre maritime.

161. Le porteur d'une lettre de change doit en exiger le paiement le jour de son échéance.

162. Le refus de paiement doit être constaté, le lendemain du jour de l'échéance, par un acte que l'on nomme *protêt faute de paiement.*

Si ce jour est un jour férié légal, le protêt est fait le jour suivant.

163. Le porteur n'est dispensé du protêt faute de paiement, ni par le protêt faute d'acceptation, ni par la mort ou faillite de celui sur qui la lettre de change est tirée.

Dans le cas de faillite de l'accepteur avant l'échéance, le porteur peut faire protester, et exercer son recours.

164. Le porteur d'une lettre de change protestée faute de paiement, peut exercer son action en garantie,

Ou individuellement contre le tireur et chacun des endosseurs,

Ou collectivement contre les endosseurs et le tireur.

La même faculté existe pour chacun des endosseurs, à l'égard du tireur et des endosseurs qui le précèdent.

165. Si le porteur exerce le recours individuellement contre son cédant, il doit lui faire notifier le protêt, et, à défaut de remboursement, le faire citer en jugement dans les quinze jours qui suivent la date du protêt, si celui-ci réside dans la distance de cinq myriamètres.

Ce délai, à l'égard du cédant domicilié à plus de cinq myriamètres de l'endroit où la lettre de change était payable, sera augmenté d'un jour par deux myriamètres et demi excédant les cinq myriamètres (2).

166. Les lettres de change tirées de France et payables hors du territoire continental de la France, en Europe, étant protestées, les tireurs et endosseurs résidant en France seront poursuivis dans les délais ci-après :

---

(1) La Loi du 19 mars 1817, art. 2, a apporté à cet article 160 les changemens qui vont être indiqués : Conservez les cinq premiers paragraphes et ajoutez ce qui suit : « La même déchéance aura lieu contre le porteur d'une lettre de change à » vue, à un ou plusieurs jours, mois ou usances de vue, tirée de la France, des possessions ou établissemens français, » et payable dans les pays étrangers, qui n'en exigera pas le paiement ou l'acceptation dans les délais ci-dessus pres- » crits pour chacune des distances respectives.

» Les délais ci-dessus, de huit mois, d'un an ou de deux ans, sont doublés en cas de guerre maritime.

» Les dispositions ci-dessus ne préjudicieront néanmoins pas aux stipulations contraires qui pourraient intervenir » entre le preneur, le tireur et les endosseurs.

» Art. 3. Les tireurs et endosseurs français de lettres de change de l'espèce désignée art. 2, parag. 1er., lesquelles se » trouveraient actuellement en circulation, ne pourront être poursuivis en recours, faute de paiement, si lesdites lettres » n'ont été présentées au paiement ou à l'acceptation dans les délais fixés par le même article précédent, en comptant, » pour cette fois seulement, ces délais à dater de six mois après la publication de la présente Loi. »

(2) Sur les articles 165 et 167 : Quelques Tribunaux de Commerce, entr'autres celui de Rouen, avaient cru, d'après ces articles, que le porteur et tous les endosseurs n'avaient que la quinzaine du protêt pour exercer utilement leur recours, à moins qu'il n'y eût *dénonciation* judiciaire de quinzaine en quinzaine pour proroger les délais de garantie d'endosseur à endosseur jusqu'au tireur. Divers arrêts de cassation, rapportés par Sirey en son Recueil, décident cette question suivant les anciens principes. Tome XII, 1re. Part., p. 355, arrêt de cassation qui décide que : « D'après l'ar- » ticle 165, la simple *notification* du protêt dans la quinzaine ne suffit pas pour conserver le recours ; mais qu'il faut » encore la *citation en justice.* » Tom. XIII, 1re. partie, page 252, autre arrêt de cassation, qui décide : « Que l'ar- » ticle 165 n'exige la *notification* et la *citation en justice*, qu'à défaut de remboursement *volontaire* ; et (d'après l'ar- » ticle 167) que chaque endosseur jouit du délai de quinzaine pour exercer son recours. » Tom. XVI, 1re. Part., p. 147, autre arrêt de cassation, qui décide : « Que l'endosseur qui paie *volontairement* doit agir en recours dans la quinzaine » *du jour de son remboursement*, sauf les délais de distance, à peine de déchéance. »

De deux mois pour celles qui étaient payables en Corse, dans l'île d'Elbe ou de Capraja, en Angleterre et dans les Etats limitrophes de la France ;

De quatre mois pour celles qui étaient payables dans les autres Etats de l'Europe ;

De six mois pour celles qui étaient payables aux Echelles du Levant et sur les côtes septentrionales de l'Afrique ;

D'un an pour celles qui étaient payables aux côtes occidentales de l'Afrique, jusques et compris le cap de Bonne-Espérance, et dans les Indes occidentales ;

De deux ans pour celles qui étaient payables dans les Indes orientales.

Ces délais seront observés dans les mêmes proportions pour le recours à exercer contre les tireurs et endosseurs résidant dans les possessions françaises situées hors d'Europe.

Les délais ci-dessus, de six mois, d'un an et de deux ans, seront doublés en temps de guerre maritime.

167. Si le porteur exerce son recours collectivement contre les endosseurs et le tireur, il jouit, à l'égard de chacun d'eux, du délai déterminé par les articles précédens.

Chacun des endosseurs a le droit d'exercer le même recours, ou individuellement, ou collectivement, dans le même délai.

A leur égard, le délai court du lendemain de la date de la citation en justice.

168. Après l'expiration des délais ci-dessus,

Pour la présentation de la lettre de change à vue, ou à un ou plusieurs jours ou mois ou usances de vue,

Pour le protêt faute de paiement,

Pour l'exercice de l'action en garantie,

Le porteur de la lettre de change est déchu de tous droits contre les endosseurs.

169. Les endosseurs sont également déchus de toute action en garantie contre leurs cédans, après les délais ci-dessus prescrits, chacun en ce qui le concerne.

170. La même déchéance a lieu contre le porteur et les endosseurs, à l'égard du tireur lui-même, si ce dernier justifie qu'il y avait provision à l'échéance de la lettre de change.

Le porteur, en ce cas, ne conserve d'action que contre celui sur qui la lettre était tirée.

171. Les effets de la déchéance prononcée par les trois articles précédens, cessent en faveur du porteur, contre le tireur, ou contre celui des endosseurs qui, après l'expiration des délais fixés pour le protêt, la notification du protêt ou la citation en jugement, a reçu par compte, compensation ou autrement, les fonds destinés au paiement de la lettre de change.

172. Indépendamment des formalités prescrites pour l'exercice de l'action en garantie, le porteur d'une lettre de change protestée faute de paiement, peut, en obtenant la permission du juge, saisir conservatoirement les effets mobiliers des tireur, accepteurs et endosseurs.

§. XII. *Des Protêts.*

173. Les protêts faute d'acceptation ou de paiement, sont faits par deux notaires, ou par un notaire et deux témoins, ou par un huissier et deux témoins.

Le protêt doit être fait

Au domicile de celui sur qui la lettre de change était payable, ou à son dernier domicile connu,

Au domicile des personnes indiquées par la lettre de change pour la payer au besoin,

Au domicile du tiers qui a accepté par intervention ;

Le tout par un seul et même acte.

En cas de fausse indication de domicile, le protêt est précédé d'un acte de perquisition.

174. L'acte de protêt contient

La transcription littérale de la lettre de change, de l'acceptation, des endossemens et des recommandations qui y sont indiquées,

La sommation de payer le montant de la lettre de change.

Il énonce

La présence ou l'absence de celui qui doit payer,

Les motifs du refus de payer, et l'impuissance ou le refus de signer.

175. Nul acte, de la part du porteur de la lettre de change, ne peut suppléer l'acte de protêt, hors le cas prévu par les articles 150 et suivans, touchant la perte de la lettre de change.

176. Les notaires et les huissiers sont tenus, à peine de destitution, dépens, dommages-intérêts envers les parties, de laisser copie exacte des protêts, et de les inscrire en entier, jour par jour et par ordre de date, dans un registre particulier, coté, paraphé, et tenu dans les formes prescrites pour les répertoires.

§. XIII. *Du Rechange.*

177. Le rechange s'effectue par une retraite.
178. La retraite est une nouvelle lettre de change, au moyen de laquelle le porteur se rembourse sur le tireur, ou sur l'un des endosseurs, du principal de la lettre protestée, de ses frais, et du nouveau change qu'il paie.
179. Le rechange se règle, à l'égard du tireur, par le cours du change du lieu où la lettre de change était payable, sur le lieu d'où elle a été tirée.
Il se règle, à l'égard des endosseurs, par le cours du change du lieu où la lettre de change a été remise ou négociée par eux, sur le lieu où le remboursement s'effectue.
180. La retraite est accompagnée d'un compte de retour.
181. Le compte de retour comprend
Le principal de la lettre de change protestée,
Les frais de protêt et autres frais légitimes, tels que commission de banque, courtage, timbre et ports de lettres.
Il énonce le nom de celui sur qui la retraite est faite, et le prix du change auquel elle est négociée.
Il est certifié par un agent de change.
Dans les lieux où il n'y a pas d'agent de change, il est certifié par deux commerçans.
Il est accompagné de la lettre de change protestée, du protêt, ou d'une expédition de l'acte de protêt.
Dans le cas où la retraite est faite sur l'un des endosseurs, elle est accompagnée, en outre, d'un certificat qui constate le cours du change du lieu où la lettre de change était payable, sur le lieu d'où elle a été tirée.
182. Il ne peut être fait plusieurs comptes de retour sur une même lettre de change.
Ce compte de retour est remboursé d'endosseur à endosseur respectivement, et définitivement par le tireur.
183. Les rechanges ne peuvent être cumulés. Chaque endosseur n'en supporte qu'un seul, ainsi que le tireur.
184. L'intérêt du principal de la lettre de change protestée faute de paiement, est dû à compter du jour du protêt.
185. L'intérêt des frais de protêt, rechange, et autres frais légitimes, n'est dû qu'à compter du jour de la demande en justice.
186. Il n'est point dû de rechange, si le compte de retour n'est pas accompagné des certificats d'agens de change ou de commerçans, prescrits par l'article 181.

SECTION II. *Du Billet à ordre.*

187. Toutes les dispositions relatives aux lettres de change, et concernant
l'échéance,
l'endossement,
la solidarité,
l'aval,
le paiement,
le paiement par intervention,
le protêt,
les devoirs et droits du porteur,
le rechange ou les intérêts,
sont applicables aux billets à ordre, sans préjudice des dispositions relatives aux cas prévus par les articles 636, 637 et 638.
188. Le billet à ordre est daté.

Il énonce

La somme à payer,

Le nom de celui à l'ordre de qui il est souscrit,

L'époque à laquelle le paiement doit s'effectuer,

La valeur qui a été fournie en espèces, en marchandises, en compte, ou de toute autre manière.

SECTION III. *De la Prescription.*

189. Toutes actions relatives aux lettres de change, et à ceux des billets à ordre souscrits par des négocians, marchands ou banquiers, ou pour faits de commerce, se prescrivent par cinq ans, à compter du jour du protêt, ou de la dernière poursuite juridique, s'il n'y a eu condamnation, ou si la dette n'a été reconnue par acte séparé.

Néanmoins, les prétendus débiteurs seront tenus, s'ils en sont requis, d'affirmer, sous serment, qu'ils ne sont plus redevables; et leurs veuves, héritiers ou ayans-cause, qu'ils estiment de bonne foi qu'il n'est plus rien dû.

LIVRE II.

DU COMMERCE MARITIME.

(Tit. Ier. — VIII. — IX. — X. — XI. — XIV. Lois décrétées le 15 Septembre 1807, promulguées le 25.)

TITRE PREMIER.

DES NAVIRES ET AUTRES BATIMENS DE MER.

190. Les navires et autres bâtimens de mer sont meubles.

Néanmoins ils sont affectés aux dettes du vendeur, et spécialement à celles que la loi déclare privilégiées.

191. Sont privilégiées, et dans l'ordre où elles sont rangées, les dettes ci-après désignées :

1°. Les frais de justice et autres, faits pour parvenir à la vente et à la distribution du prix ;

2°. Les droits de pilotage, tonnage, cale, amarrage et bassin ou avant-bassin ;

3°. Les gages du gardien et frais de garde du bâtiment, depuis son entrée dans le port jusqu'à la vente ;

4°. Le loyer des magasins où se trouvent déposés les agrès et les apparaux ;

5°. Les frais d'entretien du bâtiment et de ses agrès et apparaux, depuis son dernier voyage et son entrée dans le port ;

6°. Les gages et loyers du capitaine et autres gens de l'équipage employés au dernier voyage ;

7°. Les sommes prêtées au capitaine pour les besoins du bâtiment pendant le dernier voyage, et le remboursement du prix des marchandises par lui vendues pour le même objet;

8°. Les sommes dues au vendeur, aux fournisseurs et ouvriers employés à la construction, si le navire n'a point encore fait de voyage ; et les sommes dues aux créanciers pour fournitures, travaux, main-d'œuvre, pour radoub, victuailles, armement et équipement avant le départ du navire, s'il a déjà navigué ;

9°. Les sommes prêtées à la grosse sur le corps, quille, agrès, apparaux, pour radoub, victuailles, armement et équipement avant le départ du navire ;

10°. Le montant des primes d'assurances faites sur le corps, quille, agrès, apparaux, et sur armement et équipement du navire, dues pour le dernier voyage ;

11°. Les dommages-intérêts dus aux affréteurs, pour le défaut de délivrance des marchandises qu'ils ont chargées, ou pour remboursement des avaries souffertes par lesdites marchandises par la faute du capitaine ou de l'équipage.

Les créanciers compris dans chacun des numéros du présent article, viendront en concurrence, et au marc le franc, en cas d'insuffisance du prix.

192. Le privilége accordé aux dettes énoncées dans le précédent article, ne peut être exercé qu'autant qu'elles seront justifiées dans les formes suivantes :

1°. Les frais de justice seront constatés par les états de frais arrêtés par les tribunaux compétens;

2°. Les droits de tonnage et autres, par les quittances légales des receveurs ;

3°. Les dettes désignées par les n°s. 1, 3, 4 et 5 de l'art. 191 seront constatées par des états arrêtés par le président du tribunal de commerce ;

4°. Les gages et loyers de l'équipage, par les rôles d'armement et désarmement arrêtés dans les bureaux de l'inscription maritime ;

5°. Les sommes prêtées et la valeur des marchandises vendues pour les besoins du navire pendant le dernier voyage, par des états arrêtés par le capitaine, appuyés de procès-verbaux signés par le capitaine et les principaux de l'équipage, constatant la nécessité des emprunts.

6°. La vente du navire par un acte ayant date certaine, et les fournitures pour l'armement, équipement et victuailles du navire, seront constatées par les mémoires, factures ou états visés par le capitaine et arrêtés par l'armateur, dont un double sera déposé au greffe du tribunal de commerce avant le départ du navire, ou, au plus tard, dans les dix jours après son départ.

7°. Les sommes prêtées à la grosse sur le corps, quille, agrès, apparaux, armement et équipement, avant le départ du navire, seront constatées par des contrats passés devant notaire, ou sous signatures privées, dont les expéditions ou doubles seront déposés au greffe du tribunal de commerce dans les dix jours de leur date.

8°. Les primes d'assurances seront constatées par les polices ou par les extraits des livres des courtiers d'assurances.

9°. Les dommages-intérêts dus aux affréteurs seront constatés par les jugemens, ou par les décisions arbitrales qui seront intervenues.

193. Les priviléges des créanciers seront éteints,

Indépendamment des moyens généraux d'extinction des obligations,

Par la vente en justice faite dans les formes établies par le titre suivant;

Ou lorsqu'après une vente volontaire, le navire aura fait un voyage en mer sous le nom et aux risques de l'acquéreur, et sans opposition de la part des créanciers du vendeur.

194. Un navire est censé avoir fait un voyage en mer,

Lorsque son départ et son arrivée auront été constatés dans deux ports différens et trente jours après le départ;

Lorsque, sans être arrivé dans un autre port, il s'est écoulé plus de soixante jours entre le départ et le retour dans le même port, ou lorsque le navire, parti pour un voyage de long cours, a été plus de soixante jours en voyage, sans réclamation de la part des créanciers du vendeur.

195. La vente volontaire d'un navire doit être faite par écrit, et peut avoir lieu par acte public, ou par acte sous signature privée.

Elle peut être faite pour le navire entier, ou pour une portion du navire,

Le navire étant dans le port ou en voyage.

196. La vente volontaire d'un navire en voyage ne préjudicie pas aux créanciers du vendeur.

En conséquence, nonobstant la vente, le navire ou son prix continue d'être le gage desdits créanciers, qui peuvent même, s'ils le jugent convenable, attaquer la vente pour cause de fraude.

TITRE II.

DE LA SAISIE ET VENTE DES NAVIRES.

197. Tous bâtimens de mer peuvent être saisis et vendus par autorité de justice; et le privilége des créanciers sera purgé par les formalités suivantes.

198. Il ne pourra être procédé à la saisie que vingt-quatre heures après le commandement de payer.

199. Le commandement devra être fait à la personne du propriétaire ou à son domicile, s'il s'agit d'une action générale à exercer contre lui.

Le commandement pourra être fait au capitaine du navire, si la créance est du nombre de celles qui sont susceptibles de privilége sur le navire, aux termes de l'article 191.

200. L'huissier énonce dans le procès-verbal,

Les nom, profession et demeure du créancier pour qui il agit;
Le titre en vertu duquel il procède;
La somme dont il poursuit le paiement;
L'élection de domicile faite par le créancier dans le lieu où siége le tribunal devant lequel la vente doit être poursuivie, et dans le lieu où le navire saisi est amarré;
Les noms du propriétaire et du capitaine;
Le nom, l'espèce et le tonnage du bâtiment.
Il fait l'énonciation et la description des chaloupes, canots, agrès, ustensiles, armes, munitions et provisions.
Il établit un gardien.

201. Si le propriétaire du navire saisi demeure dans l'arrondissement du tribunal, le saisissant doit lui faire notifier, dans le délai de trois jours, copie du procès-verbal de saisie, et le faire citer devant le tribunal, pour voir procéder à la vente des choses saisies.

Si le propriétaire n'est point domicilié dans l'arrondissement du tribunal, les significations et citations lui sont données à la personne du capitaine du bâtiment saisi, ou, en son absence, à celui qui représente le propriétaire ou le capitaine; et le délai de trois jours est augmenté d'un jour à raison de deux myriamètres et demi (cinq lieues) de la distance de son domicile.

S'il est étranger et hors de France, les citations et significations sont données ainsi qu'il est prescrit par le Code de procédure civile, art. 69.

202. Si la saisie a pour objet un bâtiment dont le tonnage soit au-dessus de dix tonneaux,
Il sera fait trois criées et publications des objets en vente.

Les criées et publications seront faites consécutivement, de huitaine en huitaine, à la bourse et dans la principale place publique du lieu où le bâtiment est amarré.

L'avis en sera inséré dans un des papiers publics imprimés dans le lieu où siége le tribunal devant lequel la saisie se poursuit; et s'il n'y en a pas, dans l'un de ceux qui seraient imprimés dans le département.

203. Dans les deux jours qui suivent chaque criée et publication, il est apposé des affiches,
Au grand mât du bâtiment saisi,
A la porte principale du tribunal devant lequel on procède,
Dans la place publique et sur le quai du port où le bâtiment est amarré, ainsi qu'à la bourse de commerce.

204. Les criées, publications et affiches doivent désigner
Les nom, profession et demeure du poursuivant,
Les titres en vertu desquels il agit,
Le montant de la somme qui lui est due,
L'élection de domicile par lui faite dans le lieu où siége le tribunal, et dans le lieu où le bâtiment est amarré,
Les nom et domicile du propriétaire du navire saisi,
Le nom du bâtiment, et, s'il est armé ou en armement, celui du capitaine,
Le tonnage du navire,
Le lieu où il est gisant ou flottant,
Le nom de l'avoué du poursuivant,
La première mise à prix,
Les jours des audiences auxquelles les enchères seront reçues.

205. Après la première criée, les enchères seront reçues le jour indiqué par l'affiche.

Le juge commis d'office pour la vente continue de recevoir les enchères après chaque criée, de huitaine en huitaine, à jour certain fixé par son ordonnance.

206. Après la troisième criée l'adjudication est faite au plus offrant et dernier enchérisseur, à l'extinction des feux, sans autre formalité.

Le juge commis d'office peut accorder une ou deux remises, de huitaine chacune.

Elles sont publiées et affichées.

207. Si la saisie porte sur des barques, chaloupes et autres bâtimens du port de dix tonneaux et au-dessous, l'adjudication sera faite à l'audience, après la publication sur le quai pendant trois jours consécutifs, avec affiche au mât, ou, à défaut, en autre lieu apparent du bâtiment, et à la porte du tribunal.

Il sera observé un délai de huit jours francs entre la signification de la saisie et la vente.

268. L'adjudication du navire fait cesser les fonctions du capitaine; sauf à lui à se pourvoir en dédommagement contre qui de droit.

209. Les adjudicataires des navires de tout tonnage, seront tenus de payer le prix de leur adjudication dans le délai de vingt-quatre heures, ou de le consigner, sans frais, au greffe du tribunal de commerce, à peine d'y être contraints par corps.

A défaut de paiement ou de consignation, le bâtiment sera remis en vente, et adjugé trois jours après une nouvelle publication et affiche unique, à la folle enchère des adjudicataires, qui seront également contraints par corps pour le paiement du déficit, des dommages, des intérêts et des frais.

210. Les demandes en distraction seront formées et notifiées au greffe du tribunal avant l'adjudication.

Si les demandes en distraction ne sont formées qu'après l'adjudication, elles seront converties, de plein droit, en oppositions à la délivrance des sommes provenant de la vente.

211. Le demandeur ou l'opposant aura trois jours pour fournir ses moyens.

Le défendeur aura trois jours pour contredire.

La cause sera portée à l'audience sur une simple citation.

212. Pendant trois jours après celui de l'adjudication, les oppositions à la délivrance du prix seront reçues; passé ce temps, elles ne seront plus admises.

213. Les créanciers opposans sont tenus de produire au greffe leurs titres de créance, dans les trois jours qui suivent la sommation qui leur en est faite par le créancier poursuivant ou par le tiers saisi; faute de quoi il sera procédé à la distribution du prix de la vente, sans qu'ils y soient compris.

214. La collocation des créanciers et la distribution de deniers sont faites entre les créanciers privilégiés, dans l'ordre prescrit par l'art. 191; et entre les autres créanciers, au marc le franc de leurs créances.

Tout créancier colloqué l'est tant pour son principal que pour les intérêts et frais.

215. Le bâtiment prêt à faire voile n'est pas saisissable, si ce n'est à raison de dettes contractées pour le voyage qu'il va faire; et même, dans ce dernier cas, le cautionnement de ces dettes empêche la saisie.

Le bâtiment est censé prêt à faire voile lorsque le capitaine est muni de ses expéditions pour son voyage.

TITRE III.

DES PROPRIÉTAIRES DE NAVIRES.

216. Tout propriétaire de navire est civilement responsable des faits du capitaine, pour ce qui est relatif au navire et à l'expédition.

La responsabilité cesse par l'abandon du navire et du fret.

217. Les propriétaires des navires équipés en guerre ne seront toutefois responsables des délits et déprédations commis en mer par les gens de guerre qui sont sur leurs navires, ou par les équipages, que jusqu'à concurrence de la somme pour laquelle ils auront donné caution, à moins qu'ils n'en soient participans ou complices.

218. Le propriétaire peut congédier le capitaine.

Il n'y a pas lieu à indemnité, s'il n'y a convention par écrit.

219. Si le capitaine congédié est copropriétaire du navire, il peut renoncer à la copropriété et exiger le remboursement du capital qui la représente.

Le montant de ce capital est déterminé par des experts convenus, ou nommés d'office.

220. En tout ce qui concerne l'intérêt commun des propriétaires d'un navire, l'avis de la majorité est suivi.

La majorité se détermine par une portion d'intérêt dans le navire, excédant la moitié de sa valeur.

La licitation du navire ne peut être accordée que sur la demande des propriétaires, formant ensemble la moitié de l'intérêt total dans le navire, s'il n'y a, par écrit, convention contraire.

TITRE IV.

DU CAPITAINE.

221. Tout capitaine, maître ou patron, chargé de la conduite d'un navire ou autre bâtiment, est garant de ses fautes, même légères, dans l'exercice de ses fonctions.

222. Il est responsable des marchandises dont il se charge.

Il en fournit une reconnaissance.

Cette reconnaissance se nomme *connaissement*.

223. Il appartient au capitaine de former l'équipage du vaisseau, et de choisir et louer les matelots et autres gens de l'équipage; ce qu'il fera néanmoins de concert avec les propriétaires, lorsqu'il sera dans le lieu de leur demeure.

224. Le capitaine tient un registre coté et paraphé par l'un des juges du tribunal de commerce, ou par le maire ou son adjoint, dans les lieux où il n'y a pas de tribunal de commerce.

Ce registre contient,

Les résolutions prises pendant le voyage,

La recette et la dépense concernant le navire, et généralement tout ce qui concerne le fait de sa charge, et tout ce qui peut donner lieu à un compte à rendre, à une demande à former.

225. Le capitaine est tenu, avant de prendre charge, de faire visiter son navire, aux termes et dans les formes prescrits par les réglemens.

Le procès-verbal de visite est déposé au greffe du tribunal de commerce; il en est délivré extrait au capitaine.

226. Le capitaine est tenu d'avoir à bord

L'acte de propriété du navire,

L'acte de francisation,

Le rôle d'équipage,

Les connaissemens et chartes-parties,

Les procès-verbaux de visite,

Les acquits de paiement ou à caution des douanes.

227. Le capitaine est tenu d'être en personne dans son navire, à l'entrée et à la sortie des ports, havres ou rivières.

228. En cas de contravention aux obligations imposées par les quatre articles précédens, le capitaine est responsable de tous les événemens envers les intéressés au navire et au chargement.

229. Le capitaine répond également de tout le dommage qui peut arriver aux marchandises qu'il aurait chargées sur le tillac de son vaisseau sans le consentement par écrit du chargeur.

Cette disposition n'est point applicable au petit cabotage.

230. La responsabilité du capitaine ne cesse que par la preuve d'obstacles de force majeure.

231. Le capitaine et les gens de l'équipage qui sont à bord, ou qui sur les chaloupes se rendent à bord pour faire voile, ne peuvent être arrêtés pour dettes civiles, si ce n'est à raison de celles qu'ils auront contractées pour le voyage; et même, dans ce dernier cas, ils ne peuvent être arrêtés, s'ils donnent caution.

232. Le capitaine, dans le lieu de la demeure des propriétaires ou de leurs fondés de pouvoirs, ne peut, sans leur autorisation spéciale, faire travailler au radoub du bâtiment, acheter des voiles, cordages et autres choses pour le bâtiment, prendre à cet effet de l'argent sur le corps du navire, ni fréter le navire.

233. Si le bâtiment était frété du consentement des propriétaires, et que quelques-uns d'eux fissent refus de contribuer aux frais nécessaires pour l'expédier, le capitaine pourra, en ce cas, vingt-quatre heures après sommation faite aux refusans de fournir leur contingent, emprunter à la grosse pour leur compte sur leur portion d'intérêt dans le navire, avec autorisation du juge.

234. Si, pendant le cours du voyage, il y a nécessité de radoub, ou d'achat de victuailles, le capitaine, après l'avoir constaté par un procès-verbal signé des principaux de l'équipage, pourra, en se faisant autoriser en France par le tribunal de commerce, ou, à défaut, par le juge de paix, chez l'étranger par le consul français, ou, à défaut, par le magistrat des lieux, emprunter sur le corps et quille du vaisseau, mettre en gage ou vendre des marchandises jusqu'à concurrence de la somme que les besoins constatés exigent.

Les propriétaires, ou le capitaine qui les représente, tiendront compte des marchandises vendues, d'après le cours des marchandises de même nature et qualité dans le lieu de la décharge du navire, à l'époque de son arrivée.

235. Le capitaine, avant son départ d'un port étranger ou des colonies françaises pour revenir en France, sera tenu d'envoyer à ses propriétaires ou à leurs fondés de pouvoirs, un compte signé de lui, contenant l'état de son chargement, le prix des marchandises de sa cargaison, les sommes par lui empruntées, les noms et demeures des prêteurs.

236. Le capitaine qui aura sans nécessité pris de l'argent sur le corps, avitaillement ou équipement du navire, engagé ou vendu des marchandises ou des victuailles, ou qui aura employé dans ses comptes des avaries et des dépenses supposées, sera responsable envers l'armement, et personnellement tenu du remboursement de l'argent ou du paiement des objets, sans préjudice de la poursuite criminelle, s'il y a lieu.

237. Hors le cas d'innavigabilité légalement constatée, le capitaine ne peut, à peine de nullité de la vente, vendre le navire sans un pouvoir spécial des propriétaires.

238. Tout capitaine de navire, engagé pour un voyage, est tenu de l'achever, à peine de tous dépens, dommages-intérêts envers les propriétaires et les affréteurs.

239. Le capitaine qui navigue à profit commun sur le chargement, ne peut faire aucun trafic ni commerce pour son compte particulier, s'il n'y a convention contraire.

240. En cas de contravention aux dispositions mentionnées dans l'article précédent, les marchandises embarquées par le capitaine pour son compte particulier, sont confisquées au profit des autres intéressés.

241. Le capitaine ne peut abandonner son navire pendant le voyage, pour quelque danger que ce soit, sans l'avis des officiers et principaux de l'équipage; et, en ce cas, il est tenu de sauver avec lui l'argent et ce qu'il pourra des marchandises les plus précieuses de son chargement, sous peine d'en répondre en son propre nom.

Si les objets ainsi tirés du navire sont perdus par quelque cas fortuit, le capitaine en demeurera déchargé.

242. Le capitaine est tenu, dans les vingt-quatre heures de son arrivée, de faire viser son registre, et de faire son rapport.

Le rapport doit énoncer,

Le lieu et le temps de son départ,

La route qu'il a tenue,

Les hasards qu'il a courus,

Les désordres arrivés dans le navire, et toutes les circonstances remarquables de son voyage.

243. Le rapport est fait au greffe devant le président du tribunal de commerce.

Dans les lieux où il n'y a pas de tribunal de commerce, le rapport est fait au juge de paix de l'arrondissement.

Le juge de paix qui a reçu le rapport, est tenu de l'envoyer, sans délai, au président du tribunal de commerce le plus voisin.

Dans l'un et l'autre cas, le dépôt en est fait au greffe du tribunal de commerce.

244. Si le capitaine aborde dans un port étranger, il est tenu de se présenter au consul de France, de lui faire un rapport, et de prendre un certificat constatant l'époque de son arrivée et de son départ, l'état et la nature de son chargement.

245. Si, pendant le cours du voyage, le capitaine est obligé de relâcher dans un port français, il est tenu de déclarer au président du tribunal de commerce du lieu les causes de sa relâche.

Dans les lieux où il n'y a pas de tribunal de commerce, la déclaration est faite au juge de paix du canton.

Si la relâche forcée a lieu dans un port étranger, la déclaration est faite au consul de France, ou, à son défaut, au magistrat du lieu.

246. Le capitaine qui a fait naufrage, et qui s'est sauvé seul ou avec partie de son équipage, est tenu de se présenter devant le juge du lieu, ou, à défaut de juge, devant toute autre autorité civile, d'y faire son rapport, de le faire vérifier par ceux de son équipage qui se seraient sauvés et se trouveraient avec lui, et d'en lever expédition.

247. Pour vérifier le rapport du capitaine, le juge reçoit l'interrogatoire des gens de l'équipage, et, s'il est possible, des passagers, sans préjudice des autres preuves.

Les rapports non vérifiés ne sont point admis à la décharge du capitaine et ne font point foi en justice, excepté dans le cas où le capitaine naufragé s'est sauvé seul dans le lieu où il a fait son rapport.

La preuve des faits contraires est réservée aux parties.

248. Hors les cas de péril imminent, le capitaine ne peut décharger aucune marchandise avant d'avoir fait son rapport, à peine de poursuites extraordinaires contre lui.

249. Si les victuailles du bâtiment manquent pendant le voyage, le capitaine, en prenant l'avis des principaux de l'équipage, pourra contraindre ceux qui auront des vivres en particulier de les mettre en commun, à la charge de leur en payer la valeur.

TITRE V.

DE L'ENGAGEMENT ET DES LOYERS DES MATELOTS ET GENS DE L'ÉQUIPAGE.

250. Les conditions d'engagement du capitaine et des hommes d'équipage d'un navire, sont constatées par le rôle d'équipage, ou par les conventions des parties.

251. Le capitaine et les gens de l'équipage ne peuvent, sous aucun prétexte, charger dans le navire aucune marchandise pour leur compte, sans la permission des propriétaires et sans en payer le fret, s'ils n'y sont autorisés par l'engagement.

252. Si le voyage est rompu par le fait des propriétaires, capitaine ou affréteurs, avant le départ du navire, les matelots loués au voyage ou au mois sont payés des journées par eux employées à l'équipement du navire. Ils retiennent pour indemnité les avances reçues.

Si les avances ne sont pas encore payées, ils reçoivent pour indemnité un mois de leurs gages convenus.

Si la rupture arrive après le voyage commencé, les matelots loués au voyage sont payés en entier aux termes de leur convention.

Les matelots loués au mois reçoivent leurs loyers stipulés pour le temps qu'ils ont servi, et en outre, pour indemnité, la moitié de leurs gages pour le reste de la durée présumée du voyage pour lequel ils étaient engagés.

Les matelots loués au voyage ou au mois reçoivent, en outre, leur conduite de retour jusqu'au lieu du départ du navire, à moins que le capitaine, les propriétaires ou affréteurs, ou l'officier d'administration, ne leur procurent leur embarquement sur un autre navire revenant audit lieu de leur départ.

253. S'il y a interdiction de commerce avec le lieu de la destination du navire, ou si le navire est arrêté par ordre du Gouvernement avant le voyage commencé,

Il n'est dû aux matelots que les journées employées à équiper le bâtiment.

254. Si l'interdiction de commerce ou l'arrêt du navire arrive pendant le cours du voyage,

Dans le cas d'interdiction, les matelots sont payés à proportion du temps qu'ils auront servi;

Dans le cas de l'arrêt, le loyer des matelots engagés au mois court pour moitié pendant le temps de l'arrêt;

Le loyer des matelots engagés au voyage est payé aux termes de leur engagement.

255. Si le voyage est prolongé, le prix des loyers des matelots engagés au voyage est augmenté à proportion de la prolongation.

256. Si la décharge du navire se fait volontairement dans un lieu plus rapproché que celui qui est désigné par l'affrétement, il ne leur est fait aucune diminution.

257. Si les matelots sont engagés au profit ou au fret, il ne leur est dû aucun dédommagement ni journées pour la rupture, le retardement ou la prolongation de voyage occasionnés par force majeure.

Si la rupture, le retardement ou la prolongation arrive par le fait des chargeurs, les gens de l'équipage ont part aux indemnités qui sont adjugées au navire.

Ces indemnités sont partagées entre les propriétaires du navire et les gens de l'équipage, dans la même proportion que l'aurait été le fret.

Si l'empêchement arrive par le fait du capitaine ou des propriétaires, ils sont tenus des indemnités dues aux gens de l'équipage.

258. En cas de prise, de bris et naufrage, avec perte entière du navire et des marchandises, les matelots ne peuvent prétendre aucun loyer.

Ils ne sont point tenus de restituer ce qui leur a été avancé sur leurs loyers.

259. Si quelque partie du navire est sauvée, les matelots engagés au voyage ou au mois sont payés de leurs loyers échus sur les débris du navire qu'ils ont sauvés.

Si les débris ne suffisent pas, ou s'il n'y a que des marchandises sauvées, ils sont payés de leurs loyers subsidiairement sur le fret.

260. Les matelots engagés au fret sont payés de leurs loyers seulement sur le fret, à proportion de celui que reçoit le capitaine.

261. De quelque manière que les matelots soient loués, ils sont payés des journées par eux employées à sauver les débris et les effets naufragés.

262. Le matelot est payé de ses loyers, traité et pansé aux dépens du navire, s'il tombe malade pendant le voyage, ou s'il est blessé au service du navire.

263. Le matelot est traité et pansé aux dépens du navire et du chargement, s'il est blessé en combattant contre les ennemis et les pirates.

264. Si le matelot, sorti du navire sans autorisation, est blessé à terre, les frais de ses pansement et traitement sont à sa charge: il pourra même être congédié par le capitaine.

Ses loyers, en ce cas, ne lui seront payés qu'à proportion du temps qu'il aura servi.

265. En cas de mort d'un matelot pendant le voyage, si le matelot est engagé au mois, ses loyers sont dus à sa succession jusqu'au jour de son décès.

Si le matelot est engagé au voyage, la moitié de ses loyers est due s'il meurt en allant ou au port d'arrivée.

Le total de ses loyers est dû s'il meurt en revenant.

Si le matelot est engagé au profit ou au fret, sa part entière est due s'il meurt le voyage commencé.

Les loyers du matelot tué en défendant le navire, sont dus en entier pour tout le voyage, si le navire arrive à bon port.

266. Le matelot pris dans le navire et fait esclave ne peut rien prétendre contre le capitaine, les propriétaires ni les affréteurs, pour le paiement de son rachat.

Il est payé de ses loyers jusqu'au jour où il est pris et fait esclave.

267. Le matelot pris et fait esclave, s'il a été envoyé en mer ou à terre pour le service du navire, a droit à l'entier paiement de ses loyers.

Il a droit au paiement d'une indemnité pour son rachat, si le navire arrive à bon port.

268. L'indemnité est due par les propriétaires du navire, si le matelot a été envoyé en mer ou à terre pour le service du navire.

L'indemnité est due par les propriétaires du navire et du chargement, si le matelot a été envoyé en mer ou à terre pour le service du navire et du chargement.

269. Le montant de l'indemnité est fixé à six cents francs.

Le recouvrement et l'emploi en seront faits suivant les formes déterminées par le Gouvernement, dans un réglement relatif au rachat des captifs.

270. Tout matelot qui justifie qu'il est congédié sans cause valable, a droit à une indemnité contre le capitaine.

L'indemnité est fixée au tiers des loyers, si le congé a lieu avant le voyage commencé.

L'indemnité est fixée à la totalité des loyers et aux frais du retour, si le congé a lieu pendant le cours du voyage.

Le capitaine ne peut, dans aucun des cas ci-dessus, répéter le montant de l'indemnité contre les propriétaires du navire.

Il n'y a pas lieu à indemnité, si le matelot est congédié avant la clôture du rôle d'équipage.

Dans aucun cas, le capitaine ne peut congédier un matelot dans les pays étrangers.

271. Le navire et le fret sont spécialement affectés aux loyers des matelots.

272. Toutes les dispositions concernant les loyers, pansement et rachat des matelots, sont communes aux officiers et à tous autres gens de l'équipage.

TITRE VI.

DES CHARTES-PARTIES, AFFRÉTEMENS OU NOLISSEMENS.

273. Toute convention pour louage d'un vaisseau, appelée *charte-partie*, *affrétement* ou *nolissement*, doit être rédigée par écrit.
Elle énonce
Le nom et le tonnage du navire,
Le nom du capitaine.
Les nom du fréteur et de l'affréteur,
Le lieu et le temps convenus pour la charge et pour la décharge,
Le prix du fret ou nolis,
Si l'affrétement est total ou partiel,
L'indemnité convenue pour les cas de retard.

274. Si le temps de la charge et de la décharge du navire n'est point fixé par les conventions des parties, il est réglé suivant l'usage des lieux.

275. Si le navire est frété au mois, et s'il n'y a convention contraire, le fret court du jour où le navire a fait voile.

276. Si, avant le départ du navire, il y a interdiction de commerce avec le pays pour lequel il est destiné, les conventions sont résolues sans dommages-intérêts de part ni d'autre.
Le chargeur est tenu des frais de la charge et de la décharge de ses marchandises.

277. S'il existe une force majeure qui n'empêche que pour un temps la sortie du navire, les conventions subsistent, et il n'y a pas lieu à dommages-intérêts à raison du retard.
Elles subsistent également, et il n'y a lieu à aucune augmentation de fret, si la force majeure arrive pendant le voyage.

278. Le chargeur peut, pendant l'arrêt du navire, faire décharger ses marchandises à ses frais, à condition de les recharger ou d'indemniser le capitaine.

279. Dans le cas de blocus du port pour lequel le navire est destiné, le capitaine est tenu, s'il n'a des ordres contraires, de se rendre dans un des ports voisins de la même puissance où il lui sera permis d'aborder.

280. Le navire, les agrès et apparaux, le fret et les marchandises chargées, sont respectivement affectés à l'exécution des conventions des parties.

TITRE VII.

DU CONNAISSEMENT.

281. Le connaissement doit exprimer la nature et la quantité ainsi que les espèces ou qualités des objets à transporter.
Il indique
Le nom du chargeur,
Le nom et l'adresse de celui à qui l'expédition est faite.
Le nom et le domicile du capitaine,
Le nom et le tonnage du navire,
Le lieu du départ et celui de la destination.
Il énonce
Le prix du fret.
Il présente en marge les marques et numéros des objets à transporter.
Le connaissement peut être à ordre, ou au porteur, ou à personne dénommée.

282. Chaque connaissement est fait en quatre originaux au moins :
Un pour le chargeur,
Un pour celui à qui les marchandises sont adressées,
Un pour le capitaine,
Un pour l'armateur du bâtiment.

Les quatre originaux sont signés par le chargeur et par le capitaine, dans les vingt-quatre heures après le chargement.

Le chargeur est tenu de fournir au capitaine, dans le même délai, les acquits des marchandises chargées.

283. Le connaissement rédigé dans la forme ci-dessus prescrite, fait foi entre toutes les parties intéressées au chargement, et entr'elles et les assureurs.

284. En cas de diversité entre les connaissemens d'un même chargement, celui qui sera entre les mains du capitaine fera foi, s'il est rempli de la main du chargeur, ou de celle de son commissionnaire; et celui qui est présenté par le chargeur ou le consignataire sera suivi, s'il est rempli de la main du capitaine.

285. Tout commissionnaire ou consignataire qui aura reçu les marchandises mentionnées dans les connaissemens ou chartes-parties, sera tenu d'en donner reçu au capitaine qui le demandera, à peine de tous dépens, dommages-intérêts, même de ceux de retardement.

TITRE VIII.

DU FRET OU NOLIS.

286. Le prix du loyer d'un navire ou autre bâtiment de mer est appelé *fret* ou *nolis*.

Il est réglé par les conventions des parties.

Il est constaté par la charte-partie ou par le connaissement.

Il a lieu pour la totalité ou pour partie du bâtiment, pour un voyage entier ou pour un temps limité, au tonneau, au quintal, à forfait, ou à cueillette, avec désignation du tonnage du vaisseau.

287. Si le navire est loué en totalité, et que l'affréteur ne lui donne pas toute sa charge, le capitaine ne peut prendre d'autres marchandises sans le consentement de l'affréteur.

L'affréteur profite du fret des marchandises qui complètent le chargement du navire qu'il a entièrement affrété.

288. L'affréteur qui n'a pas chargé la quantité de marchandises portée par la charte-partie, est tenu de payer le fret en entier, et pour le chargement complet auquel il s'est engagé.

S'il en charge davantage, il paie le fret de l'excédant sur le prix réglé par la charte-partie.

Si cependant l'affréteur, sans avoir rien chargé, rompt le voyage avant le départ, il paiera en indemnité, au capitaine, la moitié du fret convenu par la charte-partie pour la totalité du chargement qu'il devait faire.

Si le navire a reçu une partie de son chargement, et qu'il parte à non-charge, le fret entier sera dû au capitaine.

289. Le capitaine qui a déclaré le navire d'un plus grand port qu'il n'est, est tenu des dommages-intérêts envers l'affréteur.

290. N'est réputé y avoir erreur en la déclaration du tonnage d'un navire, si l'erreur n'excède un quarantième, ou si la déclaration est conforme au certificat de jauge.

291. Si le navire est chargé à cueillette, soit au quintal, au tonneau ou à forfait, le chargeur peut retirer ses marchandises, avant le départ du navire, en payant le demi-fret.

Il supportera les frais de charge, ainsi que ceux de décharge et de rechargement des autres marchandises qu'il faudrait déplacer, et ceux du retardement.

292. Le capitaine peut faire mettre à terre, dans le lieu du chargement, les marchandises trouvées dans son navire, si elles ne lui ont point été déclarées, ou en prendre le fret au plus haut prix qui sera payé dans le même lieu pour les marchandises de même nature.

293. Le chargeur qui retire ses marchandises pendant le voyage, est tenu de payer le fret en entier et tous les frais de déplacement occasionnés par le déchargement; si les marchandises sont retirées pour cause des faits ou des fautes du capitaine, celui-ci est responsable de tous les frais.

294. Si le navire est arrêté au départ, pendant la route, ou au lieu de sa décharge, par le fait de l'affréteur, les frais du retardement sont dus par l'affréteur.

Si, ayant été frété pour l'aller et le retour, le navire fait son retour sans chargement ou avec un chargement incomplet, le fret entier est dû au capitaine, ainsi que l'intérêt du retardement.

295. Le capitaine est tenu des dommages-intérêts envers l'affréteur, si, par son fait, le navire a été arrêté ou retardé au départ, pendant sa route, ou au lieu de sa décharge.
Ces dommages-intérêts sont réglés par des experts.
296. Si le capitaine est contraint de faire radouber le navire pendant le voyage, l'affréteur est tenu d'attendre, ou de payer le fret en entier.
Dans le cas où le navire ne pourrait être radoubé, le capitaine est tenu d'en louer un autre.
Si le capitaine n'a pu louer un autre navire, le fret n'est dû qu'à proportion de ce que le voyage est avancé.
297. Le capitaine perd son fret, et répond des dommages-intérêts de l'affréteur, si celui-ci prouve que, lorsque le navire a fait voile, il était hors d'état de naviguer.
La preuve est admissible nonobstant et contre les certificats de visite au départ.
298. Le fret est dû pour les marchandises que le capitaine a été contraint de vendre pour subvenir aux victuailles, radoub et autres nécessités pressantes du navire, en tenant par lui compte de leur valeur au prix que le reste ou autre pareille marchandise de même qualité sera vendu au lieu de la décharge, si le navire arrive à bon port.
Si le navire se perd, le capitaine tiendra compte des marchandises sur le pied qu'il les aura vendues, en retenant également le fret porté aux connaissemens.
299. S'il arrive interdiction de commerce avec le pays pour lequel le navire est en route, et qu'il soit obligé de revenir avec son chargement, il n'est dû au capitaine que le fret de l'aller, quoique le vaisseau ait été affrété pour l'aller et le retour.
300. Si le vaisseau est arrêté dans le cours de son voyage par l'ordre d'une puissance,
Il n'est dû aucun fret pour le temps de sa détention, si le navire est affrété au mois; ni augmentation de fret, s'il est loué au voyage.
La nourriture et les loyers de l'équipage pendant la détention du navire, sont réputés avaries.
301. Le capitaine est payé du fret des marchandises jetées à la mer pour le salut commun, à la charge de contribution.
302. Il n'est dû aucun fret pour les marchandises perdues par naufrage ou échouement, pillées par des pirates ou prises par les ennemis.
Le capitaine est tenu de restituer le fret qui lui aura été avancé, s'il n'y a convention contraire.
303. Si le navire et les marchandises sont rachetés, ou si les marchandises sont sauvées du naufrage, le capitaine est payé du fret jusqu'au lieu de la prise ou du naufrage.
Il est payé du fret entier en contribuant au rachat, s'il conduit les marchandises au lieu de leur destination.
304. La contribution pour le rachat se fait sur le prix courant des marchandises au lieu de leur décharge, déduction faite des frais, et sur la moitié du navire et du fret.
Les loyers des matelots n'entrent point en contribution.
305. Si le consignataire refuse de recevoir les marchandises, le capitaine peut, par autorité de justice, en faire vendre pour le paiement de son fret, et faire ordonner le dépôt du surplus.
S'il y a insuffisance, il conserve son recours contre le chargeur.
306. Le capitaine ne peut retenir les marchandises dans son navire faute de paiement de son fret;
Il peut, dans le temps de la décharge, demander le dépôt en mains tierces jusqu'au paiement de son fret.
307. Le capitaine est préféré, pour son fret, sur les marchandises de son chargement, pendant quinzaine après leur délivrance, si elles n'ont passé en mains tierces.
308. En cas de faillite des chargeurs ou réclamateurs avant l'expiration de la quinzaine, le capitaine est privilégié sur tous les créanciers pour le paiement de son fret et des avaries qui lui sont dues.
309. En aucun cas le chargeur ne peut demander de diminution sur le prix du fret.
310. Le chargeur ne peut abandonner pour le fret les marchandises diminuées de prix, ou détériorées par leur vice propre ou par cas fortuit.
Si toutefois des futailles contenant vin, huile, miel et autres liquides, ont tellement coulé qu'elles soient vides ou presque vides, lesdites futailles pourront être abandonnées pour le fret.

TITRE IX.

DES CONTRATS A LA GROSSE.

311. Le contrat à la grosse est fait devant notaire, ou sous signature privée.
Il énonce
Le capital prêté et la somme convenue pour le profit maritime,
Les objets sur lesquels le prêt est affecté,
Les noms du navire et du capitaine,
Ceux du prêteur et de l'emprunteur;
Si le prêt a lieu pour un voyage,
Pour quel voyage, et pour quel temps;
L'époque du remboursement.

312. Tout prêteur à la grosse, en France, est tenu de faire enregistrer son contrat au greffe du tribunal de commerce, dans les dix jours de la date, à peine de perdre son privilége;

Et si le contrat est fait à l'étranger, il est soumis aux formalités prescrites à l'article 234.

313. Tout acte de prêt à la grosse peut être négocié par la voie de l'endossement, s'il est à ordre.

En ce cas, la négociation de cet acte a les mêmes effets et produit les mêmes actions en garantie que celle des autres effets de commerce.

314. La garantie de paiement ne s'étend pas au profit maritime, à moins que le contraire n'ait été expressément stipulé.

315. Les emprunts à la grosse peuvent être affectés,
Sur le corps et quille du navire,
Sur les agrès et apparaux,
Sur l'armement et les victuailles,
Sur le chargement,
Sur la totalité des objets conjointement, ou sur une partie déterminée de chacun d'eux.

316. Tout emprunt à la grosse, fait pour une somme excédant la valeur des objets sur lesquels il est affecté, peut être déclaré nul, à la demande du prêteur, s'il est prouvé qu'il y a fraude de la part de l'emprunteur.

317. S'il n'y a fraude, le contrat est valable jusqu'à la concurrence de la valeur des effets affectés à l'emprunt, d'après l'estimation qui en est faite ou convenue;

Le surplus de la somme empruntée est remboursé avec intérêt au cours de la place.

318. Tous emprunts sur le fret à faire du navire et sur le profit espéré des marchandises, sont prohibés.

Le prêteur, dans ce cas, n'a droit qu'au remboursement du capital, sans aucun intérêt.

319. Nul prêt à la grosse ne peut être fait aux matelots ou gens de mer sur leurs loyers ou voyages.

320. Le navire, les agrès et les apparaux, l'armement et les victuailles, même le fret acquis, sont affectés par privilége au capital et intérêts de l'argent donné à la grosse sur le corps et quille du vaisseau.

Le chargement est également affecté au capital et intérêts de l'argent donné à la grosse sur le chargement.

Si l'emprunt a été fait sur un objet particulier du navire ou du chargement, le privilége n'a lieu que sur l'objet, et dans la proportion de la quotité affectée à l'emprunt.

321. Un emprunt à la grosse fait par le capitaine dans le lieu de la demeure des propriétaires du navire, sans leur autorisation authentique ou leur intervention dans l'acte, ne donne action et privilége que sur la portion que le capitaine peut avoir au navire et au fret.

322. Sont affectées aux sommes empruntées, même dans le lieu de la demeure des intéressés, pour radoub et victuailles, les parts et portions des propriétaires qui n'auraient pas fourni leur contingent pour mettre le bâtiment en état, dans les vingt-quatre heures de la sommation qui leur en sera faite.

323. Les emprunts faits pour le dernier voyage du navire sont remboursés par préférence aux

sommes prêtées pour un précédent voyage, quand même il serait déclaré qu'elles sont laissées par continuation ou renouvellement.

Les sommes empruntées pendant le voyage sont préférées à celles qui auraient été empruntées avant le départ du navire ; et s'il y a plusieurs emprunts faits pendant le même voyage, le dernier emprunt sera toujours préféré à celui qui l'aura précédé.

324. Le prêteur à la grosse sur marchandises chargées dans un navire désigné au contrat, ne supporte pas la perte des marchandises, même par fortune de mer, si elles ont été chargées sur un autre navire, à moins qu'il ne soit légalement constaté que ce chargement a eu lieu par force majeure.

325. Si les effets sur lesquels le prêt à la grosse a eu lieu sont entièrement perdus, et que la perte soit arrivée par cas fortuit, dans le temps et dans le lieu des risques, la somme prêtée ne peut être réclamée.

326. Les déchets, diminutions et pertes qui arrivent par le vice propre de la chose, et les dommages causés par le fait de l'emprunteur, ne sont point à la charge du prêteur.

327. En cas de naufrage, le paiement des sommes empruntées à la grosse est réduit à la valeur des effets sauvés et affectés au contrat, déduction faite des frais de sauvetage.

328. Si le temps des risques n'est point déterminé par le contrat, il court, à l'égard du navire, des agrès, apparaux, armement et victuailles, du jour que le navire a fait voile, jusqu'au jour où il est ancré ou amarré au port ou lieu de sa destination.

A l'égard des marchandises, le temps des risques court du jour qu'elles ont été chargées dans le navire, ou dans les gabares pour les y porter, jusqu'au jour où elles sont délivrées à terre.

329. Celui qui emprunte à la grosse sur des marchandises, n'est point libéré par la perte du navire et du chargement, s'il ne justifie qu'il y avait, pour son compte, des effets jusqu'à la concurrence de la somme empruntée.

330. Les prêteurs à la grosse contribuent, à la décharge des emprunteurs, aux avaries communes.

Les avaries simples sont aussi à la charge des prêteurs, s'il n'y a convention contraire.

331. S'il y a contrat à la grosse et assurance sur le même navire ou sur le même chargement, le produit des effets sauvés du naufrage est partagé entre le prêteur à la grosse, *pour son capital seulement*, et l'assureur, pour les sommes assurées, au marc le franc de leur intérêt respectif, sans préjudice des priviléges établis à l'art. 191.

TITRE X.

DES ASSURANCES.

SECTION Ire. *Du Contrat d'Assurance, de sa Forme et de son Objet.*

332. Le contrat d'assurance est rédigé par écrit.

Il est daté du jour auquel il est souscrit.

Il y est énoncé si c'est avant ou après midi.

Il peut être fait sous signature privée.

Il ne peut contenir aucun blanc.

Il exprime

Le nom et le domicile de celui qui fait assurer, sa qualité de propriétaire ou de commissionnaire,

Le nom et la désignation du navire,

Le nom du capitaine,

Le lieu où les marchandises ont été ou doivent être chargées,

Le port d'où ce navire a dû ou doit partir,

Les ports ou rades dans lesquels ils doit charger ou décharger,

Ceux dans lesquels il doit entrer,

La nature et la valeur ou l'estimation des marchandises ou objets que l'on fait assurer,

Les temps auquels les risques doivent commencer et finir,

La somme assurée,

La prime ou le coût de l'assurance,

La soumission des parties à des arbitres, en cas de contestation, si elle a été convenue,
Et généralement toutes les autres conditions dont les parties sont convenues.
333. La même police peut contenir plusieurs assurances, soit à raison des marchandises, soit à raison du taux de la prime, soit à raison de différens assureurs.
334. L'assurance peut avoir pour objet,
Le corps et quille du vaisseau, vide ou chargé, armé ou non armé, seul ou accompagné,
Les agrès et apparaux,
Les armemens,
Les victuailles,
Les sommes prêtées à la grosse,
Les marchandises du chargement et toutes autres choses ou valeurs estimables à prix d'argent, sujettes aux risques de la navigation.
335. L'assurance peut être faite sur le tout ou sur une partie desdits objets, conjointement ou séparément.
Elle peut être faite en temps de paix ou en temps de guerre, avant ou pendant le voyage du vaisseau.
Elle peut être faite pour l'aller et le retour, ou seulement pour l'un des deux, pour le voyage entier ou pour un temps limité;
Pour tous voyages et transports par mer, rivières et canaux navigables.
336. En cas de fraude dans l'estimation des effets assurés, en cas de supposition ou de falsification, l'assureur peut faire procéder à la vérification et estimation des objets, sans préjudice de toutes autres poursuites, soit civiles, soit criminelles.
337. Les chargemens faits aux Echelles du Levant, aux côtes d'Afrique et autres parties du monde, pour l'Europe, peuvent être assurés sur quelque navire qu'ils aient lieu, sans désignation du navire ni du capitaine.
Les marchandises elles-mêmes peuvent, en ce cas, être assurées sans désignation de leur nature et espèce.
Mais la police doit indiquer celui à qui l'expédition est faite ou doit être consignée, s'il n'y a convention contraire dans la police d'assurance.
338. Tout effet dont le prix est stipulé dans le contrat en monnaie étrangère, est évalué au prix que la monnaie stipulée vaut en monnaie de France, suivant le cours, à l'époque de la signature de la police.
339. Si la valeur des marchandises n'est point fixée par le contrat, elle peut être justifiée par les factures ou par les livres : à défaut l'estimation en est faite suivant le prix courant au temps et au lieu du chargement, y compris tous les droits payés et les frais faits jusqu'à bord.
340. Si l'assurance est faite sur le retour d'un pays où le commerce ne se fait que par troc, et que l'estimation des marchandises ne soit pas faite par la police, elle sera réglée sur le pied de la valeur de celles qui ont été données en échange, en y joignant les frais de transport.
341. Si le contrat d'assurance ne règle point le temps des risques, les risques commencent et finissent dans le temps réglé par l'article 328 pour les contrats à la grosse.
342. L'assureur peut faire réassurer par d'autres les effets qu'il a assurés.
L'assuré peut faire assurer le coût de l'assurance.
La prime de réassurance peut être moindre ou plus forte que celle de l'assurance.
343. L'augmentation de prime qui aura été stipulée en temps de paix pour le temps de guerre qui pourrait survenir, et dont la quotité n'aura pas été déterminée par les contrats d'assurance, est réglée par les tribunaux, en ayant égard aux risques, aux circonstances et aux stipulations de chaque police d'assurance.
344. En cas de perte des marchandises assurées et chargées pour le compte du capitaine sur le vaisseau qu'il commande, le capitaine est tenu de justifier aux assureurs l'achat des marchandises, et d'en fournir un connaissement signé par deux des principaux de l'équipage.
345. Tout homme de l'équipage et tout passager qui apportent des pays étrangers des marchandises assurées en France, sont tenus d'en laisser un connaissement dans les lieux où le chargement s'effectue, entre les mains du consul de France, et, à défaut, entre les mains d'un Français, notable négociant, ou du magistrat du lieu.

346. Si l'assureur tombe en faillite lorsque le risque n'est pas encore fini, l'assuré peut demander caution ou la résiliation du contrat.

L'assureur a le même droit en cas de faillite de l'assuré.

347. Le contrat d'assurance est nul, s'il a pour objet
Le fret des marchandises existantes à bord du navire,
Le profit espéré des marchandises,
Les loyers des gens de mer,
Les sommes empruntées à la grosse,
Les profits maritimes des sommes prêtées à la grosse.

348. Toute réticence, toute fausse déclaration de la part de l'assuré, toute différence entre le contrat d'assurance et le connaissement, qui diminueraient l'opinion du risque ou en changeraient le sujet, annullent l'assurance.

L'assurance est nulle, même dans le cas où la réticence, la fausse déclaration, ou la différence, n'auraient pas influé sur le dommage ou la perte de l'objet assuré.

Section II. *Des Obligations de l'Assureur et de l'Assuré.*

349. Si le voyage est rompu avant le départ du vaisseau, même par le fait de l'assuré, l'assurance est annullée; l'assureur reçoit, à titre d'indemnité, demi pour cent de la somme assurée.

350. Sont aux risques des assureurs, toutes pertes et dommages qui arrivent aux objets assurés, par tempête, naufrage, échouement, abordage fortuit, changemens forcés de route, de voyage ou de vaisseau, par jet, feu, prise, pillage, arrêt par ordre de puissance, déclaration de guerre, représailles, et généralement par toutes les autres fortunes de mer.

351. Tout changement de route, de voyage ou de vaisseau, et toutes pertes et dommages provenant du fait de l'assuré, ne sont point à la charge de l'assureur; et même la prime lui est acquise, s'il a commencé à courir les risques.

352. Les déchets, diminutions et pertes qui arrivent par le vice propre de la chose, et les dommages causés par le fait et faute des propriétaires, affréteurs ou chargeurs, ne sont point à la charge des assureurs.

353. L'assureur n'est point tenu des prévarications et fautes du capitaine et de l'équipage, connues sous le nom de *baraterie de patron*, s'il n'y a convention contraire.

354. L'assureur n'est point tenu du pilotage, touage et lamanage, ni d'aucune espèce de droits imposés sur le navire et les marchandises.

355. Il sera fait désignation dans la police, des marchandises sujettes, par leur nature, à détérioration particulière ou diminution, comme blés ou sels, ou marchandises susceptibles de coulage; sinon les assureurs ne répondront point des dommages ou pertes qui pourraient arriver à ces mêmes denrées, si ce n'est toutefois que l'assuré eût ignoré la nature du chargement lors de la signature de la police.

356. Si l'assurance a pour objet des marchandises pour l'aller et le retour, et si le vaisseau étant parvenu à sa première destination, il ne se fait point de chargement en retour, ou si le chargement en retour n'est pas complet, l'assureur reçoit seulement les deux tiers proportionnels de la prime convenue, s'il n'y a stipulation contraire.

357. Un contrat d'assurance ou de réassurance consenti pour une somme excédant la valeur des effets chargés, est nul à l'égard de l'assuré seulement, s'il est prouvé qu'il y a dol ou fraude de sa part.

358. S'il n'y a ni dol ni fraude, le contrat est valable jusqu'à concurrence de la valeur des effets chargés, d'après l'estimation qui en est faite ou convenue.

En cas de pertes, les assureurs sont tenus d'y contribuer chacun à proportion des sommes par eux assurées.

Ils ne reçoivent pas la prime de cet excédant de valeur, mais seulement l'indemnité de demi pour cent.

359. S'il existe plusieurs contrats d'assurance faits sans fraude sur le même chargement, et que le premier contrat assure l'entière valeur des effets chargés, il subsistera seul.

Les assureurs qui ont signé les contrats subséquens, sont libérés; ils ne reçoivent que demi pour cent de la somme assurée.

Si l'entière valeur des effets chargés n'est pas assurée par le premier contrat, les assureurs qui ont signé les contrats subséquens, répondent de l'excédant en suivant l'ordre de la date des contrats.

360. S'il y a des effets chargés pour le montant des sommes assurées, en cas de perte d'une partie, elle sera payée par tous les assureurs de ces effets, au marc le franc de leur intérêt.

361. Si l'assurance a lieu divisément pour des marchandises qui doivent être chargées sur plusieurs vaisseaux désignés, avec énonciation de la somme assurée sur chacun, et si le chargement entier est mis sur un seul vaisseau, ou sur un moindre nombre qu'il n'en est désigné dans le contrat, l'assureur n'est tenu que de la somme qu'il a assurée sur le vaisseau ou sur les vaisseaux qui ont reçu le chargement, nonobstant la perte de tous les vaisseaux désignés; et il recevra néanmoins demi pour cent des sommes dont les assurances se trouvent annullées.

362. Si le capitaine a la liberté d'entrer dans différens ports pour compléter ou échanger son chargement, l'assureur ne court les risques des effets assurés que lorsqu'ils sont à bord, s'il n'y a convention contraire.

363. Si l'assurance est faite pour un temps limité, l'assureur est libre, après l'expiration du temps, et l'assuré peut faire assurer les nouveaux risques.

364. L'assureur est déchargé des risques, et la prime lui est acquise, si l'assuré envoie le vaisseau en un lieu plus éloigné que celui qui est désigné par le contrat, quoique sur la même route.

L'assurance a son entier effet, si le voyage est raccourci.

365. Toute assurance faite après la perte ou l'arrivée des objets assurés, est nulle, s'il y a présomption qu'avant la signature du contrat, l'assuré a pu être informé de la perte, ou l'assureur, de l'arrivée des objets assurés.

366. La présomption existe, si, en comptant trois quarts de myriamètre (une lieue et demie) par heure, sans préjudice des autres preuves, il est établi que de l'endroit de l'arrivée ou de la perte du vaisseau, ou du lieu où la première nouvelle en est arrivée, elle a pu être portée dans le lieu où le contrat d'assurance a été passé, avant la signature du contrat.

367. Si cependant l'assurance est faite sur bonnes ou mauvaises nouvelles, la présomption mentionnée dans les articles précédens n'est point admise.

Le contrat n'est annullé que sur la preuve que l'assuré savait la perte, ou l'assureur l'arrivée du navire, avant la signature du contrat.

368. En cas de preuve contre l'assuré, celui-ci paye à l'assureur une double prime.

En cas de preuve contre l'assureur, celui-ci paye à l'assuré une somme double de la prime convenue.

Celui d'entre eux contre qui la preuve est faite, est poursuivi correctionnellement.

Section III. *Du Délaissement.*

369. Le délaissement des objets assurés peut être fait

En cas de prise,

De naufrage,

D'échouement avec bris,

D'innavigabilité par fortune de mer,

En cas d'arrêt d'une puissance étrangère,

En cas de perte ou détérioration des effets assurés, si la détérioration ou la perte va au moins à trois quarts.

Il peut être fait en cas d'arrêt de la part du Gouvernement, après le voyage commencé.

370. Il ne peut être fait avant le voyage commencé.

371. Tous autres dommages sont réputés avaries, et se règlent, entre les assureurs et les assurés, à raison de leurs intérêts.

372. Le délaissement des objets assurés ne peut être partiel ni conditionnel.

Il ne s'étend qu'aux effets qui sont l'objet de l'assurance et du risque.

373. Le délaissement doit être fait aux assureurs dans le terme de six mois, à partir du jour de la réception de la nouvelle de la perte arrivée aux ports ou côtes de l'Europe, ou sur celles d'Asie et d'Afrique, dans la Méditerranée, ou bien, en cas de prise, de la réception de celle

de la conduite du navire dans l'un des ports ou lieux situés aux côtes ci-dessus mentionnées;
Dans le délai d'un an après la réception de la nouvelle ou de la perte arrivée, ou de la prise conduite aux colonies des Indes occidentales, aux îles Açores, Canaries, Madère et autres îles et côtes occidentale sd'Afrique et orientales d'Amérique;
Dans le délai de deux ans après la nouvelle des pertes arrivées, ou des prises conduites dans toutes les autres parties du monde.
Et ces délais passés, les assurés ne seront plus recevables à faire le délaissement.
374. Dans le cas où le délaissement peut être fait, et dans le cas de tous autres accidens aux risques des assureurs, l'assuré est tenu de signifier à l'assureur les avis qu'il a reçus.
La signification doit être faite dans les trois jours de la réception de l'avis.
375. Si, après un an expiré, à compter du jour du départ du navire, ou du jour auquel se rapportent les dernières nouvelles reçues, pour les voyages ordinaires,
Après deux ans pour les voyages de long cours,
L'assuré déclare n'avoir reçu aucune nouvelle de son navire, il peut faire le délaissement à l'assureur, et demander le paiement de l'assurance, sans qu'il soit besoin d'attestation de la perte.
Après l'expiration de l'an ou des deux ans, l'assuré a, pour agir, les délais établis par l'art. 373.
376. Dans le cas d'une assurance pour temps limité, après l'expiration des délais établis, comme ci-dessus, pour les voyages ordinaires et pour ceux de long cours, la perte du navire est présumée arrivée dans le temps de l'assurance.
377. Sont réputés voyages de long cours ceux qui se font aux Indes orientales et occidentales, à la mer Pacifique, au Canada, à Terre-Neuve, au Groenland, et aux autres côtes et îles de l'Amérique méridionale et septentrionale, aux Açores, Canaries, à Madère, et dans toutes les côtes et pays situés sur l'Océan, au-delà des détroits de Gibraltar et du Sund.
378. L'assuré peut, par la signification mentionnée en l'article 374, ou faire le délaissement avec sommation à l'assureur de payer la somme assurée dans le délai fixé par le contrat, ou se réserver de faire le délaissement dans les délais fixés par la loi.
379. L'assuré est tenu, en faisant le délaissement, de déclarer toutes les assurances qu'il a faites ou fait faire, même celles qu'il a ordonnées, et l'argent qu'il a pris à la grosse, soit sur le navire, soit sur les marchandises; faute de quoi, le délai du paiement, qui doit commencer à courir du jour du délaissement, sera suspendu jusqu'au jour où il fera notifier ladite déclaration, sans qu'il en résulte aucune prorogation du délai établi pour former l'action en délaissement.
380. En cas de déclaration frauduleuse, l'assuré est privé des effets de l'assurance; il est tenu de payer les sommes empruntées, nonobstant la perte ou la prise du navire.
381. En cas de naufrage ou d'échouement avec bris, l'assuré doit, sans préjudice du délaissement à faire en temps et lieu, travailler au recouvrement des effets naufragés.
Sur son affirmation, les frais de recouvrement lui sont alloués jusqu'à concurrence de la valeur des effets recouvrés.
382. Si l'époque du paiement n'est point fixée par le contrat, l'assureur est tenu de payer l'assurance trois mois après la signification du délaissement.
383. Les actes justificatifs du chargement et de la perte sont signifiés à l'assureur avant qu'il puisse être poursuivi pour le paiement des sommes assurées.
384. L'assureur est admis à la preuve des faits contraires à ceux qui sont consignés dans les attestations.
L'admission à la preuve ne suspend pas les condamnations de l'assureur au paiement provisoire de la somme assurée, à la charge par l'assuré de donner caution.
L'engagement de la caution est éteint après quatre années révolues, s'il n'y a pas eu de poursuite.
385. Le délaissement signifié et accepté ou jugé valable, les effets assurés appartiennent à l'assureur, à partir de l'époque du délaissement.
L'assureur ne peut, sous prétexte du retour du navire, se dispenser de payer la somme assurée.
386. Le fret des marchandises sauvées, quand même il aurait été payé d'avance, fait partie du délaissement du navire, et appartient également à l'assureur, sans préjudice des droits des prêteurs à la grosse, de ceux des matelots pour leur loyer, et des frais et dépenses pendant le voyage.

387. En cas d'arrêt de la part d'une puissance, l'assuré est tenu de faire la signification à l'assureur, dans les trois jours de la réception de la nouvelle.

Le délaissement des objets arrêtés ne peut être fait qu'après un délai de six mois de la signification, si l'arrêt a eu lieu dans les mers d'Europe, dans la Méditerranée, ou dans la Baltique;

Qu'après le délai d'un an, si l'arrêt a eu lieu en pays plus éloigné.

Ces délais ne courent que du jour de la signification de l'arrêt.

Dans le cas où les marchandises arrêtées seraient périssables, les délais ci-dessus mentionnés sont réduits à un mois et demi pour le premier cas, et à trois mois pour le second cas.

388. Pendant les délais portés par l'article précédent, les assurés sont tenus de faire toutes diligences qui peuvent dépendre d'eux, à l'effet d'obtenir la main-levée des effets arrêtés.

Pourront, de leur côté, les assureurs, ou de concert avec les assurés, ou séparément, faire toutes démarches à même fin.

389. Le délaissement à titre d'innavigabilité ne peut être fait, si le navire échoué peut être relevé, réparé, et mis en état de continuer sa route pour le lieu de sa destination.

Dans ce cas, l'assuré conserve son recours sur les assureurs, pour les frais et avaries occasionnés par l'échouement.

390. Si le navire a été déclaré innavigable, l'assuré sur le chargement est tenu d'en faire la notification dans le délai de trois jours de la réception de la nouvelle.

391. Le capitaine est tenu, dans ce cas, de faire toutes diligences pour se procurer un autre navire à l'effet de transporter les marchandises au lieu de leur destination.

392. L'assureur court les risques des marchandises chargées sur un autre navire, dans le cas prévu par l'article précédent, jusqu'à leur arrivée et leur déchargement.

393. L'assureur est tenu, en outre, des avaries, frais de déchargement, magasinage, rembarquement, de l'excédant du fret, et de tous autres frais qui auront été faits pour sauver les marchandises, jusqu'à concurrence de la somme assurée.

394. Si, dans les délais prescrits par l'article 387, le capitaine n'a pu trouver de navire pour recharger les marchandises et les conduire au lieu de leur destination, l'assuré peut en faire le délaissement.

395. En cas de prise, si l'assuré n'a pu en donner avis à l'assureur, il peut racheter les effets sans attendre son ordre.

L'assuré est tenu de signifier à l'assureur la composition qu'il aura faite, aussitôt qu'il en aura les moyens.

396. L'assureur a le choix de prendre la composition à son compte, ou d'y renoncer; il est tenu de notifier son choix à l'assuré, dans les vingt-quatre heures qui suivent la signification de la composition.

S'il déclare prendre la composition à son profit, il est tenu de contribuer, sans délai, au paiement du rachat dans les termes de la convention, et à proportion de son intérêt; et il continue de courir les risques du voyage, conformément au contrat d'assurance.

S'il déclare renoncer au profit de la composition, il est tenu au paiement de la somme assurée, sans pouvoir rien prétendre aux effets rachetés.

Lorsque l'assureur n'a pas notifié son choix dans le délai susdit, il est censé avoir renoncé au profit de la composition.

TITRE XI.

DES AVARIES.

397. Toutes dépenses extraordinaires faites pour le navire et les marchandises, conjointement ou séparément,

Tout dommage qui arrive aux navires et aux marchandises, depuis leur chargement et départ jusqu'à leur retour et déchargement,

Sont réputés avaries.

398. A défaut de conventions spéciales entre toutes les parties, les avaries sont réglées conformément aux dispositions ci-après.

399. Les avaries sont de deux classes, avaries grosses ou communes, et avaries simples ou particulières.

400. Sont avaries communes,

1°. Les choses données par composition et à titre de rachat du navire et des marchandises;

2°. Celles qui sont jetées à la mer;

3°. Les câbles ou mâts rompus ou coupés;

4°. Les ancres et autres effets abandonnés pour le salut commun;

5°. Les dommages occasionnés par le jet aux marchandises restées dans le navire;

6°. Les pansement et nourriture des matelots blessés en défendant le navire, les loyers et nourriture des matelots pendant la détention, quand le navire est arrêté en voyage par ordre d'une puissance, et pendant les réparations des dommages volontairement soufferts pour le salut commun, si le navire est affrété au mois;

7°. Les frais du déchargement pour alléger le navire et entrer dans un havre ou dans une rivière, quand le navire est contraint de le faire par tempête ou par la poursuite de l'ennemi;

8°. Les frais faits pour remettre à flot le navire échoué dans l'intention d'éviter la perte totale ou la prise;

Et en général, les dommages soufferts volontairement et les dépenses faites d'après délibérations motivées pour le bien et salut commun du navire et des marchandises, depuis leur chargement et départ jusqu'à leur retour et déchargement.

401. Les avaries communes sont supportées par les marchandises et par la moitié du navire et du fret, au marc le franc de la valeur.

402. Le prix des marchandises est établi par leur valeur au lieu du déchargement.

403. Sont avaries particulières,

1°. Le dommage arrivé aux marchandises par leur vice propre, par tempête, prise, naufrage ou échouement;

2°. Les frais faits pour les sauver;

3°. La perte des câbles, ancres, voiles, mâts, cordages, causée par tempête ou autre accident de mer;

Les dépenses résultant de toutes relâches occasionnées soit par la perte fortuite de ces objets, soit par le besoin d'avitaillement, soit par voie d'eau à réparer;

4°. La nourriture et le loyer des matelots pendant la détention, quand le navire est arrêté en voyage par ordre d'une puissance, et pendant les réparations qu'on est obligé d'y faire, si le navire est affrété au voyage;

5°. La nourriture et le loyer des matelots pendant la quarantaine, que le navire soit loué au voyage ou au mois;

Et en général les dépenses faites et le dommage souffert pour le navire seul, ou pour les marchandises seules, depuis leur chargement et départ jusqu'à leur retour et déchargement.

404. Les avaries particulières sont supportées et payées par le propriétaire de la chose qui a essuyé le dommage ou occasionné la dépense.

405. Les dommages arrivés aux marchandises faute par le capitaine d'avoir bien fermé les écoutilles, amarré le navire, fourni de bons guindages, et par tous autres accidens provenant de la négligence du capitaine ou de l'équipage, sont également des avaries particulières supportées par le propriétaire des marchandises, mais pour lesquelles il a son recours contre le capitaine, le navire et le fret.

406. Les lamanages, touages, pilotages, pour entrer dans les havres ou rivières, ou pour en sortir, les droits de congés, visites, rapports, tonnes, balises, ancrages et autres droits de navigation, ne sont point avaries; mais ils sont de simples frais à la charge du navire.

407. En cas d'abordage de navire, si l'événement a été purement fortuit, le dommage est supporté, sans répétition, par celui des navires qui l'a éprouvé.

Si l'abordage a été fait par la faute de l'un des capitaines, le dommage est payé par celui qui l'a causé.

S'il y a doute dans les causes de l'abordage, le dommage est réparé à frais communs, et par égale portion, par les navires qui l'ont fait et souffert.

Dans ces deux derniers cas, l'estimation du dommage est faite par experts.

408. Une demande pour avaries n'est point recevable, si l'avarie commune n'excède pas un pour cent de la valeur cumulée du navire et des marchandises, et si l'avarie particulière n'excède pas aussi un pour cent de la valeur de la chose endommagée.

409. La clause *franc d'avaries* affranchit les assureurs de toutes avaries, soit communes, soit particulières, excepté dans les cas qui donnent ouverture au délaissement; et, dans ces cas, les assurés ont l'option entre le délaissement et l'exercice d'action d'avarie.

TITRE XII.

DU JET ET DE LA CONTRIBUTION.

410. Si, par tempête ou par la chasse de l'ennemi, le capitaine se croit obligé, pour le salut du navire, de jeter en mer une partie de son chargement, de couper ses mâts ou d'abandonner ses ancres, il prend l'avis des intéressés au chargement qui se trouvent dans le vaisseau, et des principaux de l'équipage.

S'il y a diversité d'avis, celui du capitaine et des principaux de l'équipage est suivi.

411. Les choses les moins nécessaires, les plus pesantes et de moindre prix, sont jetées les premières, et ensuite les marchandises du premier pont au choix du capitaine, et par l'avis des principaux de l'équipage.

412. Le capitaine est tenu de rédiger par écrit la délibération, aussitôt qu'il en a les moyens.

La délibération exprime

Les motifs qui ont déterminé le jet,

Les objets jetés ou endommagés.

Elle présente la signature des délibérans, ou les motifs de leur refus de signer.

Elle est transcrite sur le registre.

413. Au premier port où le navire abordera, le capitaine est tenu, dans les vingt-quatre heures de son arrivée, d'affirmer les faits contenus dans la délibération transcrite sur le registre.

414. L'état des pertes et dommages est fait dans le lieu du déchargement du navire, à la diligence du capitaine et par experts.

Les experts sont nommés par le tribunal de commerce, si le déchargement se fait dans un port français.

Dans les lieux où il n'y a pas de tribunal de commerce, les experts sont nommés par le juge de paix.

Ils sont nommés par le consul de France, et, à son défaut, par le magistrat du lieu, si la décharge se fait dans un port étranger.

Les experts prêtent serment avant d'opérer.

415. Les marchandises jetées sont estimées suivant le prix courant du lieu du déchargement; leur qualité est constatée par la production des connaissemens, et des factures s'il y en a.

416. Les experts nommés en vertu de l'article précédent font la répartition des pertes et dommages.

La répartition est rendue exécutoire par l'homologation du tribunal.

Dans les ports étrangers, la répartition est rendue exécutoire par le consul de France, ou, à son défaut, par tout tribunal compétent sur les lieux.

417. La répartition pour le paiement des pertes et dommages est faite sur les effets jetés et sauvés, et sur moitié du navire et du fret, à proportion de leur valeur au lieu du déchargement.

418. Si la qualité des marchandises a été déguisée par le connaissement, et qu'elles se trouvent d'une plus grande valeur, elles contribuent sur le pied de leur estimation, si elles sont sauvées;

Elles sont payées d'après la qualité désignée par le connaissement, si elles sont perdues.

Si les marchandises déclarées sont d'une qualité inférieure à celle qui est indiquée par le connaissement, elles contribuent d'après la qualité indiquée par le connaissement, si elles sont sauvées;

Elles sont payées sur le pied de leur valeur, si elles sont jetées ou endommagées.

419. Les munitions de guerre et de bouche, et les hardes des gens de l'équipage ne con-

tribuent point au jet; la valeur de celles qui auront été jetées sera payée par contribution sur tous les autres effets.

420. Les effets dont il n'y a pas de connaissement ou déclaration du capitaine, ne sont pas payés s'ils sont jetés ; ils contribuent s'ils sont sauvés.

421. Les effets chargés sur le tillac du navire contribuent s'ils sont sauvés.

S'ils sont jetés ou endommagés par le jet, le propriétaire n'est point admis à former une demande en contribution : il ne peut exercer son recours que contre le capitaine.

422. Il n'y a lieu à contribution pour raison du dommage arrivé au navire, que dans le cas où le dommage a été fait pour faciliter le jet.

423. Si le jet ne sauve le navire, il n'y a lieu à aucune contribution.

Les marchandises sauvées ne sont point tenues du paiement ni du dédommagement de celles qui ont été jetées ou endommagées.

424. Si le jet sauve le navire, et si le navire, en continuant sa route, vient à se perdre,

Les effets sauvés contribuent au jet sur le pied de leur valeur en l'état où ils se trouvent, déduction faite des frais de sauvetage.

425. Les effets jetés ne contribuent en aucun cas au paiement des dommages arrivés depuis le jet aux marchandises sauvées.

Les marchandises ne contribuent point au paiement du navire perdu ou réduit à l'état d'innavigabilité.

426. Si, en vertu d'une délibération, le navire a été ouvert pour en extraire les marchandises, elles contribuent à la réparation du dommage causé au navire.

427. En cas de perte des marchandises mises dans des barques pour alléger le navire entrant dans un port ou une rivière, la répartition en est faite sur le navire et son chargement en entier.

Si le navire périt avec le reste de son chargement, il n'est fait aucune répartition sur les marchandises mises dans les alléges, quoiqu'elles arrivent à bon port.

428. Dans tous les cas ci-dessus exprimés, le capitaine et l'équipage sont privilégiés sur les marchandises ou le prix en provenant pour le montant de la contribution.

429. Si, depuis la répartition, les effets jetés sont recouvrés par les propriétaires, ils sont tenus de rapporter au capitaine et aux intéressés ce qu'ils ont reçu dans la contribution, déduction faite des dommages causés par le jet et des frais de recouvrement.

TITRE XIII.

DES PRESCRIPTIONS.

430. Le capitaine ne peut acquérir la propriété du navire par voie de prescription.

431. L'action en délaissement est prescrite dans les délais exprimés par l'article 373.

432. Toute action dérivant d'un contrat à la grosse, ou d'une police d'assurance, est prescrite après cinq ans, à compter de la date du contrat.

433. Sont prescrites

Toutes actions en paiement pour fret de navire, gages et loyers des officiers, matelots et autres gens de l'équipage, un an après le voyage fini;

Pour nourriture fournie aux matelots par l'ordre du capitaine, un an après la livraison ;

Pour fournitures de bois et autres choses nécessaires aux constructions, équipement et avitaillement du navire, un an après ces fournitures faites ;

Pour salaires d'ouvriers et pour ouvrages faits, un an après la réception des ouvrages;

Toute demande en délivrance de marchandises, un an après l'arrivée du navire.

434. La prescription ne peut avoir lieu, s'il y a cédule, obligation, arrêté de compte ou interpellation judiciaire.

TITRE XIV.

FINS DE NON-RECEVOIR.

435. Sont non-recevables
Toutes actions contre le capitaine et les assureurs, pour dommage arrivé à la marchandise, si elle a été reçue sans protestation ;
Toutes actions contre l'affréteur, pour avaries, si le capitaine a livré les marchandises et reçu son fret sans avoir protesté ;
Toutes actions en indemnité pour dommages causés par l'abordage dans un lieu où le capitaine a pu agir, s'il n'a point fait de réclamation.

436. Ces protestations et réclamations sont nulles, si elles ne sont faites et signifiées dans les vingt-quatre heures, et si, dans le mois de leur date, elles ne sont suivies d'une demande en justice.

LIVRE III.

DES FAILLITES ET DES BANQUEROUTES.

(Loi décrétée le 12 Septembre 1807, promulguée le 22.)

Dispositions générales.

437. Tout commerçant qui cesse ses paiemens est en état de faillite.

438. Tout commerçant failli qui se trouve dans l'un des cas de faute grave ou de fraude prévus par la présente loi, est en état de banqueroute.

439. Il y a deux espèces de banqueroutes :
La banqueroute simple ; elle sera jugée par les tribunaux correctionnels ;
La banqueroute frauduleuse ; elle sera jugée par les cours d'assises.

TITRE PREMIER.

DE LA FAILLITE.

CHAPITRE PREMIER.

DE L'OUVERTURE DE LA FAILLITE.

440. Tout failli sera tenu, dans les trois jours de la cessation de paiemens, d'en faire la déclaration au greffe du tribunal de commerce ; le jour où il aura cessé ses paiemens sera compris dans ces trois jours.

En cas de faillite d'une société en nom collectif, la déclaration du failli contiendra le nom et l'indication du domicile de chacun des associés solidaires.

441. L'ouverture de la faillite est déclarée par le tribunal de commerce : son époque est fixée, soit par la retraite du débiteur, soit par la clôture de ses magasins, soit par la date de tous actes constatant le refus d'acquitter ou de payer des engagemens de commerce.

Tous les actes ci-dessus mentionnés ne constateront néanmoins l'ouverture de la faillite que lorsqu'il y aura cessation de paiement ou déclaration du failli.

442. Le failli, à compter du jour de la faillite, est dessaisi, de plein droit, de l'administration de tous ses biens.

443. Nul ne peut acquérir privilége ni hypothèque sur les biens du failli, dans les dix jours qui précèdent l'ouverture de la faillite.

444. Tous actes translatifs de propriétés immobiliaires, faits par le failli, à titre gratuit, dans les dix jours qui précèdent l'ouverture de la faillite, sont nuls et sans effet relativement à la masse des créanciers; tous actes du même genre, à titre onéreux, sont susceptibles d'être annullés, sur la demande des créanciers, s'ils paraissent aux juges porter des caractères de fraude.

445. Tous actes ou engagemens pour fait de commerce, contractés par le débiteur dans les dix jours qui précèdent l'ouverture de la faillite, sont présumés frauduleux, quant au failli : ils sont nuls, lorsqu'il est prouvé qu'il y a fraude de la part des autres contractans.

446. Toutes sommes payées, dans les dix jours qui précèdent l'ouverture de la faillite, pour dettes commerciales non-échues, sont rapportées.

447. Tous actes ou paiemens faits en fraude des créanciers, sont nuls.

448. L'ouverture de la faillite rend exigibles les dettes passives non-échues : à l'égard des effets de commerce par lesquels le failli se trouvera être l'un des obligés, les autres obligés ne seront tenus que de donner caution pour le paiement, à l'échéance, s'ils n'aiment mieux payer immédiatement.

CHAPITRE II.

DE L'APPOSITION DES SCELLÉS.

449. Dès que le tribunal de commerce aura connaissance de la faillite, soit par la déclaration du failli, soit par la requête de quelque créancier, soit par la notoriété publique, il ordonnera l'apposition des scellés : expédition du jugement sera sur-le-champ adressée au juge de paix.

450. Le juge de paix pourra aussi apposer les scellés, sur la notoriété acquise.

451. Les scellés seront apposés sur les magasins, comptoirs, caisses, porte-feuilles, livres, registres, papiers, meubles et effets du failli.

452. Si la faillite est faite par des associés réunis en société collective, les scellés seront apposés, non-seulement dans le principal manoir de la société, mais dans le domicile séparé de chacun des associés solidaires.

453. Dans tous les cas, le juge de paix adressera, sans délai, au tribunal de commerce, le procès-verbal de l'apposition des scellés.

CHAPITRE III.

DE LA NOMINATION DU JUGE-COMMISSAIRE ET DES AGENS DE LA FAILLITE.

454. Par le même jugement qui ordonnera l'apposition des scellés, le tribunal de commerce déclarera l'époque de l'ouverture de la faillite; il nommera un de ses membres commissaire de la faillite, et un ou plusieurs agens, suivant l'importance de la faillite, pour remplir, sous la surveillance du commissaire, les fonctions qui leur sont attribuées par la présente loi.

Dans le cas où les scellés auraient été apposés par le juge de paix, sur la notoriété acquise, le tribunal se conformera au surplus des dispositions ci-dessus prescrites, dès qu'il aura connaissance de la faillite.

455. Le tribunal de commerce ordonnera, en même temps, ou le dépôt de la personne du failli dans la maison d'arrêt pour dettes, ou la garde de sa personne par un officier de police ou de justice, ou par un gendarme.

Il ne pourra, en cet état, être reçu contre le failli d'écrou ou recommandation, en vertu d'aucun jugement du tribunal de commerce.

456. Les agens que nommera le tribunal pourront être choisis parmi les créanciers présumés, ou tous autres, qui offriraient le plus de garantie pour la fidélité de leur gestion. Nul ne pourra être nommé agent deux fois dans le cours de la même année, à moins qu'il ne soit créancier.

457. Le jugement sera affiché et inséré par extrait dans les journaux, suivant le mode établi par l'article 683 du Code de Procédure civile.

Il sera exécutoire provisoirement, mais susceptible d'opposition; savoir : pour le failli, dans les huit jours qui suivront celui de l'affiche; pour les créanciers présens ou représentés, et pour tout autre intéressé, jusques et y compris le jour du procès-verbal constatant la vérification des créances; pour les créanciers en demeure, jusqu'à l'expiration du dernier délai qui leur aura été accordé.

458. Le juge-commissaire fera au tribunal de commerce le rapport de toutes les contestations que la faillite pourra faire naître, et qui seront de la compétence de ce tribunal.

Il sera chargé spécialement d'accélérer la confection du bilan, la convocation des créanciers, et de surveiller la gestion de la faillite, soit pendant la durée de la gestion provisoire des agens, soit pendant celle de l'administration des syndics provisoires ou définitifs.

459. Les agens nommés par le tribunal de commerce géreront la faillite sous la surveillance du commissaire, jusqu'à la nomination des syndics : leur gestion provisoire ne pourra durer que quinze jours au plus, à moins que le tribunal ne trouve nécessaire de prolonger cette agence de quinze autres jours pour tout délai.

460. Les agens seront révocables par le tribunal qui les aura nommés.

461. Les agens ne pourront faire aucune fonction, avant d'avoir prêté serment, devant le commissaire, de bien et fidèlement s'acquitter des fonctions qui leur seront attribuées.

CHAPITRE IV.

DES FONCTIONS PRÉALABLES DES AGENS, ET DES PREMIÈRES DISPOSITIONS A L'ÉGARD DU FAILLI.

462. Si, après la nomination des agens et la prestation du serment, les scellés n'avaient point été apposés, les agens requerront le juge de paix de procéder à l'apposition.

463. Les livres du failli seront extraits des scellés, et remis par le juge de paix aux agens, après avoir été arrêtés par lui : il constatera sommairement, par son procès-verbal, l'état dans lequel ils se trouveront.

Les effets du porte-feuille qui seront à courte échéance ou susceptibles d'acceptation, seront aussi extraits des scellés par le juge de paix, décrits et remis aux agens pour en faire le recouvrement : le bordereau en sera remis au commissaire.

Les agens recevront les autres sommes dues au failli, et sur leurs quittances, qui devront être visées par le commissaire. Les lettres adressées au failli seront remises aux agens : ils les ouvriront, s'il est absent ; s'il est présent, il assistera à leur ouverture.

464. Les agens feront retirer et vendre les denrées et marchandises sujettes à dépérissement prochain, après avoir exposé leurs motifs au commissaire et obtenu son autorisation.

Les marchandises non-dépérissables ne pourront être vendues par les agens qu'après la permission du tribunal de commerce, et sur le rapport du commissaire.

465. Toutes les sommes reçues par les agens seront versées dans une caisse à deux clefs, dont il sera fait mention à l'art. 496.

466. Après l'apposition des scellés, le commissaire rendra compte au tribunal de l'état apparent des affaires du failli, et pourra proposer ou sa mise en liberté pure et simple, avec sauf-conduit provisoire de sa personne, ou sa mise en liberté avec sauf-conduit, en fournissant caution de se représenter, sous peine de paiement d'une somme que le tribunal arbitrera, et qui tournera, le cas advenant, au profit des créanciers.

467. A défaut par le commissaire de proposer un sauf-conduit pour le failli, ce dernier pourra présenter sa demande au tribunal de commerce, qui statuera après avoir entendu le commissaire.

468. Si le failli a obtenu un sauf-conduit, les agens l'appelleront auprès d'eux, pour clorre et arrêter les livres en sa présence.

Si le failli ne se rend pas à l'invitation, il sera sommé de comparaître.

Si le failli ne comparaît pas quarante-huit heures après la sommation, il sera réputé s'être absenté à dessein.

Le failli pourra néanmoins comparaître par fondé de pouvoir, s'il propose des empêchemens jugés valables par le commissaire.

469. Le failli qui n'aura pas obtenu de sauf-conduit, comparaîtra par un fondé de pouvoir ; à défaut de quoi il sera réputé s'être absenté à dessein.

CHAPITRE V.

DU BILAN.

470. Le failli qui aura, avant la déclaration de sa faillite, préparé son bilan, ou état passif et actif de ses affaires, et qui l'aura gardé par-devers lui, le remettra aux agens dans les vingt-quatre heures de leur entrée en fonctions.

471. Le bilan devra contenir l'énumération et l'évaluation de tous les effets mobiliers et immobiliers du débiteur, l'état des dettes actives et passives, le tableau des profits et des pertes, le tableau des dépenses; le bilan devra être certifié véritable, daté et signé par le débiteur.

472. Si, à l'époque de l'entrée en fonction des agens, le failli n'avait pas préparé le bilan, il sera tenu, par lui ou par son fondé de pouvoir, suivant les cas prévus par les articles 468 et 469, de procéder à la rédaction du bilan, en présence des agens ou de la personne qu'ils auront préposée.

Les livres et papiers du failli lui seront, à cet effet, communiqués sans déplacement.

473. Dans tous les cas où le bilan n'aurait pas été rédigé, soit par le failli, soit par un fondé de pouvoir, les agens procéderont eux-mêmes à la formation du bilan, au moyen des livres et papiers du failli, et au moyen des informations et renseignemens qu'ils pourront se procurer auprès de la femme du failli, de ses enfans, de ses commis et autres employés.

474. Le juge-commissaire pourra aussi, soit d'office, soit sur la demande d'un ou de plusieurs créanciers, ou même de l'agent, interroger les individus désignés dans l'article précédent, à l'exception de la femme et des enfans du failli, tant sur ce qui concerne la formation du bilan, que sur les causes et les circonstances de sa faillite.

475. Si le failli vient à décéder après l'ouverture de sa faillite, sa veuve ou ses enfans pourront se présenter pour suppléer leur auteur dans la formation du bilan, et pour toutes les autres obligations imposées au failli par la présente loi; à leur défaut, les agens procéderont.

CHAPITRE VI.

DES SYNDICS PROVISOIRES.

SECTION Ire. *De la nomination des Syndics provisoires.*

476. Dès que le bilan aura été remis par les agens au commissaire, celui-ci dressera, dans trois jours, pour tout délai, la liste des créanciers, qui sera remise au tribunal de commerce, et il les fera convoquer par lettres, affiches et insertion dans les journaux.

477. Même avant la confection du bilan, le commissaire délégué pourra convoquer les créanciers, suivant l'exigence des cas.

478. Les créanciers susdits se réuniront, en présence du commissaire, aux jour et lieu indiqués par lui.

479. Toute personne qui se présenterait comme créancier à cette assemblée, et dont le titre serait postérieurement reconnu supposé de concert entre elle et le failli, encourra les peines portées contre les complices de banqueroutiers frauduleux.

480. Les créanciers réunis présenteront au juge-commissaire une liste triple du nombre des syndics provisoires qu'ils estimeront devoir être nommés; sur cette liste, le tribunal de commerce nommera.

SECTION II. *De la cessation des fonctions des Agens.*

481. Dans les vingt-quatre heures qui suivront la nomination des syndics provisoires, les agens cesseront leurs fonctions, et rendront compte aux syndics, en présence du commissaire, de toutes leurs opérations et de l'état de la faillite.

482. Après ce compte rendu, les syndics continueront les opérations commencées par les agens, et seront chargés provisoirement de toute l'administration de la faillite, sous la surveillance du juge-commissaire.

SECTION III. *Des indemnités pour les Agens.*

483. Les agens, après la reddition de leur compte, auront droit à une indemnité qui leur sera payée par les syndics provisoires.

484. Cette indemnité sera réglée selon les lieux et suivant la nature de la faillite, d'après les bases qui seront établies par un réglement d'administration publique.

485. Si les agens ont été pris parmi les créanciers, ils ne recevront aucune indemnité.

CHAPITRE VII.

DES OPÉRATIONS DES SYNDICS PROVISOIRES.

SECTION Ire. *De la levée des Scellés, et de l'Inventaire.*

486. Aussitôt après leur nomination, les syndics provisoires requerront la levée des scellés, et procéderont à l'inventaire des biens du failli. Ils seront libres de se faire aider, pour l'estimation, par qui ils jugeront convenable. Conformément à l'article 937 du Code de Procédure civile, cet inventaire se fera par les syndics à mesure que les scellés seront levés, et le juge de paix y assistera et le signera à chaque vacation.

487. Le failli sera présent ou dûment appelé à la levée des scellés et aux opérations de l'inventaire.

488. En toute faillite, les agens, syndics provisoires et définitifs, seront tenus de remettre, dans la huitaine de leur entrée en fonctions, au magistrat de sûreté (1) de l'arrondissement, un mémoire ou compte sommaire de l'état apparent de la faillite, de ses principales causes et circonstances, et des caractères qu'elle paraît avoir.

489. Le magistrat de sûreté pourra, s'il le juge convenable, se transporter au domicile du failli ou des faillis, assister à la rédaction du bilan, de l'inventaire et des autres actes de la faillite, se faire donner tous les renseignemens qui en résulteront, et faire en conséquence les actes ou poursuites nécessaires; le tout d'office et sans frais.

490. S'il présume qu'il y a banqueroute simple ou frauduleuse, s'il y a mandat d'amener, de dépôt ou d'arrêt décerné contre le failli, il en donnera connaissance, sans délai, au juge-commissaire du tribunal de commerce; en ce cas, ce commissaire ne pourra proposer, ni le tribunal accorder de sauf-conduit au failli.

SECTION II. *De la vente des Marchandises et Meubles, et des Recouvremens.*

491. L'inventaire terminé, les marchandises, l'argent, les titres actifs, meubles et effets du débiteur, seront remis aux syndics qui s'en chargeront au pied dudit inventaire.

492. Les syndics pourront, sous l'autorisation du commissaire, procéder au recouvrement des dettes actives du failli.

Ils pourront aussi procéder à la vente de ses effets et marchandises, soit par la voie des enchères publiques, par l'entremise des courtiers et à la bourse, soit à l'amiable, à leur choix.

493. Si le failli a obtenu un sauf-conduit, les syndics pourront l'employer pour faciliter et éclairer leur gestion; ils fixeront les conditions de son travail.

494. A compter de l'entrée en fonctions des agens et ensuite des syndics, toute action civile intentée, avant la faillite, contre la personne et les biens mobiliers du failli, par un créancier privé, ne pourra être suivie que contre les agens et les syndics; et toute action qui serait intentée après la faillite, ne pourra l'être que contre les agens et les syndics.

495. Si les créanciers ont quelque motif de se plaindre des opérations des syndics, ils en référeront au commissaire, qui statuera, s'il y a lieu, ou fera son rapport au tribunal de commerce.

496. Les deniers provenant des ventes et des recouvremens seront versés, sous la déduction des dépenses et frais, dans une caisse à double serrure. Une des clefs sera remise au plus âgé des agens ou syndics, et l'autre à celui d'entre les créanciers que le commissaire aura préposé à cet effet.

(1) *Nota.* Les fonctions que la loi du 7 pluviôse an IX (27 janvier 1801) avait attribuées aux magistrats de sûreté, sont, d'après l'article 22 du Code d'instruction criminelle, remplies maintenant par les Procureurs du Roi.

497. Toutes les semaines, le bordereau de situation de la caisse de la faillite sera remis au commissaire, qui pourra, sur la demande des syndics, et à raison des circonstances, ordonner le versement de tout ou partie des fonds à la caisse d'amortissement, ou entre les mains du délégué de cette caisse dans les départemens, à la charge de faire courir, au profit de la masse, les intérêts accordés aux sommes consignées à cette même caisse.

498. Le retirement des fonds versés à la caisse d'amortissement se fera en vertu d'une ordonnance du commissaire.

SECTION III. *Des Actes conservatoires.*

499. A compter de leur entrée en fonctions, les agens, et ensuite les syndics, seront tenus de faire tous actes pour la conservation des droits du failli sur ses débiteurs.

Ils seront aussi tenus de requérir l'inscription aux hypothèques sur les immeubles des débiteurs du failli, si elle n'a été requise par ce dernier, et s'il a des titres hypothécaires. L'inscription sera reçue au nom des agens et des syndics, qui joindront à leurs bordereaux un extrait des jugemens qui les auront nommés.

500. Ils seront tenus de prendre inscription, au nom de la masse des créanciers, sur les immeubles du failli, dont ils connaîtront l'existence. L'inscription sera reçue sur un simple bordereau énonçant qu'il y a faillite, et relatant la date du jugement par lequel ils auront été nommés.

SECTION IV. *De la vérification des Créances.*

501. La vérification des créances sera faite sans délai; le commissaire veillera à ce qu'il y soit procédé diligemment, à mesure que les créanciers se présenteront.

502. Tous les créanciers du failli seront avertis, à cet effet, par les papiers publics et par lettres des syndics, de se présenter, dans le délai de quarante jours, par eux ou par leurs fondés de pouvoirs, aux syndics de la faillite; de leur déclarer à quel titre et pour quelle somme ils sont créanciers, et de leur remettre leurs titres de créances, ou de les déposer au greffe du tribunal de commerce. Il leur en sera donné récépissé.

503. La vérification des créances sera faite contradictoirement entre le créancier ou son fondé de pouvoir et les syndics, et en présence du juge-commissaire, qui en dressera procès-verbal. Cette opération aura lieu dans les quinze jours qui suivront le délai fixé par l'article précédent.

504. Tout créancier dont la créance aura été vérifiée et affirmée, pourra assister à la vérification des autres créances, et fournir tout contredit aux vérifications faites ou à faire.

505. Le procès-verbal de vérification énoncera la représentation des titres de créance, le domicile des créanciers et de leurs fondés de pouvoirs.

Il contiendra la description sommaire des titres, lesquels seront rapprochés des registres du failli.

Il mentionnera les surcharges, ratures et interlignes.

Il exprimera que le porteur est légitime créancier de la somme par lui réclamée.

Le commissaire pourra, suivant l'exigence des cas, demander aux créanciers la représentation de leurs registres, ou l'extrait fait par les juges de commerce du lieu, en vertu d'un compulsoire; il pourra aussi, d'office, renvoyer devant le tribunal de commerce, qui statuera sur son rapport.

506. Si la créance n'est pas contestée, les syndics signeront, sur chacun des titres, la déclaration suivante:

*Admis au passif de la faillite de ***, pour la somme de..... le.....* Le visa du commissaire sera mis au bas de la déclaration.

507. Chaque créancier, dans le délai de huitaine, après que sa créance aura été vérifiée, sera tenu d'affirmer, entre les mains du commissaire, que ladite créance est sincère et véritable.

508. Si la créance est contestée en tout ou en partie, le juge-commissaire, sur la réquisition des syndics, pourra ordonner la représentation des titres du créancier, et le dépôt de ses titres au greffe du tribunal de commerce. Il pourra même, sans qu'il soit besoin de citation, renvoyer les parties, à bref délai, devant le tribunal de commerce qui jugera sur son rapport.

509. Le tribunal de commerce pourra ordonner qu'il soit fait, devant le commissaire, enquête sur les faits, et que les personnes qui pourront fournir des renseignemens soient, à cet effet, citées par-devant lui.

510. A l'expiration des délais fixés pour les vérifications des créances, les syndics dresseront un procès-verbal contenant les noms de ceux des créanciers qui n'auront pas comparu. Ce procès-verbal, clos par le commissaire, les établira en demeure.

511. Le tribunal de commerce, sur le rapport du commissaire, fixera, par jugement, un nouveau délai pour la vérification.

Ce délai sera déterminé d'après la distance du domicile du créancier en demeure, de manière qu'il y ait un jour par chaque distance de trois myriamètres; à l'égard des créanciers résidant hors de France, on observera les délais prescrits par l'article 73 du Code de Procédure civile.

512. Le jugement qui fixera le nouveau délai, sera notifié aux créanciers, au moyen des formalités voulues par l'article 683 du Code de Procédure civile; l'accomplissement de ces formalités vaudra signification à l'égard des créanciers qui n'auront pas comparu, sans que, pour cela, la nomination des syndics définitifs soit retardée.

513. A défaut de comparution et affirmation dans le délai fixé par le jugement, les défaillans ne seront pas compris dans les répartitions à faire.

Toutefois la voie de l'opposition leur sera ouverte jusqu'à la dernière distribution des deniers inclusivement, mais sans que les défaillans, quand même ils seraient des créanciers inconnus, puissent rien prétendre aux répartitions consommées, qui, à leur égard, seront réputées irrévocables, et sur lesquelles ils seront entièrement déchus de la part qu'ils auraient pu prétendre.

CHAPITRE VIII.

DES SYNDICS DÉFINITIFS ET DE LEURS FONCTIONS.

Section Ire. *De l'Assemblée des Créanciers dont les créances sont vérifiées et affirmées.*

514. Dans les trois jours après l'expiration des délais prescrits pour l'affirmation des créanciers connus, les créanciers dont les créances ont été admises, seront convoqués par les syndics provisoires.

515. Aux lieu, jour et heure qui seront fixés par le commissaire, l'assemblée se formera sous sa présidence; il n'y sera admis que des créanciers reconnus, ou leurs fondés de pouvoirs.

516. Le failli sera appelé à cette assemblée: il devra s'y présenter en personne, s'il a obtenu un sauf-conduit; et il ne pourra s'y faire représenter que pour des motifs valables, et approuvés par le commissaire.

517. Le commissaire vérifiera les pouvoirs de ceux qui s'y présenteront comme fondés de procuration; il fera rendre compte en sa présence, par les syndics provisoires, de l'état de la faillite, des formalités qui auront été remplies et des opérations qui auront eu lieu: le failli sera entendu.

518. Le commissaire tiendra procès-verbal de ce qui aura été dit et décidé dans cette assemblée.

Section II. *Du Concordat.*

519. Il ne pourra être consenti de traité entre les créanciers délibérans et le débiteur failli, qu'après l'accomplissement des formalités ci-dessus prescrites.

Ce traité ne s'établira que par le concours d'un nombre de créanciers formant la majorité, et représentant, en outre, par leurs titres de créances vérifiées, les trois quarts de la totalité des sommes dues, selon l'état des créances vérifiées et enregistrées, conformément à la section IV du Chapitre VII: le tout à peine de nullité.

520. Les créanciers hypothécaires inscrits et ceux nantis d'un gage n'auront point de voix dans les délibérations relatives au concordat.

521. Si l'examen des actes, livres et papiers du failli, donne quelque présomption de banqueroute, il ne pourra être fait aucun traité entre le failli et les créanciers, à peine de nullité: le commissaire veillera à l'exécution de la présente disposition.

522. Le concordat, s'il est consenti, sera, à peine de nullité, signé séance tenante: si la majorité des créanciers présens consent au concordat, mais ne forme pas les trois quarts en somme, la délibération sera remise à huitaine pour tout délai.

523. Les créanciers opposans au concordat seront tenus de faire signifier leurs oppositions aux syndics et au failli dans huitaine, *pour tout délai.*

524. Le traité sera homologué dans la huitaine du jugement sur les oppositions. L'homologation

le rendra obligatoire pour tous les créanciers, et conservera l'hypothèque à chacun d'eux sur les immeubles du failli; à cet effet, les syndics seront tenus de faire inscrire aux hypothèques le jugement d'homologation, à moins qu'il n'y ait été dérogé par le concordat.

525. L'homologation étant signifiée aux syndics provisoires, ceux-ci rendront leur compte définitif au failli, en présence du commissaire; ce compte sera débattu et arrêté. En cas de contestation, le tribunal de commerce prononcera : les syndics remettront ensuite au failli l'universalité de ses biens, ses livres, papiers, effets.

Le failli donnera décharge; les fonctions du commissaire et des syndics cesseront, et il sera dressé du tout procès-verbal par le commissaire.

526. Le tribunal de commerce pourra, pour cause d'inconduite ou de fraude, refuser l'homologation du concordat; et, dans ce cas, le failli sera en prévention de banqueroute, et renvoyé, de droit, devant le magistrat de sûreté (1), qui sera tenu de poursuivre d'office.

S'il accorde l'homologation, le tribunal déclarera le failli excusable et susceptible d'être réhabilité aux conditions exprimées au titre ci-après *de la Réhabilitation.*

SECTION III. *De l'Union des Créanciers.*

527. S'il n'intervient point de traité, les créanciers assemblés formeront, à la majorité individuelle des créanciers présens, un contrat d'union; ils nommeront un ou plusieurs syndics définitifs : les créanciers nommeront un caissier, chargé de recevoir les sommes provenant de toute espèce de recouvrement. Les syndics définitifs recevront le compte des syndics provisoires, ainsi qu'il a été dit pour le compte des agens à l'article 481.

528. Les syndics représenteront la masse des créanciers; ils procéderont à la vérification du bilan, s'il y a lieu.

Ils poursuivront, en vertu du contrat d'union, et sans autres titres authentiques, la vente des immeubles du failli, celle de ses marchandises et effets mobiliers, et la liquidation de ses dettes actives et passives : le tout sous la surveillance du commissaire, et sans qu'il soit besoin d'appeler le failli.

529. Dans tous les cas, il sera, sous l'approbation du commissaire, remis au failli et à sa famille les vêtemens, hardes et meubles nécessaires à l'usage de leurs personnes. Cette remise ce fera sur la proposition des syndics, qui en dresseront l'état.

530. S'il n'existe pas de présomption de banqueroute, le failli aura droit de demander, à titre de secours, une somme sur ses biens : les syndics en proposeront la quotité, et le tribunal, sur le rapport du commissaire, la fixera, en proportion des besoins et de l'étendue de la famille du failli, de sa bonne foi, et du plus ou moins de perte qu'il fera supporter à ses créanciers.

531. Toutes les fois qu'il y aura union de créanciers, le commissaire du tribunal de commerce lui rendra compte des circonstances. Le tribunal prononcera, sur son rapport, comme il est dit à la section II du présent chapitre, si le failli est ou non excusable, et susceptible d'être réhabilité.

En cas de refus du tribunal de commerce, le failli sera en prévention de banqueroute, et renvoyé, de droit, devant le magistrat de sûreté (2), comme il est dit à l'art. 526.

CHAPITRE IX.

DES DIFFÉRENTES ESPÈCES DE CRÉANCIERS, ET DE LEURS DROITS EN CAS DE FAILLITE.

SECTION Ire. *Dispositions générales.*

532. S'il n'y a pas d'action en expropriation des immeubles, formée avant la nomination des syndics définitifs, eux seuls seront admis à poursuivre la vente; ils seront tenus d'y procéder dans huitaine, selon la forme qui sera indiquée ci-après.

533. Les syndics présenteront au commissaire l'état des créanciers se prétendant privilégiés sur les meubles; et le commissaire autorisera le paiement de ces créanciers sur les premiers deniers rentrés. S'il y a des créanciers contestant le privilège, le tribunal prononcera; les frais

(1) *Voyez* la note sur l'article 488.

(2) *Voyez* la note sur l'article 488.

seront supportés par ceux dont la demande aura été rejetée, et ne seront pas au compte de la masse.

534. Le créancier porteur d'engagemens solidaires entre le failli et d'autres coobligés qui sont en faillite, participera aux distributions dans toutes les masses, jusqu'à son parfait et entier paiement.

535. Les créanciers du failli qui seront valablement nantis par des gages, ne seront inscrits dans la masse que pour mémoire.

536. Les syndics seront autorisés à retirer les gages au profit de la faillite, en remboursant la dette.

537. Si les syndics ne retirent pas le gage, qu'il soit vendu par les créanciers, et que le prix excède la créance, le surplus sera recouvré par les syndics; si le prix est moindre que la créance, le créancier nanti viendra à contribution pour le surplus.

538. Les créanciers garantis par un cautionnement seront compris dans la masse, sous la déduction des sommes qu'ils auront reçues de la caution; la caution sera comprise dans la même masse pour tout ce qu'elle aura payé à la décharge du failli.

Section II. *Des Droits des Créanciers hypothécaires.*

539. Lorsque la distribution du prix des immeubles sera faite antérieurement à celle du prix des meubles, ou simultanément, les seuls créanciers hypothécaires non-remplis sur le prix des immeubles, concourront, à proportion de ce qui leur restera dû, avec les créanciers chirographaires, sur les deniers appartenant à la masse chirographaire.

540. Si la vente du mobilier précède celle des immeubles et donne lieu à une ou plusieurs répartitions de deniers avant la distribution du prix des immeubles, les créanciers hypothécaires concourront à ces répartitions dans la proportion de leurs créances totales, et sauf, le cas échéant, les distractions dont il sera ci-après parlé.

541. Après la vente des immeubles et le jugement d'ordre entre les créanciers hypothécaires, ceux d'entre ces derniers qui viendront en ordre utile sur le prix des immeubles pour la totalité de leurs créances, ne toucheront le montant de leur collocation hypothécaire que sous la déduction des sommes par eux perçues dans la masse chirographaire.

Les sommes ainsi déduites ne resteront point dans la masse hypothécaire, mais retourneront à la masse chirographaire, au profit de laquelle il en sera fait distraction.

542. A l'égard des créanciers hypothécaires qui ne seront colloqués que partiellement dans la distribution du prix des immeubles, il sera procédé comme il suit:

Leurs droits sur la masse chirographaire seront définitivement réglés d'après les sommes dont ils resteront créanciers après leur collocation immobiliaire; et les deniers qu'ils auront touchés au-delà de cette proportion dans la distribution antérieure, leur seront retenus sur le montant de leur collocation hypothécaire, et reversée dans la masse chirographaire.

543. Les créanciers hypothécaires qui ne viennent point en ordre utile, seront considérés comme purement et simplement chirographaires.

Section III. *Des Droits des Femmes.*

544. En cas de faillite, les droits et actions des femmes, lors de la publication de la présente loi, seront réglés ainsi qu'il suit:

545. Les femmes mariées sous le régime dotal, les femmes séparées de biens, et les femmes communes en biens, qui n'auraient point mis les immeubles apportés, en communauté, reprendront en nature lesdits immeubles et ceux qui leur seront survenus par successions ou donations entre-vifs ou pour cause de mort.

546. Elles reprendront pareillement les immeubles acquis par elles et en leur nom, des deniers provenant desdites successions et donations, pourvu que la déclaration d'emploi soit expressément stipulée au contrat d'acquisition, et que l'origine des deniers soit constatée par inventaire ou par tout autre acte authentique.

547. Sous quelque régime qu'ait été formé le contrat de mariage, hors le cas prévu par l'article précédent, la présomption légale est que les biens acquis par la femme du failli ap-

partiennent à son mari, sont payés de ses deniers, et doivent être réunis à la masse de son actif; sauf à la femme à fournir la preuve du contraire.

548. L'action en reprise, résultant des dispositions des articles 545 et 546, ne sera exercée par la femme qu'à charge des dettes et hypothèques dont les biens seront grevés, soit que la femme s'y soit volontairement obligée, soit qu'elle y ait été judiciairement condamnée.

549. La femme ne pourra exercer, dans la faillite, aucune action à raison des avantages portés au contrat de mariage; et réciproquement les créanciers ne pourront se prévaloir, dans aucun cas, des avantages faits par la femme au mari dans le même contrat.

550. En cas que la femme ait payé des dettes pour son mari, la présomption légale est qu'elle l'a fait des deniers de son mari; et elle ne pourra, en conséquence, exercer aucune action dans la faillite, sauf la preuve contraire, comme il est dit à l'article 547.

551. La femme dont le mari était commerçant à l'époque de la célébration du mariage, n'aura hypothèque, pour les deniers ou effets mobiliers qu'elle justifiera, par actes authentiques, avoir apportés en dot, pour le remploi de ses biens aliénés pendant le mariage, et pour l'indemnité des dettes par elles contractées avec son mari, que sur les immeubles qui appartenaient à son mari à l'époque ci-dessus.

552. Sera, à cet égard, assimilée à la femme dont le mari était commerçant à l'époque de la célébration du mariage, la femme qui aura épousé un fils de négociant, n'ayant, à cette époque, aucun état ou profession déterminée, et qui deviendrait lui-même négociant.

553. Sera exceptée des dispositions des articles 549 et 551, et jouira de tous les droits hypothécaires accordés aux femmes par le Code civil, la femme dont le mari avait, à l'époque de la célébration du mariage, une profession déterminée autre que celle de négociant : néanmoins cette exception ne sera pas applicable à la femme dont le mari ferait le commerce dans l'année qui suivrait la célébration du mariage.

554. Tous les meubles meublans, effets mobiliers, diamans, tableaux, vaisselle d'or et d'argent, et autres objets tant à l'usage du mari qu'à celui de la femme, sous quelque régime qu'ait été formé le contrat de mariage, seront acquis aux créanciers, sans que la femme puisse en recevoir autre chose que les habits et linge à son usage, qui lui seront accordés d'après les dispositions de l'article 529.

Toutefois la femme pourra reprendre les bijoux, diamans et vaisselle qu'elle pourra justifier, par état légalement dressé, annexé aux actes, ou par bons et loyaux inventaires, lui avoir été donnés par contrat de mariage, ou lui être advenus par succession seulement.

555. La femme qui aurait détourné, diverti ou recélé des effets mobiliers portés en l'article précédent, des marchandises, des effets de commerce, de l'argent comptant, sera condamnée à les rapporter à la masse, et poursuivie en outre comme complice de banqueroute frauduleuse.

556. Pourra aussi, suivant la nature des cas, être poursuivie comme complice de banqueroute frauduleuse, la femme qui aura prêté son nom ou son intervention à des actes faits par le mari en fraude de ses créanciers.

557. Les dispositions portées en la présente section ne seront point applicables aux droits et actions des femmes, acquis avant la publication de la présente loi.

CHAPITRE X.

DE LA RÉPARTITION ENTRE LES CRÉANCIERS, ET DE LA LIQUIDATION DU MOBILIER.

558. Le montant de l'actif mobilier du failli, distraction faite des frais et dépenses de l'administration de la faillite, du secours qui a été accordé au failli, et des sommes payées aux privilégiés, sera réparti entre tous les créanciers, au marc le franc de leurs créances vérifiées et affirmées.

559. A cet effet, les syndics remettront, tous les mois, au commissaire, un état de situation de la faillite, et des deniers existant en caisse; le commissaire ordonnera, s'il y a lieu, une répartition entre les créanciers, et en fixera la quotité.

560. Les créanciers seront avertis des décisions du commissaire et de l'ouverture de la répartition.

561. Nul paiement ne sera fait que sur la représentation du titre constitutif de la créance. Le caissier mentionnera, sur le titre, le paiement qu'il effectuera : le créancier donnera quittance en marge de l'état de répartition.

562. Lorsque la liquidation sera terminée, l'union des créanciers sera convoquée à la diligence des syndics, sous la présidence du commissaire; les syndics rendront leur compte, et son reliquat formera la dernière répartition.

563. L'union pourra, dans tout état de cause, se faire autoriser par le tribunal de commerce, le failli dûment appelé, à traiter à forfait des droits et actions dont le recouvrement n'aurait pas été opéré, et à les aliéner; en ce cas, les syndics feront tous les actes nécessaires.

CHAPITRE XI.

DU MODE DE VENTE DES IMMEUBLES DU FAILLI.

564. Les syndics de l'union, sous l'autorisation du commissaire, procéderont à la vente des immeubles suivant les formes prescrites par le Code civil pour la vente des biens des mineurs.

565. Pendant huitaine, après l'adjudication, tout créancier aura droit de surenchérir. La surenchère ne pourra être au-dessous du dixième du prix principal de l'adjudication.

TITRE II.

DE LA CESSION DE BIENS.

566. La cession de biens, par le failli, est volontaire ou judiciaire.

567. Les effets de la cession volontaire se déterminent par les conventions entre le failli et les créanciers.

568. La cession judiciaire n'éteint point l'action des créanciers sur les biens que le failli peut acquérir par la suite; elle n'a d'autre effet que de soustraire le débiteur à la contrainte par corps.

569. Le failli qui sera dans le cas de réclamer la cession judiciaire, sera tenu de former sa demande au tribunal, qui se fera remettre les titres nécessaires : la demande sera insérée dans les papiers publics, comme il est dit à l'article 683 du Code de Procédure civile.

570. La demande ne suspendra l'effet d'aucune poursuite, sauf au tribunal à ordonner, parties appelées, qu'il y sera sursis provisoirement.

571. Le failli admis au bénéfice de cession sera tenu de faire ou de réitérer sa cession en personne et non par procureur, ses créanciers appelés, à l'audience du tribunal de commerce de son domicile, et, s'il n'y a pas de tribunal de commerce, à la maison commune, un jour de séance. La déclaration du failli sera constatée, dans ce dernier cas, par le procès-verbal de l'huissier, qui sera signé par le maire.

572. Si le débiteur est détenu, le jugement qui l'admettra au bénéfice de cession ordonnera son extraction avec les précautions en tel cas requises et accoutumées, à l'effet de faire sa déclaration conformément à l'article précédent.

573. Les nom, prénoms, profession et demeure du débiteur, seront insérés dans des tableaux à ce destinés, placés dans l'auditoire du tribunal de commerce de son domicile, ou du tribunal civil qui en fait les fonctions, dans le lieu des séances de la maison commune, et à la bourse.

574. En exécution du jugement qui admettra le débiteur au bénéfice de cession, les créanciers pourront faire vendre les biens meubles et immeubles du débiteur, et il sera procédé à cette vente dans les formes prescrites pour les ventes faites par union de créanciers.

575. Ne pourront être admis au bénéfice de cession,

1°. Les stellionataires, les banqueroutiers frauduleux, les personnes condamnées pour fait de vol ou d'escroquerie, ni les personnes comptables;

2°. Les étrangers, les tuteurs, administrateurs ou dépositaires.

TITRE III.

DE LA REVENDICATION.

576. Le vendeur pourra, en cas de faillite, revendiquer les marchandises par lui vendues et livrées, et dont le prix ne lui a pas été payé, dans les cas et aux conditions ci-après exprimés.

577. La revendication ne pourra avoir lieu que pendant que les marchandises expédiées seront encore en route, soit par terre, soit par eau, et avant qu'elles soient entrées dans les magasins du failli ou dans les magasins du commissionnaire chargé de les vendre pour le compte du failli.

578. Elles ne pourront être revendiquées, si, avant leur arrivée, elles ont été vendues sans fraude, sur factures et connaissemens ou lettres de voitures.

579. En cas de revendication, le revendiquant sera tenu de rendre l'actif du failli indemne de toute avance faite pour fret ou voitures, commission, assurance ou autres frais, et de payer les sommes dues pour mêmes causes, si elles n'ont pas été acquittées.

580. La revendication ne pourra être exercée que sur les marchandises qui seront reconnues être identiquement les mêmes, et que lorsqu'il sera reconnu que les balles, barriques ou enveloppes dans lesquelles elles se trouvaient lors de la vente, n'ont pas été ouvertes, que les cordes ou marques n'ont été ni enlevées ni changées, et que les marchandises n'ont subi en nature et quantité ni changement ni altération.

581. Pourront être revendiquées, aussi long-temps qu'elles existeront en nature, en tout ou en partie, les marchandises consignées au failli, à titre de dépôt, ou pour être vendues pour le compte de l'envoyeur : dans ce dernier cas même, le prix desdites marchandises pourra être revendiqué, s'il n'a pas été payé ou passé en compte courant entre le failli et l'acheteur.

582. Dans tous les cas de revendication, excepté ceux de dépôt et de consignation de marchandises, les syndics des créanciers auront la faculté de retenir les marchandises revendiquées, en payant au réclamant le prix convenu entre lui et le failli.

583. Les remises en effets de commerce, ou en tous autres effets non encore échus, ou échus et non encore payés, et qui se trouveront en nature dans le porte-feuille du failli à l'époque de sa faillite, pourront être revendiquées, si ces remises ont été faites par le propriétaire avec le simple mandat d'en faire le recouvrement et d'en garder la valeur à sa disposition, ou si elles ont reçu de sa part la destination spéciale de servir au paiement d'acceptations ou de billets tirés au domicile du failli.

584. La revendication aura pareillement lieu pour les remises faites sans acceptation ni disposition, si elles sont entrées dans un compte courant par lequel le propriétaire ne serait que créditeur; mais elle cessera d'avoir lieu, si, à l'époque des remises, il était débiteur d'une somme quelconque.

585. Dans les cas où la loi permet la revendication, les syndics examineront les demandes; ils pourront les admettre, sauf l'approbation du commissaire : s'il y a contestation, le tribunal prononcera après avoir entendu le commissaire.

TITRE IV.

DES BANQUEROUTES.

CHAPITRE PREMIER.

DE LA BANQUEROUTE SIMPLE.

586. Sera poursuivi comme banqueroutier simple, et pourra être déclaré tel, le commerçant failli qui se trouvera dans l'un ou plusieurs des cas suivans; savoir :

1°. Si les dépenses de sa maison, qu'il est tenu d'inscrire mois par mois sur son livre-journal, sont jugées excessives;

2°. S'il est reconnu qu'il a consommé de fortes sommes au jeu, ou à des opérations de pur hasard ;

3°. S'il résulte de son dernier inventaire que son actif étant de cinquante pour cent au-dessous de son passif, il a fait des emprunts considérables, et s'il a revendu des marchandises à perte ou au-dessous du cours ;

4°. S'il a donné des signatures de crédit ou de circulation pour une somme triple de son actif, selon son dernier inventaire.

587. Pourra être poursuivi comme banqueroutier simple, et être déclaré tel,

Le failli qui n'aura pas fait, au greffe, la déclaration prescrite par l'article 440 ;

Celui qui, s'étant absenté, ne se sera pas présenté en personne aux agens et aux syndics dans les délais fixés, et sans empêchement légitime ;

Celui qui présentera des livres irrégulièrement tenus, sans néanmoins que les irrégularités indiquent de fraude, ou qui ne les présentera pas tous ;

Celui qui, ayant une société, ne se sera pas conformé à l'article 440.

588. Les cas de banqueroute simple seront jugés par les tribunaux de police correctionnelle, sur la demande des syndics ou celle de tout créancier du failli, ou sur la poursuite d'office qui sera faite par le ministère public.

589. Les frais de poursuite en banqueroute simple seront supportés par la masse, dans le cas où la demande aura été introduite par les syndics de la faillite.

590. Dans le cas où la poursuite aura été intentée par un créancier, il supportera les frais, si le prévenu est déchargé ; lesdits frais seront supportés par la masse, s'il est condamné.

591. Les procureurs du Roi sont tenus d'interjeter appel de tous jugemens des tribunaux de police correctionnelle, lorsque, dans le cours de l'instruction, ils auront reconnu que la prévention de banqueroute simple est de nature à être convertie en prévention de banqueroute frauduleuse.

592. Le tribunal de police correctionnelle, en déclarant qu'il y a banqueroute simple, devra, suivant l'exigence des cas, prononcer l'emprisonnement pour un mois au moins, et deux ans au plus.

Les jugemens seront affichés en outre, et insérés dans un journal, conformément à l'art. 683 du Code de Procédure civile.

CHAPITRE II.

DE LA BANQUEROUTE FRAUDULEUSE.

593. Sera déclaré banqueroutier frauduleux tout commerçant failli qui se trouvera dans un ou plusieurs des cas suivans ; savoir :

1°. S'il a supposé des dépenses ou des pertes, ou ne justifie pas de l'emploi de toutes ses recettes ;

2°. S'il a détourné aucune somme d'argent, aucune dette active, aucunes marchandises, denrées ou effets mobiliers ;

3°. S'il a fait des ventes, négociations ou donations supposées ;

4°. S'il a supposé des dettes passives et collusoires entre lui et des créanciers fictifs, en faisant des écritures simulées, ou en se constituant débiteur, sans cause ni valeur, par des actes publics ou par des engagemens sous signature privée ;

5°. Si, ayant été chargé d'un mandat spécial, ou constitué dépositaire d'argent, d'effets de commerce, de denrées ou marchandises, il a, au préjudice du mandat ou du dépôt, appliqué à son profit les fonds ou la valeur des objets sur lesquels portait soit le mandat, soit le dépôt ;

6°. S'il a acheté des immeubles ou des effets mobiliers à la faveur d'un prête-nom ;

7°. S'il a caché ses livres.

594. Pourra être poursuivi comme banqueroutier frauduleux et être déclaré tel,

Le failli qui n'a pas tenu de livres, ou dont les livres ne présenteront pas sa véritable situation active et passive ;

Celui qui, ayant obtenu un sauf-conduit, ne se sera pas représenté à justice.

595. Les cas de banqueroute frauduleuse seront poursuivis d'office devant les cours d'assises

par les procureurs du Roi et leurs substituts, sur la notoriété publique, ou sur la dénonciation, soit des syndics, soit d'un créancier.

596. Lorsque le prévenu aura été atteint et déclaré coupable des délits énoncés dans les articles précédens, il sera puni des peines portées au Code pénal pour la banqueroute frauduleuse.

597. Seront déclarés complices des banqueroutiers frauduleux et seront condamnés aux mêmes peines que l'accusé, les individus qui seront convaincus de s'être entendus avec le banqueroutier pour recéler ou soustraire tout ou partie de ses biens meubles ou immeubles; d'avoir acquis sur lui des créances fausses, et qui, à la vérification et affirmation de leurs créances, auront persévéré à les faire valoir comme sincères et véritables.

598. Le même jugement qui aura prononcé les peines contre les complices de banqueroutes frauduleuses, les condamnera,

1°. A réintégrer à la masse des créanciers, les biens, droits et actions frauduleusement soustraits;

2°. A payer, envers ladite masse, des dommages-intérêts égaux à la somme dont ils ont tenté de la frauder.

599. Les arrêts des cours d'assises contre les banqueroutiers et leurs complices, seront affichés, et de plus insérés dans un journal, conformément à l'article 683 du Code de Procédure civile.

CHAPITRE III.

DE L'ADMINISTRATION DES BIENS EN CAS DE BANQUEROUTE.

600. Dans tous les cas de poursuites et de condamnations en banqueroute simple ou en banqueroute frauduleuse, les actions civiles, autres que celles dont il est parlé dans l'art. 598, resteront séparées; et toutes les dispositions relatives aux biens, prescrites pour la faillite, seront exécutées sans qu'elles puissent être attirées, attribuées ni évoquées aux tribunaux de police correctionnelle ni aux cours d'assises.

601. Seront cependant tenus les syndics de la faillite, de remettre aux procureurs du Roi et à leurs substituts, toutes les pièces, titres, papiers et renseignemens qui leur seront demandés.

602. Les pièces, titres et papiers délivrés par les syndics, seront, pendant le cours de l'instruction, tenus en état de communication par la voie du greffe; cette communication aura lieu sur la réquisition des syndics, qui pourront y prendre des extraits privés ou en requérir d'officiels qui leur seront expédiés par le greffier.

603. Lesdites pièces, titres et papiers, seront, après le jugement, remis aux syndics, qui en donneront décharge; sauf néanmoins les pièces dont le jugement ordonnerait le dépôt judiciaire.

TITRE V.

DE LA RÉHABILITATION.

604. Toute demande en réhabilitation, de la part du failli, sera adressée à la cour royale dans le ressort de laquelle il sera domicilié.

605. Le demandeur sera tenu de joindre à sa pétition les quittances et autres pièces justifiant qu'il a acquitté intégralement toutes les sommes par lui dues en principal, intérêts et frais.

606. Le procureur-général près la cour royale, sur la communication qui lui aura été faite de la requête, en adressera des expéditions, certifiées de lui, au procureur du Roi près le tribunal d'arrondissement, et au président du tribunal de commerce du domicile du pétitionnaire; et, s'il a changé de domicile depuis la faillite, au tribunal de commerce dans l'arrondissement duquel elle a eu lieu, en les chargeant de recueillir tous les renseignemens qui seront à leur portée, sur la vérité des faits qui auront été exposés.

607. A cet effet, à la diligence tant du procureur du Roi que du président du tribunal de commerce, copie de ladite pétition restera affichée, pendant un délai de deux mois, tant dans

les salles d'audience de chaque tribunal, qu'à la bourse et à la maison commune, et sera insérée par extrait dans les papiers publics.

608. Tout créancier qui n'aura pas été payé intégralement de sa créance en principal, intérêts et frais, et toute autre partie intéressée, pourront, pendant la durée de l'affiche, former opposition à la réhabilitation, par simple acte au greffe, appuyé de pièces justificatives, s'il y a lieu. Le créancier opposant ne pourra jamais être partie dans la procédure tenue pour la réhabilitation, sans préjudice toutefois de ses autres droits.

609. Après l'expiration des deux mois, le procureur du Roi et le président du tribunal de commerce transmettront, chacun séparément, au procureur-général près la cour royale, les renseignemens qu'ils auront recueillis, les oppositions qui auront pu être formées, et les connaissances particulières qu'ils auraient sur la conduite du failli; ils y joindront leur avis sur sa demande.

610. Le procureur-général près la cour royale fera rendre, sur le tout, arrêt portant admission ou rejet de la demande en réhabilitation; si la demande est rejetée, elle ne pourra plus être reproduite.

611. L'arrêt portant réhabilitation sera adressé tant au procureur du Roi qu'au président des tribunaux auxquels la demande aura été adressée. Ces tribunaux en feront faire la lecture publique et la transcription sur leurs registres.

612. Ne seront point admis à la réhabilitation, les stellionataires, les banqueroutiers frauduleux, les personnes condamnées pour fait de vol ou d'escroquerie, ni les personnes comptables, telles que les tuteurs, administrateurs ou dépositaires, qui n'auront pas rendu ou apuré leurs comptes.

613. Pourra être admis à la réhabilitation le banqueroutier simple qui aura subi le jugement par lequel il aura été condamné.

614. Nul commerçant failli ne pourra se présenter à la bourse, à moins qu'il n'ait obtenu sa réhabilitation.

LIVRE IV.

DE LA JURIDICTION COMMERCIALE.

(Loi décrétée le 14 Septembre 1807, promulguée le 24.)

TITRE PREMIER.

DE L'ORGANISATION DES TRIBUNAUX DE COMMERCE.

Art. 615. Un réglement d'administration publique déterminera le nombre des tribunaux de commerce, et les villes qui seront susceptibles d'en recevoir par l'étendue de leur commerce et de leur industrie.

616. L'arrondissement de chaque tribunal de commerce sera le même que celui du tribunal civil dans le ressort duquel il sera placé; et s'il se trouve plusieurs tribunaux de commerce dans le ressort d'un seul tribunal civil, il leur sera assigné des arrondissemens particuliers.

617. Chaque tribunal de commerce sera composé d'un juge-président, de juges et de suppléans. Le nombre des juges ne pourra pas être au-dessous de deux, ni au-dessus de huit, non compris le président. Le nombre des suppléans sera proportionné au besoin du service. Le réglement d'administration publique fixera, pour chaque tribunal, le nombre des juges et celui des suppléans.

618. Les membres des tribunaux de commerce seront élus dans une assemblée composée de commerçans notables, et principalement des chefs des maisons les plus anciennes et les plus recommandables par la probité, l'esprit d'ordre et d'économie.

619. La liste des notables sera dressée, sur tous les commerçans de l'arrondissement, par le préfet, et approuvée par le ministre de l'intérieur: leur nombre ne peut être au-dessous de vingt-cinq

dans les villes où la population n'excède pas quinze mille ames; dans les autres villes, il doit être augmenté à raison d'un électeur pour mille ames de population.

620. Tout commerçant pourra être nommé juge ou suppléant, s'il est âgé de trente ans, s'il exerce le commerce avec honneur et distinction depuis cinq ans. Le président devra être âgé de quarante ans, et ne pourra être choisi que parmi les anciens juges, y compris ceux qui ont exercé dans les tribunaux actuels, et même les anciens juges-consuls des marchands.

621. L'élection sera faite au scrutin individuel, à la pluralité absolue des suffrages; et lorsqu'il s'agira d'élire le président, l'objet spécial de cette élection sera annoncé avant d'aller au scrutin.

622. A la première élection, le président et la moitié des juges et des suppléans dont le tribunal sera composé, seront nommés pour deux ans : la seconde moitié des juges et des suppléans sera nommée pour un an : aux élections postérieures, toutes les nominations seront faites pour deux ans.

623. Le président et les juges ne pourront rester plus de deux ans en place, ni être réélus qu'après un an d'intervalle.

624. Il y aura près de chaque tribunal un greffier et des huissiers nommés par le Roi : leurs droits, vacations et devoirs, seront fixés par un réglement d'administration publique.

625. Il sera établi, pour la ville de Paris seulement, des gardes du commerce pour l'exécution des jugemens emportant la contrainte par corps : la forme de leur organisation et leurs attributions seront déterminées par un réglement particulier.

626. Les jugemens, dans les tribunaux de commerce, seront rendus par trois juges au moins; aucun suppléant ne pourra être appelé que pour compléter ce nombre.

627. Le ministère des avoués est interdit dans les tribunaux de commerce, conformément à l'article 414 du Code de procédure civile; nul ne pourra plaider pour une partie devant ces tribunaux, si la partie, présente à l'audience, ne l'autorise, ou s'il n'est muni d'un pouvoir spécial. Ce pouvoir, qui pourra être donné au bas de l'original ou de la copie de l'assignation, sera exhibé au greffier avant l'appel de la cause, et par lui visé sans frais.

628. Les fonctions des juges de commerce sont seulement honorifiques.

629. Ils prêtent serment avant d'entrer en fonctions, à l'audience de la cour royale, lorsqu'elle siége dans l'arrondissement communal où le tribunal de commerce est établi : dans le cas contraire, la cour royale commet, si les juges de commerce le demandent, le tribunal civil de l'arrondissement pour recevoir leur serment; et, dans ce cas, le tribunal en dresse procès-verbal, et l'envoie à la cour royale, qui en ordonne l'insertion dans ses registres. Ces formalités sont remplies sur les conclusions du ministère public, et sans frais.

630. Les tribunaux de commerce sont dans les attributions et sous la surveillance du Ministre de la justice.

TITRE II.

DE LA COMPÉTENCE DES TRIBUNAUX DE COMMERCE.

631. Les tribunaux de commerce connaîtront,

1°. De toutes contestations relatives aux engagemens et transactions entre négocians, marchands et banquiers;

2°. Entre toutes personnes, des contestations relatives aux actes de commerce.

632. La loi répute actes de commerce,

Tout achat de denrées et marchandises pour les revendre, soit en nature, soit après les avoir travaillées et mises en œuvre, ou même pour en louer simplement l'usage;

Toute entreprise de manufactures, de commission, de transport par terre ou par eau;

Toute entreprise de fournitures, d'agences, bureaux d'affaires, établissemens de ventes à l'encan, de spectacles publics;

Toute opération de change, banque et courtage;

Toutes les opérations des banques publiques;

Toutes obligations entre négocians, marchands et banquiers;

Entre toutes personnes, les lettres de change, ou remises d'argent faites de place en place.

633. La loi répute pareillement actes de commerce,

Toute entreprise de construction, et tous achats, ventes et reventes de bâtimens pour la navigation intérieure et extérieure;

Toutes expéditions maritimes;

Tout achat ou vente d'agrès, apparaux et avitaillemens;

Tout affrétement ou nolissement, emprunt ou prêt à la grosse; toutes assurances et autres contrats concernant le commerce de mer;

Tous accords et conventions pour salaires et loyers d'équipages;

Tous engagemens de gens de mer, pour le service de bâtimens de commerce.

634. Les tribunaux de commerce connaîtront également,

1°. Des actions contre les facteurs, commis des marchands ou leurs serviteurs, pour le fait seulement du trafic du marchand auquel ils sont attachés;

2°. Des billets faits par les receveurs, payeurs, percepteurs ou autres comptables des deniers publics.

635. Ils connaîtront enfin,

1°. Du dépôt du bilan et des registres du commerçant en faillite, de l'affirmation et de la vérification des créances;

2°. Des oppositions au concordat, lorsque les moyens de l'opposant seront fondés sur des actes ou opérations dont la connaissance est attribuée par la loi aux juges des tribunaux de commerce;

Dans tous les autres cas, ces oppositions seront jugées par les tribunaux civils;

En conséquence, toute opposition au concordat contiendra les moyens de l'opposant, à peine de nullité;

3°. De l'homologation du traité entre le failli et ses créanciers;

4°. De la cession de biens faite par le failli, pour la partie qui en est attribuée aux tribunaux de commerce par l'article 901 du Code de procédure civile.

636. Lorsque les lettres de change ne seront réputées que simples promesses aux termes de l'article 112, ou lorsque les billets à ordre ne porteront que des signatures d'individus non négocians, et n'auront pas pour occasion des opérations de commerce, trafic, change, banque ou courtage, le tribunal de commerce sera tenu de renvoyer au tribunal civil, s'il en est requis par le défendeur.

637. Lorsque ces lettres de change et ces billets à ordre porteront en même temps des signatures d'individus négocians et d'individus non négocians, le tribunal de commerce en connaîtra; mais il ne pourra prononcer la contrainte par corps contre les individus non négocians, à moins qu'ils ne se soient engagés à l'occasion d'opérations de commerce, trafic, change, banque ou courtage.

638. Ne seront point de la compétence des tribunaux de commerce, les actions intentées contre un propriétaire, cultivateur ou vigneron, pour vente de denrées provenant de son cru, les actions intentées contre un commerçant, pour paiement de denrées et marchandises achetées pour son usage particulier.

Néanmoins les billets souscrits par un commerçant seront censés faits pour son commerce, et ceux des receveurs, payeurs, percepteurs ou autres comptables de deniers publics, seront censés faits pour leur gestion, lorsqu'une autre cause n'y sera point énoncée.

639. Les tribunaux de commerce jugeront en dernier ressort,

1°. Toutes les demandes dont le principal n'excédera pas la valeur de 1000 francs;

2°. Toutes celles où les parties justiciables de ces tribunaux, et usant de leurs droits, auront déclaré vouloir être jugées définitivement et sans appel.

640. Dans les arrondissemens où il n'y aura pas de tribunaux de commerce, les juges du tribunal civil exerceront les fonctions et connaîtront des matières attribuées aux juges de commerce par la présente loi.

641. L'instruction, dans ce cas, aura lieu dans la même forme que devant les tribunaux de commerce, et les jugemens produiront les mêmes effets.

TITRE III.

DE LA FORME DE PROCÉDER DEVANT LES TRIBUNAUX DE COMMERCE.

642. La forme de procéder devant les tribunaux de commerce sera suivie telle qu'elle a été réglée par le titre XXV du livre II de la Ire. partie du Code de procédure civile.

643. Néanmoins les articles 156, 158 et 159 du même Code (1), relatifs aux jugemens par défaut rendus par les tribunaux inférieurs, seront applicables aux jugemens par défaut rendus par les tribunaux de commerce.

644. Les appels des jugemens des tribunaux de commerce seront portés par-devant les cours dans le ressort desquelles ces tribunaux sont situés.

TITRE IV.

DE LA FORME DE PROCÉDER DEVANT LES COURS ROYALES.

645. Le délai pour interjeter appel des jugemens des tribunaux de commerce, sera de trois mois, à compter du jour de la signification du jugement, pour ceux qui auront été rendus contradictoirement, et du jour de l'expiration du délai de l'opposition, pour ceux qui auront été rendus par défaut : l'appel pourra être interjeté le jour même du jugement.

646. L'appel ne sera pas reçu lorsque le principal n'excédera pas la somme ou la valeur de mille francs, encore que le jugement n'énonce pas qu'il est rendu en dernier ressort, et même quand il énoncerait qu'il est rendu à la charge de l'appel.

647. Les cours royales ne pourront, en aucun cas, à peine de nullité, et même des dommages et intérêts des parties, s'il y a lieu, accorder des défenses ni surseoir à l'exécution des jugemens des tribunaux de commerce, quand même ils seraient attaqués d'incompétence ; mais elles pourront, suivant l'exigence des cas, accorder la permission de citer extraordinairement à jour et heure fixes, pour plaider sur l'appel.

648. Les appels des jugemens des tribunaux de commerce seront instruits et jugés dans les cours, comme appels de jugemens rendus en matière sommaire. La procédure, jusques et y compris l'arrêt définitif, sera conforme à celle qui est prescrite, pour les causes d'appel en matière civile, au livre III de la Ire. partie du Code de procédure civile.

---

(1) Art. 156. Tous jugemens par défaut contre une partie qui n'a pas constitué d'avoué, seront signifiés par un huissier commis, soit par le tribunal, soit par le juge du domicile du défaillant que le tribunal aura désigné : ils seront exécutés dans les six mois de leur obtention, sinon seront réputés non-avenus.

Art. 158. Si le jugement est rendu contre une partie qui n'a pas d'avoué, l'opposition sera recevable jusqu'à l'exécution du jugement.

Art. 159. Le jugement est réputé exécuté, lorsque les meubles saisis ont été vendus, ou que le condamné a été emprisonné ou recommandé, ou que la saisie d'un ou de plusieurs de ses immeubles lui a été notifiée ; ou que les frais ont été payés, ou enfin lorsqu'il y a quelque acte duquel il résulte nécessairement que l'exécution du jugement a été connue de la partie défaillante : l'opposition formée dans les délais ci-dessus et dans les formes ci-après prescrites, suspend l'exécution, si elle n'a pas été ordonnée nonobstant opposition.

FIN DU CODE DE COMMERCE.

TABLE DU CODE DE COMMERCE.

LIVRE PREMIER.

DU COMMERCE EN GÉNÉRAL.

LIVRE II.

DU COMMERCE MARITIME.

LIVRE III.

DES FAILLITES ET DES BANQUEROUTES.

LIVRE IV.

DE LA JURIDICTION COMMERCIALE.

FIN DE LA TABLE DU CODE DE COMMERCE.

INSTRUCTIONS GÉNÉRALES

SUR LA TENUE

DES LIVRES EN PARTIES DOUBLES.

On fait remonter au quinzième siècle l'invention de la Tenue des Livres en parties doubles, et on l'attribue généralement aux Italiens, qui, les premiers, paraissent en avoir fait usage; mais, quelle qu'en soit l'ancienneté et l'origine, il est certain que cette méthode doit être rangée au nombre de ces découvertes, aussi simples que généralement utiles, dont le génie a enrichi la société et particulièrement le Commerce, par le bel ordre que cette méthode tend essentiellement à établir au milieu du cahos, pour ainsi dire, et de l'immensité des opérations sans cesse renaissantes.

Je dis découverte simple : il est très-réel, en effet, que la Tenue des Livres en parties doubles repose sur une théorie, à la vérité abstraite, mais très-facile à saisir par le raisonnement, et qui consiste à toujours opposer les débiteurs aux créanciers; à établir, entre l'actif et le passif, un système de balances ou d'égalités qui ne laisse aucune place à l'erreur sans qu'elle soit apperçue, et donne le moyen de connaître, en peu de temps, le résultat des opérations les plus nombreuses et les plus compliquées.

Il suffit, pour cela, de personnaliser les différentes valeurs qui ont cours dans les transactions journalières, et de les assimiler aux individus avec lesquels on opère.

Ainsi, par exemple, l'ensemble des valeurs qui composent la fortune d'un commerçant, porte le nom de Capital, et a un compte ouvert dans ses Livres.

Parmi ces valeurs, l'argent monnoyé porte le nom de Caisse; les billets et autres effets actifs du portefeuille, celui de Traites et Remises; les marchandises en magasin, celui de Marchandises générales, et ainsi du mobilier et des maisons et terres, qui portent les noms de Meubles et d'Immeubles, et ont tous également chacun leur compte ouvert.

Pour le passif, les engagemens que contracte le commerçant ont encore leur compte ouvert, sous le nom de Lettres et Billets a payer et autres.

Des comptes négatifs viennent encore faciliter le système et distinguer les diverses natures de dépense, sous les noms de Dépenses générales ou de Maison, et de Frais généraux ou de Commerce, etc.

Enfin, un compte de Profits et Pertes, qui analyse tous les autres par leurs résultats, et se résout lui-même par celui de *capital*, dont la solde active présente l'avoir net du commerçant.

Lorsque l'on veut porter une écriture sur le Journal en parties doubles, au lieu de dire simplement, comme dans les parties simples, un tel *doit*, pour ce que je lui donne, ou un tel *avoir*, pour ce qu'il me donne; on dit au contraire, et dans tous les cas, *tel doit à tel*, telle chose, etc.

Par exemple, je donne de l'argent à Pierre; je porte ainsi l'article : *Pierre doit à caisse*, tant.

Si je vends de la marchandise au même, j'écris : *Pierre doit à marchandise*, etc.

Si j'achète de la marchandise, si je reçois de l'argent ou des billets, je dis : *Marchandises doivent à Pierre. Caisse* ou *Traites et Remises doivent à Pierre*, etc., etc.

C'est dans cette simple distinction que consiste toute l'abstraction et les difficultés que renferment les parties doubles, et encore en ce que la théorie ne peut être appliquée complètement que sur un certain nombre d'opérations réelles ou supposées : c'est l'objet de ce Traité.

Il résulte de ce que nous venons de dire, qu'en parties doubles comme en parties simples, le *débiteur* est toujours celui à qui on a fourni une valeur, et le *créditeur* ou *créancier*, celui qui a fourni une valeur; que chaque individu, soit *réel* soit de *raison*, peut être seulement débiteur ou créditeur; qu'il est presque toujours l'un et l'autre par la suite des opérations; c'est pour cela que chaque compte ouvert au grand Livre est composé d'un *débit* ou *doit*, et d'un *crédit* ou *avoir*, en regard l'un de l'autre.

Dans les parties simples, il n'y a jamais pour chaque opération qu'un débiteur ou un créditeur.

Dans les parties doubles, au contraire, il y a toujours pour chaque opération dont on passe écriture, au moins un débiteur et un créditeur.

Mais il peut y avoir plusieurs débiteurs pour un seul créditeur; ou plusieurs créditeurs pour un seul débiteur; ou enfin plusieurs débiteurs pour plusieurs créditeurs.

Tout le mécanisme des parties doubles se renferme réellement dans le Journal, dont le grand Livre n'est toujours que l'extrait, comme dans les parties simples; la seule différence qu'il y a, c'est que les comptes généraux ou *de raison* dont nous avons parlé, s'y résument tous les uns par les autres; et enfin, par le compte de Capital, ce qui ne peut pas avoir lieu dans les parties simples où ces comptes *de raison* n'existent pas.

Il en résulte que dans les parties simples les opérations n'ont point d'ensemble ni de liaison entr'elles; que le grand Livre et le Journal ne peuvent faire connaître l'*avoir* d'un commerçant qu'à la suite d'un travail extrêmement long, pénible, fastidieux et sujet à beaucoup d'erreurs, lorsqu'au contraire le grand Livre à parties doubles peut présenter, en peu d'instans, et à l'ouverture des comptes, le tableau résumé des valeurs actives de quelque nature qu'elles soient, celui des débiteurs et des créanciers; en un mot, le résultat exact des mutations et la situation personnelle du commerçant qui le tient.

Pour établir des Livres à parties doubles, il faut nécessairement commencer par faire un inventaire exact de son actif et de son passif.

Cet inventaire, prescrit par l'ancienne Ordonnance de 1673, l'est également par l'article 9 du nouveau Code de Commerce, et doit être porté sur un registre spécial. Ainsi sur ce point la loi est en parfaite harmonie avec les principes d'ordre et les règles qu'il faut suivre dans la tenue des Livres à parties doubles.

Le Journal, le grand Livre, celui des inventaires ne sont que les Livres principaux et indispensables; il en est d'autres qui ne sont pas moins nécessaires aux commerçans, et qu'on appelle *auxiliaires* ou *d'aide ;* mais dont le nombre et la forme peuvent varier suivant le genre et l'étendue des affaires du commerçant qui les tient.

Je vais indiquer sommairement quelques-uns d'eux, leur usage et leur forme, par des modèles abrégés, avant de passer aux principes des parties doubles et à leur application aux écritures.

DES LIVRES AUXILIAIRES.

Les Livres auxiliaires les plus en usage sont :

1°. Le Livre de caisse;
2°. Le Livre de copie de lettres;
3°. Le Livre de traites et remises, ou d'entrée et sortie d'effets;
4°. Le Livre des échéances;
5°. Le Livre d'entrée et sortie de marchandises en magasin;
6°. Le Livre de comptes courans et d'intérêt;
7°. Le Livre de ventes ou factures;
8°. Le Livre des ouvriers ou facteurs.

1°. LE LIVRE DE CAISSE.

Ce Livre est ordinairement un registre étroit, sur lequel le caissier, ou celui qui est chargé de la recette et du paiement à deniers comptans, porte sa recette et sa dépense par débit et crédit.

Le débit se porte sur le verso du feuillet à gauche, et indique de qui et pourquoi on reçoit.

Le crédit se porte sur le recto du feuillet à droite, en regard du précédent, et indique à qui et pourquoi l'on paie.

Rarement on porte, jour par jour, sur le Livre de caisse, les menues dépenses de la maison et mêmes celles de commerce, à moins que le commerçant ne fasse que très-peu d'affaires, mais s'il en fait beaucoup, cela opérerait une confusion embarrassante.

Dans presque tous les cas, le chef prélève, chaque mois, sur la caisse, une somme suffisante pour les dépenses de sa maison, qu'il fait porter successivement sur un Livre particulier, par sa femme ou quelqu'autre chargé de ce détail, et il n'emploie que le total dans ses écritures. Art. 8 du Code de Commerce.

Si les menues dépenses relatives au commerce sont très-multipliées, on peut en faire tenir aussi un Livre séparé, par un commis, et le total de cette dépense se porte à la fin du mois sur la caisse.

Il suffit ici d'indiquer cette marche sans donner de modèle de Livre de dépense.

(*Suit le Modèle du Livre de Caisse.*)

F°. 1.

1807. DOIT CAISSE.

			f.	c.
Janvier.	1	Pour mon capital en espèces.	120000	»
»	6	Reçu de Breda et fils, pour vente de coton.	3641	40
»	15	— des mêmes, pour vente de café.	3049	20
»	21	— de Chevigny frères, pour vente de toile. . . .	4125	»
			130815	60
Février.	1	Balance du mois précédent.	47852	80

F°. 1.

AVOIR.

			F.	C.
Janvier.	2	Payé à Lagarique, pour achat de coton.	3468	»
»	12	— à Chevigny frères, pour achat de café.	3187	80
»	17	— pr. fs. de voiture, à 12 B. toile pr. compte de Julien.	132	90
»	30	— à Breda et fils, pour rescriptions.	45000	»
»	»	— à Empezat et compagnie, pour remboursement. .	30000	»
»	»	— aux mêmes, pour intérêt.	507	50
»	»	Relevé du Livre des frais de commerce, ce mois. . .	666	60
»	»	Solde en caisse à nouveau.	47852	80
			130815	60

2°. LE LIVRE DE COPIES DE LETTRES.

Indépendamment de ce que ce registre est prescrit par l'art. 8 du Code de Commerce, on peut dire qu'il ne l'est pas moins par l'intérêt qu'a le commerçant à mettre ses affaires en ordre ; ce Livre lui est véritablement indispensable, soit pour sa comptabilité avec les correspondans du dehors, dont il lui présente les bases, soit pour ne pas perdre de vue les ordres qu'il leur donne et pouvoir les leur rappeler s'ils s'en écartent, ou enfin avoir les moyens de justifier sa conduite et se faire rendre justice suivant l'occasion.

La forme de ce Livre n'est point prescrite ; c'est ordinairement un Livre in-folio, couvert en carton et en parchemin, sur lequel on fait copier littéralement, jour par jour, les lettres qu'on écrit à ses correspondans, au fur et à mesure qu'on les envoie. Il doit porter, en tête de chaque lettre, la date et le nom du correspondant, c'est-à-dire, sa raison de commerce s'il en a une, et le nom de la ville où il demeure. En cette forme :

Du 30 janvier 1807.

NANTES. JULIEN.

J'AI reçu votre lettre du 15 courant, par laquelle vous m'annonciez votre envoi de 12 balles toile à vendre pour votre compte. Depuis, j'ai reçu le susdit envoi, pour la voiture duquel j'ai payé F. 132, 90 à votre débit.

J'ai réussi à vendre le tout suivant vos ordres, et je vous en remets ci-joint le compte de vente, dont le net produit s'élève à F. 7869, 10 à votre crédit. Veuillez, après examen, m'en accuser le bien trouvé, et du tout passer écriture de conformité.

NOTA. *On doit observer, en général, la plus grande clarté dans la correspondance, et éviter le verbiage, les phrases recherchées et superflues, qui peuvent prêter à la contestation et aux chicanes, sans aucune utilité.*

3°. LE LIVRE DE TRAITES ET REMISES,

OU D'ENTRÉE ET SORTIE D'EFFETS.

Ce Livre est destiné à constater l'entrée en portefeuille des traites que le commerçant forme sur ses correspondans, ou des effets négociables qu'il en reçoit, et enfin à contenir des détails qui, quoiqu'importans, ne peuvent être que beaucoup plus sommairement indiqués sur le Journal et même sur la Main courante.

Le Livre de traites et remises doit contenir le numéro d'enregistrement de l'effet sur lequel s'appose ce même numéro ; il doit contenir également la date de l'entrée, les noms des confectionnaire, bénéficiaire et cédant ; la somme, l'échéance, la nature de la valeur pour laquelle il est créé, le domicile et le lieu du paiement ; enfin le nom du cessionnaire et la date de la sortie.

On ne peut s'empêcher d'être convaincu de l'extrême utilité d'un registre qui porte toutes ces indications, soit pour prévenir ou reconnaître les falsifications, soit en cas de perte des effets, pour pouvoir réclamer ou faciliter la remise des duplicata, conformément à l'article 154 du Code de Commerce.

La forme du Livre de traites et remises est à-peu-près arbitraire, pourvu qu'il renferme d'ailleurs les indications dont je viens de parler, et qu'il s'accorde avec les écritures du Journal. Je crois que celle qui suit est une des meilleures, ce qui n'empêche pas, au surplus, qu'elle ne puisse être perfectionnée, ou qu'on ne puisse lui préférer toute autre, en raison de l'usage des places, ou du plus ou moins de convenance des maisons de commerce.

(*Suit le Modèle du Livre de Traites et Remises*, ou *d'Entrée et Sortie des Effets de Commerce.*)

Nos. des Effets.	BILLET DE, ou TRAITE DE, SUR ET ORDRE DE, VALEUR EN.	PAR QUI FOURNI.	DATE DE L'ENTRÉE.	LA SOMME. F.	C.
1	Billet de Duchâteau, ordre Gautier, valeur en compte.	Inventaire.	1er. janvier 1807.	2112	55
2	Billet de Lagarique, à mon ordre.	Inventaire.	1er. dito.	3000	»
3	Billet à mon ordre, de.	Breda et fils.	15 dito.	3049	20
4	Billet à mon ordre, de.	Lagarique.	25 dito.	3920	»
5	Traite de Chevigny, à mon ordre, sur Seguers de Nantes, valr. en compte.	Chevigny Fes.	25 février.	10000	»
6	Traite de Créqui, à mon ordre, sur Gautier, valeur en compte.	Créqui et Cie.	17 mars.	12081	95
7	Billet à mon ordre, de.	Idem.	9 avril.	5898	75
8	Billet à mon ordre, de..	Idem.	1er. juin.	3500	»
9	Traite de Créqui, à mon ordre, sur Boudet, de Marseille, vr. en compte.	Idem.	26 dito.	20401	»
10	Billet à mon ordre, de.	Lagarique.	6 juillet.	2500	»
11	Billet à mon ordre, de.	Idem.	Idem.	1250	»
12	Billet à mon ordre, de.	Créqui et Cie.	9 dito.	3374	25
13	Billet à mon ordre, de.	Lefort.	16 dito.	2197	95
14	Billet à mon ordre, de.	Empezat et Cie.	19 dito.	2093	»
15	Billet à mon ordre, de.	Créqui et Cie.	27 dito.	6270	»

NOMS DES VILLE ET DOMICILE OU PAYABLE.	ÉCHÉANCES.	A QUI FOURNI.	DATE DE LA SORTIE.	VALEUR EN.
Paris, domicile de Rougemont et Comp^e.	4 février.	par Caisse.	4 février.	en espèces.
Paris, rue Saint-Jean, n°. 10.	9 dito.	Idem.	9 dito.	Idem.
Idem.	15 dito.	Idem.	15 dito.	Idem.
Idem.	25 dito.	Idem.	25 dito.	Idem.
Nantes.	25 mai.	Julien.	2 mai.	p^r. escompte.
Paris.	17 mai.	par Caisse.	17 mai.	en espèces.
Idem.	30 avril.	Idem.	30 avril.	Idem.
Idem.	30 juin.	Idem.	30 juin.	Idem.
Marseille.	30 septemb.	Roux.	9 août.	p^r. escompte.
Paris.	6 octobre.	Empezat.	6 juillet.	en compte.
Idem.	Idem.			
Idem.	24 août.			
Idem.	20 octobre.			
Idem.	30 août.	par caisse.	1er. septem.	en espèces.
Idem.	20 septemb.			

4°. LE LIVRE DES ÉCHÉANCES.

L'objet du Livre des Echéances est ordinairement de présenter l'état des sommes que le commerçant doit payer jour par jour, à raison de ses acceptations ou des billets qu'il a souscrits, afin qu'il puisse préparer d'avance les moyens d'y faire face.

Sous ce premier rapport ce registre est déjà indispensable; mais on peut y ajouter encore un autre degré d'utilité.

S'il est nécessaire en effet qu'un commerçant ait sous les yeux le tableau de ses engagemens à époque fixe, pour y satisfaire exactement, il n'est pas moins utile qu'il réunisse sous le même point de vue l'état de ses dettes actives à terme, pour connaître les ressources qu'elles peuvent lui présenter, et en activer la rentrée dans le même temps.

J'observe cependant que le portefeuille étant sous la main du chef, et visité chaque jour, il devient superflu de porter sur le Livre des Echéances celles des effets qu'on a d'ailleurs sous les yeux ou dans le Livre des *Traites et Remises*, si l'on voulait connaître les échéances des effets sortis. Mais il se fait une infinité de ventes ou de négociations à terme, qui ne se règlent pas de suite : ce sont ces mêmes opérations dont il importe de connaître les échéances pour les faire régler à temps et suivant les conditions qui ont été faites.

Dans le Modèle que je présente ici, le Livre des Echéances est dressé en actif et passif, comme l'alphabet que l'on joint ordinairement au Grand Livre; mais avec cette différence que les divisions du Livre des Echéances portent chacune un des mois de l'année, au lieu d'une des lettres de l'alphabet.

La marge à gauche de chaque page est destinée à porter l'année, et la colonne à côté les dates du mois où l'on doit recevoir ou payer; et enfin le surplus de la page est destiné à porter les sommes et l'indication des objets à payer ou à recevoir.

La page *verso* à gauche est destinée aux échéances actives ou à recevoir, et celle à droite au *recto*, en regard de la précédente, aux échéances passives ou à payer.

En mettant un certain nombre de feuillets sous l'indication de chaque mois, un Livre des Echéances peut se continuer sans interruption et durer plusieurs années.

(Modèle du Livre d'échéances actives et passives.)

ÉCHÉANCES A RECEVOIR.

				F.	C.
1807.	20	Lagarique, par compte courant.	R.	10000	»
	25	Créqui et Ce., pour factures.	R.	5600	»
	30	Chevigny frères, pour idem.	R.	4549	45

ÉCHÉANCES A PAYER.

JANVIER.

				f.	c.
1807.	25	Julien, de Nantes, pour facture.	P.	4000	»
	»	Breda et fils, pour idem.	P.	3000	»
	30	Zaccary, de Toulouse, par compte courant. . .	P.	10008	»
	»	Empezat et Ce., pour idem.	P.	30000	»

ÉCHÉANCES A RECEVOIR.

			F.	C.
1807.	25	Lagarique, N/facture, à 6 balles toile. . . . . . R.	3920	»

ÉCHÉANCES A PAYER.

1807.				F.	C.

FÉVRIER.

ÉCHÉANCES A RECEVOIR.

			F.	C.
1807.	30	Sivrac, de Cadix, N/ facture à 4 B. toile, du 22 courant, R.	10000	»

ÉCHÉANCES A PAYER.

				f.	c.
1807.	2	N/billet du 15 décembre dernier, ordre Fortin.	P.	8000	»
	5	N/billet du 18 décembre dernier, ordre Lecomte	P.	5000	»

MARS.

5°. LE MAGASINIER,

OU LIVRE D'ENTRÉE ET SORTIE DE MARCHANDISES EN MAGASIN.

Ce Registre n'est, pour beaucoup de commerçans, qu'une espèce de table indicative d'entrée et sortie des marchandises en magasin, par les seuls numéros et marques, et quelquefois le poids des caisses, barriques, balles ou ballots.

De la manière dont je conçois la tenue de ce livre, et conformément au modèle que j'en donne ci-après, que j'ai vu employer par beaucoup de commerçans, il peut non-seulement remplir l'objet dont on vient de parler, mais même suppléer tout à-la-fois plusieurs autres Registres, tels que Livre d'Achats, Livre de Vente ou Factures, Livre de Consignations, etc.

Au reste, la forme sous laquelle je présente ici ce Registre n'empêche pas qu'une Maison qui ferait des affaires assez importantes et assez nombreuses pour préférer de tenir un Registre particulier pour chaque espèce d'opération, ne puisse les établir même sur les exemples que je donne ici.

Je suppose, dans le Modèle actuel, que le commerçant reçoive des marchandises:

1°. Pour son compte personnel, soit qu'il les achète au-dehors ou sur la place;

2°. En participation avec un tiers;

3°. Pour compte d'autrui, en consignation à la vente;

4°. Par achats en commission pour expédier au-dehors;

5°. En passe-debout.

Les comptes, dans tous ces cas, peuvent se régler sur le seul Livre de Marchandises en magasin; il ne s'agit que de distinguer la manière.

Au premier cas, d'achats et ventes pour le compte personnel du chef.

Portez sur le *verso*, à gauche d'un des feuillets du Livre de Magasin, et dans un compte particulier, l'entrée de chaque partie de marchandises avec l'indication de l'envoyeur ou du vendeur, du propriétaire, la date du départ et de l'arrivée, la voie de transport, les marques, numéros, poids et prix de facture, et les frais de réception, au total desquels vous ajouterez successivement les autres frais auxquels la partie peut donner lieu.

Sur le *recto* du feuillet suivant, à droite et en regard, portez successivement les ventes à fur et mesure qu'elles ont lieu, avec les poids de livraison et leurs produits.

La différence entre le montant des achats et frais d'un côté, et le total des ventes de l'autre, sera le bénéfice ou la perte dont vous aurez le résultat par ce seul Livre, qui fera, dans ce cas, l'office d'un Livre d'achats et d'un Livre de vente.

Au second cas, en participation avec un tiers.

Portez la partie de marchandises à l'entrée et à la vente, comme au cas précédent, *à l'exception du montant de l'achat qui n'aura point été tiré hors ligne;* le montant des ventes, déduction faite des frais, sera le net produit dont vous créditerez votre associé pour son intérêt.

Au troisième cas, de consignation à la vente pour compte d'autrui.

Portez la partie de marchandises comme aux deux cas précédens, mais par poids de réception et sans prix d'achat; la déduction des frais sur le montant des ventes vous donnera le net produit dont vous créditerez votre commettant. Pour ces deux cas, le Magasinier fera l'office de Livre d'achats, de facture et consignation.

Il est superflu d'indiquer de quelle manière on doit se régler pour les deux autres cas indiqués.

Enfin, si l'on suppose encore un cas où le chef soit intéressé dans une partie de marchandises dont il n'a fait l'achat ni la vente, il n'a point alors d'entrée en magasin ni de sortie à constater; son intérêt se règle alors par les comptes qu'on lui remet par la correspondance.

Je dois encore observer que l'usage du Modèle que je propose dispense de beaucoup d'écritures de détail et de distinctions minutieuses dans les écritures du Journal et du Grand Livre, où il faudrait sans cela ouvrir des comptes particuliers à chaque partie de marchandises, surtout pour celles en participation.

Nous aurons au reste à discuter plus amplement cette matière, lorsque nous en serons à la formation du Journal en parties doubles.

(*Suit le Modèle du Magasinier,* ou *Livre d'entrée et sortie de Marchandises en Magasin.*)

F°. 1.

ENTRÉE.

Du 1er. janvier 1807.

		F.	c.
	SUCRES BRUTS pour mon compte, faisant partie de mon inventaire de ce jour, et précédemment achetés sur la place, de J.-B. Dubuc, suivant sa facture acquittée pour comptant, sous l'escompte de 2 p. °/o.		
	Douze boucauds sucre brut, pesant comme suit, et au prix à moi revenant frais compris jusqu'à ce jour;		
	SAVOIR :		
JBD	Nos. 1 — 840 k. Nos. 7 — 900 2 — 860 8 — 845 3 — 875 9 — 855 4 — 850 10 — 805 5 — 860 11 — 880 6 — 820 12 — 950 De ci-contre. 5235 5235 Brut. . . 10340 k.		
	A déduire: 1781 5 { 1758 k. tare à 17 p. °/o. 23 5 h. réfraction. }		
	Net. . . . 8558 k. 5 h. à F. 120 p. °/o k. . . . F.	10270	20
	FRAIS.		
	Brouettiers et tonneliers à la livraison.	15	»
	Bénéfice à la vente.	413	80
	Total égal à la vente ci-contre. . . . . F.	10698	»

F°. 1.

SORTIE.

Du 15 mars 1807.

Vendu à Chevigny frères, de Paris, pour payer comptant, Douze boucauds sucre brut, pesant comme ci-contre : Net 8558 k. 5 h., à F. 125 les 0/0 k. . . . . . . F.	10698	»

Nota. *Si les poids différaient à la livraison, de ceux d'entrée, on en porterait alors le détail à la sortie.*

Fo. 2.

ENTRÉE.

Du 1er. février 1807.

E & C

LAINES DE BERRY, achetées d'Empezat et Ce., de cette ville, suivant leur facture de ce jour, et de compte à 4/4, entre moi, Lagarique, Créqui et Ce., et Chevigny frères, tous de cette ville, sous ma direction, tant pour l'achat que pour la vente;

SAVOIR:

Vingt balles laines comme suit:

Nos.		Nos.	
1	210	11	208
2	215	12	209
3	230	13	207
4	200	14	231
5	207	15	212
6	203	16	211
7	212	17	204
8	201	18	220
9	195	19	202
10	198	20	192
De ci-contre.	2096		k. 2096

Brut. . . . 4167 k.
Tare. . . . 167 4 p. °/o. à déduire.

	F.	C.
Net. . . . 4000 k. à 2, fr. 30 c. le kil.		
FRAIS.		
Brouettiers, livraison. . . . . 12 » Magasinage. . . . . 10 » Commission d'achat, 2 p. °/o. . . . . 184 » Commission de vente et garantie, 4 p. °/o. . . . . 480 »	686	»
Net produit.	11314	»
Montant égal à la vente. .	12000	»
Le quart pour chaque intéressé.	2828	50

Nota. On n'a point porté ici le montant de l'achat, parce que cet achat est payé ou censé tel par chaque intéressé pour sa portion. Si, contre l'usage, l'intéressé chargé de la vente, avançait le prix d'achat, on le porterait en y ajoutant les frais comme ci-dessus; et la balance ou différence qui en résulterait d'après la vente, serait le bénéfice ou la perte à partager.

F°. 21

SORTIE.

Du 15 février 1807.

	F.	C.
Vendu à Desbrières, de Paris, pour payer au comptant : 20 balles laines, pesant comme ci-contre, poids d'achat. 4000 kil. net, à 3 fr. le kil.	12000	»

F°. 3.

ENTRÉE.

Du 17 janvier 1807.

JA

Toiles de Courtray, d'envoi de Delpech, dudit lieu, p/Cte. de Julien, de Nantes, à ma consignation à la vente, suivant lettre de ce dernier du 5 courant;

Savoir :

Douze balles toile, contenant ce qui suit :

Nos. 1	4 p^{ces}.	241 aun.	Nos. 7	4 p^{ces}.	240 aun.
2	4	246	8	4	240
3	5	303	9	4	230
4	4	240	10	4	244
5	4	235	11	4	240
6	3	201	12	4	240
De ci-contre.		1434			1434 aun.
Ensemble.		2900 aun.			

FRAIS.

		F.	C.
Frais de voiture, de Courtray à Paris.	132 90		
Magasinage et menus frais..	15 20	309	»
Commission de vente à 2 p. %.	160 90		
Net produit.		7736	»
Total égal au montant de la vente.		8045	»

F°. 3.

SORTIE.

Du 21 janvier 1807.

		F.	C.
	Vendu à Chevigny frères, de cette ville, pour comptant,		
	Six balles toile Courtray, comme suit :		
	N°s. 1 — 4 p^{ces}. 241 2 — 4 — 246 3 — 5 — 303 7 — 4 — 240 8 — 4 — 240 9 — 4 — 230 } 1500 aun., F. 2 75 c. . . F.	4125	»
Janv. 25.	Vendu à Lagarique, de cette ville, pour payer au 25 février prochain,		
	Six balles toile Courtray, comme suit :		
	N°s. 4 — 4 p^{ces}. 235 5 — 4 — 240 6 — 3 — 201 10 — 4 — 244 11 — 4 — 240 12 — 4 — 240 } 1400 aun. à F. 2 80 c. . . F.	3920	»
	Total de la vente. . . . . . F.	8045	»

Nota. *J'observe que dans les écritures j'ai porté au débit de Julien de Nantes, les frais de voiture, que cependant j'emploie ici en déduction du net produit; mais cela ne fait pas contradiction, puisque j'ai aussi crédité ce même Julien du net produit, sans déduire les frais de voiture.*

Au surplus, ce n'est ici qu'un modèle que je donne et qu'on peut ne pas suivre à la lettre, pourvu que les écritures concordent en réalité. Si l'on porte les frais au compte de l'envoyeur, on ne les emploiera pas en frais de vente et vice versâ.

6°. LE LIVRE DES COMPTES COURANS ET D'INTÉRÊTS.

Le Livre des Comptes courans simples, que tiennent plusieurs maisons de commerce, n'a d'utilité réelle que quand on ne balance pas, sur le Grand Livre, au même moment, le compte du correspondant auquel on l'envoie; encore même sous ce rapport est-il peu utile, puisque dans un intervalle donné, le Grand Livre doit toujours offrir le tableau des opérations qui ont eu lieu; et si l'on n'avait pas d'autre motif pour établir un Livre de cette espèce, je regarderais comme superflu d'en donner le modèle.

Mais lorsque le compte courant porte encore le détail des intérêts et des diverses sommes qui peuvent composer chaque remise, alors il est utile d'en conserver copie, pour qu'en cas de réclamation ou de perte du compte, on n'ait pas à recommencer de nouvelles recherches et de nouveaux calculs qui peuvent différer dans les résultats, d'autant plus que le Grand Livre ne peut contenir ces détails.

Le Livre des Comptes courans et d'intérêts n'est donc, à proprement parler, qu'une suite de copies mises à la suite les unes des autres, des comptes qu'on envoie pour y avoir recours au besoin, au lieu de les garder séparément, dans la crainte qu'elles ne s'égarent; et en réalité, le modèle que je donne ici est moins le modèle du Livre que le modèle de comptes courans mêmes.

Il ne s'agit que de faire disposer le lignage du Livre qu'on y destine, sur celui des deux exemples que j'en donne, ou sur tout autre qu'on préférera.

J'observe seulement, à l'égard du dernier de ces deux exemples, où les intérêts sont calculés par nombres, qu'il y a quatre colonnes destinées à ces nombres; savoir : deux au débit et deux au crédit, pour le cas où l'époque fixée au compte est intermédiaire aux échéances des remises respectives.

Les colonnes extérieures du débit et du crédit sont ordinairement destinées aux intérêts en faveur de celui qui dresse le compte, et les deux colonnes intérieures, c'est-à-dire celles qui suivent la colonne des jours, sont pour les intérêts en faveur du correspondant dont on dresse le compte. Par conséquent, si, comme dans l'exemple en question, toutes les échéances sont antérieures à l'époque fixée en tête du compte, il n'y aura qu'une colonne employée pour les nombres au débit et une au crédit.

(*Modèles de Livres des Comptes courans et d'intérêts.*)

DOIVENT MM. Empezat et Cie., leur compte courant et

			F.	C.		F.	C.	F.	C.
1807. Février.	1	Pr. remboursement de leur versement à 10 1/2. pr. o/o.	30000	»	123	922	50	30922	50
»	10	Pr. solde de 4000 kil. laine.	9200	»	113	259	89	9459	89
Mai.	31	Créditeurs pour solde.	11144	45	60	294	22	11438	67
			50344	45	296	1476	61	51821	06

d'intérêts à 3/4 pour o/o au 31 Mai, avec Boyer et Cie., **AVOIR.**

			F.	C.		F.	C.	F.	C.
1807.									
Janvier.	1	Par compte courant.	30000	»	151	1132	50	31132	50
Février.	1	Par 4000 kil. laine, à F. 2 30.	9200	»	123	282	90	9482	90
Mai.	9	Pr. Piasts. 765, à 4 liv. 15 s., en traite sur Sivrac, de Cadix, produit 11283 liv. 15 s. . . .	11144	45	22	61	21	11205	66
			50344	45	296	1476	61	51821	06
Mai.	31	Créditeurs à compte nouveau, 31 mai. . . .	»	»	»		»	11438	67

AUTRE forme d'un Compte courant et d'intérêts,

1807. Février.	1	30000 »	Remboursement de leur versement, à 10 1/2 p. %.	123		3690000
»	10	9200 »	Pour solde de 4000 kil. laine. . . .	113		1039600
			Solde des nombres à diviser par 4000.	. .	. . . . . .	1177180
		11438 67	Solde à nouveau, valeur 31 mai.			5906780
		50638 67				

exercé sur les mêmes Objets et au même taux.

1807.					
Janvier.	1	30000 »	Par compte courant.	151	4530000
Février.	1	9200 »	Facture à 4000 kil. laine.	123	1131600
Mai.	9	11144 45	Pour 11283 l. 15 s., produit de 765 piastres, à 14 l. 15 s.	22	245180
		294 22	Balance d'intérêts en sa faveur.		5906780
		50638 67			
		11438 67	Créditeurs à nouveau, 31 mai 1807.		

7°. LE LIVRE DE VENTE OU FACTURES.

J'ai dit en parlant du Livre d'entrée et sortie de marchandises en magasin, ou *Magasinier*, qu'il pouvait, étant tenu exactement, suppléer un Livre de numéros, un Livre d'achats et un Livre de ventes.

Quant au Livre d'achats, point de doute que le Magasinier ne puisse le suppléer sous tous les rapports, puisque les achats s'y portent successivement et par ordre de dates, à chaque entrée de marchandises en magasin.

Mais quant aux ventes, il est certain que le Magasinier ne peut suppléer le Livre de ventes ou Factures qu'en ce sens, qu'il porte, à la sortie de chaque partie, les détails nécessaires, mais non pas par ordre de dates, puisqu'il est vrai que la dernière partie entrée peut être vendue la première, et que la sortie en général peut avoir lieu dans un ordre tout contraire à celui de l'entrée.

Si donc on veut avoir toutes les ventes par l'ordre de leurs dates, on peut en tenir un registre particulier, dont il est inutile au surplus de donner de modèle. Les ventes indiquées au folio 3 du Magasinier en donnent des exemples suffisans.

Au surplus, on peut suppléer encore le Livre de factures en portant les ventes détaillées successivement et jour par jour, comme les autres écritures, sur la Main courante, ou Mémorial, ou Brouillard, dont je parlerai bientôt.

8°. DU LIVRE DES OUVRIERS OU DES FACTEURS.

Je ne donnerai pas encore de modèles de cette espèce de Livres, parce que leur tenue est d'un usage moins général que les autres dont j'ai parlé précédemment, et qu'elle est absolument subordonnée aux circonstances ou genre de commerce et d'industrie de chaque commerçant qui peut en faire usage, et que la forme, dans tous les cas, en est presque arbitraire.

Un manufacturier, par exemple, peut tenir un ou plusieurs Livres des ouvriers suivant les différentes classes de ceux qu'il emploie, le genre de travail particulier à chacun, la nature des marchandises qu'il leur confie à ouvrer, qui restent en magasin ou en sortent, etc., etc.

Celui qui fait le *commerce de place*, proprement dit, a rarement besoin d'un Livre d'ouvriers tel que celui dont je viens de parler; mais il peut faire usage d'un Livre de *facteurs*, c'est-à-dire, des personnes qu'il charge de la réception et de la livraison des marchandises de son magasin.

A Rouen, par exemple, on se sert de facteurs chargés de peser les marchandises soit à la réception, soit à la livraison; ces facteurs, agissant contradictoirement avec ceux des autres maisons, sont responsables de leurs faits, du transport des marchandises et de leur placement en magasin; ils tiennent eux-mêmes pour chaque maison le Registre dont je parle et qui fait ordinairement foi. Leur Registre porte aussi le prix de leurs salaires, qui est à tant du quintal, suivant la nature et l'espèce de marchandises; et c'est d'après ce Livre qu'on dresse les écritures sur les Livres du commerçant.

Il peut y avoir, outre les huit sortes de Livres auxiliaires ou d'aide dont je viens de parler, plusieurs autres Registres que le genre de commerce, ou la nature des affaires du chef, peuvent le déterminer à avoir. Mais, je le répète, l'expérience doit indiquer, à ce sujet, la marche à suivre et la forme à observer. Je ne puis, dans ce Traité, prévoir tous les cas, et je n'ai eu l'intention que de donner des Règles essentielles et qui puissent, autant qu'il est possible, s'appliquer à tout; enfin celles que l'on peut regarder comme indispensables pour juger ce qu'on doit faire par comparaison d'un cas à un autre.

DE L'INVENTAIRE

INDISPENSABLE POUR COMMENCER LES LIVRES A PARTIES DOUBLES.

J'ai déjà fait connaître que la théorie des parties doubles consistait principalement à personnaliser les divers objets, soit réels soit fictifs, desquels résulte la situation active et passive du chef qui veut tenir ses Livres sous cette forme; à ouvrir des comptes à ces mêmes objets sur les Livres; enfin à les opposer perpétuellement, tantôt comme débiteurs, tantôt comme créditeurs, aux crédits ou aux débits des correspondans desquels on les reçoit ou auxquels on les remet.

Pour commencer un Journal et un Grand Livre à parties doubles, il est donc indispensable de connaître exactement et de fixer les diverses espèces de valeurs qui doivent, comme les débiteurs et les créanciers réels du commerçant, faire la base de ses écritures et figurer simultanément ou successivement dans ses opérations ultérieures, et faire enfin partie intégrante dans leurs résultats.

Le moyen d'y parvenir est de dresser l'inventaire général de l'actif et du passif. A la différence de la tenue en parties doubles, la tenue des Livres à parties simples n'exige point rigoureusement cet inventaire; puisque, pour les parties simples, il suffit d'un état des débiteurs et des créanciers, auxquels on ouvre des comptes pour savoir ce qu'ils doivent ou ce qu'on leur doit, et les faire payer ou les payer en conséquence; qu'enfin, dans les parties simples, il n'y a point de comptes généraux ou de raison.

Mais il faut nécessairement un inventaire pour commencer les Livres à parties doubles; il faut dire aussi que cette méthode offre à celui qui la suit un moyen sûr et facile de connaître sa position, ses ressources; en un mot de dresser un nouvel inventaire à quelque époque que ce soit, par le seul résultat des écritures; ce qui ne peut se faire qu'avec beaucoup de travail et d'incertitude dans les parties simples, où les opérations n'ont point de rapports directs entre elles.

Au surplus, qu'on tienne ses Livres en parties simples ou en parties doubles, la forme de l'inventaire est la même, s'il est d'ailleurs dressé régulièrement, et s'il contient exactement l'actif et le passif.

Voilà ci-après le modèle d'un Inventaire servant de base au Journal et au Grand Livre à parties doubles contenus dans ce Traité.

INVENTAIRE GÉNÉRAL DE NOTRE ACTIF ET PASSIF,

FAIT ET DRESSÉ PAR NOUS N. ET N., CE 31 DÉCEMBRE 1806; savoir :

ACTIF.

	F.	C.	F.	C.
1°. ARGENT EN CAISSE.				
En espèces versées dans la Caisse.			120000	»
2°. EN PORTEFEUILE. — *En effets de divers comme suit ; savoir :*				
N°. 1. Billet de Duchâteau, Paris, 4 février.	2112	55		
2. *Idem* de Lagarique, *id.* 9 dito	3000	»	5112	55
3°. MARCHANDISES EN MAGASIN.				
1°. Pour douze boucauds sucre brut, suivant détail au magasinier, pesant net 8558 kil. 5 hect., à F. 120 le cent.	10270	20		
2°. Pour seize boucauds sucre blanc, suivant détail au même livre, pesant net 11318 kil., à F. 210 le cent.	23767	80		
3°. Pour quatre-vingt-neuf barriques vin de Bourgogne, suivant détail au même livre, ci. 89 Barriques à F. 300 l'une.	26700	»	60738	»
4°. DETTES ACTIVES *par compte courant.*				
Lagarique de cette ville.	10000	»		
Créqui et Compagnie, *id.*	5600	»		
Chevigny frères, *id.*	4549	45	20149	45
5°. IMMEUBLES.				
Une maison, sise rue Verte, estimée.			42000	»
TOTAL GÉNÉRAL DE L'ACTIF.			248000	»

PASSIF.

	F.	C.	F.	C.
1°. LETTRES ET BILLETS A PAYER.				
Notre billet ordre Fortin, au 2 mars prochain.	8000	»		
Notre *id.* ordre Lecomte, au 5 *id.*	5000	»	13000	»
2°. DETTES PASSIVES EN COMPTE COURANT.				
A Julien de Nantes.	4000	»		
A Breda et fils, de cette ville.	3000	»		
A Zacary de Toulouse.	10000	»		
A Empezat et Compagnie, de cette ville.	30000	»	47000	»
TOTAL DU PASSIF.			60000	»

BORDEREAU OU RÉSUMÉ DU PRÉSENT INVENTAIRE.

ACTIF.

	F.	C.	F.	C.
En Caisse.	120000	»		
En Portefeuille.	5112	55		
En Marchandises.	60738	»		
En Dettes actives.	20149	45		
En Immeubles.	42000	»	248000	»

PASSIF.

	F.	C.	F.	C.
En Billets ordres divers.	13000	»		
En Dettes passives par compte courant.	47000	»	60000	»
Partant, notre avoir net est de.			188000	»

OBSERVATION. Comme ce n'est pas de la multiplicité et de la grande complication des opérations dans un Traité que naît l'instruction, mais d'une exacte et judicieuse application des règles, j'ai donné à l'égard de l'inventaire, comme pour les livres auxiliaires, très-peu d'étendue aux opérations ; il en sera de même pour ce qui concerne le Journal et le Grand Livre.

DU MÉMORIAL,

OU BROUILLARD, OU MAIN COURANTE.

Ce qu'on appelle ordinairement Main courante ou Brouillard, est la réunion de quelques feuilles ou d'une ou deux mains de papier commun cousues ensemble, sur lesquelles on annote rapidement et à mesure qu'elles se présentent, les opérations journalières du commerce, afin de pouvoir les porter régulièrement et au net sur le Journal, à sa commodité.

La Main courante exactement tenue et suivie fait, pour le moins, autant foi en justice que le Journal au net, parce qu'elle est censée contenir le premier et sincère état des opérations au moment et de la manière qu'elles ont été conçues et arrêtées; et, en réalité, la Main courante régulière est véritablement le *Livre-Journal* entendu par l'article 8 du Code de Commerce, et par l'expression même du mot *Journal*, qui signifie *de chaque jour.*

Et puisque d'un autre côté le Journal, pour être régulier, aux termes de la loi, doit contenir les opérations de chaque jour, inscrites chaque jour et dans l'ordre où elles se sont présentées, il s'ensuit que ce qu'on appelle *Main courante*, ou *Brouillard*, ou *Mémorial*, ne serait qu'un Livre superflu et inutile.

Je ne prétends point cependant contrarier, sur ce point, l'usage reçu et l'habitude des maisons qui tiennent une Main courante; parce qu'il est en effet commode de pouvoir, dans un moment où l'on est très-pressé, suppléer par une note rapide et concise, une écriture qui sera, peu d'instans après, rédigée régulièrement avec les détails nécessaires, et écrite plus nettement. Je dirai seulement que je ne voudrais pas de Brouillard ou Main courante suivie; que je voudrais qu'on ne fît usage de brouillons que dans les momens où le temps manque absolument, et que l'on ne retardât jamais de rédiger les écritures sur un livre régulier et dans leur ordre. Enfin, si je tenais une Main courante ou Mémorial, ce serait sur un Registre relié, où je ferais porter, chaque jour et à chaque instant, les opérations, à mesure qu'elles auraient lieu, rédigées nettement et régulièrement avec les détails nécessaires, suivant la forme et les principes de la méthode adoptée soit des parties doubles, soit des parties simples; en un mot, dans un ordre tel, que le Mémorial ou Main courante puisse au besoin suppléer ce qu'on appelle *le Journal au net*, et servir pour le report direct au Grand Livre.

En tenant la Main courante avec cette exactitude, on donnera à ce Registre toute l'utilité dont il est susceptible, et les caractères exigés par la lettre et l'esprit de la loi pour mériter confiance et faire foi judiciairement dans les cas autorisés ou requis. (Art. 12 à 17, 593 et 594 du Code de Commerce.)

Enfin, si la Main courante est tenue en détail et dans la forme que je viens d'indiquer, le

Journal au net, que l'on pourra tenir par suite, sera susceptible d'être rédigé à volonté et d'une manière plus simple et plus résumée, pour, de-là, reporter au Grand Livre.

On observera sans doute que la Main courante, que je présente à la suite de ces observations, n'est point réglée sur les principes que je viens d'établir, puisqu'elle ne l'est pas d'après la méthode des parties doubles, et qu'elle ne peut en suppléer le Journal.

A cela, je répondrai d'abord qu'elle est dans la forme simple adoptée par beaucoup de maisons, et que sous ce rapport elle peut en fournir un exemple.

En second lieu, c'est que je la donne bien moins comme modèle à suivre que comme tableau d'opérations présentées sous leurs plus simples expressions, afin de développer et d'appliquer, par la suite, à ces mêmes opérations les règles et la forme des parties doubles, pour en former ensuite le Journal et le Grand Livre, d'après cette même méthode.

Au reste, à fur et mesure qu'on porte sur le Journal les articles de la Main courante, on indique sur cette dernière, et en marge de chaque article, la page du Journal où il se trouve reporté.

MAIN COURANTE.

JOURNAL.		F.	C.
	Du 2 janvier 1807.		
f°. 2	(N°. 1.) ACHETÉ au comptant et payé à Lagarique, de cette ville, 867 kil. coton à F. 400 le cent, ci.	3468	»
	Du 6 dito.		
2	(N°. 2.) VENDU au comptant et reçu de Breda et fils pr. 867 kil. coton, à F. 420 le cent, ci.	3641	40
	Du 12 dito.		
2	(N°. 3.) ACHETÉ de Chevigny frères, 2772 kil. café Martinique, à F. 2 30 c. le kil., payé 1/2 comptant et 1/2 en notre effet au 12 mars, ci.	6375	60
	Du 15 dito.		
2	(N°. 4.) VENDU à Breda et fils 2772 kil. café Martinique, à F. 2 20 c. qu'ils ont payés 1/2 écus et 1/2 en leur effet à notre ordre au 15 février, ci.	6098	40
	Du 17 dito.		
2	(N°. 5.) PAYÉ F. 132, 90 c. pour compte de Julien de Nantes, pour frais de voiture de 12 ballots toiles Courtray, par lui expédiés pour vendre pr. son compte, ci.	132	90
	Du 21 dito.		
2	(N°. 6.) VENDU au comptant et reçu de Chevigny frères, pour 6 ballots toile Courtray (pour compte de Julien de Nantes), montant à 1500 aunes à F. 2 75 c., ci.	4125	»
	Du 25 dito.		
2	(N°. 7.) VENDU à Lagarique 6 ballots toiles Courtray, (pour compte de Julien de Nantes), montant à 1400 aunes, à F. 2 80 c., qu'il a payés en son effet au 25 février, ci.	3920	»
	Du 29 dito.		
2	(N°. 8.) ACHETÉ au comptant d'Empezat et compagnie, F. 50,000 de rescriptions de domaines nationaux, pour compte de Breda et fils, à F. 90 pour o/o; ci. . . . . 45000 » Décime pour o/o de notre commission, ci. . . . . . . 45 »	45045	»

JOURNAL.		F.	C.
	Du 30 Janvier 1807.		
f°. 3	(N°. 9.) REMBOURSÉ à Empezat et compagnie, F. 30000 à 10 1/2 pour o/o l'an, ci. . . . . 30000 » ; Pour intérêts d'un mois 28 jours à 7/8 pour cent par mois, ci. 507 50	30507	50
	Du 30 dito.		
3	(N°. 10.) COMPTE de vente de 12 ballots toile Courtray pour compte de Julien de Nantes; savoir : Produit desdits, ci. . . . . 8045 » ; *Frais à déduire.* Magasinage et frais, ci. . . . . 15 » ; Commission à 2 p. o/o, ci. . . . . . . 160 90 } 175 90	7869	10
	Dudit.		
3	(N°. 11.) PAYÉ F. 666 60 c. pour frais divers jusqu'à ce jour, ci. . .	666	60
	Du 1er. février.		
3	(N°. 12.) ACHETÉ d'Empezat et Compe., 4000. kil. laines à F. 2, 30 c. payables 10 courant, de compte à 1/4 avec Lagarique, Créqui et Chevigny frères, ci.	9200	»
	Du 4 dito.		
3	(N°. 13.) Encaissé F. 2112 55 c. pour valeur de l'effet n°. 1 sur Duchâteau, ci.	2112	55
	Du 9 dito.		
3	(N°. 14.) PRIS au comptant de Mercier et payé 6755 florins courans à 57 en traites sur Brulet d'Amsterdam, à 30 jours, produisant ci. . . .	14221	05
	Dudit.		
3	(N°. 15.) ENCAISSÉ F. 3000 pr. montant de l'effet n°. 2 sur Lagarique, ci.	3000	»
	Du 10 dito.		
3	(N°. 16.) SOLDÉ Empezat et compagnie pour montant de 4000 kil. laine, de compte à 1/4 avec les suivans : 1/4 par caissse, ci. . . . . 2300 » ; d°. par Lagarique, ci pour 1/4 par lui compté. . . 2300 » ; d°. par Crequi et compagnie, ci. . . . id. . . . 2300 » ; d°. par Chevigny frères, ci. . . . . id. . . . 2300 »	9200	»
	Du 14 dito.		
4	(N°. 17.) NÉGOCIÉ au comptant à Gautier, 6755 florins courans à 56 en traites à 30 jours sur Brulet d'Amsterdam, et reçu le produit ci. . .	14475	»

JOURNAL. — Du 15 février 1807.

		F.	C.
f°. 4	(N°. 18.) VENDU au comptant à Desbrières et reçu dudit pr. 4000 kil. laines à F. 3, de compte à 1/4 avec Lagarique, Créqui et Chevigny frères, ci.	12000	»

Dudit.

4	(N°. 19.) ENCAISSÉ F. 3049 20 c. pour valeur de l'effet n°. 3 sur Breda et fils, ci.	3049	20

Du 25 dito.

4	(N°. 20.) ESCOMPTÉ au comptant à Lemaître F. 10000 à 1 pour o/o en traites de Chevigny frères, à 90 jours, sur Seguers de Nantes, Net compté, ci. . . . . 9700 » Escompte retenu pour trois mois, ci. . . . . . 300 »	10000	»

Du 25 dito.

4	(N°. 21.) ENCAISSÉ F. 3920 pour montant de l'effet n°. 4 sur Lagarique. ci.	3920	»

Du 2 mars.

4	(N°. 22.) REÇU de Julien de cette ville, pour compte de Créqui et compagnie, ci. . . . . 5600 » Idem dudit, pour compte de Chevigny frères, ci. . . . 4549 45	10149	45

Dudit.

4	(N°. 23.) PAYÉ F. 8000, pour acquit de notre billet ordre Fortin, ci. .	8000	»

Du 5 dito.

4	(N°. 24.) REMIS pour notre compte à Brulet d'Amsterdam, 6000 florins courans pris au comptant de Leroi à 57 en sa traite sur Dentu de Rott erdam, à 60 jours, produisant ci. . . 12631 55 Remis pour compte dudit 3000 florins courans, pris au comptant, de Legrand, à 57 en sa traite sur Hoppe d'Amsterdam, à 60 jours, produisant ci. 6315 75	18947	30

Dudit.

5	(N°. 25.) PAYÉ F. 5000 pour acquit de notre billet ordre Lecomte, ci. .	5000	»

Du 12 dito.

5	(N°. 26.) Négocié à Ducoudray F. 8050 à 2 pour o/o en traite de Zacary de Toulouse, reçue dudit ce jour, sur Laferière de cette ville, payable fin mai, Net reçu, ci. . . . . 7889 » Escompte déduit, ci. . . . . 161 »	8050	»

JOURNAL.		F.	C.
	Du 12 mars 1807.		
fo. 5	(No. 27.) PAYÉ F. 3187 80 c. pour acquit de notre billet ordre Chevigny frères, ci.	3187	80
	Du 15 dito.		
5	(No. 28.) VENDU au comptant à Chevigny frères, et reçu pour 12 boucauds sucre brut no. 1, pesant net 8558 kil. 5 hect., à F. 125 le cent, ci.	10698	»
	Dudit.		
5	(No. 29.) AVIS de Jouve d'Hambourg, qu'il a tiré pour notre compte sur Dentu de Rotterdam, 6000 florins courans à 31 1/2 valeur de Bo., pour 7619, portés par compte de retour sur Paris, à 190, produisant 14476 livres 2 s. tournois. Ci, en francs.	14297	35
	Du 17 dito.		
5	(No. 30.) VENDU à Créqui et compagnie 16 boucauds sucre blanc no. 2, pesant net 11318 kil., à F. 213 50 c. le cent qu'ils ont payés 1/2 comptant et 1/2 en leur effet sur Gautier, à 60 jours de date, ci. .	24163	90
	Du 19 dito.		
5	(No. 31.) PAYÉ F. 9000 à Lagarique, Créqui et compagnie, et Chevigny frères, pour leurs portions à la vente de 4000 kil. laines, de compte à 4/4, ci.	9000	»
	Du 22 dito.		
6	(No. 32.) EXPÉDIÉ à Sivrac de Cadix, pour son compte, par l'entremise de Roux, notre commissionnaire à Bordeaux, 4 ballots toile de Flandres, contenant 4000 aunes, achetées de Lagarique à F. 2 45 c., payables fin du courant, ci. . . . . 9800 » Magasinage et commission, ci. . . . . 200 »	10000	»
	Du 29 dito.		
6	(No. 33.) ECHANGÉ 30 pièces vins de Bourgogne no. 3, avec Breda et fils, contre 3913 kil. café Martinique, en commission et pour leur compte, chez Seguers de Nantes, ci.	9000	»
	Du 1er. avril.		
6	(No. 34.) ACHETÉ de Chevigny frères 605 kil. indigo, à F. 20 le kil. et payé 1/2 comptant et 1/2 en notre billet au 10 mai, ci.	12100	»
	Dudit.		
6	(No. 35.) PAYÉ F. 9800, à Lagarique, pour solde de 4 ballots toile de Flandres, du 22 du passé, ci.	9800	»

JOURNAL.		F.	C.
	Du 5 avril 1807.		
f°. 6	(N°. 36.) Expédié à Julien de Nantes, pour son compte, 12 pièces eaux-de-vie, contenant 315 veltes 1/2, achetées et payées comptant de Lamy, à F. 200 les 27 veltes, ci. . . . . 2337 » Magasinage, frais et commission, ci. . . . . 58 »	2395	»
	Du 9 dito.		
6	(N°. 37.) Vendu à Créqui et compagnie 605 kil. indigo, à F. 19 50 c., reçu 1/2 comptant et 1/2 en leur effet, n°. 7, fin du courant, ci. .	11797	50
	Du 14 dito.		
6	(N°. 38.) Pris au comptant, d'Empezat et compagnie, 9810 marcs banco à 190, de compte à 1/2 avec Créqui et compagnie, en traite sur Jouve d'Hambourg, produisant L. 18639 tournois, ci. . F. 18409 » Négocié ladite traite au comptant à Gautier, à 190 1/2, produisant L. 18688 1 s., ci. . . . . F. 18457 35	48	35
	Du 19 dito.		
7	(N°. 39.) Acheté au comptant de Hupais et Compagnie, et payé 500 kil. indigo à F. 20, de compte à 1/3 avec Créqui et Chevigny frères, ci.	10000	»
	Du 30 dito.		
7	(N°. 40.) Encaissé F. 5898 75 c., pour valeur de l'effet n°. 7, sur Créqui et compagnie, ci.	5898	75
	Dudit.		
7	(N°. 41.) Tiré à vue sur Seguers de Nantes, ordre Julien de la même ville, F. 9916 pour solde de 3913 kil. café Martinique, vendus pour notre compte, ci.	9916	»
	Du 30 avril 1807.		
7	(N°. 42.) Reçu compte de frais de Roux, notre commisre. de Bordeaux, sur l'expédition de 4 ballots toile de Flandres à Sivrac de Cadix, pour son compte, ci. . . . . 92 60 Assurance sur F. 8000 sur dito, à 5 pour o/o, pour compte dudit, compris frais de police et commission, ci. . 505 »	597	60
	Du 1er. mai.		
7	(N°. 43.) Vendu au comptant à Legrand, et reçu dudit pour 500 kil. indigo, à F. 24, de compte à 1/3 avec Créqui et Chevigny, frères. ci.	12000	»

JOURNAL.		F.	C.
	Du 2 mai 1807.		
f°. 7	(N°. 44.) TIRÉ à vue sur Jouve d'Hambourg, pour notre compte, ordre Créqui et Comp^{e}., 7619 marcs B°. à 190, pr. L. 14476 tourn^{s}., ci. F.	14297	35
	Dudit.		
7	(N°. 45.) NÉGOCIÉ à Julien de Nantes, aujourd'hui en cette ville, F. 10000 notre remise n°. 5 sur Seguers de la même ville, payable 25 courant à 1/2 pour o/o; Net reçu, ci. . . . . 9950 » Escompte, ci. . . . . 50 »	10000	»
	Du 9 dito.		
8	(N°. 46.) PRIS à 30 jours, d'Empezat et compagnie, 765 pistoles à 14 liv. 15 s., en traite sur Sivrac de Cadix, remise à Chevigny frères, p^{r}. leur compte, pr. L. 11283 15 s. tourn^{s}., ci. 11144 45 Sous 1/2 p. o/o de notre commission, ci. 55 72	11200	17
	Du 10 dito.		
8	(N°. 47.) PAYÉ F. 6050 pour acquit de notre billet ordre Chevigny frères, ci.	6050	»
	Du 17 dito.		
8	(N°. 48.) ACHETÉ de Lagarique 1734 kil. coton à F. 400 le cent, payables fin courant, ci. . . . . 6936 » Vendu ladite partie au comptant à Créqui et compagnie, à F. 420 le cent, et reçu ci.	7282	80
	Dudit.		
8	(N°. 49.) ENCAISSÉ F. 12081 95 c., pour valeur de l'effet n°. 6 sur Créqui et compagnie, ci.	12081	95
	Du 19 dito.		
8	(N°. 50.) PRIS au comptant de Vomelle, et payé pour compte de Breda et fils, et à eux remis L. sterl. 400 à 23 liv. 18 s., en traite sur Griez de Londres à 60 j^{rs}., prod^{t}. L. 9560 t^{s}., ci. F. 9441 95 Sous 1/2 pour o/o de commission, ci. 47 20	9489	15
	Du 22 dito.		
8	(N°. 51.) REÇU de Bailly frères, de Naples, 12 ballots trame de soie n°s. 1 à 12, expédiés par Boudet de Marseille, p^{r}. vendre de compte à 1/2 avec eux, montant pour notre compte à 5340 ducats 50 gr., évalués au change de 86 1/2 pour 1 ducat, ci. . . . 23097 60 Frais d'expédition par Boudet, ci. . 262 40 Frais payés à la réception, ci. . . . 275 » } 537 40	23635	»

JOURNAL. Du 29 mai 1807.

f°. 9 (N°. 52.) PRIS à soixante jours, de Chevigny frères, 4905 piastres h. B°., à 92, de compte à 1/2 avec Empezat et Compagnie, en traite sur Béranger de Gênes, produisant ci. . . . 22563 »
Négocié ladite traite à Créqui et Compagnie, à même échéance, à 92 1/2, produisant ci. . . . . » » | F. 22685 | C. 62

Du 1er. Juin.

9 (N°. 53.) Acheté au comptant de Legrand et payé audit 1400 aunes toile Courtray, à F. 2, de compte à 1/3 avec Breda et Chevigny frères, ci. . . . . 2800 »
Vendu ladite partie à Créqui et Compagnie, à F. 2 50, payée en leur effet fin du courant, ci. . . . . » » 3500 »

Du 6 dito.

9 (N°. 54.) VENDU pour comptant à Breda et fils 4 balles trame soie n°s. 1 à 4, de compte à 1/2 avec Bailly frères de Naples, montant ensemble ci. 21193 50

Du 9 dito.

9 (N°. 55.) ACHETÉ à deux usances fixe, de Créqui et Comp^e., 2000 aunes toiles de Flandres, à F. 2, valeur payée comptant, moyennant 1/2 p. o/o d'escompte, produisant net ci. . . . . 3960 »

Du 14 dito.

9 (N°. 56.) ESCOMPTÉ par Lagarique notre effet à son ordre, valeur de F. 10000 à 90 jours, à un pour cent pour 30 jours, contre sa traite sur Zacary de Toulouse, valeur de F. 9700, à même échéance, comme suit :

Escompte retenu par Lagarique, ci.	300	»	10000 »
Négocié ladite à Leroy, à 1/4 pour o/o par mois, produisant net.	9304	10	
Escompte à ladite négociation, ci.	395	90	

Du 16 dito.

9 (N°. 57.) VENDU au comptant à Chevigny frères, 4 balles trame soie n°s. 5 à 8, de compte à 1/2 avec Bailly frères de Naples, montant ci. . 17512 85

Du 19 dito.

10 (N°. 58.) REÇU de Sivrac de Cadix, F. 4000 en sa remise sur Paris, négociée de son ordre et pour son compte à 2 pour o/o, net reçu ci. . 3920 »

JOURNAL.			F.	C.
	Du 22 juin 1807.			
f°. 10.	(N°. 59.) Remis pour notre compte à Bailly frères, de Naples, 3000 piastres sur Frédéric de Livourne, en deux traites de Hoppe d'Amsterdam, prises au comptant à Leroy à 100 1/4, produisant ci.		15037	50
	Du 26 dito.			
10	(N°. 60.) Vendu à Crequi et Compe. 4 balles trame soie, nos. 9 à 12, de Cte. à 1/2 avec Bailly frères, de Naples, payables en leur remise à N/O sur Boudet de Marseille, au 30 septembre, montant ensemble ci. .		20401	»
	Du 28 dito.			
10	(N°. 61.) Tiré à vue sur Sivrac de Cadix, 453 pistoles 23 réaux 8 maravédis, à 14 liv. 18 sous, que nous avons négociées à Gautier à 1/2 pour o/o, produisant net ci.	6644 20		
	Perte à la négociation, ci.	33 40	6677	60
	Du 30 dito.			
10	(N°. 62.) Encaissé F. 3500 pour montant de l'effet n°. 8 sur Créqui et Compagnie, ci.		3500	»
	Du 1er. juillet.			
10	(N°. 63.) Acheté au comptant de Lefevre 224 aunes velours de Gênes, à F. 20, que nous avons expédiées ce jour à Besson de Lisbonne, pour vendre de compte à 1/2 avec lui, ci.	4480 »		
	Frais d'expédition, ci.	20 »	4680	»
	Payé pour droit de sortie desdites marchandises, ci. . .	180 »		
	Demi pour compte de Besson, ci.	2340 »		
	Provision à 2 pour o/o, ci.	46 »	2386	»
	Du 2 dito.			
11	(N°. 64.) Avis de Bailly frères, de Naples, d'avoir tiré pour notre compte sur Frédéric de Livourne, 1250 piastres à 101 1/2, en retour sur Paris, dont il nous crédite, produisant ci.		6343	75
	Du 6 dito.			
11	(N°. 65.) Livré à Lagarique 25 tonneaux vins de Bourgogne, n°. 3, à F. 300 l'un, montant ensemble à F. 7500, payable comptant, et qu'il a réglé comme suit :			
	Pour sa 1/2 en argent.	3750 »		
	En deux effets, l'un de F. 2500, l'autre de F. 1250, payables à 3 mois, à notre ordre, ensemble ci. 3750 »			
	Et pour le retard desquels il a bonifié 1/2 pr. o/o par mois, qu'il a payé en espèces, ci. . 56 25	3806 25	10093	75
	Négocié, valeur comptant, à Empezat et Cie., l'effet de F. 2500, ci. . . . . 2500 »			
	En lui en payant l'escompte au taux ci-dessus. 37 50	2537 50		

JOURNAL. Du 7 juillet 1807.

			F.	C.
fº. 11	(Nº. 66.) Reçu de Jouve d'Hambourg, 11280 kil. sucre blanc, pour vendre de compte à 1/2 avec lui, suivant sa lettre, à F. 220 le cent, montant pour 1/2 à notre compte, ci. . . . . 12657 50 Payé frais de voiture à la réception, ci. . . . . . . 185 »		12842	50
	Suivant sa même lettre il nous avise avoir tiré pour notre compte sur Dentu de Rotterdam, 6000 florins courans à 31 1/2, produisant sur Paris en retour à 57, et dont il nous crédite.		14297	35
	D'avoir remis pour notre compte à Brulet d'Amsterdam, 750 florins courans à 33, produisant en retour sur Paris à 57, ci.		1708	15
	D'avoir pris pour notre compte 5 actions sur le corsaire *l'Alerte*, ensemble, ci.		10000	»

Du 9 dito.

12	(Nº. 67.) Reçu d'Empezat les effets ci-après : F. 2000 » sur Julien de Nantes, à trente jours; 3000 » sur Seguers *id.* *id.*; 4000 » sur Zacary de Toulouse, à quarante-cinq jours; 3000 » sur Roux de Bordeaux, à vingt-cinq *id.* 12000 » Echangés contre nos billets, de pareille somme, suivans : F. 6000 » à quatre-vingt-dix jours; 4000 » à soixante *id.* 2000 » à trente *id.* 12000 » à un pour o/o par mois, payé comptant audit Empezat.		280	»
	Négocié les remises ci-dessus à Delaunay, à 1/4 pour o/o par mois au comptant; Reçu pour produit net, ci. . . . . 11832 50 Escompte, ci. 167 50		12000	»
	Echangé avec Empezat et Compagnie 20 tonneaux vins de Bourgogne, nº. 3, contre 1500 kil. laine, montant à 4 fr. le kil., ci. . . .		6000	»
	Vendu à Créqui et Compagnie 1500 kil. laine à 4 fr. 40 c., montant à 6600. Reçu comme suit : 1/4 Comptant, ci. . . . . 1650 » *dito* En leur bon sur Michel frères, à porter au débit desdits. . . . . 1650 » 1/2 En leur effet à notre ordre, à quarante-cinq jours, pour solde, compris audit l'intérêt à 1/2 p. o/o par par mois 74 25, comme suit : Principal, ci. . . . . . . 3300 » Escompte, ci. . . . . . . 74 25 } 3374 25		6674	25

JOURNAL.	Du 12 juillet 1807.			F.	C.
f°. 12	(N°. 68.) Reçu de Zacary de Toulouse, pour N/C, 4891 kil. 5 hect. café Martinique, montant net, suivant facture d'envoi, à	12000	»	12215	»
	Payé pour frais de voiture, ci.	215	»		
	Du 14 dito.				
12	(N°. 69.) Remis pour notre compte à Jouve d'Hambourg, 8000 marcs B°. pris au comptant de Bastide à 192 1/2 en traite à soixante jours, sur Lypman de la même ville, produisant 15410 liv. tournois, ci. . .			15219	75
	Du 15 dito.				
13	(N°. 70.) Vendu au comptant à divers, et reçu le montant de 4891 kil. 5 hectog. café Martinique, produisant ensemble ci.			14110	»
	Du 16 dito.				
13	(N°. 71.) Acheté de Chevigny frères 2000 kil. laines à F. 3, de compte à 1/2 avec Créqui et Compagnie, payable fin courant, ci.			6000	»
	Vendu à Dumont par Laboulay, courtier, 2000 kil. laines à F. 3 50 c. au comptant, ci.	7000	»	6965	»
	Courtage à Laboulay, ci.	35	»		
	Pris au comptant de Dalesme 3877 florins courans 10, à 57 sur Amsterdam, en traites à trente jours, de compte à 1/2 avec Créqui et Compagnie, produisant ci.			7110	50
	Négocié à Lefort 3877 10 florins courans ci-dessus, à 56, produisant ci. .			7237	50
	Reçu comme suit :				
	Comptant, ci.	1600	»	7237	50
	Son mandat sur Breda et fils, ci.	1000	»		
	1300 Marcs B°. sur Vandermann d'Hambourg, à 30 jours, à 190, produisant ci.	2439	55		
	Son effet à notre ordre au 20 octobre, pour solde, ci. .	2197	95		
	Du 18 dito.				
13	(N°. 72.) Reçu de Seguers de Nantes, 10 balles laines pour vendre pour son compte, dont nous avons payé pour voiture, ci.			110	»
	Du 19 dito.				
13	(N°. 73.) Vendu à Empezat et Compagnie, pour compte de Seguers de Nantes, 5 balles laines pesant 910 kil. à F. 2 30 c., payable en leur effet n°. 14, fin août, ci.			2093	»

JOURNAL.			F.	C.
	Du 20 juillet 1807.			
f°. 14	(N°. 74.) ACHETÉ d'Empezat et Ce. 60 kil. indigo, à F. 20, ci.	1200 »		
	Pris desdits, 960 à 58, florins courans en traite sur Dentu de Rotterdam, à trente jours, produisant ci.	1986 »		
	Payé comme suit	3186 »		
	En notre mandat à vue sur Créqui et Comp^{e}., ci. . .	909 »		
	En notre billet au 30 septembre, ci.	1500 »	3186	»
	En écus pour solde, ci.	786 »		
	Du 20 dito.			
14	(N°. 75.) ACHETÉ pour compte de Chevigny frères, 6 tonneaux sucre blanc, pesant net 3135 kil., à F. 180 le cent, de compte à 1/3 avec Breda et Lagarique, ci.		5580	»
	Du 23 dito.			
14	(N°. 76.) VENDU pour comptant à Lagarique, pour compte de Seguers de Nantes, 5 balles laines, pesant 905 kil., à F. 2, 30c., ci.		2081	50
	Du 23 dito.			
14	(N°. 77.) EXPÉDIÉ à Sivrac de Cadix, de compte à 1/2 avec lui, le 20 juin dernier, plusieurs parties de bijouteries et quincailleries, suivant factures de divers, le tout au comptant, montant ensemble, ci.	25000 »		
	Caisses, port et emballage, ci.	30 »	26280	»
	Frais d'assurances desdites marchandises, par Roux, notre commissionnaire de Bordeaux, dont appert le compte, ci.	1250 »		
	1/2 pour compte de Sivrac, ci.	13140 »	13402	80
	Notre provision à 2 pour o/o, ci.	262 80		
	Du 24 dito.			
15	(N°. 78.) VENDU au comptant, à divers, la partie de 11280 kil. sucre blanc, de compte à 1/2 avec Jouve d'Hambourg, à F. 240 le cent, moyennant 1/2 pour o/o de courtage, produisant net, ci.		27044	»
	Remis à Jouve, pour son compte, 8000 marcs B^{o}. pris au comptant de Delaunay, à 192 5/8, produisant ci.		15219	75
	Remis audit pour notre compte 2000 marcs B^{o}., pris au comptant de Bastide, au même change, produisant ci.		3804	90
	Du 27 dito.			
15	(N°. 79.) VENDU à Créqui et Compagnie, 6 tonneaux sucre blanc, pesant net 3135 kil. à F. 20 le cent, de compte à 1/3 avec Breda et Lagarique, payé en leur effet au 20 septembre, ci.		6270	»

JOURNAL.	Du 28 juillet 1807.		F.	C.
f°. 15	(N°. 80.) VENDU à Chevigny frères 60 kil. indigo, à F. 22, ci.	1320 »		
	Négocié auxdits, 960 florins courans à 57, en traite sur Dentu de Rotterdam, produisant ci.	2021 »		
		3341 »		
	Reçu comme suit :			
	En 600 kil. laines, à F. 4, ci.	2400 »	3341	»
	En leur mandat sur Empezat et Compe., à eux remis, .	600 »		
	En écus, pour solde, ci.	341 »		
	Du 30 dito.			
15	(N°. 81.) COMPTE de vente de 10 balles laines, pour Seguers de Nantes, savoir :			
	Produit desdites, ci.	4174 50	4078	50
	A déduire.			
	Magasinage et commission, ci.	96 »		
	Du 2 août 1807.			
16	(N°. 82.) AVIS de Besson de Lisbonne, d'avoir vendu la partie de 224 aunes velours de Gênes, de compte à 1/2 avec lui, montant net pour notre compte, ci.		2700	»
	Frédéric de Livourne nous mande avoir tiré pour notre compte sur Empezat et compagnie, F. 6312 50 c., pour valeur de 1250 piastres à 101, produisant ci.		6312	50
	Du 7 dito.			
16	(N°. 83.) TIRÉ à vue sur Besson de Lisbonne, pour solde, F. 5086, à l'ordre de Colaud, valeur reçue comptant dudit, ci.		5086	»
	Dudit.			
16	(N°. 84.) PRIS à escompte de Degrange F. 16000 à un p. o/o en traites sur Mallet frères, à trente jours :			
	Net compté, ci.	15840 »	16000	»
	Escompte retenu, ci.	160 »		
	Du 9 dudit.			
16	(N°. 85.) REMIS à Roux de Bordeaux, F. 20401, en notre remise n°. 9, sur Boudet de Marseille, au 30 septembre, à 3/4 pour o/o de perte, de compte à 1/2 avec Bailly frères, de Naples :			
	Net à valoir, ci.	20248 »	20401	»
	Perte à dito, ci.	153 »		

JOURNAL.					
	Du 12 août 1807.				
f°. 16	(N°. 86.) VENDU à Créqui et Compagnie 10 tonneaux vin de Bourgogne, n°. 3, à F. 320, ci 3200.				
	Reçu comme suit :				
	1/3 Comptant, ci.	1066	66		
	2/3 En leur effet à notre ordre au 30 octobre, à 2 pour o/o d'escompte compris audit effet, Principal, ci. 2133 34; Escompte, ci. 42 66	2176	»	5418	66
	Passé l'effet ci-dessus à l'ordre de Chevigny frères, qui, en retour, nous ont fourni 107 kil. 1/2 indigo, à F. 20, ci.	2150	»		
	Perte audit retour, ci.	26	»		
	Du 15 dito.				
17	(N°. 87.) VENDU à Breda et fils les marchandises suivantes:				
	2000 aunes toiles de Flandres, à F. 2, 20. Ci.	4400	»		
	600 kil. laines à 4, 20. Ci.	2520	»		
	107 kil. indigo à 22, ». Ci.	2365	»		
		9285	»		
	Reçu comme suit :				
	1/4 Comptant, ci.	2321	25		
	1/4 en leur effet n°. 18, fin octobre, ci.	2321	»		
	En leur mandat sur Créqui et Compagnie, ci.	1400	»	9285	»
	En 1500 florins courans à 57, en leur traite à trente jours sur Brulet d'Amsterdam, produisant ci.	3157	85		
	Rabais pour solde, ci.	84	65		
	Du 19 dito.				
17	(N°. 88.) REMIS à Seguers de Nantes, pour son compte, F. 3968 50 en notre traite à vue sur Julien de la même ville, ci.			3968	50
	Du 1er. septembre.				
17	(N°. 89.) ENCAISSÉ F. 2093, pour valeur de l'effet n°. 14, sur Empezat et Compagnie, ci.			2093	»
	Du 5 septembre.				
17	(N°. 90.) ESCOMPTÉ à Empezat et Compagnie notre effet à leur ordre, valeur de F. 6000, à soixante jours, à 1 pour o/o, contre leur remise sur Roux de Bordeaux, montant à F. 5880, à même échéance, ci.	6000	»		
	Escompte retenu par Empezat sur notre effet, ci.	120	»		
	Négocié la remise ci-dessus à Laboulaye, à 3/4 pour o/o par mois, produisant net, ci.	5791	80	6000	»
	Escompte à la négociation, ci.	88	20		

JOURNAL.	Du 10 septembre 1807.	F.	C.
f°. 17	(N°. 91.) Avis de Sivrac de Cadix, qu'il a vendu la partie de bijouteries et quincailleries de compte à 1/2 avec lui, montant net pour notre compte, ci.	18000	»
	Tiré à 30 jours sur ledit, valeur de F. 10761, ordre Dompierre, voyageur d'Espagne, à 1 pour o/o d'escompte au comptant :		
	Net produit, ci. 10653 39		
	Escompte, ci. 107 61	10761	»
	Tiré à vue sur Sivrac de Cadix, pour N/Cte., valeur de F. 13321 40, 13321 40, que nous avons négociés à Gautier à 1/2 p. o/o, au comptant :		
	Net produit, ci. 13254 80		
	Escompte, ci. 66 60	13321	40
	Expédié audit pour son compte, plusieurs parties de dorures, prises de Ripard, payées en notre effet à soixante jours de date, montant ci. .	9950	»
	Compté à MM. Mallet frères, valeur de son mandat sur nous à vue, ci.	1000	»
	Pour balance des intérêts à notre bénéfice, ci.	211	»
	Du 10 dito.		
18	(N°. 92.) Payé F. 600 à compte de la liquidation et arbitrages de cette année, ci.	600	»
	Du 11 dito.		
18	(N°. 93.) Acheté à Roux de Bordeaux, le navire *le Lion d'Or*, à trois mâts, de 300 tonneaux, pour la somme de F. 96000, que nous avons payée comme suit; savoir :		
	En notre traite à son ordre, à trente jours de vue, sur Zacary de Toulouse, ci. . . . . 32000 »		
	N/Traite *idem* sur Brulet d'Amsterdam, ci. . . . . 32000 »	96000	»
	En écus pour solde, ci. . . . . 32000 »		
	Du 12 dito.		
18	(N°. 94.) Acheté aux suivans, payable en nos effets de ce jour, à neuf mois de date, et chargé le tout sur notre navire *le Lion d'Or*, pour en composer la cargaison ; savoir :		
	A Rougement 200 tonneaux vin rouge, à F. 500, ci. . 100000 »		
	A Boyer 550 paniers anisette, à F. 15, ci. . . 8250 »	170650	»
	A Jauber 2000 caisses savon, pesant mille quintaux brut, ou net 4800 myriagrammes, à F. 13 le myriag. 62400 »		
	Du 13 dito.		
19	(N°. 95.) Evalué à F. 20000 le fret de la cargaison envoyée au Cap par notre navire *le Lion d'Or*.	20000	»

JOURNAL.	Du 18 septembre 1807.		F.	C.
f°. 19	(N°. 96.) COMPTÉ ce qui suit aux suivans pour frais d'armement de notre navire; savoir :			
	Au capitaine, pour remboursement de ses frais, gages d'équipage et autres, dont il nous a fourni le compte et qu'il a payés de ses fonds, ci.	40000 »	42000	»
	A Perier, pour les vivres qu'il a fournis, ci.	2000 »		
	Du 15 octobre.			
19	(N° 97.) COMPTE de vente et net produit de la cargaison et fret du navire *le Lion d'Or*, expédié au Cap sous la gestion de Lamotte, capitaine dudit navire.			
	Pour vivres achetés au Cap, et réparations au navire. .	1900 »	294500	»
	— Frais de déchargement d'arrivée et de retour, ci.	1800 »		
	— Achat de 215 milliers café, ci.	122200 »		
	— *Idem* de 35 futailles indigo, ci.	70000 »		
	— *Idem* de 110 balles coton, ci.	39600 »		
	Pour marchandises vendues à crédit aux sieurs Deschamps et Lypman du Cap, ci.	29000 »		
	Pour dito dito à Durand et Compagnie, ci. . . .	9000 »		
	Pour une traite de Duverger sur Bastide, à Paris, au 15 décembre fixe, en paiement des marchandises à lui livrées, ci.	10000 »		
	Pour autant reçu en espèces, ci.	11000 »		
	Fret des M^ses^. chargées pour compte de divers, ci. .	36000 »	294500	»
	Passage de quatre voyageurs, ci.	4000 »		
	Montant net des marchandises composant la cargaison, y compris celles vendues à crédit, ci.	254500 »		
	Du 16 octobre.			
19	(N°. 98.) COMPTÉ au capitaine Lamotte, pour solde des frais de désarmement, ci.	2500 »	31400	»
	Pour frais de déchargement des marchandises que l'on nous porte en retour, ci.	4900 »		
	Pour gages des équipages, ci.	18000 »		
	Pour frais de voyage dudit capitaine, ci.	6000 »		
	Dudit.			
20	(N°. 99.) EVALUÉ à F. 25000 le fret des marchandises qui nous ont été apportées en retour par notre navire *le Lion d'Or*, ci. . . .		25000	»
	Du 19 dito.			
20	(N°. 100.) REÇU F. 30000 pour le fret des marchandises apportées par notre navire *le Lion d'Or*, pour compte de divers, ci.	30000 »	40000	»
	Reçu F. 10000 pour le prix du passage de quatre colons apportés en Europe par notre navire *le Lion d'Or*, ci.	10000 »		

JOURNAL.	Du 20 octobre 1807.				
f°. 20	(N°. 101.) Reçu des suivans par compte courant; savoir :				
	De Lagarique, son billet à notre ordre, à 2 mois, ci. .	2915	50	40115	50
	De Ripard, notre billet à S/O au 10 9bre., acquitté, ci. .	9550	»		
	De Créqui et Cie. 20 tonneaux vin de Mâcon, à F. 300, ci.	6000	»		
	De Breda et fils, pour autant qu'ils nous ont compté sous l'escompte de 3 pour o/o, valeur à six mois.. .	20000	»		
	De Michel frères, valeur du mandat de Créqui et Cie., ci.	1650	»		
	Du 20 dito.				
20	(N°. 102.) Reçu de Breda et fils leur billet de F. 15000 à 6 mois, en paiement d'un billet de pareille somme, fait ce jour à leur ordre, payable à la même époque, ci.	15000	»	15150	»
	Reçu desdits F. 150 pour commission d'échange, ci. .	150	»		
	Dudit.				
20	(N°. 103.) Payé F. 400 pour solde de la liquidation et arbitrages jusqu'à ce jour, ci.			400	»

DU JOURNAL A PARTIES DOUBLES.

J'AI déjà dit que la méthode de tenir les Livres en parties doubles consistait dans un système de balances ou d'égalités entre l'actif et le passif, et à opposer toujours, dans chaque opération, au moins un débiteur à un créancier.

Il en résulte que le Journal à parties doubles étant le type et la base des comptes à ouvrir au Grand Livre, il est indispensable de bien fixer d'abord la nature et les diverses espèces de ces comptes, pour former régulièrement les articles au Journal; il sera facile ensuite d'établir les règles et d'en déterminer l'application aux écritures.

En parties simples, il n'y a qu'une classe nécessaire de comptes, qui sont ceux des correspondans du chef ou des individus en général avec lesquels il opère.

En parties doubles, les comptes des correspondans existent aussi nécessairement, puisque ce sont eux qui sont les véritables créanciers ou débiteurs du chef; mais, outre cette première classe, il y en a encore une autre toute relative au chef lui-même; et c'est proprement cette dernière classe, déjà indiquée sommairement, qui fait la contre-partie de la première, et constitue ce qu'on appelle les parties doubles.

Un compte unique du chef, opposé perpétuellement, dans chaque opération, à ceux de ses correspondans, soit qu'ils fussent débiteurs et lui créancier, et *vice versâ*, suffirait pour donner une idée juste de l'effet des parties doubles; parce que le montant du débit de ce compte égalerait la somme des crédits des comptes des correspondans, et que la somme des débits de ces mêmes comptes égalerait le montant du crédit du compte particulier du chef; qu'enfin la balance ou solde entre le débit et le crédit du compte du chef indiquerait son avoir net, ou la somme pour laquelle il serait au-dessous de ses affaires.

Mais cette unité de compte pour le chef ne serait d'aucune utilité, car il n'en sortirait qu'un résultat confus, et sans aucune distinction entre les différentes valeurs actives et passives qui varient continuellement, mais non pas uniformément, dans la main du chef; autant vaudrait-il se borner aux parties simples, puisqu'on n'aurait pas, plus que par cette dernière méthode, le moyen de faire résulter des écritures un inventaire exact de l'actif et du passif.

Il faut donc que le chef soit représenté par un nombre suffisant de comptes propres à distinguer les valeurs actives et les dettes passives, à en marquer les mutations et les résultats particuliers, de manière cependant à les rapporter tous à lui, et pouvoir les résumer dans un seul compte.

Le compte de CAPITAL, en usage dans les parties doubles, remplit déjà l'objet du compte unique que je viens de supposer; mais il sert de plus à résumer les autres comptes par lesquels le chef peut être représenté, et qui ne sont véritablement que des subdivisions du CAPITAL. C'est pour en donner, autant qu'il est possible, une idée juste, que je présente la classification qui suit.

Tous les comptes dont on se sert en parties doubles, peuvent être débiteurs, ou créditeurs, ou négatifs dans les résultats, et se réduisent à deux classes : l'une relative au chef seul, l'autre relative aux individus avec lesquels il négocie ou travaille.

PREMIÈRE CLASSE.		DÉSIGNATIONS ET SUBDIVISIONS PRINCIPALES POSSIBLES.
LES COMPTES des correspondans du chef, débiteurs ou créanciers, individuellement.	Dont chacun peut avoir en débit et crédit, sous son nom personnel.	Un compte des affaires réciproques. Un compte des affaires avec le chef. Un compte des affaires du chef avec lui. Un compte des affaires en société.

SECONDE CLASSE.	COMPTES GÉNÉRAUX.	VALEURS ACTIVES EN NATURE.
CAPITAL qui résume les comptes du chef, soit actifs, soit passifs.	CAISSE.	L'argent comptant.
	MARCHANDISES.	M^ses. aux mains du chef pour S/C. — aux mains d'un tiers pour Cte. du chef. — aux mains du chef pour Cte. d'un tiers. — en société { aux mains du chef. / aux mains de son cointéressé. / aux mains d'un tiers non intéressé.
	MEUBLES	Meubles meublans. Vaisseaux et bâtimens de mer.
	IMMEUBLES.	Maisons. Usines. Terres et domaines.
		VALEURS ACTIVES INCORPORELLES.
	TRAITES et REMISES. . .	Les billets faits ou passés à l'ordre du chef. Ses traites sur ses correspondans.
	DETTES ACTIVES DU CHEF PAR.	Contrats de rentes. Actions dans les entreprises. *Comptes courans des débiteurs.*
		PASSIF TOUT INCORPOREL.
	LETTRES ET BILLETS A PAYER.	Les billets du chef en circulation, O/divers. Ses acceptations en circulation, O/divers.
	DETTES PASSIVES DU CHEF par.	Rentes et hypothèques ou obligations, et droits de femmes. *Comptes courans des créanciers.*
		OBJETS ACTIFS OU PASSIFS OU NÉGATIFS *par résultat, et de nature aléatoire.*
	PROFITS ET PERTES. .	Rentes viagères. Contrats à la grosse et assurances. Arbitrages et banque. Agios et escomptes. Frais de maison. Frais de commerce. Pertes et bénéfices. *Et autres objets de pareille nature.*

OBSERVATION.

J'ai rangé dans la première classe de ce tableau les comptes des correspondans, parce que ceux-ci sont réels et agissent comme individus dans leur intérêt et sous leur rapport personnel, et dans la seconde tous les autres comptes pour le chef, qui ne sont que fictifs ou de raison.

On remarquera sans doute aussi que je porte encore dans cette seconde classe *les dettes actives et passives par compte courant*, qui ne peuvent figurer sur les livres que sous les noms des correspondans, débiteurs ou créanciers, ce qui semble impliquer contradiction, ou tout au moins faire double emploi.

Mais qu'on observe bien qu'en parties doubles il n'y a point de débiteur sans créancier, et *vice versâ;* que par conséquent les correspondans doivent être considérés sous deux rapports diamétralement opposés : 1°. sous le point de vue de leur intérêt personnel; 2°. sous celui de l'intérêt du chef dans les résultats de leurs comptes.

En effet, par-tout où le correspondant est créancier le chef est débiteur, par-tout où le correspondant est débiteur le chef est créancier par quelqu'un des comptes qui le représentent.

C'est ce qui deviendra parfaitement sensible par le résultat de l'inventaire ci-après, qui forme les deux premiers articles du Journal à parties doubles.

Enfin, la somme des débiteurs doit égaler la somme des créditeurs, et sous ce point de vue les comptes du chef doivent contenir en débit les créances des correspondans, et en crédit les dettes de ces correspondans envers lui et résultant de leurs comptes particuliers.

On doit remarquer au surplus que je n'ai pas donné de dénomination générale à diverses espèces de dettes actives ou passives du chef qui peuvent exister ou ne pas exister, et avoir leurs comptes ouverts, suivant les circonstances, mais qui ne sont qu'accidentelles.

Ceci posé, je vais traiter de ces divers comptes et de leurs subdivisions.

PREMIÈRE CLASSE.

PREMIÈRE CLASSE.

DES COMPTES DES CORRESPONDANS ET AUTRES INDIVIDUS AVEC LESQUELS LE CHEF NÉGOCIE OU TRAVAILLE.

La tenue de ces comptes dans les parties doubles, est la même que dans les parties simples. Toute la différence consiste à leur opposer à chaque article le contre-débiteur ou le contre-créancier. Au surplus chaque correspondant doit être débité de tout ce qu'on lui remet, de tout ce qu'on lui paie et de tout ce qu'on paie pour lui; il doit être crédité, au contraire, de tout ce qu'il remet, et de tout ce qu'il paie au chef ou pour le chef.

Chaque correspondant peut avoir en débit et crédit, sur les livres du chef, quatre espèces de comptes différens; savoir :

1°. Un Compte courant ordinaire pour les affaires réciproques, sous son nom ou sa raison de commerce pure et simple;

2°. Un Compte courant pour ses affaires particulières, avec le chef, que celui-ci intitulerait : UN TEL SON COMPTE, ou TELS LEUR COMPTE;

3°. Un Compte courant pour les affaires particulières du chef, avec le correspondant, à intituler : UN TEL MON COMPTE ou TELS NOTRE COMPTE;

4°. Un Compte courant pour les objets en société ou en participation, avec cette désignation : UN TEL SON COMPTE (ou TELS LEUR COMPTE) en société pour tel objet.

Chaque correspondant peut avoir les trois derniers comptes ouverts à la fois, et alors il n'y a pas de compte courant réciproque. Mais si ce dernier compte a lieu, il supplée à lui seul les trois autres, qui dans ce cas deviennent superflus. J'estime au surplus qu'un seul compte courant réciproque peut toujours suffire pour chaque correspondant, et qu'il ne faut jamais multiplier les comptes sans nécessité, ou au moins sans utilité bien évidente. Néanmoins, pour le cas de cette utilité, et pour ceux qui préfèrent cette distinction de comptes, j'en ai donné quelques exemples dans le Journal et le Grand-Livre.

Ces sortes de comptes, lorsqu'il en existe plusieurs pour un même correspondant, peuvent être soldés ou résumés les uns par les autres.

Je terminerai ce paragraphe en traitant une autre espèce de comptes qui rentre naturellement dans la classe de ceux des correspondans, je veux parler des comptes particuliers des associés composant une même raison de commerce.

DES COMPTES PARTICULIERS DES ASSOCIÉS, LORSQU'IL Y A UNE RAISON SOCIALE.

Je n'ai point donné de modèle d'une tenue de Livres pour une société de commerce, parce qu'une société est un corps moral dont les membres n'ont ensemble qu'un seul et même intérêt, et ne forment qu'un individu, par rapport à ceux avec lesquels cette société travaille, et que dès-lors les comptes *du chef* deviennent ceux de la société, ainsi que les correspondans, et ne sont jamais les comptes ou les correspondans de tel ou tel des associés individuellement.

On doit dire cependant qu'à l'égard des associés respectivement, les rapports sont différens; car chacun d'eux peut avoir un intérêt plus ou moins considérable dans la société; il peut en être débiteur ou créancier pour les fonds qu'il y verse ou qu'il en retire, indépendamment de sa mise sociale obligée. Mais néanmoins, sous quelque point de vue qu'on le considère, le compte particulier d'un des associés n'est toujours que le compte d'un individu, par rapport à la société qui a des droits particuliers à exercer avec lui; et c'est sous ce même rapport que les comptes d'associés font partie des comptes de la première classe dont je viens de parler.

Au reste, il n'entre point dans mon objet actuel de traiter la matière des différentes espèces de Sociétés commerciales en elles-mêmes, mais seulement de la forme particulière des comptes des associés pris individuellement.

Quant aux principes généraux sur les Sociétés, on peut recourir au Code de Commerce, articles 18 à 50 inclusivement, où ils sont précisés de la manière la plus claire.

Chaque associé, soit solidaire soit commanditaire, peut avoir deux comptes particuliers différens sur les Livres de la société.

Le premier pour son compte de fonds en société.

Le second pour son compte courant libre.

Si la société est solidaire et à parts égales entre les associés, le compte de fonds en société devient superflu et est naturellement suppléé par le compte de capital auquel chaque associé a un droit égal, bien entendu qu'il ait complété sa mise sociale.

Si la société est seulement en commandite, le compte de fonds en société devient indispensable, au moins à l'égard de l'associé commanditaire, et souvent à l'égard des commandités.

Ce premier compte doit être intitulé : NOTRE SIEUR (un tel), SON COMPTE DE FONDS EN SOCIÉTÉ OU EN COMMANDITE.

Il doit être crédité, 1°. de la mise sociale, à fur et mesure de versement; 2°. des bénéfices lors de la liquidation, ou, s'il y a pertes au lieu de bénéfices, il doit en être débité pour sa part; enfin il doit être débité, à la liquidation, de toutes les sommes versées à l'associé, sur le fonds social, à fur et mesure de liquidation.

Quant au compte courant libre, il doit être intitulé : NOTRE SIEUR (un tel), SON COMPTE PARTICULIER.

Ce compte, dans une société générale ou solidaire, est spécialement destiné à porter en débit les menues sommes que l'associé est autorisé à lever sur la caisse sociale, pour ses besoins journaliers, et au crédit, celles qui lui sont allouées annuellement pour ses dépenses personnelles, sur les produits présumés du commerce; enfin celles qu'il convient à l'associé de verser temporairement dans la caisse sociale, au-delà de sa mise de fonds.

Mais si la société est seulement en commandite, il faut faire attention que, l'associé purement commanditaire, ne peut avoir aucune gestion ni même faire partie de la raison sociale, à peine d'être réputé associé solidaire et de répondre au-delà de sa mise (*Code de Commerce, art.* 25 *à* 28); il s'ensuit que son compte courant libre ne peut être d'autre nature que celui de tout correspondant ordinaire pour les affaires particulières qu'il peut faire, comme *étranger*, avec la maison qu'il a commanditée, de la même manière qu'il pourrait le faire avec toute autre, les opérations ainsi faites ne pouvant être réputées actes de gestion. (*Arrêté du Conseil-d'Etat*, *du* 29 *avril* 1809. Bulletin des Lois, n°. 236.)

SECONDE CLASSE.

DES COMPTES RELATIFS AU CHEF.

D'après le tableau qui précède, je rangerai, sous huit titres principaux, les divers comptes du chef, le plus généralement en usage dans les parties doubles; savoir :

1°. Le compte de *Caisse*.
2°. Celui de *Marchandises générales*.
3°. Celui des *Meubles*.
4°. Celui d'*Immeubles*.
5°. Celui de *Traites et remises*.
6°. Celui de *Lettres et Billets à payer*.
7°. Celui de *Profits et Pertes*
8°. Enfin celui de *Capital*.

Je traiterai de chacun de ces comptes en particulier et en même temps des subdivisions principales dont quelques-uns d'eux sont susceptibles.

Les dénominations de ces comptes sont, en quelque sorte, arbitraires; j'ai choisi les plus usitées et celles qui se rapportent le mieux à leur objet réel : chacun peut adopter celles qui lui conviendront. Je n'ai à cela qu'une observation à faire, c'est que lorsqu'on a une fois adopté une dénomination, il faut qu'elle soit constamment la même pour le même objet dans une suite d'écritures.

DU COMPTE DE CAISSE.

Ce Compte, ne regardant que l'argent comptant, qui est d'une seule espèce, n'est pas susceptible de se subdiviser.

Il porte en débit les sommes qui se trouvent en caisse au moment de l'inventaire et successivement celles qu'on reçoit journellement; au crédit les paiemens successifs : le tout dans le même ordre qu'il est relaté au livre particulier de la caisse. Si ce compte est juste, il doit balancer par la somme qui reste en caisse, ou par zéro s'il ne reste rien. La caisse ne peut être créditrice par balance. Il est évident en effet qu'il n'a pu en sortir plus d'espèces qu'on n'en a reçu.

DU COMPTE DE MARCHANDISES GÉNÉRALES.

Le compte de marchandises générales, proprement dit, est celui de toutes les marchandises en général, de quelque espèce que ce soit, que le Chef possède ou achète, et qu'il vend pour son compte personnel. Mais ce compte est susceptible de subdivisions à l'infini.

Il peut y avoir un compte particulier pour chaque espèce de marchandise. Il peut y avoir un compte particulier pour chaque partie de marchandises de la même espèce, et par conséquent pour autant de parties de marchandises que le chef peut acheter, de quelque espèce qu'elles soient; chacun de ces comptes doit avoir une dénomination particulière propre à le désigner positivement.

Tous ces comptes ne regardent encore que les comptes de marchandises que le Chef achète ou vend directement pour son compte personnel.

Il peut y avoir encore autant de comptes différens que de parties de marchandises que le Chef peut faire acheter et vendre pour son compte au-dehors.

Autant de comptes encore que de parties de marchandises que le Chef peut acheter et vendre pour compte d'un tiers.

Enfin, autant de comptes encore que de parties de marchandises que le Chef peut traiter en participation avec des tiers, soit qu'il ait la direction de la vente et de l'achat, ou seulement de l'un des deux, soit que ses cointéressés, ou des tiers non intéressés, en soient chargés en totalité ou en partie.

Je n'ai fait qu'indiquer sommairement les divers cas et les diverses espèces de comptes qui peuvent avoir lieu par rapport aux marchandises, et il suffit d'ajouter à cet égard, pour ceux qui peuvent tenir à distinguer les parties ou les espèces, que la forme de tous les comptes est la même, et qu'il suffit de ne porter dans chacun que ce qui le concerne particulièrement.

Je rappellerai ici ce que j'ai dit en désignant la forme à donner au Livre auxiliaire, intitulé : *Magasinier, ou Livre d'entrée et sortie de Marchandises en magasin.* Si le Magasinier est tenu en ordre et avec exactitude, il suffira pour éviter, dans la tenue du Journal et du Grand Livre, une multitude de comptes et une confusion très-embarrassante par rapport à ceux de marchandises.

Je pense qu'un seul compte de marchandises peut suffire pour tous les cas que je viens de supposer; cependant je donne quelques exemples de comptes particuliers, parce que je ne tiens à aucun système exclusif, et si je crois qu'on doive généralement tendre à simplifier les écritures, je pense aussi que ce ne doit pas être aux dépens de la clarté et de l'ordre, et qu'au surplus chacun peut suivre sa commodité et ses convenances particulières, tant qu'il ne s'écarte pas des principes et des règles.

Le compte de marchandises générales doit être débité d'abord du montant des marchandises trouvées à l'inventaire, et successivement du montant des achats, à fur et mesure qu'ils ont lieu.

Il doit être crédité, par contre, du montant des ventes successives, date par date.

Le compte de marchandises générales peut être débiteur et créditeur tout à la fois en résultat; pour cela, il faut qu'il reste des marchandises en magasin, et que celles vendues aient produit des bénéfices.

Il peut être débiteur de deux manières; savoir : pour le montant des marchandises qui restent, et pour la perte sur celles vendues.

Enfin, s'il ne reste pas de marchandises en magasin, ce compte est débiteur, ou créditeur, ou négatif en résultat, selon que les ventes ont produit de la perte ou du bénéfice, ou, ce qui est très-rare, qu'il n'en résulte ni perte ni profit.

Ce compte se balance par la somme des marchandises restant en magasin, et se solde pour le surplus par profits et pertes.

DES COMPTES DE MEUBLES ET D'IMMEUBLES EN GÉNÉRAL.

Tous les biens sont meubles ou immeubles; telle est la définition générale que donne le Code Civil, article 516; mais il n'entre pas dans mon objet de traiter en détail les distinctions de la loi entre les différentes espèces de meubles ou d'immeubles.

Je n'entends ici par immeubles que ceux qui sont tels par leur nature et indiqués par le Code Civil, art. 518 et 519, c'est-à-dire, *les maisons, les fonds de terres, les usines*, etc.

De même je ne comprends ici sous le mot meubles, que ceux désignés sous les art. 528, 531, 533 et 534 du même Code, c'est-à-dire les *meubles meublans, les bateaux et bâtimens de mer*, etc.

Le compte de meubles est donc susceptible de subdivisions, ainsi que le compte d'immeubles.

On peut ne comprendre sous la désignation générique de *meubles*, que les meubles meublans.

Alors il faut ouvrir un ou plusieurs comptes différens, aux vaisseaux et bâtimens de mer, sous une désignation générale, ou sous la dénomination particulière de chacun.

Quant aux immeubles, on peut leur ouvrir un compte commun, sous la désignation générale d'*immeubles*, ou plusieurs comptes séparés, sous la dénomination particulière à chaque immeuble.

Soit qu'on ouvre des comptes communs à chaque espèce, ou des comptes particuliers à chaque objet particulier, la forme en est la même; il ne s'agit que de faire attention à ne comprendre, dans chaque compte, que les dépenses ou les produits qui le concernent spécialement.

Ceci entendu, je vais indiquer l'usage des Comptes de meubles, de vaisseaux et d'immeubles en général.

DU COMPTE DE MEUBLES.

Un compte pour les meubles meublans, est peu en usage sur les livres des commerçans, parce que les meubles, destinés à l'usage ou la commodité personnelle, ne sont point un objet de commerce, et que pour satisfaire à la loi il suffit d'en faire chaque année une désignation plus ou moins étendue dans l'inventaire, et d'y en porter la valeur estimative, pour mémoire et sans la tirer en ligne de compte. C'est par cette raison que je n'ai pas ouvert de compte aux meubles dans le modèle des livres que je présente.

Au surplus, si l'on juge à propos d'ouvrir ce compte, il faut le débiter d'abord du montant des meubles, suivant l'estimation portée à l'inventaire, et successivement du montant de tous ceux qu'on achète ultérieurement.

Ce compte doit être également crédité du montant des meubles qu'on peut vendre, soit qu'ils soient hors d'usage ou de convenance.

On sent que le compte de meubles doit être toujours débiteur en résultat, parce qu'il est indispensable qu'on ait toujours une quantité quelconque de meubles.

D'un autre côté, il est constant que les meubles s'usent et se détériorent par l'usage, et par conséquent perdent annuellement de leur valeur relative.

Il s'ensuit que pour solder ce compte à l'inventaire de chaque année, il faut, comme au compte de marchandises, tirer en balance la valeur actuelle du mobilier, et solder par profits et pertes le surplus, qui est presque toujours perte, par la différence qui se trouve entre la valeur d'achat et celle du montant de l'inventaire.

DU COMPTE DE VAISSEAUX,

OU DES COMPTES POUR CHAQUE VAISSEAU OU BATIMENT DE MER, EN PARTICULIER.

Il est rare qu'on n'ouvre qu'un seul compte de vaisseaux, lorsque le chef en a plusieurs; et il est même plus convenable d'ouvrir un compte à chaque bâtiment en particulier, puisqu'en effet chaque bâtiment qu'on arme, forme à lui seul l'objet d'une entreprise et d'une mise dehors assez importante, et qu'enfin chacune de ces entreprises offre des chances différentes et peut avoir des résultats qu'il devienne utile d'apprécier séparément.

Au surplus, le compte de chaque vaisseau ou navire doit être ouvert sous sa dénomination particulière, et être débité de la valeur du navire et de tous les frais qu'il occasionne; il doit être crédité, par contre, de tous les produits qu'il donne, et même du prix de la vente du navire, si on le vend.

Mais il faut observer deux choses ; 1°. si le navire n'est pas vendu lorsqu'on veut solder le compte, il faut tirer, par balance, la valeur actuelle du navire, et solder le surplus par profits et pertes.

2°. Si le navire est vendu, il suffit alors de solder la différence du compte par profits et pertes.

Au surplus, le navire peut avoir donné de la perte ou du bénéfice, ou n'avoir donné ni perte ni bénéfice; il peut donc en résultat être débiteur, ou créditeur, ou négatif.

On peut ouvir un compte, non-seulement pour chaque bâtiment, mais encore pour chaque voyage du bâtiment.

Enfin, si on arme pour son propre compte, en totalité ou en partie, on peut ouvrir un compte à chaque chargement ou armement. Les règles sont toujours les mêmes pour tous ces différens comptes : c'est de ne porter, au débit de chacun, que ce qui regarde les dépenses qu'il occasionne, et au crédit, les produits ou retours, et de solder par profits et pertes le bénéfice ou la perte d'après les règles déjà établies.

J'ai donné au surplus quelques exemples de ces divers comptes de navire, d'armement et chargement.

DU COMPTE D'IMMEUBLES.

Le compte d'immeubles en général comprend en débit, le montant des biens-fonds du chef à l'inventaire, et successivement les divers achats, réédifications, réparations, impositions et autres charges dont ils sont ou peuvent être grevés; au crédit, les produits pour loyers et fermages et les prix des ventes.

Ce compte se solde par balance pour les biens restans, et par profits et pertes pour la différence résultant des produits aux dépenses ou charges.

S'il y a plusieurs immeubles, on peut ouvrir un compte à chacun, sous sa dénomination propre ou sous une désignation suffisante pour la distinguer des autres, en ne portant, à chaque compte, que ce qui le regarde particulièrement, soit en débit soit en crédit.

Le compte d'immeubles est en usage dans peu de maisons. Chaque chef de maison tenant, pour l'ordinaire, note particulière de ses immeubles quand il en a, se contente d'en faire mention sur son inventaire; parce que les immeubles ne sont point par eux-mêmes un objet de commerce, et qu'un commerçant n'en achète guère que pour placer le surplus des fonds qu'il destine à circuler dans les affaires.

Cette marche semble indiquée par l'article 9 du Code de commerce, qui exige impérieusement que l'inventaire contienne généralement *tous les biens mobiliers et immobiliers;* ce qui ne laisse lieu à aucune exception. Mais comme l'inventaire d'un commerçant est autant le résultat que le principe de ses écritures, il s'ensuit qu'il est plus régulier que ses livres portent les détails et tous les comptes nécessaires pour constater son actif et son passif, de quelque espèce qu'il soit. C'est sous ce point de vue que j'ai compris un compte d'immeubles dans le modèle de livres que je présente.

DU COMPTE DE TRAITES ET REMISES.

J'entends par *traites et remises* toutes les valeurs actives, en papier négociable ou transmissible par endossement, que le chef ou négociant peut avoir en portefeuille, à sa disposition; ce qui comprend : 1°. les traites ou lettres de change qu'il est dans le cas de tirer sur ses correspondans, pour ce qu'ils lui doivent, et lorsqu'il y est autorisé, ou même, sans qu'ils soient ses débiteurs, lorsqu'ils ont consenti à les accepter.

2°. Les promesses ou billets à son ordre, et en général tous les effets négociables, soit traites ou billets du fait de tiers, que les correspondans du chef lui ont transmis par la voie de l'endossement, à quelque titre et pour quelque cause que ce soit.

Il n'entre point dans mon objet de discuter les divers accidens et circonstances qui peuvent concerner les lettres de change et billets ou effets actifs en général, d'un commerçant; ce point me paraît traité, d'une manière très-claire et en même temps très-précise, dans le Code de Commerce, articles 110 à 189 : j'y renvoie mes lecteurs.

Quelques teneurs de livres intitulent ce compte : *Lettres et billets à recevoir*, au lieu de *traites et remises*; cette dernière dénomination me paraît plus convenable et plus générique que celle de *lettres et billets à recevoir,* parce qu'il est constant que tous les effets actifs où non échus qui sont dans la main du chef, pouvant être et étant souvent négociés avant leurs échéances, ne sont pas, par rapport à lui, des effets à recevoir proprement dits; puisque des effets actifs qui lui passent par les mains, il n'y en a souvent que le plus petit nombre qu'il soit dans le cas d'encaisser ou de recevoir par lui-même des mains des débiteurs.

Au surplus, quelle que soit la dénomination du compte, c'est de son objet qu'il s'agit ici, et en général des effets négociables et non échus que le chef possède dans son portefeuille.

Le compte des traites et remises doit être débité, 1°. de toutes les traites ou lettres de change que le chef forme sur ses correspondans; 2°. de tous les effets négociables qu'ils lui remettent, et de tous les billets à ordre qu'ils souscrivent à son profit.

Il doit être crédité, par contre, de la sortie des mêmes effets, à fur et mesure qu'ils sont négociés ou encaissés.

Ce compte, de même que celui de caisse, n'ayant qu'une seule nature d'objets, n'est pas susceptible d'être subdivisé, et s'il est juste, doit balancer par la somme des effets restant en portefeuille, ou par zéro, s'il n'en reste point. Il est évident qu'il ne peut jamais être créditeur par balance, puisqu'il n'a pu être crédité de plus d'effets qu'il n'en est entré et qu'on n'en a porté au débit.

DU COMPTE DE LETTRES ET BILLETS A PAYER.

A l'opposé du Compte de traites et remises dont je viens de parler, j'entends par *lettres et billets à payer*, tous les engagemens que le chef ou négociant contracte personnellement envers ses correspondans; ce qui comprend 1°. les traites ou lettres de change que ses correspondans forment sur lui et qu'il accepte, ou dont il consent faire le paiement; 2°. les promesses ou billets qu'il souscrit à leur ordre, à raison de ses opérations.

Il est évident que, quant au chef, les engagemens qu'il souscrit sont d'une espèce opposée à celles des effets qui sont passés à son ordre; mais à l'égard des tiers, ils sont tous de la même espèce, et régis par les règles des articles 110 à 189 du Code de Commerce.

On pourrait donc aussi donner à ce compte la dénomination de *Traites et remises à payer*, puisqu'il y est question de traites formées sur le chef, ou de billets qu'il remet à ses correspondans; mais je préfère la désignation de *Lettres et billets à payer;* d'abord comme plus propre à distinguer ce compte du précédent, et ensuite comme plus appropriée à la nature des effets qui se réduisent aux engagemens souscrits par le chef personnellement, et qui ne peuvent, presque jamais, rentrer dans sa main qu'au moyen du paiement qui les anéantit à l'échéance.

Le compte de lettres et billets à payer doit d'abord être crédité du montant de billets et acceptations consenties par le chef; il doit être débité par contre des mêmes billets et acceptations à fur et mesure qu'ils sont payés et qu'ils rentrent dans sa main.

Ce compte n'est pas non plus susceptible d'être subdivisé; il doit balancer, s'il est juste, par la somme des engagemens qui sont encore à payer, ou par zéro s'ils sont tous acquittés; il ne peut jamais être débiteur en définitif, puisqu'évidemment il n'a pu être débité de plus d'engagemens qu'il n'y en avait à payer.

DU COMPTE DE PROFITS ET PERTES,

ET DE DIVERS AUTRES COMPTES QUI PEUVENT Y ÊTRE COMPRIS.

Dans la classification des comptes du chef, j'ai placé sous la dénomination générale de *profits et pertes*, divers objets qui par leur nature aléatoire pouvaient être confondus dans un même compte ou en former autant de subdivisions.

Il est rare que toutes ces subdivisions deviennent utiles, encore plus qu'elles soient nécessaires;

les pertes ou les profits résultant de toute espèce de négociations de papier et d'avances ou retards de paiement, se portent ordinairement au compte général intitulé : *Profits et pertes.* Beaucoup de commerçans y comprennent encore leurs frais de maison ou de commerce. Au surplus, quels que soient le nombre et l'espèce de comptes qu'on ouvre, il faut toujours avoir pour règle générale de porter, au débit de chacun d'eux, la mise dehors ou dépense qu'il occasionne, et à son crédit, le produit qu'il donne ; enfin de solder, par *profits et pertes*, en général tous les comptes susceptibles de donner un bénéfice ou une perte quelconque.

Ceci entendu, je vais traiter particulièrement des divers comptes le plus en usage, et qui peuvent être séparés de celui de *profits et pertes;* j'expliquerai ensuite ce qu'on doit entendre par le compte de *profits et pertes* en général, lequel est indispensable dans tous les cas.

DES RENTES VIAGÈRES.

Il est rare qu'un commerçant spécule sur la vie d'un homme, de son semblable; mais, sans que ce soit par objet de spéculation, il peut arriver qu'au moyen d'un immeuble ou d'un capital abandonné par le créancier, un commerçant s'oblige de lui faire une rente annuelle qui s'éteigne par l'événement du décès de ce créancier. Le cas échéant qu'on ouvre un compte de cette espèce, il doit être crédité du capital reçu, et débité, par contre, du paiement des arrérages.

Je dois observer cependant qu'une rente viagère étant presque toujours affectée et hypothéquée sur un immeuble, le paiement de cette rente devient, en ce cas, une des charges de cet immeuble, et doit se porter à son débit; ce qui rend alors superflu un compte particulier de *rentes viagères*.

DES CONTRATS A LA GROSSE.

Le Contrat *à la grosse aventure*, qu'on appelle simplement *Contrat à la grosse*, est un traité par lequel une des parties prête à l'autre une somme d'argent quelconque, affectée sur un navire ou son chargement, en totalité ou en partie, à condition que, si le navire arrive à bien, ainsi que les objets affectés, la somme prêtée sera rendue avec un profit convenu ; et qu'en cas de perte des objets affectés à l'emprunt, le prêteur perdra son capital sans aucune répétition. Les règles auxquelles ce contrat est sujet sont détaillées dans le Code de Commerce, articles 311 à 331 : mon but n'est pas de discuter ce sujet, mais seulement d'indiquer la forme du compte que l'on peut ouvrir pour cette cause.

On sent qu'en pareille matière le chef peut être prêteur dans certains cas, emprunteur dans d'autres, et il n'est pas nécessaire d'ouvrir des comptes différens pour ces divers cas.

Le compte doit être débité de toutes les sommes que le chef prête à la grosse, et par contre débité de celles qu'il emprunte de la même manière.

Il doit être crédité de la rentrée des sommes prêtées, lorsqu'elle a lieu, ainsi que du profit stipulé; et par contre débité du paiement du capital emprunté, ainsi que du profit promis, lorsqu'il y a lieu à le payer.

Les conditions des contrats respectivement accomplies, le compte doit être soldé en définitif, par *profits et pertes*, de la différence qui peut en résulter.

DES ASSURANCES.

Le Contrat d'assurance est celui par lequel une partie s'engage envers l'autre, moyennant le paiement d'une prime convenue, à lui garantir l'effet des risques du voyage maritime, ou du transport par mer, soit d'un navire, soit de sa cargaison, ou de l'un et l'autre, en totalité ou en partie. Ce contrat, dont l'utilité repose essentiellement sur la réalité des objets garantis et sur la bonne foi des parties contractantes, qui pourrait être facilement violée, est, par cette raison-là même, soumis à des règles précises et fixées par les articles 332 et suivans du Code de Commerce, que j'invite à méditer. Mon but actuel est d'indiquer la forme du compte qu'on peut ouvrir particulièrement pour cet objet.

Les Contrats d'assurances, comme ceux à la grosse, sont actifs ou passifs, c'est-à-dire que le chef peut être tantôt assureur, tantôt assuré.

Mais lorsqu'il n'est qu'assuré, la prime qu'il paie ne doit être considérée que comme frais de commerce en général et portée au débit, soit du compte de frais de commerce, dont je parlerai tout-à-l'heure, soit de la marchandise ou de l'objet spécialement assuré.

Il n'est véritablement question ici que des assurances actives, c'est-à-dire du cas où le chef est assureur lui-même.

Ceci bien expliqué, le Compte d'*assurances* doit être crédité du montant de toutes les primes que le chef reçoit des tiers assurés; il doit, par contre, être débité de toutes les sommes que le chef paie pour les pertes constatées.

En définitif, et lorsque tous les risques sont finis, le Compte d'*assurances* se solde par *profits et pertes*.

Le compte d'*assurances* et celui de *contrats à la grosse* peuvent être débiteurs ou créditeurs en définitif, selon que les chances ont été favorables ou défavorables au chef.

DES FRAIS GÉNÉRAUX.

Les *frais généraux* que peut faire un commerçant sont de deux espèces : les dépenses pour l'entretien de sa maison et de sa famille, et les frais occasionnés par son commerce particulièrement.

Il peut donc y avoir deux comptes distincts pour ces divers frais, lorsqu'on ne les porte pas au compte de *profits et pertes*. Mais comme ils sont de même nature et se règlent de la même manière, je n'ai ouvert, dans le modèle de livres qui suit, qu'un seul compte sous le titre de FRAIS GÉNÉRAUX.

Le compte de *frais généraux* doit être débité de toutes les dépenses de maison ou de commerce que le chef est obligé de supporter; si quelques-uns de ces frais sont susceptibles de rentrer, le compte doit en être crédité au moment où ils rentrent; enfin ce compte se solde par *profits et pertes* pour son résultat définitif.

Au surplus, le compte de *frais généraux* ne peut jamais être que débiteur et non créditeur en résultat; parce qu'il est évident que les frais de toute espèce que le chef paie ne lui peuvent jamais rentrer en totalité.

DU COMPTE DE PROFITS ET PERTES EN GÉNÉRAL.

J'ai déjà dit quels sont les objets qui font ou peuvent faire la matière du Compte de *profits et pertes* dans le cours des affaires; ce compte est du reste indispensable pour résumer, lors de l'inventaire, le bénéfice ou la perte provenant des autres comptes, susceptibles d'en produire, les avances et retards résultant des opérations diverses du chef avec ses correspondans; et enfin, il se solde lui-même par le compte de Capital et ne figure point dans la balance.

Le débit de *profits et pertes* marque la perte ou la dépense, le crédit indique les profits ou bénéfices du commerce.

Il est donc nécessaire, pour que le chef prospère, qu'il ait un bénéfice qui couvre et au-delà ses dépenses, et par conséquent que le crédit du compte de *profits et pertes* en excède le débit.

Cet excédent augmente le crédit du compte de *Capital*, et marque le résultat général des opérations du chef à partir du précédent inventaire.

DU COMPTE DE CAPITAL.

J'ai dit quele Compte de *Capital* représentait plus directement le chef ou négociant, en résumant tous les autres comptes de seconde classe, qui n'en sont en quelque sorte que les subdivisions.

Et effectivement, lorsque l'on commence des Livres en parties doubles, les comptes du chef, dont j'ai fait connaître l'objet et la destination, sont tous chargés, savoir : Les valeurs actives en débit, par opposition au crédit du compte de *Capital*, et le passif en crédit, par opposition au débit du même compte de *Capital*; il en est de même des correspondans du chef, soit débiteurs, soit créanciers. A leur égard, le compte de capital est, par opposition, créancier des premiers et débiteur des seconds.

Cependant il faut observer que le compte de *Capital* est bien moins débiteur ou créditeur des objets particuliers en eux-mêmes qui font la matière des autres comptes, que le simple représentatif de leur valeur intrinsèque réunie; et cela est si vrai, que tous ces objets particuliers, qui forment l'ensemble de l'actif et du passif, subissent à chaque instant, dans la main du chef, une infinité de mutations différentes; qu'il a tantôt plus, tantôt moins de marchandises et de créanciers, plus ou moins de débiteurs, plus ou moins de valeurs dans sa caisse et dans son portefeuille; sans que, pour cela, son capital réel, qui est l'excédent de l'actif sur le passif, ait subi d'autre changement que le bénéfice ou la perte résultant de ses opérations bien ou mal calculées, et des chances ordinaires du commerce.

Il suit de là que le compte de *Capital*, une fois chargé du montant de l'actif et du passif du chef, n'a plus besoin, pour représenter constamment son avoir réel, que de l'addition, au crédit ou au débit, de la somme du bénéfice ou de la perte provenant des opérations postérieures à l'inventaire précédent, et dont le compte de *profits et pertes* présente les résultats réunis. Ce qui le démontre complettement, c'est que, lorsqu'on a balancé les divers comptes, on peut indifféremment recommencer de nouvelles écritures, en résultance de l'inventaire nouveau, ou continuer celles commencées d'après l'inventaire ancien; sans que pour cela, la balance du compte de *Capital* cesse d'être la même.

Il est donc vrai de dire que le compte de *Capital* est celui propre du chef, et résume tous les autres sans exception.

Au surplus, le compte de capital ne sert guère dans l'intervalle d'un inventaire à l'autre, et il n'est utile que pour fixer l'état général et les principales variations de la fortune du chef.

Le compte de *Capital* peut être quelquefois suppléé par un autre, mais d'une manière abstraite et qui en suppose toujours l'existence.

Par exemple, une maison de commerce juge à propos d'établir, sur une autre place, un comptoir auxiliaire dont elle dirige les opérations, sans lui attribuer de capitaux fixes, et elle se fait rendre compte chaque année du résultat des opérations.

Dans ce cas, le chef du comptoir auxiliaire tiendra ses écritures comme tout autre négociant; mais au lieu du compte de *Capital*, il ouvrira celui de la maison principale, qu'il créditera et débitera, comme tout autre correspondant, des opérations respectives et du résultat de son inventaire particulier en bénéfice ou perte, que la maison principale passera dans son inventaire général, et par conséquent à son compte de *Capital*.

DES DIVERS AUTRES COMPTES QUI PEUVENT AVOIR LIEU POUR LE CHEF A RAISON DE QUELQUES ESPÈCES PARTICULIÈRES DE DETTES ACTIVES OU PASSIVES.

J'ai désigné, dans la classification des comptes du chef, diverses dettes actives ou passives, telles que contrats de rentes, actions dans les entreprises, obligations et droits de femmes, etc.

Enfin, j'y ai compris les dettes actives et passives par Compte courant, qui sont sous un autre point de vue les comptes des correspondans.

Quant aux dernières, je ne répéterai pas ici les observations que j'ai faites à la suite du tableau des comptes, page 111; quant aux autres, et en général pour toute espèce particulière de compte à ouvrir, les règles que j'ai indiquées précédemment doivent suffire pour que chacun puisse les appliquer à une multitude de cas qu'il est au surplus impossible ou inutile de prévoir.

Je passe aux règles à suivre pour former les écritures au Journal.

DES RÈGLES A OBSERVER

Pour former les articles au Journal à parties doubles.

En commençant ces instructions j'ai donné une idée générale de la théorie des parties doubles.

J'ai indiqué ensuite les principaux sujets qui pouvaient, dans cette méthode, fournir la matière d'autant de comptes relatifs soit au chef, soit à ses associés et ses correspondans.

J'ai expliqué enfin l'usage particulier de chacun de ces comptes, l'objet de son débit, de son crédit et le résultat probable qu'il pouvait avoir.

Il s'agit en ce moment de fixer les rapports généraux que ces comptes peuvent avoir entre eux relativement, dans l'ensemble des écritures, et directement dans les diverses opérations dont chacun fait en particulier l'objet d'un article au Journal; en un mot, de reconnaître dans chacune de ces opérations un *débiteur* et un *créditeur* tout au moins, et de les y distinguer d'une manière positive et infaillible : seul moyen de formerdes articles réguliers et de passer exactement les écritures en parties doubles.

Les teneurs de livres enseignent pour règle générale et comme axiôme que:

TOUT CE QUI ENTRE DOIT A CE QUI SORT.

Cette règle est assez juste en elle-même; mais comme elle ne peut être reconnue que par ceux qui savent et n'ont plus besoin d'apprendre, et qu'elle a besoin d'être expliquée aux autres, elle ne peut être considérée comme un *axiôme* qui porte sa démonstration avec lui pour tout le monde, comme celui-ci : LE TOUT EST PLUS GRAND QUE SA PARTIE; ou cet autre : L'ENSEMBLE DES PARTIES ÉGALE LE TOUT.

RÈGLES GÉNÉRALES.

L'objet qui entre, l'individu qui reçoit, sont toujours *débiteurs*.

L'objet qui sort, l'individu qui paie ou fournit, sont toujours *créditeurs*.

Il ne peut entrer une valeur, qu'elle ne soit payée ou fournie par quelqu'un dans le même moment; et alors la valeur fournie et entrée est le *débiteur*, et celui qui paie ou fournit est le *créditeur*.

De même, il ne peut sortir une valeur qu'elle ne soit reçue par quelqu'un au même instant, et alors la valeur sortie est le *créditeur*, et celui qui la reçoit est le *débiteur*.

C'est ainsi qu'il faut expliquer cette règle, que *tout ce qui entre doit à ce qui sort*; ou, en termes plus exacts, qu'il y a toujours, en parties doubles, au moins un *débiteur* et un *créditeur*; et qu'enfin celui qui reçoit est toujours le *débiteur*, et celui qui donne, le *créditeur*.

Il est donc facile, d'après ces principes, de distinguer en toute circonstance les débiteurs des créditeurs, dans chaque article dont on veut passer écriture.

Par la même raison, il est évident que le débit doit toujours égaler le crédit dans chaque article; il est facile de concevoir, par suite, pourquoi la somme générale des débits égale nécessairement la somme générale des crédits, dans quelque intervalle de temps que ce soit, et qu'enfin la moindre différence entre le total des uns et le total des autres, dévoilerait infailliblement une erreur, soit dans les écritures du Journal, soit dans le report au Grand-Livre.

Ce que je viens de dire explique encore la nécessité, déjà annoncée, de faire un inventaire exact de l'actif et du passif du chef, avant de commencer les livres à parties doubles; puisque cet inventaire fait connaître les débiteurs et les créditeurs déjà existans, qui ont aussi en opposition respectivement le principal compte du chef, c'est-à-dire celui de CAPITAL.

Huit circonstances différentes sont à observer dans chaque article du Journal :

1°. La date;
2°. Le débiteur;
3°. Le créancier;
4°. L'action, et comment payable;
5°. La quantité et la qualité;
6°. La livraison faite ou à faire;
7°. Le prix;
8°. La somme.

Un objet peut se payer partie en argent comptant, partie en effets, avec ou sans escompte; ce qui suffit pour indiquer qu'il peut y avoir plusieurs débiteurs pour un créditeur, *et vice versâ.*

Différens objets, acquis de divers, peuvent être payés aussi de suite par des valeurs différentes, ce qui donne à connaître qu'il peut y avoir plusieurs débiteurs pour plusieurs créditeurs; mais il est évident que dans tous les cas la somme des débits ne peut être inférieure à celle des crédits, parce qu'on ne peut s'acquitter qu'en payant la totalité de ce qu'on doit.

Des exemples vont confirmer ces règles.

APPLICATION DES RÈGLES PRÉCÉDENTES AUX ÉCRITURES DU JOURNAL.

Les premiers articles du Journal à parties doubles ont pour objet l'inventaire : j'en ai donné le modèle page 91. Je partirai de ce modèle. De même, pour le surplus des opérations qu'il m'a fallu supposer, je partirai de la Main courante.

Je remarque dans cet inventaire cinq espèces de valeurs à l'actif; savoir :

1°. L'argent, qui a pour compte propre celui de . . . . CAISSE.
2°. Les effets de portefeuille, qui ont celui de. . . . . TRAITES ET REMISES.
3°. Les marchandises, qui ont celui de. . . . . MARCHANDISES GÉNÉRALES.
4°. Une maison, qui a pour compte. . . . . IMMEUBLES.
5°. Et enfin des débiteurs, qui ont chacun leur compte, comme . CORRESPONDANS.

Je remarque que tous ces comptes composent l'actif du chef et font l'objet spécial du *crédit* du compte de CAPITAL, par conséquent qu'ils sont tous *débiteurs.*

Raisonnant l'écriture en conséquence, je porte au Journal l'article suivant :

DIVERS doivent à CAPITAL F. 248,000, pour mon actif à l'inventaire; savoir :

			F.	C.
CAISSE, en espèces.	120000	»		
TRAITES et REMISES, pour deux effets en portefeuille.	5112	55		
MARCHANDISES GÉNÉRALES, pour celles en magasin.	60738	»		
IMMEUBLES, pour ma maison rue Verte, estimée.	42000	»		
LAGARIQUE de cette ville, pour ce qu'il me doit par compte courant.	10000	»		
CRÉQUI et COMPAGNIE, pour *idem*.	5600	»		
CHEVIGNY frères, pour *idem*.	4549	45		
			248000	»

Ce qui forme un article où il se trouve plusieurs débiteurs pour un seul créditeur, et dans lequel il est évident que les débits partiels égalent entre eux le crédit de capital.

Passant ensuite au passif de l'inventaire, j'y remarque des dettes passives par comptes courans sous les noms des CORRESPONDANS, et des engagemens du chef en circulation, dont le compte est celui de *Lettres et Billets à payer :* ces divers comptes formant le passif, sont l'objet spécial du *débit* de compte de capital, et sont eux-mêmes créditeurs.

Raisonnant en conséquence l'écriture au Journal, je porte l'article suivant :

CAPITAL doit à DIVERS, F. 60000, pour mon passif à l'inventaire; savoir :

			F. C.
A LETTRES et BILLETS A PAYER, pour mes engagemens ordre divers.	13000	»	
A JULIEN de Nantes, pour ce que je lui dois par compte courant. .	4000	»	
A BREDA et FILS, de cette ville, pour *idem*.	3000	»	
A ZACARY de Toulouse, pour *idem*.	10000	»	
A EMPEZAT et COMPAGNIE, de cette ville, pour *idem*.	30000	»	
			60000 »

Ce qui forme un article où il se trouve plusieurs créditeurs pour un seul débiteur, et dans lequel les crédits partiels égalent ensemble la somme du débit du compte de CAPITAL.

Je rappellerai ici, pour n'y pas revenir, ce que j'ai dit en parlant en général de la Main courante et du Livre de marchandises en magasin : c'est que si la Main courante n'est qu'une annotation brève et rapide des opérations à rédiger ensuite au Journal, dans ce cas, ce dernier livre doit contenir tous les détails, puisqu'il est seul régulier; qu'au contraire, si le Mémorial est tenu régulièrement et en détail, le Journal au net peut être rédigé d'une manière plus simple, et pour exemple, dans la forme des deux articles qui précèdent, qui sont le simple extrait de ceux portés au Journal ci-après, parce que la Main courante qui précède, n'est que la simple indication des écritures à rédiger au journal.

A l'égard du Livre de marchandises en magasin, il doit toujours, et dans tous les cas, être tenu d'une manière régulière, et porter les détails qui ne peuvent être dans le Journal; mais en le tenant par entrée et sortie, en regard, avec les indications en tête de chaque partie, et à la suite les frais y relatifs et le résultat, il peut dispenser d'ouvrir au Grand Livre une foule de comptes particuliers de marchandises, qui sont dans le cas d'apporter de la confusion dans les écritures et d'occasionner des erreurs dans la rédaction des articles au Journal.

Je reviens à la Main courante telle qu'elle est présentée dans ce Traité, et que j'ai donnée moins comme modèle à suivre que comme une suite d'opérations nues à rédiger suivant les règles, pour en former un Journal et un Grand Livre à parties doubles.

Je n'entrerai cependant en détail que sur un petit nombre des opérations de la Main courante, et autant que cela peut être utile à confirmer les règles générales par le raisonnement et éclairer sur quelques cas particuliers. Toutes les autres opérations de la Main courante se trouvant rédigées au Journal, cela doit suffire pour exercer les élèves et leur donner le moyen de rectifier au besoin leur raisonnement; du reste, celui à qui il faut tout dire ou tout expliquer, est incapable de raisonner par lui-même et n'aura jamais de connaissances certaines.

Pour faciliter la comparaison de la Main courante avec la rédaction au Journal, j'ai donné, dans l'une et dans l'autre, le même numéro à chaque opération, et j'indiquerai par leur numéro chacune de celles sur lesquelles je croirai devoir donner quelqu'explication.

Nº. 1. Le premier article présente un achat de coton fait à LAGARIQUE.

Sous ce seul point de vue, le *débiteur* est le compte de marchandises, et le *créditeur* serait Lagarique.

Mais je remarque que ce même achat a été payé comptant, ce qui forme une seconde action.

Sous ce second point de vue, Lagarique serait *débiteur*, et la caisse *créditeur* pour le paiement.

Mais dans cette double action, Lagarique est débiteur d'un côté, et créditeur de l'autre, de deux sommes égales, et par conséquent désintéressé au même instant; on peut donc se dispenser de lui ouvrir un compte, et il ne reste plus que le compte des marchandises pour *débiteur*, et la caisse pour *créditeur*. Raisonnant l'article en conséquence, je porte ainsi cette première écriture au Journal :

MARCHANDISES GÉNÉRALES doivent à CAISSE Fr. 3468, pour 867 kil. coton achetés comptant à Lagarique, ci. . . . . Fr. 3468.

Cet article ainsi résumé, contient tout ce qui est nécessaire pour indiquer la double action de l'achat et du paiement au vendeur, l'objet et le résultat de cette action.

Nº. 2. Le second article est au contraire une vente faite à BREDA et FILS, qui l'ont payée comptant.

Le raisonnement est le même que pour l'article précédent, mais à l'inverse, puisque c'est la *caisse* qui reçoit et est *débiteur*, et la marchandise qui sort et est *créditeur*.

Il faut donc porter ainsi l'écriture au Journal :

CAISSE doit à Mses. Gles. F. 3641 40 c., pr. vente au comptant à Breda et fils, etc. F. 3641 40 c.

Nº. 3. La troisième opération est encore un achat fait à CHEVIGNY, et payé de suite; mais partie en argent, partie en un billet du chef, à l'ordre du vendeur.

Dans cette opération, le compte de marchandises est *débiteur* pour ce qui entre; mais il se trouve deux espèces de valeurs qui sortent, et sont toutes deux *créditeurs*, savoir : *Caisse* pour l'argent, *Lettres et Billets à payer* pour le billet fait à l'ordre du vendeur.

Il y a donc un débiteur pour deux créditeurs, et l'écriture doit être ainsi portée au Journal :

MARCHANDISES GÉNÉRALES doivent à DIVERS F. 6375 60 c., pour achat fait à Chevigny frères, de 2772 kil. café Martinique, à Fr. 2 30 c. le kil., et payé comme suit :

			F.	C.
A CAISSE, pour la 1/2 au comptant.	3187	80		
A L. et B. à P. pr. N/ billet O/ Chevigny, au 12 mars prochain, pour l'autre 1/2.	3187	80		
			6375	60

On peut observer que, dans chaque article du Journal, le débiteur est toujours le premier dénommé, et le créditeur ensuite; par conséquent on peut se dispenser d'employer le mot DOIT ou DOIVENT, qui alors est toujours sous-entendu : c'est ce que je ferai à l'avenir.

N°. 4. Est l'inverse de l'opération précédente.

N°. 5. Dans cet article de la Main courante, je remarque un paiement de F. 132 90 c., pour frais de voiture de douze balles de toiles, que JULIEN de Nantes m'adresse, pour en faire la vente *pour son compte*.

Il en résulte que c'est JULIEN qui est le *débiteur*, puisque c'est pour lui que je paie, et *Caisse* qui est le *créditeur*.

N°. 6. Cet article contient une vente au comptant, faite à CHEVIGNY frères; mais j'observe que les marchandises sont pour compte d'un autre et en commission.

Au lieu de porter cet article au compte de MARCHANDISES GÉNÉRALES, je juge à propos d'ouvrir un compte particulier aux MARCHANDISES EN COMMISSION, et je porte ainsi l'article au Journal.

CAISSE À MARCHANDISES EN COMMISSION, F. 4125 », pour vente au comptant, à CHEVIGNY frères, de 6 balles toile, contenant 1500 aunes, à F. 2 75 c., pour compte de JULIEN de Nantes, ci. . . . . F. 4125 »

N°. 7. L'article est de même nature que le précédent, et doit être passé de la même manière au Journal; la seule différence à observer, c'est que la vente ayant été payée de suite en effets, au lieu de l'être en argent, c'est le compte de *Traites et remises* qui est le débiteur, au lieu de celui de *Caisse*.

N°. 8. Dans cet article j'achète à EMPEZAT et Ce., F. 50,000 de rescriptions de domaines nationaux, pour compte de BREDA et Fils, qui m'en ont donné l'ordre, et qui me bonifient d'un dixième de franc par cent francs pour ma commission, et je paie comptant ces rescriptions.

BREDA et Fils, pour qui j'achète et paie, sont débiteurs à *Caisse* pour le paiement comptant, et à *Profits et pertes* pour ma commission.

N°. 9. Je rembourse à EMPEZAT F. 30,000 que je lui dois en compte courant, et je lui paie, en outre, l'intérêt couru jusqu'au remboursement, montant à F. 507 50 c.

Je pourrais le débiter à *Caisse*, de toute la somme, et le créditer par le *Compte d'agio* que j'ai ouvert pour cette sorte d'intérêts, ce qui ferait une double écriture.

Je passe l'écriture plus simplement en débitant EMPEZAT pour le capital, COMPTE D'AGIO pour l'intérêt, et en créditant, par contre, la *Caisse* du total.

N°. 10. Je remets à JULIEN de Nantes le compte de vente de ses toiles.

Je débite MARCHANDISES EN COMMISSION pour le montant, à JULIEN pour le net produit, à FRAIS GÉNÉRAUX pour les frais de vente, et à PROFITS ET PERTES pour la commission.

Pour simplifier, on pourrait passer de suite, à *Profits et pertes*, les frais et la commission réunies.

N°. 12. J'ai acheté d'EMPEZAT et Ce., une partie de laine, de compte en participation par quarts entre moi, LAGARIQUE, CRÉQUI et Ce., et CHEVIGNY frères.

Je débite *Marchandises générales*, et les trois autres intéressés chacun pour leur quart, à EMPEZAT pour le total.

N°. 16. Chacun des trois intéressés à l'achat ci-dessus, verse ensuite en mes mains son quart, et je paie EMPEZAT et Ce.

Je pourrais créditer chacun d'eux par le débit de *Caisse*, et débiter ensuite EMPEZAT et Ce. de la totalité, par le crédit de *Caisse*, et passer ainsi plusieurs articles.

Mais comme je remets de suite à EMPEZAT les valeurs que je reçois de mes associés dans l'opération, et que je ne sors de la caisse que mon propre quart, dans ce cas, je débite EMPEZAT pour le total à *divers*; savoir : à *Caisse* pour mon quart, et aux trois autres intéressés pour chacun le leur.

Nos. 13 et 15. Lorsque je viens à recevoir, à l'échéance, un des effets du portefeuille, il s'opère une mutation de valeur entre l'argent et les effets; je débite *Caisse* qui reçoit, à *Traites et remises* qui sortent.

N°. 14. J'achète au comptant un effet sur l'étranger, et, voulant distinguer ces sortes de valeurs, sujettes à variation par les différens cours du change, je leur ouvre un compte particulier que j'intitule *Compte de change* ou *Compte de banque*. Je débite ce compte, pour l'effet qui entre, par la somme payée ou convenue d'après le cours du change, et je crédite par contre, *Caisse* ou celui qui m'a fourni l'effet de la même somme.

Dans le cas posé, je porte ainsi l'écriture au Journal :

COMPTE DE BANQUE A CAISSE, F. 14221 05 c. acheté au comptant, de Mercier, 6755 florins courans, au change de 57, en traite sur BRULET d'Amsterdam, à 30 jours, prod. F. 14221 05 c.

Nota. Le *Compte de change* ou *banque* pouvant donner du bénéfice ou de la perte, est susceptible de se solder comme le compte de *marchandises*; c'est-à-dire par *balance* pour les effets restant en portefeuille, évalués au cours du jour, et par *Profits et pertes*, pour le bénéfice ou la perte résultant des négociations faites.

N°. 17. L'inverse de l'article précédent; il faut observer seulement que le change ayant donné de l'avantage, le produit de l'effet est plus fort que le coût de l'achat.

N°. 20. J'escompte un effet à un tiers; je débite *Traites et remises* pour son montant, *à Caisse* pour le net produit payé, et à *Compte d'agio* pour l'escompte.

N°. 22. Je reçois de l'argent d'un individu, mais pour le compte d'un tiers; je débite *Caisse* et je crédite celui pour le compte duquel on m'a payé.

N°. 23. Je paie le montant d'un billet que j'avais souscrit, et qui est échu.

Je débite *Lettres et billets à payer* par le crédit de *Caisse*.

N°. 24. J'achète deux effets sur l'étranger, que je paie au comptant, l'un d'ordre et pour compte d'un correspondant, et l'autre pour mon compte personnel, et je remets ces deux effets au même individu.

Voulant distinguer les remises que je fais à mon correspondant pour son compte, de celles que je lui fais pour le mien, je lui ouvre deux comptes différens et le débite, pour ce qui le regarde, avec cette désignation, SON COMPTE, et pour ce qui me regarde, avec cette autre : MON COMPTE ou NOTRE COMPTE, et je passe écriture au Journal, ainsi :

DIVERS à CAISSE, F. 18947 30 c., payé comptant pour les deux effets ci-après, remis au suivant.		
BRULET d'Amsterdam, N/C, F. 12631 55 c., pour notre remise pour N/C, de 6000 florins courans, pris au comptant à 57 de Leroy, en sa traite sur Dentu de Rotterdam, à soixante jours, produisant ci.	12631 55	
BRULET d'Amsterdam, S/C, F. 6315 75 c., pour notre remise pour son compte de 3000 florins courans à 57, pris au comptant de Legrand, en sa traite sur Hoppe d'Amsterdam, à soixante jours, produisant ci.	6315 75	
		18947 30

N°. 26. Je reçois un effet d'un tiers, et j'en reçois le montant d'un autre sous escompte.

Je débite *Caisse* pour le net produit, et *Compte d'agio* pour l'escompte, par le crédit de mon correspondant pour le total.

Nota. Il y a ici double action réduite. (Voyez N°s. 1 et 20.)

N°. 29. Mon correspondant d'Hambourg me donne avis qu'il a tiré pour mon compte, sur DENTU de Rotterdam, 6000 florins courans, à 32 1/2, donnant 7619 marcs B°., et m'indique mon remboursement, en retour sur Paris, au change de 190, ce qui me produit 14476 liv. 2 s. tourn^{s}., et en Fr. 14297 35 c.

Étant, de plus, dans le cas de faire des opérations avec ces deux correspondans, pour leur compte particulier, comme pour le mien personnel, je règle, dès ce moment, l'écriture en conséquence, et je débite JOUVE N/C, par le crédit de DENTU N/C, pour la valeur de la traite, au change indiqué.

N°. 32. J'achète en commission, pour compte de mon correspondant ; je le débite du montant de l'achat et des frais, par le crédit du vendeur pour l'achat, et de *Profits et pertes* pour la commission d'achat et frais.

N°. 33. Je fais un échange, avec BREDA et FILS, de 30 pièces de vin, estimées F. 9000, contre une partie de café estimée au même prix, qu'ils ont en commission chez SEGUERS de Nantes, et me délèguent à disposer sur ce dernier.

Je débite SEGUERS de Nantes, N/C, parce que la valeur est entre ses mains, par le crédit de *Marchandises générales* pour celles qui sortent.

N°. 38. Je prends au comptant d'EMPEZAT et Ce., et de compte à 1/2 avec Créqui et Ce., une traite de 9810 marcs B°., à 30 jours, sur Hambourg, au change de 190.

Je négocie au même instant, et au comptant aussi, cette même traite, à Gautier, au change de 190 1/2.

Il y a dans cette opération deux débiteurs qui sont en même temps créditeurs pour la somme totale.

La caisse pourrait être débitée de l'achat et créditée de la vente.

Enfin, le co-associé peut être débité de sa 1/2 à l'achat, et crédité de sa 1/2 à la vente.

Mais toutes ces opérations s'étant faites et consommées au même moment, se réduisent à un simple bénéfice encaissé, dont moitié appartient à mon associé ; raisonnant l'article, je passe l'écriture au Journal ainsi :

Caisse à Divers, F. 48 35 c., pour bénéfice de la négociation faite à Gautier, au comptant, à 190 1/2 de 9810 marcs banco, en traite sur Jouve d'Hambourg, à trente jours, prise au comptant, à 190, d'Empezat et compagnie,

A Créqui et Compagnie, pour leur 1/2 au bénéfice, ci.	24 17	
A Compte d'agio pour notre 1/2 *idem*, ci.	24 18	
		48 35

N°. 46. J'achète d'Empezat et Ce., pour compte de Chevigny frères, et en commission, une traite sur Cadix.

Je débite Chevigny frères pour l'achat et commission ; à Empezat et Ce, pour le capital de la traite, et à *compte d'agio* pour ma commission.

N°. 51. Bailly frères m'ont expédié, de compte à 1/2, douze balles trame de soie, par l'entremise de Boudet de Marseille, et montant, suivant leur facture, à 10681 ducats, de la moitié de laquelle ils me débitent au change de 86 1/2.

Les frais de Boudet de Marseille, se montent à F. 262 40 c., et ceux déboursés à l'arrivée à F. 275.

Il est évident que j'ai à créditer Bailly frères de ma moitié à l'achat, et qu'ils doivent être débités, par contre, de la moitié aux frais.

Mais comme après la vente de la totalité de la partie, j'aurai à rendre compte à Bailly frères de la moitié qui leur appartient dans l'envoi, je trouve convenable d'ouvrir un compte à cette partie de marchandises, pour en connaître le résultat particulier par la suite ; comme aussi d'ouvrir à Bailly frères deux comptes, l'un pour ce qui les concerne en particulier, l'autre dans mon intérêt personnel. Et d'après ces diverses circonstances, je résume ainsi l'écriture au Journal :

Divers à Divers, F. 23903 70 c., pour achat et envoi de Bailly Frères, de Naples, de douze balles trame de soie, nos. 1 à 12, en compte à 1/2 avec moi, par l'entremise de Boudet de Marseille, comme suit :

Soies de compte à 1/2 avec Bailly, F. 23097 60 c., pour notre 1/2 à l'achat, soit 5340 ducats 50 g. au change de 86 1/2.	23097 60	23635 »	
Frais à Marseille et à la réception.	537 40		
Bailly frères, N/C, pour leur 1/2 aux frais.		268 70	
		F. 23903 70	
A Bailly frères, N/C, pour N/ 1/2 à l'achat comme dessus. . . .		23097 60	
A Boudet de Marseille, ses frais à Marseille. . . .	262 40	537 40	
A Caisse, pour débours à la réception.	275 »		
A Soies, de compte à 1/2 avec Bailly, pour la 1/2 de Bailly auxdits frais.		268 70	
			23903 70

Cette écriture peut encore être passée d'une autre manière : je puis, par exemple, ne débiter le *Compte de soies* que de la moitié des frais au lieu de la totalité, et par suite ne pas créditer ce même compte de la moitié due par Bailly, ce qui produira le même effet ; mais j'ai préféré pouvoir indiquer plusieurs manières pour arriver au même résultat, sans sortir des règles.

J'observe itérativement que je n'ai point ici en vue la nécessité, que je ne reconnais pas, d'ouvrir un compte sous telle ou telle forme plutôt que sous toute autre, mais que mon objet principal est de donner des exemples de ces divers comptes, pour les cas seulement où on jugerait utile de les ouvrir, d'après les circonstances et sans sortir des règles générales.

N°. 52. Je prends sur la place, de compte à 1/2 avec un tiers, une traite sur Gênes, au change de 92 ; je la négocie à 92 1/2 ; il en résulte un bénéfice à partager entre mon associé et moi.

Je débite au Journal mon cessionnaire pour le tout, par le crédit de mon cédant pour ce qui lui est dû, par le crédit de mon associé pour sa 1/2 au bénéfice, et par *Compte d'agio* pour le surplus.

N°. 53. J'achète et paie comptant, de compte à 1/3 avec divers, une partie de toiles que je vends à bénéfice, et pour laquelle je reçois un effet de mon acheteur.

Je débite *Traites et remises* du tout, à *Caisse* pour le paiement fait au vendeur, à *Profits et pertes* pour mon tiers au bénéfice de la vente, à chacun de mes co-intéressés pour sa part au même bénéfice.

N°. 54. Je vends une partie de soies que j'ai en compte à 1/2 avec Bailly frères.

Je débite l'acheteur pour le tout par le crédit du compte de *Soies en compte* à 1/2 pour ma moitié, et par le crédit de Bailly frères pour l'autre moitié.

Je pourrais encore créditer le *compte de soies* de la totalité de la vente, et attendre que tout soit vendu pour créditer mon associé de sa 1/2 à la vente totale, par le débit du *compte de soies*.

Voyez les art. n°s. 57 et 60 au Journal et à la Main courante.

N°. 63. J'achète et paie comptant à Lefebvre une partie de velours en compte à 1/2 avec Besson de Lisbonne, auquel je les expédie, avec frais et droits, et sous commission d'achat.

J'ouvre un compte à *Marchandises en compte* à 1/2 avec Besson, dont j'ai déboursé la totalité, et je passe ainsi écriture au Journal :

Divers à Divers, F. 7066, pour achat et frais ; savoir :		
M^ses. de compte à 1/2 avec Besson, pour la facture et expédition. .	4680 »	
Besson de Lisbonne, pour sa 1/2 à la facture ci-dessus, compris notre provision.	2386 »	
	F. 7066 »	
A Lefebvre, à lui payé comptant.	4660 »	
A Frais généraux pour ceux d'expédition.	20 »	
A M^ses. de compte à 1/2 avec Besson, pour la 1/2 dudit.	2340 »	
A Profits et Pertes pour notre provision.	46 »	
		7066 »

Cette écriture peut être passée encore d'une autre manière.

Je puis ne débiter les *marchandises en compte* à 1/2 que de ma moitié, et Besson de la sienne, plus de la provision, et dans ce cas je ne créditerai pas ce même compte de *marchandises en compte* à 1/2 de la moitié de Besson ; alors le débit et le crédit ne monteront qu'à F. 4726, ce qui donnera toujours le même résultat et une écriture de moins au crédit de *marchandises en compte à 1/2*.

N°. 64. Bailly de Naples, tire pour mon compte, sur Frédéric de Livourne, 1250 piastres, et m'indique mon remboursement à 101 1/2.

Je débite Bailly de Naples, du produit du change, par le crédit de Frédéric de Livourne, pour la même somme.

N°. 65. Je vends à Lagarique, valeur comptant, 25 tonneaux de vin de Bourgogne, par F. 7500.

Lagarique ne me paie que moitié comptant, c'est-à-dire 3750 F. en espèces, et pour le surplus il me fournit deux effets, l'un de F. 2500, l'autre de 1250, à trois mois, ce qui fait 7500 F.

Mais comme il me règle en retard, il me bonifie pour l'intérêt de ses effets, de F. 56 25 c., qu'il me paie encore en argent.

Au même moment, je négocie à Empezat, en compte courant, et pour valeur comptant, l'effet de F. 2500, et comme cet effet a plusieurs mois à courir, je le bonifie et lui paie à l'instant, pour le retard, F. 37 50 c. en argent.

Cette opération en réunit plusieurs qui peuvent paraître extraordinaires ; mais il n'est ici question que d'une supposition d'après laquelle il faut rédiger une écriture au Journal, et l'on a déjà dû remarquer, d'après les exemples donnés précédemment, qu'on peut réunir plusieurs opérations dans un seul article où il y a plusieurs débiteurs et plusieurs créditeurs : il ne s'agit que de bien distinguer les comptes à employer.

D'abord, quant à la vente que j'ai faite, je remarque que Lagarique, acheteur, a fourni les valeurs de son achat et que je puis supprimer son compte ; dès-lors, *Caisse*, *Traites et remises*, sont les débiteurs à son lieu et place, et le compte de *Marchandises générales* est le créditeur.

En second lieu, j'ai négocié à Empezat un des effets que j'ai reçus de Lagarique.

Empezat, sous ce rapport, serait le débiteur, et le compte de *Traites et remises*, le créditeur.

Mais comme la remise que je fais à Empezat a lieu dans le même moment que je la reçois pour la vente faite à Lagarique, je puis me dispenser d'en débiter et créditer ensuite le compte de *Traites et remises*.

A l'égard de l'escompte, que je reçois et paie en espèces, il doit être passé, l'un au débit, l'autre au crédit de la *Caisse*, et par le crédit ou le débit du *compte d'agio*, puisque j'ai ouvert ce compte pour les différences résultant particulièrement des négociations d'effets.

Je porte en conséquence l'écriture au Journal ainsi :

DIVERS à DIVERS, F. 7593 75 c., pour ce qui suit :

EMPEZAT et Compagnie, pour un effet reçu de Lagarique.	2500	»	
TRAITES et REMISES pour un effet reçu dudit.	1250	»	
CAISSE reçu du même, retards compris.	3806	25	
COMPTE D'AGIO, retard payé à Empezat.	37	50	
	7593	75	
A MARCHANDISES GÉNÉRALES pour vente à Lagarique, etc.	7500	»	
A COMPTE D'AGIO, retard reçu dudit.	56	25	
A CAISSE, pour retard payé à Empezat.	37	50	7593 75

On peut encore abréger cette écriture sous plusieurs rapports. Par exemple, en ne créditant le compte d'agio que de la différence de l'escompte reçu à celui payé, c'est-à-dire de F. 18 75 c., et en ne portant rien au débit du même compte ; en débitant la caisse de F. 3778 75 c. seulement, et en ne la créditant point de F. 37 50 c. ; enfin, on peut encore créditer le compte de *marchandises* du principal et retard, sans rien porter au *compte d'agio* ; par ce moyen l'écriture se réduirait à trois débiteurs pour un seul créditeur.

Mais il faut observer en tout un juste milieu. Il est bon de préciser les écritures autant qu'il est possible ; mais non jusqu'au point de rendre les opérations inintelligibles, surtout lorsque le Journal est le seul livre régulier qui puisse les faire reconnaître, et qu'il n'est point suppléé suffisamment par la *Main courante*.

Je suis entré d'ailleurs dans cette explication sur l'article de *divers à divers* qui précède, pour fixer d'avance l'attention sur quelques autres articles du même genre qui vont suivre, et qui sont encore plus compliqués.

N°. 66. JOUVE m'envoie une partie de *sucres* en compte à 1/2, dont le total s'élève à F. 25315.

Je paie pour voiture à la réception, F. 185.

Il me donne avis qu'il a tiré, pour M/C, 6000 florins courans sur DENTU de Rotterdam, à 31 1/2, qu'il m'en donne crédit en retour sur Paris, à 57, ce qui produit F. 14297 35 c.

Il me donne encore avis qu'il a remis à BRULET d'Amsterdam, pour mon compte, 750 florins courans, dont il me débite en retour sur Paris, à 57, ce qui donne F. 1708 15 c.

Enfin, qu'il a payé pour M/C cinq actions sur le corsaire l'*Alerte*, par la somme de F. 10,000

Pour le premier objet, j'ouvre un compte à *Sucres en compte à 1/2 avec Jouve*, ce compte doit être débité de ma moitié par le crédit de JOUVE.

Pour les frais de voiture, la *Caisse* doit être créditée par le débit de JOUVE pour sa moitié, et par le débit de *Sucres*, etc., pour la mienne.

Pour la traite sur DENTU, ce dernier doit être crédité (puisqu'il paie pour moi) par le débit de JOUVE.

Pour la remise à BRULET, comme pour les actions sur le *corsaire*, JOUVE doit être crédité par le débit de Brulet et par celui du *Corsaire* auquel j'ouvre un compte.

Enfin il faut distinguer, dans ces opérations, celles qui me sont personnelles avec mon correspondant, de celles qui lui sont particulières avec moi, pour en faire deux comptes distincts.

JOUVE, S/C, n'a que la moitié des frais de voiture à son débit.

JOUVE, N/C, doit sa traite sur Dentu.

Les *Sucres en compte* à 1/2, doivent la 1/2 à la facture de *Jouve*, et la 1/2 aux frais de voiture.

BRULET d'Amsterdam, doit la remise à lui faite par *Jouve*.

Le *corsaire l'Alerte*, doit les cinq actions payées par *Jouve*.

Tels sont les débiteurs. — Les créditeurs sont par contre.

JOUVE, N/C pour ma 1/2 aux *Sucres*, pour sa remise à *Brulet*, et pour les cinq actions au *corsaire*.

DENTU, de Rotterdam, N/C pour la traite de *Jouve* sur lui.

Caisse pour la voiture payée.

Voyez l'écriture n°. 66 au Journal.

N°. 67. EMPEZAT me négocie quatre effets montant à F. 12000.

Je remets ces quatre effets à Delaunay, qui me les escompte sous la retenue de F. 167 50 c.

Je remets à EMPEZAT et Ce. mes trois billets à leur ordre, montant à F. 12000, et je leur paie comptant pour agio ou intérêts, F. 280.

J'échange avec EMPEZAT et Ce. 20 tonneaux de vin, à F. 300, contre 1500 kilogrammes laine, à F. 4, ce qui produit, en échange parfait, F. 6000 de part et d'autre.

Je vends ces 1500 kilogrammes de laine à CRÉQUI et Ce., à F. 4 40 c., ce qui produit F. 6600.

CRÉQUI et Ce. me paient cette vente partie comptant, partie en effets; ils me donnent :

F. 1650 » en argent;
3374 25 en un billet dans lequel ils ont compris pour retards, F. 74 25, et enfin,
1650 » en un bon sur Michel frères; en total, F. 6674 25.

Je remets à Michel frères, le bon de F. 1650.

Si je prends isolément chaque action, je dirai :

Pour la 1re. *Traites et remises* à EMPEZAT et Compagnie, F. 12000.

Pour la 2e. DELAUNAY à *Traites et remises* F. 12000.

Pour la 3e. *Caisse* F. 11832 50 c., et *Compte d'agio* F. 1650 à DELAUNAY, F. 12000.

Pour la 4e. EMPEZAT et compagnie à lettres et billets à payer, F. 12000.

Pour la 5e. *Marchandises générales* à EMPEZAT et compagnie, F. 6000.

Pour la 6e. EMPEZAT et Compagnie à *Marchandises générales*, F. 6000.

Pour la 7e. CRÉQUI et Ce. à *Marchandises générales* F. 6600; à *compte d'agio*, 74 25.

Pour la 8e. *Caisse* F. 1650, et *Traites et remises* F. 5024 25, à CRÉQUI et Ce., F. 6674 25.

Pour la 9e. MICHEL frères, à *Traites et remises*, F. 1650.

J'augmenterai encore ces écritures par les retards ou agios en les passant dans les comptes particuliers, mais il est superflu d'en parler ici.

Voulant résumer, par un article de *divers* à *divers*, toutes les opérations à leur plus simple expression, je remarque qu'EMPEZAT est débité et crédité de sommes égales, que *Traites et remises*

Delaunay sont dans le même cas pour la négociation de F. 12000, qu'il en est de même avec le compte de *marchandises*, pour l'échange fait avec EMPEZAT; enfin que CRÉQUI et Ce. ont soldé leur achat, et je ne passe aucun de ces objets à leurs comptes respectifs.

Je remarque enfin, que des deux effets reçus de CRÉQUI *et* Ce., un seul reste en portefeuille et l'autre est négocié à *Michel frères*, qu'il devient par conséquent inutile de porter ce dernier au compte de *Traites et remises*.

Il reste donc pour débiteurs :

1o. LA CAISSE d'une part pour.	11832 50	13482 50	18954 25
d'autre part pour.	1600 »		
2o. COMPTE D'AGIO. Escompte à *Delaunay*.	167 50	447 50	
Idem à *Empezat* et Ce. . . .	280 »		
3o. TRAITES et REMISES pour un effet.		3374 25	
4o. MICHEL frères, pour un effet.		1650 »	

Et pour créditeurs il reste :

1o. LETTRES et BILLETS à payer.	12000 »	18954 25
2o. CAISSE pour paiement à *Empezat*	280 »	
3o. MARCHANDISES GÉNÉRALES, pour vente à *Créqui*.	6600 »	
4o. COMPTE D'AGIO, pour retard par *Créqui*.	74 25	

Ce seul article, susceptible d'être encore plus résumé, prouve que si les parties doubles exigent un raisonnement, elles peuvent être beaucoup plus brèves que les parties simples, comporter moins de détails, plus de clarté et de certitude; au reste, il faut aussi que chaque article contienne des détails suffisans pour reconnaître les opérations telles qu'elles ont eu lieu. (Voyez le *Journal* no. 67.)

No. 71. Je prends de *Dalesme*, au comptant, 3877 flor. 10 s. cours. sur Amsterdam, en compte à 1/2 avec *Créqui et* Ce., au change de 57, ce qui produit F. 7110 50.

Je négocie la traite sur Amsterdam, de 3877 flor. 10 s. cours. à Lefort, au change de 56, ce qui produit F. 7237 50.

Il résulte de ces deux négociations, F. 127 de bénéfice à partager avec *Créqui et* Ce.

Je reçois de *Lefort* en paiement : 1o. 1300 M/Bo. à 190 qui produisent F. 2439 55.

2o. Un Mandat sur *Breda et Fils*, de F. 1000 ».

3o. UN Billet à mon ordre, au 20 octobre, F. 2197 95.

4o. Et enfin *en argent*, F. 1600 ».

J'achète à *Chévigny frères*, de compte à 1/2 avec *Créqui et* Compagnie, 2000 kil. laine à F. 3, produisant F. 6000 ».

Je vends ces 2000 kil. de laine au comptant à *Dumont* pour la somme de F. 6965 ».

Il en résulte un bénéfice de F. 965 à partager avec *Créqui et* Ce.

De ces diverses opérations résultent plusieurs actions; si je les prends isolément pour en passer écritures, il en résultera celles suivantes; savoir :

				F. C.
La 1re.	Compte de Banque à *Dalesme*			7100 50
— 2e.	Dalesme a *Caisse*			7110 50
— 3e.	Créqui et Compagnie à *Compte de Banque*			3555 25
— 4e.	Lefort à *Compte de Banque*			7237 50
— 5e.	Compte de Banque	2439 55	à Lefort	7237 50
	Traites et Remises	1000 »		
	Traites et Remises	2297 95		
	Caisse	1600 »		
— 6e.	Breda et Fils à *Traites et remises*			1000 »
— 7e.	Compte de Banque à *Créqui et Ce.*			3618 75
— 8e.	Marchandises générales à *Chevigny* frères			6000 »
— 9e.	Dumont à *Marchandises générales*			6965 »
— 10e.	Caisse à *Dumont*			6965 »
— 11e.	Créqui et Compagnie à *Marchandises générales*			3000 »
— 12e.	Marchandises générales à *Créqui et Ce.*			3482 50

Mais, ainsi que je l'ai observé no. 67, on peut éliminer tous les comptes qui sont *débiteurs* et *créditeurs* tout à la fois des mêmes sommes, et passer l'écriture comme au Journal (No. 71.)

Cette écriture peut être encore simplifiée davantage : je puis, par exemple, ne débiter ni créditer le *Compte de banque* de la négociation des 3877 flor. 10 s. cours.; ne point débiter *Créqui* de la 1/2 à l'achat et ne le créditer que de la 1/2 au bénéfice, en créditant le *Compte d'agio* de ma 1/2 au même bénéfice.

Les explications qui précèdent suffisent pour faire juger du résultat de l'opération, ainsi réduite à sa plus simple expression.

No. 93. J'achète un navire; j'ouvre un compte particulier à ce navire, sous le nom qu'il porte. Je paie le prix en argent et en traites sur divers; je débite le navire, pour la totalité du prix, par le crédit de *Caisse*, pour la partie payée comptant; et par celui des correspondans sur lesquels je tire, pour le surplus.

No. 94. Je veux expédier ce navire pour les îles; je le charge en totalité ou en partie pour mon compte; mais voulant connaître en particulier les résultats du chargement, j'ouvre un compte à la cargaison du navire; je débite ce compte des marchandises chargées, par le crédit des fournisseurs, ou par les comptes relatifs aux paiemens que j'ai faits à ces fournisseurs, ou enfin par *Marchandises générales*, si les marchandises sont sorties de mes magasins.

No. 96. Les frais d'armement, les produits du fret étant distincts de la cargaison, je puis porter ces frais et produits au compte du navire; mais si je veux encore ouvrir un compte particulier pour ce qui concerne ces objets en général, je puis le faire, même pour chaque voyage; et dans ce cas je porte à ce compte l'évaluation du fret des marchandises chargées pour mon propre compte, dont je débite la cargaison.

D'après tous les détails que j'ai donnés précédemment, des explications plus étendues sur les articles 93, 94 et 95, et même jusqu'au no. 103 *de la Main courante*, deviendraient superflues; le Journal y supplée à suffire.

Je ne ferai ici qu'une courte observation sur les articles du Journal, qui suivent celui n°. 103, et sont intitulés *Articles de balance.*

Ces divers articles ne tiennent point aux opérations en elles-mêmes, mais ils sont le résultat de la méthode des parties doubles et des comptes généraux et particuliers, ouverts au Grand Livre, soldés ou résumés les uns par les autres, et enfin par *Profits et pertes* et *Capital.*

Mais pour bien comprendre cette dernière partie qui complète la théorie, il est nécessaire d'avoir le modèle du Journal et du Grand Livre sous les yeux, ainsi que de connaître les règles du report au Grand Livre. Je renvoie en conséquence les explications relatives à la *balance* des écritures, après le modèle même du Grand Livre; on pourra ensuite revenir sur les *articles de balance* du Journal, et sur la manière de solder les comptes employée au Grand Livre même.

SUIT

LE MODÈLE DU JOURNAL A PARTIES DOUBLES.

JOURNAL N°. 1,

COMMENCÉ LE 1er. JANVIER 1807, FINI LE 20 OCTOBRE.

Du 1er. Janvier 1807.

DIVERS doivent à CAPITAL, F. 248000, *pour le montant de notre actif;*

SAVOIR :

Fo	Article			F. C.
1.	CAISSE pour autant versé en espèces, ci.		120000 »	
3.	TRAITES et REMISES, F. 5112 55, pour les effets suivans :			
	N°s. 1. Effet de Duchâteau, ordre Gautier, du 24 décembre dernier, payable 4 février prochain, ci.	2112 55		
	2. Dito de Lagarique, à notre ordre, du 28 décembre, payable 9 février, ci. . .	3000 »	5112 55	
4.	MARCHANDISES GÉNÉRALES, F. 60738.			
	N°s. 1 à 12. 12 Boucauds sucre brut, pesant net 8558 kilog. 5 h., à F. 120 le °/o, ci.	10270 20		
	1 à 16. 16 Dito sucre blanc, pesant net 11318 kil., à F. 210 le °/o, ci. .	23767 80		
	1 à 89. 89 Tonneaux vin de Bourgogne, à F. 300, ci.	26700 »	60738 »	248000 »
5.	IMMEUBLES pour une maison, sise rue Verte, estimée, ci. . .		42000 »	
	DÉBITEURS PAR COMPTE COURANT.			
5.	LAGARIQUE, de cette ville, ci.	10000 »		
6.	CRÉQUI et compagnie, ci.	5600 »		
7.	CHEVIGNY frères, ci.	4549 45	20149 45	
1.				

Dudit.

1\. *CAPITAL doit à DIVERS, F.* 60000, *pour le montant de notre passif;*

SAVOIR :

Fo	Article			F. C.
8.	A LETTRES et BILLETS A PAYER, F. 13000, pour les suivans, ordres divers :			
	Notre billet ordre Fortin, du 15 décembre dernier, payable 2 mars prochain, ci.	8000 »		
	Notre dito ordre Lecomte, du 18 décembre, payable 5 dito, ci.	5000 »	13000 »	
	CRÉDITEURS PAR COMPTE COURANT.			60000 »
8.	A JULIEN de Nantes, ci.	4000 »		
9.	A BREDA et fils de cette ville, ci.	3000 »		
9.	A ZACARY de Toulouse, ci.	10000 »		
10.	A EMPEZAT et compagnie de cette ville, ci. . .	30000 »	47000 »	

F°. 2.

Folios	Articles	Détail	F.	C.
	Du 2 Janvier 1807.			
4. / 1.	(N°. 1.) MARCHANDISES GÉNÉRALES doivent à CAISSE, F. 3468 ; pour achat au comptant, de Lagarique, de cette ville, 867 kil. coton à F. 400 °/ₒ, ci.		3468	»
	Du 6 dito.			
1. / 4.	(N°. 2.) CAISSE doit à MARCHANDISES GÉNÉRALES, F. 3641 40 ; pour vente au comptant, à Breda et fils de 867 kilog. coton à F. 420 °/ₒ, ci.		3641	40
	Du 12 dito.			
4.	(N°. 3.) MARCHANDISES GÉNÉRALES à DIVERS, F. 6375 60 ; acheté à Chevigny frères, 2772 kilog. café Martinique, à F. 2 30 le kilog., payé comme suit ; savoir :			
1.	A CAISSE, pour la 1/2 comptant, ci.	3187 80		
8.	A LETTRES et BILLETS A PAYER, pour notre effet, à leur ordre au 12 mars, ci.	3187 80	6375	60
	Du 15 dito.			
	(N°. 4.) DIVERS à MARCHANDISES GÉNÉRALES, F. 6098 40 ; vendu à Breda et fils, 2772 kilog. café Martinique, à F. 2 20, reçu comme suit ; savoir :			
1.	CAISSE, pour la 1/2 comptant, ci.	3049 20		
3. / 4.	TRAITES et REMISES pour dito, en leur effet n°. 3, à notre ordre au 15 Février, ci.	3049 20	6098	40
	Du 17 dito.			
8. / 1.	(N°. 5.) JULIEN, de Nantes, à CAISSE, F. 132 90 ; pour frais de voiture de 12 balles toile Courtray, pour vendre à son compte, ci..		132	90
	Du 21 dito.			
1. / 10.	(N°. 6.) CAISSE à MARCHANDISES EN COMMISSION, F. 4125, pour vente au comptant à Chevigny frères, pour compte de Julien, de Nantes, de 6 balles toile Courtray, contenant 1500 aunes, à F. 2 75, ci.		4125	»
	Du 25 dito.			
3. / 10.	(N°. 7.) TRAITES et REMISES à MARCHANDISES EN COMMISSION, F. 3920 ; vendu à Lagarique, pour compte de Julien de Nantes, 6 balles toile Courtray, contenant 1400 aunes, à F. 280, payables en son effet n°. 4, au 25 février, ci.		3920	»
	Du 29 dito.			
9.	(N°. 8.) BREDA et fils à DIVERS, F. 45045 ; acheté au comptant, pour leur compte, à Empezat et compagnie, F. 50000 en rescriptions de domaines nationaux, à F. 90 p. °/ₒ ; savoir :			
1.	A CAISSE, payé à Empezat pour valeur desdites.	45000 »		
11.	A PROFITS et PERTES, pour 1/10 c. pour franc de notre commission, ci.	45 »	45045	»

F°. 3.

Fol.	Articles	Détail	F.	c.
	Du 30 Janvier 1807.			
	(N°. 9.) DIVERS à CAISSE, F. 30507 50, pour remboursement comme suit :			
10.	EMPEZAT et Compagnie, pour remboursement à eux fait. . . .	30000 »		
12.	COMPTE D'AGIO, pour intérêt de 58 jours, à 7/8 p. °/₀, ci.	507 50		
1.			30507	50
	Du 30 dito.			
10.	(N°. 10.) MARCHANDISES EN COMMISSION à DIVERS, F. 8045 ; savoir :			
8.	A JULIEN, de Nantes, pour net produit de 12 balles toile Courtray, vendues pour son compte, ci.	7869 10		
12.	A FRAIS GÉNÉRAUX, pour magasinage et autres, ci.	15 »		
11.	A PROFITS et PERTES, pour commission, à 2 p. °/₀, ci.	160 90	8045	»
	Dudit.			
12.	(N°. 11.) FRAIS GÉNÉRAUX à CAISSE, F. 666 60, pour frais divers jusqu'à			
1.	ce jour, ci.		666	60
	Du 1er. Février.			
	(N°. 12.) DIVERS à EMPEZAT et Ce., F. 9200 ; acheté desdits, 4000 kil. laine, à F. 2 30, payable 10 courant, de compte à 1/4 avec les suivans ; savoir :			
5.	LAGARIQUE, pour son 1/4, à dito, ci.	2300 »		
6.	CRÉQUI et Compagnie, pour dito, ci.	2300 »		
7.	CHEVIGNY frères, pour dito.	2300 »		
4.	MARCHANDISES GÉNÉRALES pour notre 1/4, ci.	2300 »		
10.			9200	»
	Du 4 dito.			
1.	(N°. 13.) CAISSE à TRAITES et REMISES, F. 2112 55, reçu le montant de			
3.	l'effet n°. 1, sur Duchâteau, ci.		2112	55
	Du 9 dito.			
6.	(N°. 14.) COMPTE de Banque à CAISSE, F. 14221 05, pris au comptant de			
1.	Mercier, 6755 florins courans, à 57, en traite sur Brulet d'Amsterdam, à 30 jours, produit.		14221	05
	Dudit.			
1.	(N°. 15.) CAISSE à TRAITES et REMISES, F. 3000, reçu la valeur de l'effet			
3.	n°. 2, sur Lagarique, ci.		3000	»
	Du 10 dito.			
10.	(N°. 16.) EMPEZAT et compagnie à DIVERS, F. 9200, payé auxdits pour solde d'achat de 4000 kilog. laine, de compte à 1/4 avec les suivans ; savoir :			
1.	A CAISSE, pour notre 1/4 à dito, ci.	2300 »		
5.	A LAGARIQUE, pour son 1/4 à dito, par lui compté, ci.	2300 »		
6.	A CRÉQUI et Compagnie pour dito, ci.	2300 »		
7.	A CHEVIGNY frères pour dito, ci.	2300 »		
			9200	»

F°. 4.

Folios	Articles	Détail	F.	C.
	Du 14 Février 1807.			
1. / 6.	(N°. 17.) CAISSE à COMPTE DE BANQUE, F. 14475, négocié au comptant à Gautier, 6755, florins courans à 56, en traite sur Brulet d'Amsterdam, produit, ci.		14475	»
	Du 15 dito.			
1.	(N°. 18.) CAISSE à DIVERS, F. 12000, pour vente au comptant à Desbrières, de 4000 kilog. laine, à F. 3, de compte à 1/4 avec les suivans; savoir :			
5.	A LAGARIQUE, pour son 1/4 à dito, ci.	3000 »		
6.	A CRÉQUI et compagnie, pour dito.	3000 »		
7.	A CHEVIGNY frères, pour dito, ci.	3000 »		
4.	A MARCHANDISES générales, pour notre 1/4, ci.	3000 »		
			12000	»
	Dudit.			
1. / 3.	(N°. 19.) CAISSE à TRAITES et REMISES, F. 3049 20; reçu la valeur de l'effet n°. 3, sur Breda et fils, ci.		3049	20
	Du 25 dito.			
3.	(N°. 20.) TRAITES et REMISES à DIVERS, F. 10000, escompté au comptant à Lemaître, F. 10000 à 1 p. °/₀ traite de Chevigny frères, à 90 jours, sur Seguers, de Nantes; savoir :			
1.	A CAISSE, pour autant compté, ci.	9700 »		
12.	A COMPTE D'AGIO, pour escompte retenu de 90 jours, ci.	300 »		
			10000	»
	Dudit.			
1. / 3.	(N°. 21.) CAISSE à TRAITES et REMISES, F. 3920; reçu pour montant de l'effet n°. 4, sur Lagarique, ci.		3920	»
	Du 2 Mars.			
1.	(N°. 22.) CAISSE à DIVERS, F. 10149 45; savoir :			
6.	A CRÉQUI et compagnie, pour autant reçu de Julien, de cette ville, pour leur compte, ci.	5600 »		
7.	A CHEVIGNY frères, pour dito, dito, dito, ci.	4549 45		
			10149	45
	Dudit.			
8. / 1.	(N°. 23.) LETTRES et BILLETS à payer à CAISSE, F. 8000; pour acquit de notre billet ordre Fortin, ci.		8000	»
	Du 5 dito.			
	(N°. 24.) DIVERS à CAISSE, F. 18947 30; savoir :			
7.	BRULET, d'Amsterdam, N/C remis audit, 6000 florins courans, pris au comptant de Leroi, à 57, en sa traite sur Dentu, de Rotterdam, à 60 jours, produit, ci.	12631 55		
13. / 1.	LE MÊME, S/C, pour remise de 3000 florins courans, pris au comptant de Legrand, à 57 en sa traite sur Hope, d'Amsterdam, à 60 jours, ci.	6315 75		
			18947	30

F°. 5.

Du 5 Mars 1807.

			F.	C.
8. / 1.	(N°. 25.) Lettres et Billets a payer à Caisse, F. 5000, pour acquit de notre billet, ordre Lecomte, ci.		5000	»

Du 12 dito.

			F.	C.
	(N°. 26.) Divers à Zacary de Toulouse, F. 8050, pour négociation à Ducoudray de sa traite reçue ce jour, sur Laferrière de cette ville, payable fin Mai, à 2 p. °/₀ ; savoir :			
1.	Caisse, pour net produit, ci.	7889 »		
12.	Compte d'Agio, pour escompte à dito, ci.	161 »		
9.			8050	»

Dudit.

			F.	C.
8. / 1.	(N°. 27.) Lettres et Billets a payer à Caisse, F. 3187 80, pour acquit de notre billet, ordre Chevigny frères, ci.		3187	80

Du 15 dito.

			F.	C.
1. / 4.	(N°. 28.) Caisse à Marchandises générales, F. 10698, pour vente au comptant à Chevigny frères, de 12 boucauds sucre brut n°. 1, pesant net 8558 kilog. 5 h., à F. 125 °/₀, ci.		10698	»

Dudit.

			F.	C.
13. / 13.	(N°. 29.) Jouve d'Hambourg N/C, à Dentu de Rotterdam N/C, F. 14297 35 ; sa traite sur ce dernier, pour notre compte, de 6000 florins courans, au change de 31 1/2, valeur de 7619 marcs banco à nous indiquée en retour sur Paris, à 190, produit 14476 liv. 2 s. t^s. et en francs, ci.		14297	35

Du 17 dito.

			F.	C.
	(N°. 30.) Divers à Marchandises générales, F. 24163 90, vendu à Créqui et compagnie, 16 boucauds sucre blanc n°. 2, pesant net 11318 kilog., à F. 213 50 le °/₀, reçu comme suit ; savoir :			
1.	Caisse, pour la 1/2 comptant.	12081 95		
3.	Traites et Remises pour dito, en leur effet sur Gautier, à 60 jours de date, ci.	12081 95		
4.			24163	90

Du 19 dito.

			F.	C.
	(N°. 31.) Divers à Caisse, F. 9000 ; savoir :			
5.	Lagarique, à lui payé pour sa portion à la vente de 4000 kilog. laine, ci.	3000 »		
6.	Créqui et compagnie, pour dito, ci.	3000 »		
7.	Chevigny frères, pour dito, ci.	3000 »		
1.			9000	»

F°. 6.

Du 22 Mars 1807.

F. C.

14. / (N°. 32.) Sivrac de Cadix à Divers, F. 10000; expédié pour son compte, par l'entremise de Roux, notre commissionnaire, de Bordeaux, 4 balles toile de Flandres; savoir :

5. A Lagarique, pour achat des toiles ci-dessus, formant 4000 aunes, à F. 2 45, payables fin courant, ci. . . . . 9800 »

11. A Profits et Pertes, pour magasinage et commission, ci. . . . 200 »

10000 »

Du 29 dito.

14. / 4. (N°. 33.) Seguers de Nantes N/C, à Marchandises générales, F. 9000, pour échange avec Breda et fils, de 30 pièces vin de Bourgogne n°. 3, contre 3913 kilog. café Martinique, en commission chez ledit, ci. . . . . 9000 »

Du 1er. Avril.

4. (N°. 34.) Marchandises générales à Divers, F. 12100, acheté de Chevigny frères, 605 kilog. indigo, à F. 20, payé comme suit; savoir :

1. A Caisse, pour 1/2 comptant, ci. . . . . 6050 »

8. A Lettres et Billets a payer pour dito, en notre billet à leur ordre au 10 Mai, ci.. . . . . 6050 »

12100 »

Dudit.

5. / 1. (N°. 35.) Lagarique à Caisse, F. 9800, payé audit pour solde de 4 balles toile de Flandres, du 22 du passé, ci. . . . . 9800 »

Du 5 dito.

8. (N°. 36.) Julien de Nantes à Divers, F. 2395; expédié audit pour son compte, 12 pièces eau-de-vie, veltant 315 1/2; savoir :

1. A Caisse, pour achat desdites à Lamy, à F. 200 les 27 veltes, ci. 2337 »

11. A Profits et Pertes, pour magasinage, frais et commission, ci. 58 »

2395 »

Du 9 dito.

(N°. 37.) Divers à Marchandises générales, F. 11797 50; pour vente à Créqui et compagnie, de 605 kil. indigo, à F. 19 50, reçu comme suit :

1. Caisse, pour 1/2 comptant, ci. 5898 75

3. Traites et Remises pour 1/2 payable en leur effet fin du courant, ci.. . . . . 5898 75

4.

11797 50

Du 14 dito.

1. (N°. 38.) Caisse à Divers, F. 48 35; bénéfice sur 9810 marcs banco, traite sur Jouve d'Hambourg, à 30 jours, achetée d'Empezat et compagnie à 190, de compte à 1/2 avec Créqui et compagnie, et négociée à Gautier à 190 1/2; le tout comptant.

6. A Créqui et compagnie, pour leur 1/2, ci. 24 17

12. A Compte d'Agio, pour notre 1/2 à dito, ci. 24 18

48 35

F°. 7.

Du 19 Avril 1807.

F. C.

(N°. 39.) DIVERS à CAISSE, F. 10000, pour achat payé comptant à Hupais et compagnie, de 500 kilog. indigo, à F. 20, de compte à 1/3 avec les suivans; savoir:

4. MARCHANDISES GÉNÉRALES pour notre 1/3, ci. 3333 34
6. CRÉQUI et compagnie pour leur 1/3 à dito, ci. 3333 33
7. CHEVIGNY frères, pour dito, dito, ci. 3333 33
1. 10000 »

Du 30 dito.

1. (N°. 40.) CAISSE à TRAITES et REMISES, F. 5898 75, pour encaissement de
3. l'effet n°. 7, sur Créqui et compagnie, ci. 5898 75

Dudit.

8. (N°. 41.) JULIEN de Nantes, à SEGUERS de la même ville N/C, F. 9916,
14. pour notre traite à vue sur lui, ordre dudit Julien, pour solde de 3913 kilog. café Martinique, vendu pour notre compte, ci. . . . . 9916 »

Dudit.

14. (N°. 42.) SIVRAC de Cadix, à ROUX de Bordeaux, F. 597 60, pour frais
15. d'expédition de 4 balles toile de Flandres, P/C du débiteur, ci. 92 60
Pour assurance par ledit, à F. 8000, à 5 p. °/₀ sur ladite expédition, compris frais de police et commission, ci. . . . . . 505 »
597 60

Du 1er. Mai.

1. (N°. 43.) CAISSE à DIVERS, F. 12000, pour vente au comptant à Legrand, de 500 kilog. indigo, à F. 24, de compte à 1/3, avec les suivans; savoir:

4. A MARCHANDISES GÉNÉRALES pour notre 1/3 à dito, ci. . . . . 4000 »
6. A CRÉQUI et compagnie, pour dito, dito, dito, ci. . . . . . . 4000 »
7. A CHEVIGNY frères, pour dito, dito, dito, ci. . . . . . . 4000 »
12000 »

Du 2 dito.

6. (N°. 44.) CRÉQUI et compagnie à JOUVE N/C, F. 14297 35, pour notre
13. traite à vue sur lui, ordre Créqui et compagnie, de 7619 marcs banco à 190, produit 14476 liv. 2 s. tournois, et en francs, ci. 14297 35

Dudit.

(N°. 45.) DIVERS à TRAITES et REMISES, F. 10000, négocié à 1/2 p. °/₀ à Julien de Nantes, en cette ville ce jour, notre remise n°. 5, sur Seguers de la même ville, payable 25 courant; savoir:

1. CAISSE, pour net produit, ci. . . . . 9950 »
12. COMPTE D'AGIO, pour escompte à dito, ci. . . . . 50 »
3. 10000 »

F°. 8.

Du 9 Mai 1807.

7. / (N°. 46.) CHEVIGNY frères à DIVERS, F. 11200 17, remis auxdits pour leur compte, 765 pistoles, à 14 l. 15 s., en traite sur Sivrac, de Cadix; savoir :

10. A EMPEZAT et compagnie, pour la traite ci-dessus, à 30 jours, produit 11283 liv. 15 s. t^s., ci en francs 11144 45

12. A COMPTE D'AGIO, pour 1/2 pour °/₀ de commission, ci. . . . 55 72

11200 17

Du 10 dito.

8. / 1. (N°. 47.) LETTRES et BILLETS A PAYER à CAISSE, F. 6050, pour acquit de notre billet ordre Chevigny frères, ci. . . . . 6050 »

Du 17 dito.

1. / (N°. 48.) CAISSE à DIVERS, F. 7282 80, pour vente au comptant à Créqui et comp., de 1734 kil. coton, à F. 420 °/₀, acheté de Lagarique à 400 °/₀.

5. A LAGARIQUE, pour achat desdits, payable fin courant, ci. . . 6936 »

11. A PROFITS et PERTES, pour bénéfice à la vente ci-dessus, ci. . 346 80

7282 80

Dudit.

1. / 3. (N°. 49.) CAISSE à TRAITES et REMISES, F. 12081 95, pour encaissement de l'effet n°. 6, sur Créqui et compagnie, ci. 12081 95

Du 19 dito.

9. / (N°. 50.) BREDA et Fils à DIVERS, F. 9489 15, pris au comptant de Vomelle et pour leur compte, 400 livres sterlings, à 23 liv. 18 s., en traite sur Griez, de Londres, à 60 jours, montant à 9560 liv. t^s. et en F. 9441 95.

2. A CAISSE, pour la traite ci-dessus, payé à Vomelle, ci. . . . 9441 95

11. A PROFITS et PERTES, pour 1/2 °/₀ de commission, ci. 47 20

9489 15

Du 22 dito.

(N°. 51.) DIVERS à DIVERS, F. 23903 70, pour achat et envoi de Bailly frères, de Naples, en compte à demi avec nous de 12 balles trame de soie n°. 1 à 12, par l'entremise de Boudet, de Marseille.

15. SOIES de compte à 1/2 avec Bailly, F. 23097 60, pour 5340 ducats 50 gr. notre 1/2 à l'achat, au change de 86 1/2. . . 23097 60

Pour frais à Marseille, ci. . . . . 262 40 }
Pour débours à la réception . . . . 275 » } 537 40

16. BAILLY frères de Naples L|C, F. 268 70, pour leur 1/2 aux frais de Marseille et à l'arrivée, ci. 268 70

23903 70

16. A BAILLY frères N/C, F. 23097 60, pour notre 1/2 à l'achat, ci. 23097 60

16. A BOUDET, de Marseille, pour les débours aux soies, à Marseille, ci. . . . . 262 40 }
2. A CAISSE, pour débours à la réception, ci. . . . 275 » } 537 40

15. A SOIES de compte à 1/2, pour la demi de Bailly, aux frais ci-dessus. 268 70

23903 70

F°. 9.

Du 29 Mai 1807.

		F. c.	F. c.
6.	(N°. 52.) Créqui et compagnie à Divers, F. 22685 62, à eux négocié 4905 p^tres. H. banco, pris de Chévigny frères, à 92, de compte à 1/2 avec Empezat, en traite sur Berranger de Gênes, à deux usances.		
7.	A Chevigny frères, pour produit de la traite à 92.	22563 »	
10.	A Empezat et compagnie, pour leur 1/2 au bénéfice à la négociation de la traite ci-dessus	61 31	
12.	A Compte d'Agio, pour notre 1/2 à dito, ci.	61 31	
			22685 62

Du 1er. Juin.

3.	(N°. 53.) Traites et Remises à Divers, F. 3500, reçu de Créqui et compagnie leur effet fin courant, pour vente à eux faite de 1400 aunes toile Courtray, à F. 2 25, de compte à 1/3 avec Breda et Chevigny frères, et achetées de Legrand, au comptant, à F. 2.		
2.	A Caisse, payé au comptant à Legrand, les toiles ci-dessus, à F. 2,	2800 »	
9.	A Breda pour 1/3 bénéfice à la vente desdites, ci.	233 33	
7.	A Chevigny frères, pour leur 1/3 à dito, ci.	233 33	
11.	A Profits et Pertes, pour notre 1/3 à dito, ci.	233 34	
			3500 »

Du 6 dito.

9.	(N°. 54.) Breda et Fils à Divers, F. 21193 50, pour vente au comptant de 4 balles trame soies, n°s. 1 à 4, de compte à 1/2 avec Bailly frères, de Naples.		
15.	A Soies de compte à 1/2, pour notre 1/2 à la vente ci-dessus, ci.	10596 75	
16.	A Bailly frères L/C, pour leur 1/2 à dito, ci.	10596 75	
			21193 50

Du 9 dito.

4. / 2.	(N°. 55.) Marchandises générales à Caisse, F. 3960, acheté à deux usances de Créqui et compagnie, 2000 aunes toile de Flandres, à F. 2, valeur payée comptant, sous escompte de 1/2 p. °/₀ par usance, produit net, ci. .		3960 »

Du 14 dito.

	(N°. 56.) Divers à Lettres et Billets à payer, F. 10000, escompté par Lagarique notre effet à son ordre, de F. 10000, à 90 jours, à 1 p. °/₀ pour 30 jours, contre sa traite sur Zacary, de Toulouse, de F. 9700, à même échéance, négociée au comptant à Leroi, à 1 1/4 p. °/₀ par mois.		
2.	Caisse, pour net produit de ladite négociation, ci.	9304 10	
12.	Compte d'Agio, pour escompte retenu par Lagarique sur notre effet, ci. . . . . 300 »	695 90	
8.	Pour escompte à la négociation de la traite ci-dessus de Lagarique, ci. 395 90		
			10000 »

Du 16 dito.

2.	(N°. 57.) Caisse à Divers, F. 17512 85, pour vente au comptant à Chevigny frères, de 4 balles trame soies, n°s. 5 à 8, de compte à 1/2 avec Bailly frères, de Naples.		
15.	A Soies, de compte à 1/2 pour notre 1/2 à la vente ci-dessus, ci.	8756 43	
16.	A Bailly frères L/C, pour leur 1/2 dito, ci.	8756 42	
			17512 85

F°. 10.

			F.	C.
	Du 19 Juin 1807.			
2. / 14.	(N°. 58.) Caisse à Sivrac de Cadix, F. 3920, pour sa remise sur Paris, F. 4000, négociée de son ordre et pour son compte à 2 p. °/₀ net, ci.		3920	»
	Du 22 dito.			
16. / 2.	(N°. 59.) Bailly frères de Naples N/C, à Caisse, F. 15037 50 pour nos remises de ce jour, de 3000 p^tres., sur Frédéric, de Livourne, en deux traites de Hoppe d'Amsterdam, prises au comptant de Leroi à 100 1/4, produit, ci.		15037	50
	Du 26 dito.			
3.	(N°. 60.) Traites et Remises à Divers, F. 20401, reçu de Créqui et compagnie leur remise à notre ordre sur Boudet de Marseille, au 30 septembre, pour vente de 4 ballots trame soies, n°s. 9 à 12, de compte à 1/2 avec Bailly frères, de Naples.			
15.	A Soies de compte à 1/2, pour notre 1/2 à la vente ci-dessus, ci.	10200 50		
16.	A Bailly frères L/C, pour leur 1/2 à dito, ci.	10200 50	20401	»
	Du 28 dito.			
	(N°. 61.) Divers à Sivrac de Cadix, F. 6677 60, pour notre traite à vue sur ledit, de 453 p^les. 23 r^aux. 8 m^dis., à 14 liv. 18 sols, négociée au comptant à Gautier, à 1/2 p. °/₀.			
2.	Caisse, pour net produit reçu de Gautier.	6644 20		
12.	Compte d'Agio, pour perte à la négociation, ci.	33 40		
14.			6677	60
	Du 30 dito.			
2. / 3.	(N°. 62.) Caisse à Traites et Remises, F. 3500, pour encaissement de l'effet n°. 8, sur Créqui et compagnie, ci.		3500	»
	Du 1er. Juillet.			
8.	(N°. 63.) Divers à Divers, F. 7066, acheté et payé comptant à Lefebvre 224 aunes velours de Gênes, à F. 20, et expédié ce jour à Besson de Lisbonne, de compte à demi avec lui, montant avec frais et droits et sous notre provision d'achat, comme suit :			
17.	Marchandises en compte à 1/2 avec Besson de Lisbonne, pour montant à la facture d'achat, frais et droits, ci.	4680 »		
17.	Besson de Lisbonne, pour sa 1/2 à la facture ci-dessus, plus notre provision à 2 p. °/₀, ci.	2386 »		
		7066 »		
2.	A Caisse, pour coût d'achat payé à Lefebvre, F. 4480, et droits F. 180 ensemble, ci. 4660 »	4680 »		
12.	A Frais généraux, pour ceux d'expédition, ci. 20 »			
17.	A Marchandises en compte à 1/2 avec Besson, pour la 1/2 dudit à l'achat, ci. 2340 »	2386 »		
11.	A Profits et Pertes, pour notre provision sur sa 1/2, ci. 46 »			
		7066.		

F°. 11.

Du 2 Juillet 1807.

16. / 17.	(N°. 64.) Bailly frères à Frédéric de Livourne N/C, F. 6343 75, pour leur traite sur ledit, de 1250 piastres, à 101 1/2 en retour sur Paris, dont il nous crédite, produit, ci.		6343 75

Du 6 dito.

	(N°. 65.) Divers à Divers, F. 7593 75, pour vente et négociation comme suit:		
10.	Empezat et compagnie pour notre remise valeur comptant, billet n°. 10, reçu de Lagarique à notre ordre à trois mois, ci.	2500 »	
3.	Traites et Remises, effet n°. 11, reçu de Lagarique, ci.	1250 »	
2.	Caisse, reçu de Lagarique pour la 1/2 comptant de la vente à lui faite, compris, F. 56 25, retard sur les deux effets ci-dessus.	3806 25	
12.	Compte d'Agio, pour retard de l'effet ci-dessus négocié à Empezat et compagnie, ci.	37 50	
		7593 75	
4.	A Marchandises générales, pour vente à Lagarique de 25 tonneaux vin de Bourgogne, à F. 300, qu'il a réglés comme ci-dessus.	7500 »	
12.	A Compte d'Agio, pour retard dont Lagarique nous a bonifié sur ses deux billets, ci.	56 25	
2.	A Caisse, pour intérêt payé à Empezat et compagnie sur l'effet de F. 2500, à eux remis, ci.	37 50	
			7593 75

Du 7 dito.

	(N°. 66.) Divers à Divers, F. 38848, pour compte en participation et opérations diverses comme suit:		
18.	Sucres en compte à 1/2 avec Jouve d'Hambourg, 1°. Pour notre 1/2 à la facture de 11280 kil. sucre de son envoi à la vente en compte à demi, ci. 12657 50; 2°. Pour N/ 1/2 aux frais de voiture à l'arrivée, ci. 92 50	12750 »	
18.	Jouve d'Hambourg S/C, pour sa 1/2 aux frais de voiture des sucres ci-dessus.	92 50	
13.	Jouve d'Hambourg N/C, sa traite pour notre compte de 6000 florins courans, sur Dentu de Rotterdam, à 31 1/2, et dont il nous crédite en retour sur Paris à 57, ci.	14297 35	
7.	Brulet d'Amsterdam N/C, pour la remise à lui faite, par Jouve, de 750 florins courans à 33, et dont ce dernier nous débite en retour sur Paris à 57, ci.	1708 15	
18.	Le Corsaire *l'Alerte*, pour cinq actions sur ledit, prises pour notre compte par Jouve d'Hambourg, ci.	10000 »	
		38848 »	
13.	A Jouve d'Hambourg N/C, pour notre 1/2 aux sucres de son envoi, sa remise à Brulet d'Amsterdam, et les cinq actions sur le Corsaire *l'Alerte*, le tout détaillé au débit, ci.	24365 65	
13.	A Dentu de Rotterdam N/C, pour la traite de Jouve sur lui, pour notre compte, de 6000 florins courans, ci.	14297 35	
2.	A Caisse payé pour frais de voiture à la réception des sucres en compte à 1/2 avec Jouve, ci.	185 »	
			38848 »

F°. 12.

Du 9 Juillet 1807.

(N°. 67.) DIVERS à DIVERS, F. 18954 25, pour négociation, échange et vente ci-après, avec les suivans :

2. CAISSE, F. 13482 50, reçu de Delaunay pour net produit de quatre effets ci-après à lui remis et reçus d'Empezat et compagnie, en échange de nos billets; savoir :

F. 2000 sur Julien, à 30 jours.
3000 sur Seguers, à 30 jours.
4000 sur Zacary, à 40 jours.
3000 sur Roux, à 25 jours.

12000 ensemble, dont le net produit à 1 1/4 p. °/₀ par mois, ci. 11832 50
De Créqui et compagnie sur vente ci-après à lui faite au comptant, ci. . . . . . . 1650 »
} 13482 50

19. MICHEL frères, pour le bon reçu de Créqui et compagnie, ci. . . 1650 »
3. TRAITES et REMISES pour le billet de Créqui et compagnie à notre ordre, à quarante-cinq jours, retard compris. 3374 25
12. COMPTE D'AGIO pour escompte payé à Empezat et compagnie sur notre négociation. . . . . . 280 »
Pour escompte retenu par Delaunay, ci. . . . 167 50
} 447 50

18954 25

8. A LETTRES et BILLETS A PAYER, F. 12000, nos trois billets suivans, ordre Empezat et compagnie, à eux remis.

F. 6000 à 90 jours.
4000 à 60 jours.
2000 à 30 jours.

12000, ci négociés à Empezat à 1 p. °/₀ par mois. . . . . 12000 »
2. A CAISSE, payé à Empezat et compagnie, ci. . . . . 280 »
4. A MARCHANDISES GÉNÉRALES, pour échange avec Empezat et compagnie, de 20 tonneaux vin de Bourgogne n°. 3, contre 1500 kilog. laine, vendus à F. 4 40, à Créqui et compagnie, et reçu comptant, ci. . . . . 6600 »
12. A COMPTE D'AGIO, pour retard dû par Créqui et compagnie, et compris en son dernier effet, ci. 74 25

18954 25

Du 12 dito.

4. (N°. 68.) MARCHANDISES GÉNÉRALES à DIVERS, F. 12215; savoir :
9. A ZACARY de Toulouse, reçu dudit pour N/C 4891 kil. 5 h. café Martinique, montant net suivant facture d'envoi, ci. . . . 12000 »
2. A CAISSE, pour frais de voiture à la réception desdits, ci. . . . 215 »

12215 »

Du 14 dito.

13. (N°. 69.) JOUVE d'Hambourg N/C, à CAISSE, F. 15219 75; remis audit
2. pour notre compte, 8000 marcs banco, pris au comptant de Bastide, à 192 5/8, en traite à 60 jours sur Lypman de la même ville, produit 15410 liv. t^s., et en francs, ci. 15219 75

F°. 13.

Du 15 Juillet 1807.

F. C.

2./4. (N°. 70.) CAISSE à MARCHANDISES GÉNÉRALES, F. 14110, pour vente au comptant à divers, de 4891 kilog. 5 hect. café Martinique, montant, ci. 14110 »

Du 16 dito.

(N°. 71.) DIVERS à DIVERS, F. 21313, pour achat, vente et négociation qui suivent :

6. CRÉQUI et compagnie leur 1/2 à l'achat au comptant de 3877 florins 10 s. courans à 57, payé à Dalesme par F. 7110 50, ci. 3555 25

6. COMPTE DE BANQUE, 1°. pour notre 1/2 à 3877 florins 10 s. courans, reçu de Dalesme, ci. . . 3555 25
2°. Pour 1300 marcs banco sur Vandermann, de Hambourg, à 30 jours à 190, remis par Lefort en échange, et à compte de la remise à lui négociée de Dalesme, ci. . . . . 2439 55 } 5994 80

9. BREDA et fils pour mandat sur eux reçu de Lefort, ci. . . . . . 1000 »

3. TRAITES et REMISES, billet de Lefort à notre ordre au 20 octobre, ci. 2197 95

2. CAISSE, reçu de Lefort pour solde de négociation, ci. . . . . 1600 »
De Dumont, pour net produit de 2000 kil. laine, achetées de Chevigny, et de compte à demi avec Créqui et compagnie, ci. . . . . 6965 » } 8565 »

21313 »

7. A CHEVIGNY frères, pour achat à eux fait de 2000 kilog. laine, de compte à 1/2 avec Créqui et compagnie, payable fincourant, ci. . 6000 »

2. A CAISSE payé à Dalesme, pour 3877 florins 10 s. courans, ci. 7110 50

6. A COMPTE DE BANQUE, pour notre 1/2 au produit de 3877 florins 10 s. courans, négociés à Lefort à 56, ci. 3618 75

6. A CRÉQUI et compagnie pour leur 1/2 au produit de la vente ci-dessus à Lefort à 56, ci. 3618 75
Pour leur 1/2 au bénéfice de 2000 kilog. laine, vendue à Dumont, ci. . . . . 482 50 } 4101 25

11. A PROFITS et PERTES pour notre 1/2 bénéfice desdites laines, ci. 482 50

21313 »

Du 18 dito.

19./2. (N°. 72.) SEGUERS de Nantes S/C, à CAISSE, F. 110, pour frais de voiture de 10 balles laine, pour vendre pour son compte, ci. . . . . 110 »

Du 19 dito.

3./10. (N°. 73.) TRAITES et REMISES à MARCHANDISES EN COMMISSION, F. 2093, pour vente à Empezat et compagnie de 5 balles laine, pour compte de Seguers de Nantes, pesant 910 kilog., à F. 2 30, payé en billet d'Empezat, fin d'août, ci. . . . . 2093 »

F°. 14.

Du 20 Juillet 1807.

(N°. 74.) DIVERS à DIVERS, pour ce qui suit:

4.	MARCHANDISES GÉNÉRALES, pour achat d'Empezat et compagnie, au comptant, de 60 kilog. indigo, à F. 20, ci.	1200 »	
6.	COMPTE DE BANQUE, pris d'Empezat et Ce., au comptant, 960 florins courans, à 58, en traite sur Dentu de Rotterdam, à 30 jours, produit.	1986 »	
		3186 »	
6.	A CRÉQUI et compagnie, pour notre mandat à vue sur eux remis à Empezat et compagnie.	900 »	
8.	A LETTRES et BILLETS à PAYER, pour notre effet ordre Empezat au 30 septembre, ci.	1500 »	
2.	A CAISSE, pour autant compté pour solde aux mêmes, ci. . . .	786 »	3186 »

Du 22 dito.

(N°. 75.) DIVERS à CHEVIGNY frères, F. 5580, acheté desdits pour comptant, 6 tonneaux sucre blanc, pesant net 3135 kilog., à F. 180 %, de compte à 1/3 avec Breda et Lagarique.

4.	A MARCHANDISES générales, pour notre tiers à dito, ci. . . .	1860 »	
9.	BREDA, pour 1/3 à dito, ci.	1860 »	
5.	LAGARIQUE, pour dito, ci.	1860 »	
7.			5580 »

Du 23 dito.

5. / 10.	(N°. 76.) LAGARIQUE à MARCHANDISES EN COMMISSION, F. 2081 50, vendu pour comptant audit 5 balles laine, pour compte de Seguers, de Nantes, pesant 905, à F. 2 30, ci.	2081 50

Dudit.

(N°. 77.) DIVERS à DIVERS, F. 39682 80, acheté et payé à Divers, le 20 juin dernier, plusieurs parties de bijouterie et quincaillerie, en compte à 1/2 avec Sivrac de Cadix, et à lui expédiées à la vente par l'entremise de Roux, commissionnaire de Bordeaux, montant avec frais et assurance, et sous notre commission d'achat, comme suit:

19.	MARCHANDISES en compte à 1/2 avec Sivrac de Cadix, pour montant de l'achat, coût et frais, ci.		26280 »	
14.	SIVRAC de Cadix S/C, sa 1/2 à la facture ci-dessus, plus notre provision à 2 p. %, ci.		13402 80	
			39682 80	
2.	A CAISSE, payé pour montant des achats, ci. . .	25000 »		
12.	A FRAIS généraux, emballage et port, ci. . . .	30 »	26280 »	
15.	A ROUX de Bordeaux, assurances et frais, ci. . .	1250 »		
19.	A MARCHANDISES EN COMPTE à 1/2 avec Sivrac, sa 1/2, ci.	13140 »	13402 80	
11.	A PROFITS et PERTES notre provision d'achat sur sa 1/2, ci.	262 80		39682 80

F°. 15.

Du 24 Juillet 1807.

	(N°. 78.) DIVERS à DIVERS, F. 46068 65, pour ce qui suit; savoir :		
2.	CAISSE, pour vente au comptant à Divers, de 11280 kil. sucre blanc, de compte à 1/2 avec Jouve d'Hambourg, à F. 240 °/o, sous déduction de 28 fr. pour courtage, produit net, ci. . .	27044 »	
18.	JOUVE S/C pour remise audit, pour son compte de 8000 marcs banco, pris au comptant et payés à Delaunay à 192 5/8, produit, ci.	15219 75	
13.	LE MÊME N/C pour remise pour notre compte de 2000 marcs banco, pris au comptant, et payé à Bastide au même cours, produit, ci.	3804 90	
		46068 65	
18.	A SUCRES EN COMPTE à 1/2 avec Jouve, pour notre 1/2 à la vente desdits, ci.	13522 »	
18.	A JOUVE S/C, pour sa 1/2 à dito, ci.	13522 »	
2.	A CAISSE, payé à Delaunay et Bastide comme dessus, 10000 marcs banco à 192 5/8, remis à Jouve d'Hambourg. . . .	19024 65	46068 65

Du 27 dito.

3.	(N°. 79.) TRAITES et REMISES à DIVERS, F. 6270, reçu de Créqui et compagnie leur billet au 20 septembre, pour vente à eux faite de 6 tonneaux sucre blanc, de compte à 1/3 avec Breda et Lagarique, pesant net 3135 kilog., à F. 200 °/o.		
9.	A BREDA et Fils pour son 1/3 à dito, ci.	2090 »	
5.	A LAGARIQUE, pour dito, ci.	2090 »	
4.	A MARCHANDISES GÉNÉRALES, pour notre 1/3, ci.	2090 »	6270 »

Du 28 dito.

	(N°. 80.) DIVERS à DIVERS, F. 3341; savoir :		
4.	MARCHANDISES GÉNÉRALES, acheté de Chevigny frères, 600 kil. laine, à F. 4, ci.	2400 »	
10.	EMPEZAT et compagnie, pour mandat de Chevigny frères sur eux, ci.	600 »	
2.	CAISSE, pour autant reçu pour solde, ci.	341 »	
		3341 »	
4.	A MARCHANDISES GÉNÉRALES, pour vente à Chevigny frères, de 60 kilog. indigo, à F. 22, ci.	1320 »	
6.	A COMPTE DE BANQUE, négocié aux mêmes 960 florins courans à 57, en traite sur Dentu, de Rotterdam, produit, ci. . . .	2021 »	3341 »

Du 30 dito.

10.	(N°. 81.) MARCHANDISES EN COMMISSION à DIVERS, F. 4174 50; savoir :		
19.	A SEGUERS de Nantes, pour net produit de la vente de 10 balles laine pour son compte, ci.	4078 50	
11.	A PROFITS et PERTES, pour magasinage et commission, ci. . .	96 »	4174 50

Fo. 16.

	Du 2 Août 1807.		
	(No. 82.) DIVERS à DIVERS, F. 9012 50; savoir:		
17.	BESSON de Lisbonne, pour avis de vente par ledit, de 224 aunes velours de Gênes, de compte à 1/2 avec lui, montant net pour notre 1/2, ci.	2700 »	
17.	FRÉDÉRIC de Livourne N/C, pour traite sur Empezat et compagnie, valeur de 1250 piastres à 101, produit, ci.	6312 50	
		9012 50	
17.	A MARCHANDISES DE COMPTE à 1/2 avec Besson, pour notre 1/2 à la vente des velours.	2700 »	
10.	A EMPEZAT et compagnie, pour montant de la traite de Frédéric sur lui, ci.	6312 50	
			9012 50
	Du 7 dito.		
2. / 17.	(No. 83.) CAISSE à BESSON, F. 5086, pour notre traite à vue sur ledit, ordre Colaud, valeur reçue comptant de ce dernier pour solde, ci.		5086 »
	Dudit.		
3.	(No. 84.) TRAITES ET REMISES à DIVERS, F. 16000, escompté à Dégrange F. 16000, à 1 p. °/₀ sa traite sur Mallet frères, à 30 jours.		
2.	A CAISSE, pour net compté, ci.	15840 »	
12.	A COMPTE D'AGIO, pour escompte retenu, ci.	160 »	
			16000 »
	Du 9 dito.		
	(No. 85.) DIVERS à TRAITES ET REMISES, F. 20401, remis à Roux de Bordeaux, l'effet no. 9 sur Marseille, de compte à 1/2 avec Bailly frères de Naples.		
15.	ROUX de Bordeaux, pour net produit audit effet.	20248 »	
12.	COMPTE D'AGIO, pour notre 1/2 à la perte ci-dessus, ci.	76 50	
16.	BAILLY frères L/C, pour 1/2 à dito, ci.	76 50	
3.			20401 »
	Du 12 dito.		
	(No. 86.) DIVERS à DIVERS, F. 5418 66, pour vente et achat comme suit:		
2.	CAISSE, pour 1/3 comptant de la vente à Créqui et compagnie de 10 pièces vin de Bourgogne no. 3, à F. 320, ci.	1066 66	
3.	TRAITES et REMISES, F. 2176, pour 2/3 à dito en leur effet à notre ordre au 30 octobre, 42 66 ou 2 p. °/₀, compris audit effet pour retard de paiement.	2176 »	
4.	MARCHANDISES GÉNÉRALES, 107 kil. pour 5 b. indigo, acheté de Chevigny frères à F. 20, ci.	2150 »	
11.	PROFITS et PERTES, pour perte à l'effet de Créqui et compagnie, négocié à Chevigny.	26 »	
		5418 66	
4.	A MARCHANDISES GÉNÉRALES, pour montant des 10 pièces vin ci-dessus, vendues à Créqui et compagnie, ci.	3200 »	
12.	A COMPTE D'AGIO, pour intérêt dont Créqui et compagnie nous ont tenu compte par leur effet.	42 66	
3.	A TRAITES et REMISES, pour l'effet no. 17, passé à l'ordre de Chevigny frères, en paiement de 107 kilog. 5 b. indigo.	2176 »	
			5418 66

F°. 17.

Du 15 Août 1807.

(N°. 87.) DIVERS à MARCHANDISES GÉNÉRALES, F. 9285, vendu à Breda et Fils, les marchandises ci-après :

2000 aunes toile de Flandres, à F. 2 20, ci.	4400 »	
600 kilog. laine, à F. 4 20, ci.	2520 »	
107 kilog. 5 h. indigo, à F. 22, ci.	2365 »	
Qu'ils ont réglé comme suit :	9285 »	
2. CAISSE, pour 1/4 comptant, ci.	2321 25	
3. TRAITES et REMISES pour dito, en leur effet fin octobre, ci. . .	2321 25	
6. CRÉQUI et compagnie pour mandat de Breda sur eux, ci. . .	1400 »	
6. COMPTE DE BANQUE pour 1500 florins courans à 57, leur traite à 30 jours, sur Brulet d'Amsterdam, produit, ci.	3157 85	
11. PROFITS et PERTES, rabais pour solde, ci.	84 65	
4.		9285 »

Du 19 dito.

19. / 8.	(N°. 88.) SEGUERS S/C à JULIEN de Nantes, F. 3968 50 pour notre traite à vue sur ce dernier, ordre Seguers, ci.	3968 50

Du 1er. Septembre 1807.

2. / 3.	(N°. 89.) CAISSE à TRAITES et REMISES, F. 2093, pour encaissement de l'effet n°. 14 sur Empezat et compagnie, ci.	2093 »

Du 5 dito.

(N°. 90.) DIVERS à LETTRES et BILLETS à PAYER, F. 6000, échangé à Empezat et compagnie, notre effet à leur ordre, de F. 6000, à 60 jours, contre leur remise sur Roux de Bordeaux, de F. 5880, à même échéance, négociée au comptant à Laboulaye, à 3/4 p. °/₀ par mois ; savoir :

2. CAISSE, reçu de Laboulaye pour net produit à la négociation de la remise ci-dessus, ci.		5791 80	
12. COMPTE D'AGIO, F. 208 20, pour escompte retenu par Empezat sur notre effet, ci.	120 »		
8. Pour dito par Laboulaye à la négociation de la remise sur Roux, ci.	88 20	208 20	
			6000 »

Du 10 dito.

(N°. 91.) DIVERS à DIVERS, F. 52843 40, pour compte de vente, expédition et négociations en compte avec Sivrac, de Cadix, comme suit :

14. SIVRAC, de Cadix, F. 28761 ; savoir :

1°. Notre 1/2 au net produit des bijouteries et quincailleries qu'il a vendues en compte à 1/2, ci.	18000 »
2°. Notre facture à une partie de dorures achetée pour son compte à Ripard à 60 jours, ci.	9550 »
3°. Son mandat sur nous, ordre Mallet frères, payé à ces derniers.	1000 »
4°. Balance d'intérêts en notre faveur, ci.	211 »
En l'autre part.	28761 »

Fo. 18.

Fo				
	De l'autre part.		28761 »	
2.	CAISSE, reçu de Gautier, net produit à notre traite de F. 13321 40, sur Sivrac, ci.	13254 80		
	Reçu de Dompierre, net produit à notre traite de F. 10761, sur Sivrac.	10653 39	24082 40	
12.	COMPTE D'AGIO, pour escompte retenu par Gautier, F. 66 60, et par Dompierre, F. 107 61, aux deux négociations ci-dessus ensemble, ci.	174 21		
			52843 40	
19.	A MARCHANDISES en compte à 1/2 avec Sivrac, de Cadix, pour notre 1/2 à la partie de bijouterie et quincaillerie qu'il a vendue pour notre compte, ci.	8000 »		
8.	A LETTRES et BILLETS à PAYER, notre billet, fourni à Ripard, à son ordre, pour solde de dorures expédiées à Sivrac pour son compte, ci. . . .	9550 »	28761 »	
2.	A CAISSE, payé à Mallet frères, mandat de Sivrac, sur nous, ci.	1000 »		
11.	A PROFITS et PERTES pour balance d'intérêts en notre faveur sur les objets ci-dessus.	211 »		
14.	A SIVRAC de Cadix, nos deux traites sur lui négociées ci-dessus au comptant à Gautier, de F. 13321 40, et à Dompierre, de F. 10761 ensemble, ci.		24082 40	52843 40

Du 10 Septembre 1807.

Fo				
12. / 2.	(N°. 92.) FRAIS GÉNÉRAUX à CAISSE, F. 600, pour autant payé à compte de la liquidation et arbitrages de cette année, ci.			600 »

Du 11 dito.

Fo				
20.	(N°. 93.) NAVIRE *le Lion-d'Or* à DIVERS, F. 96,000, pour achat de Roux, de Bordeaux, dudit navire, agrès et apparaux.			
9.	A ZACARY de Toulouse, pour notre traite à 30 jours de vue, fournie à Roux, en paiement dudit navire, ci.	32000 »		
7.	A BRULET d'Amsterdam N/C, pour notre traite ordre du même.	32000 »		
2.	A CAISSE, pour autant compté en écus pour solde.	32000 »		96000 »

Du 12 dito.

Fo				
20. / 8.	(N°. 94.) CARGAISON DU NAVIRE *le Lion-d'Or* à LETTRES et BILLETS à PAYER, F. 170650, pour achat aux suivans des marchandises ci-après, et chargées à bord dudit navire pour en composer la cargaison; le tout réglé en nos effets de ce jour, à neuf mois de date comme suit; savoir:			
	Nos billets ordre Rougemont, pour 200 tonneaux vin rouge, à lui achetés à F. 500, ci.	100000 »		
	Nosdits ordre Boyer, pour 550 paniers anisette, à F. 15, ci. . .	8250 »		
	Nosdits ordre Jaubert, pour 2000 caisses savon, pesant 1000 quintaux brut ou net 48000 kilogrammes, à F. 1 30, le kilogramme, ci.	62400 »		170650 »

F°. 19.

Du 13 Septembre 1807.

20. / 20. (N°. 95.) CARGAISON DU NAVIRE *le Lion-d'Or* à ARMEMENT dudit navire, F. 20000, pour évaluation du fret de la cargaison envoyée au Cap par ledit, ci. . . . . 20000 »

Du 18 dito.

20. / 2. (N°. 96.) ARMEMENT DU NAVIRE *le Lion-d'Or* à CAISSE, F. 42000, pour autant compté au capitaine pour les frais d'armement, gages d'équipages et autres qu'il avait avancés de ses fonds; et à Perier, pour les fournitures qu'il a faites; le tout suivant leurs comptes, ci. . . . . 42000 »

Du 15 Octobre.

(N°. 97.) DIVERS à DIVERS, F. 294500, pour le montant du compte rendu par le capitaine de notre navire *le Lion-d'Or*, de retour en ce port, tant du désarmement que de l'armement dudit navire au Cap, de la vente et achat des marchandises qui composent la cargaison d'aller et de retour, ensemble le fret des marchandises et passage de quatre voyageurs, comme suit; savoir:

20. ARMEMENT DU NAVIRE *le Lion-d'Or*, F. 1900, pour achat de vivres et réparations au Cap, ci. . . . . 1900 »

20. CARGAISON DU NAVIRE *le Lion-d'Or*, pour frais de déchargement des marchandises vendues au Cap, et pour ceux de déchargement des marchandises en retour, ensemble, ci. . . . . 1800 »

4. MARCHANDISES GÉNÉRALES, F. 231800, pour le montant de 107500 kilog. café, composant le chargement en retour, ci. . . . . 122200 »
Pour 35 futailles indigo, ci. . . . . 70000 »
Pour 110 balles coton, ci. . . . . 39600 » } 231800 »

21. DESCHAMPS et LYPMAN, du Cap, pour les marchandises vendues par le capitaine, et dont ils demeurent débiteurs, ci.. . . . 29000 »

21. DURAND et compagnie, pour idem, ci.. . . . . 9000 »

3. TRAITES et REMISES pour le montant de la traite de Duverger à notre ordre, sur Bastide, de Paris, au 15 décembre fixe, pour marchandises vendues au Cap audit Duverger, ci. . . 10000 »

2. CAISSE, pour autant compté par le capitaine, pour solde, ci. 11000 »

294500 »

20. A ARMEMENT DU NAVIRE *le Lion-d'Or*, F. 40000, pour le montant du fret des marchandises qui a été compté au capitaine au Cap, ci. . . . . 36000 »
Pour prix du voyage de quatre passagers, ci. . 4000 » } 40000 »

20. A CARGAISON dudit navire, pour le montant net des marchandises composant le chargement dudit navire, que le capitaine a vendues au Cap, tant au comptant qu'à crédit, ci. . . . . 254500 » — 294500 »

Du 16 dito.

(N°. 98.) DIVERS à CAISSE, F. 31400, compté au capitaine Lamotte:

20. ARMEMENT DU NAVIRE *le Lion-d'Or*, pour frais de désarmement, gages de l'équipage et prix du voyage du capitaine, ci. . . 26500 »

4. / 2. MARCHANDISES GÉNÉRALES, pour frais de déchargement de celles apportées en retour, ci. . . . . 4900 » — 31400 »

F°. 20.

Du 16 Octobre 1807.

Folio	Article		
4. / 20.	(N. 99.) Marchandises générales à Armement du Navire *le Lion-d'Or*, F. 25000, pour l'évaluation du fret des marchandises qui nous ont été apportées en retour, ci.		25000 »

Du 19 dito.

Folio	Article		
2. / 20.	(N°. 100.) Caisse à Armement du navire *le Lion-d'Or*, F. 40000, reçu pour le fret des marchandises apportées pour compte de Divers, ci. 30000 »		
	Pour prix du passage de quatre Colons, apportés en Europe par notre navire *le Lion-d'Or*, ci.	10000 »	
			40000 »

Du 20 dito.

Folio	Article		
	(N°. 101.) Divers à Divers, F. 40115 50, pour ce qui nous a été donné en paiement; savoir :		
3.	Traites et Remises pour le montant de l'effet de Lagarique à notre ordre, à deux mois, ci.	2915 50	
8.	Lettres et Billets à payer pour le montant de notre billet ordre Ripard, au 10 novembre, qu'il nous a remis acquitté, ci.	9550 »	
4.	Marchandises générales pour le montant de 20 tonneaux vin de Mâcon, achetés de Créqui et compagnie, à F. 300, ci. . .	6000 »	
2.	Caisse, F. 21050, pour autant reçu de Breda et Fils, sous la déduction de l'escompte de 3 p. °/₀ pour leur tenir compte de 20000 F. à six mois. . . . . 19400 » ; Pour valeur du mandat de Créqui et compagnie, reçue de ces derniers. . . . . 1650 »	21050 »	
12.	Compte d'Agio pour l'escompte retenu par Breda et fils, ci. .	600 »	
		40115 50	
5.	A Lagarique, pour son billet à notre ordre, ci.	2915 50	
21.	A Ripard, pour notre billet à son ordre, ci.	9550 »	
6.	A Créqui et compagnie, pour le montant de vingt tonneaux vin, ci.	6000 »	
9.	A Breda et fils, pour autant compté sous escompte, valeur à six mois.	20000 »	
19.	A Michel frères, pour valeur du mandat de Créqui et compagnie, ci.	1650 »	
			40115 50

Dudit.

Folio	Article		
	(N°. 102.) Divers à Divers, F. 15150; savoir :		
3.	Traites et Remises pour l'effet de Breda et fils, à notre ordre, à six mois, ci.	15000 »	
2.	Caisse, pour autant reçu de Breda et fils, ci.	150 »	
		15150 »	
8.	A Lettres et Billets à payer, pour le montant de notre billet ordre Breda et fils, à six mois, ci.	15000 »	
12.	A Compte d'Agio, pour autant compté par Breda et fils, pour commission d'échange, ci.	150 »	
			15150 »

Fo. 21.

Du 20 Octobre 1807.

12. / 2.	(No. 103.) Frais généraux à Caisse, F. 400, pour autant compté pour solde de la liquidation et arbitrages de cette année, ci.	400	»

ARTICLES DE BALANCE

A PORTER APRÈS LA VÉRIFICATION ET LE POINTAGE DES ECRITURES.

Du 20 octobre 1807.

6. / 12.	Compte de Banque à Compte d'Agio, F. 352 45, pour bénéfice sur le premier de ces comptes, ci.	352	45
	Dudit.		
11. / 4.	Profits et Pertes à Marchandises générales, F. 24295 74, pour solde, de ce dernier compte, ci.	24295	74
	Dudit.		
17. / 11.	Marchandises de compte à 1/2 avec Besson de Lisbonne, à Profits et Pertes, F. 360, pour bénéfice, ci.	360	»
	Dudit.		
18. / 11.	Sucres de compte à 1/2 avec Jouve d'Hambourg, à Profits et Pertes F. 772, pour bénéfice sur la partie, ci.	772	»
	Dudit.		
19. / 11.	Marchandises de compte à 1/2 avec Sivrac de Cadix, à Profits et Pertes, F. 4860, pour bénéfice sur dito, ci.	4860	»
	Dudit.		
15. / 11.	Soies de compte à 1/2 avec Bailly frères de Naples à Profits et Pertes, F. 6187 38, pour bénéfice sur dito, ci.	6187	38
	Dudit.		
11. / 20.	Profits et Pertes à Navire *le Lion-d'Or*, F. 6000, pour avaries et détérioration, ci.	6000	
	Dudit.		
	Divers à Profits et Pertes, F. 116650; savoir:		
20.	Cargaison du Navire *le Lion-d'Or*, pour bénéfice sur dito. . 62050 »		
20.	Armement dudit navire pour dito, ci. . . . . 54600 »		
11.		116650	»
	Dudit.		
14. / 11.	Seguers de Nantes N/C, à Profits et Pertes, F. 916, pour solde de bénéfice à la vente faite pour notre compte.	916	»

F°. 22.

Folios			F.	c.
	Du 20 Octobre 1807.			
17. / 11.	Frédéric N/C à Profits et Pertes, F. 31 25, pour bénéfice au change,		31	25
	Dudit.			
11.	Profits et Pertes à Divers, F. 3316 49; savoir:			
12.	A Compte d'Agio pour solde de ce compte, ci.	1714 89		
12.	A Frais généraux pour dito, ci.	1601 60	3316	49
	Dudit.			
7. / 13.	Brulet d'Amsterdam N/C à Lui-Même S/C, F. 17660 30, pour solde d'un compte à l'autre, ci.		17660	30
	Dudit.			
18. / 13.	Jouve d'Hambourg S/C, à Lui-Même N/C, F. 8956 35, pour solde du premier compte passé au dernier, ci.		8956	35
	Dudit.			
16. / 16.	Bailly frères de Naples N/C à Eux-Mêmes L/C, F. 1716 35, pour solde du premier compte passé au dernier, ci.		1716	35
	Dudit.			
11. / 1.	Profits et Pertes à Capital, F. 98243 29, pour bénéfices généraux résultant de l'inventaire.		98243	29

DU GRAND LIVRE A PARTIES DOUBLES,

ET DE LA MANIERE D'Y REPORTER LES ARTICLES DU JOURNAL.

J'ai peu de choses à dire sur le Grand Livre en général ; le modèle que j'en donne ici, comparé avec celui du Journal, suffit pour en donner une idée juste et tenir lieu des explications les plus étendues.

L'objet du Grand Livre est évidemment de contenir toutes les opérations portées au Journal, et aussi de réunir, dans chaque compte particulier, les articles qui le concernent spécialement, de manière à ce que le chef puisse appercevoir d'un coup-d'œil sa situation avec tous.

Un Grand Livre à parties simples offre ce résultat, quant à ce qui regarde les correspondans; mais il n'y réunit pas, comme celui à parties doubles, l'avantage de présenter en même temps, par la réunion des comptes du chef, le tableau général des valeurs et des dettes actives et passives, pour en former ou en faire résulter un inventaire exact.

J'aurai l'occasion de démontrer, à la suite du modèle du Grand Livre, ce que je viens de dire, et en même temps d'indiquer les moyens de vérifier les écritures et de solder les comptes ; mais il est nécessaire de connaître avant, l'ordre qu'on doit observer pour reporter les articles du Journal au Grand Livre; c'est à quoi je me borne pour le moment.

Le Grand Livre doit être accompagné d'un répertoire ou *alphabet*, destiné à indiquer les noms des divers comptes ouverts au Grand Livre, et les folios où ils le sont.

A fur et mesure qu'on ouvre un compte sur le Grand Livre, il faut en porter l'indication au Répertoire, afin que quand on veut trouver ce compte, on ne perde pas de temps à le chercher.

Lorsqu'on veut reporter du Journal au Grand Livre, on met en marge du Journal, et à l'aide de l'alphabet, le folio du Grand Livre où le compte est ouvert, c'est-à-dire le folio du débiteur à côté du nom de ce débiteur, et le folio du créditeur au-dessous, séparés par un trait, ainsi qu'il est porté au Journal ; soit, pour exemple, au premier article.

$\frac{4}{1}$ Marchandises générales a Caisse, payé à Lagarique pour achat, etc.

et ainsi de suite pour les articles où il n'y a qu'un *débiteur* et qu'un *créditeur.*

Lorsqu'il y a plusieurs *débiteurs* pour un seul *créditeur*, le folio du *créditeur* ne se met qu'après tous ceux des *débiteurs* et au-dessous du trait déjà indiqué.

Lorsqu'il n'y a qu'un *débiteur* pour plusieurs *créditeurs*, le folio du *débiteur* précède, et ceux des *créditeurs* suivent *le trait.*

Enfin, lorsqu'il y a plusieurs *débiteurs* pour plusieurs *créditeurs*, le trait se place après le dernier des débiteurs, et avant le premier des créditeurs. Voyez, pour tous ces exemples, le Journal folio 1, folio 2 et folios 10, 11, 12, etc., et les articles nos. 63, 65, 66, etc., etc.

Comme en tout ce qui ne blesse pas les règles, chacun peut adopter l'usage qui lui convient le mieux, et que je ne prétends pas donner de système exclusif, je vais indiquer un autre usage de quelques teneurs de livres, que l'on pourra suivre si on le préfère.

Lorsqu'il n'y a qu'un *débiteur* et un *créditeur*, les deux folios ne sont séparés que par un seul trait, comme dans l'exemple précédent.

Mais dans tous les autres cas, on met un trait immédiatement à chaque *débiteur* ou *créditeur*, et l'on observe de mettre le folio de chaque *débiteur* au-dessus du trait, et celui de chaque *créditeur* au-dessous.

Premier exemple de plusieurs débiteurs *pour un* créditeur.

0 ——— DIVERS à JACQUES, créditeur, savoir :
2

3 ——— PIERRE, débiteur.

4 ——— JEAN, débiteur.

Deuxième exemple d'un débiteur *pour plusieurs* créditeurs.

2 ——— JACQUES, débiteur, à DIVERS, savoir :

——— A PIERRE, créancier.
3

——— A JEAN, créancier.
4

Troisième exemple de divers *à* divers.

0 ——— DIVERS doivent à DIVERS.
0

1 ——— SIMON, débiteur

2 ——— JACQUES, débiteur.

——— A PIERRE, créditeur.
3

——— A JEAN, créditeur.
4

Cette marche peut avoir ses avantages, mais en cela même qu'elle est plus compliquée, elle est aussi plus sujette à erreur; je préfère celle que j'ai adoptée, comme plus simple.

On peut mettre, en marge du Journal, le folio du compte que chaque *débiteur* ou *créditeur* occupe au Grand Livre, soit un à un, à fur et mesure qu'on porte l'article au Grand Livre, soit à la fois, sur tous les articles à reporter, avant de passer au Grand Livre. Je préfère cette dernière marche; parce qu'il est effectivement plus commode de ne pas chercher continuellement, pendant qu'on est occupé au report, le folio du Grand Livre où l'on a à reporter, et d'en avoir l'indication sous les yeux sur le Journal.

Lorsqu'on veut reporter un article il est nécessaire d'indiquer sur le Grand Livre, 1°. l'année et le mois, qui se portent en marge; 2°. la date, qui se porte dans la colonne ensuite; 3°. le contre-débiteur ou le contre-créancier; 4°. l'objet de l'écriture; 5°. le folio du Journal où l'article se trouve porté; 6°. le folio du Grand Livre où se trouve le contre-débiteur ou le contre-créancier; 7°. enfin, la somme.

L'écriture doit être résumée en général à son objet pur et simple, et de manière à ne tenir qu'une ligne à chaque compte, au Grand Livre.

Lorsque l'article est une fois reporté dans le Grand Livre, au compte du débiteur, on met sur le Journal, à côté du numéro correspondant au folio du Grand Livre, un point (·) qui indique que l'article est reporté. On en fait autant pour le créditeur, et ainsi successivement pour chaque article du Journal, à mesure qu'il est reporté au Grand Livre.

Quant à ce qui regarde la forme des comptes sur le Grand Livre, l'espace à laisser à chacun d'eux, le format du Livre, etc., etc., le modèle qui suit et les circonstances suffiront pour instruire plus que tout ce que je pourrais dire à ce sujet.

Mais je dois faire ici une observation essentielle, relativement aux comptes des correspondans avec lesquels on travaille en une monnaie différente et sujette, par rapport au chef, aux variations du change.

Il est constant que si un étranger débourse pour nous une somme quelconque en sa monnaie, nous devons le payer et le remplir dans la même monnaie, et supporter, le cas échéant, la différence résultant du change.

En pareil cas, il faut créditer le correspondant, de la somme qu'il a fournie, en portant, dans une colonne intérieure, la monnaie étrangère, et dans le sommier extérieur, la monnaie dans laquelle le chef travaille, d'après l'évaluation du change, soit convenu, soit au cours du jour de l'opération; lorsqu'on fait remise au correspondant, en sa monnaie, on le débite en observant les mêmes règles que pour le crédit, de manière que les sommes du débit et du crédit, en monnaie étrangère, se soldent parfaitement entre elles. Quant à la différence qui peut résulter, entre le débit et le crédit, dans la monnaie du chef, elle n'est plus que l'objet d'un article à passer par profits et pertes. J'ai donné un exemple de cette espèce au compte de Frédéric de F°. 17 du Grand Livre.

RÉPERTOIRE DU GRAND-LIVRE N°. 1.

GRAND LIVRE N°. 1.

F°. 1.

1807.		DOIT.	CAPITAL.			F.	C.
Janvier.	1	A divers.	Pour notre passif.	1	0	60000	»
Octob.	20	A Balance.	Pour solde.	0	22	286243	29
						346243	29

		DOIT.	CAISSE.				
Janvier.	1	A Capital.	Espèces en caisse.	1	1	120000	»
»	6	— Marchandises g^{les}..	Pour vente au comptant. . .	2	4	3641	40
»	15	— dites.	— *Idem*.	»	»	3049	20
»	21	— March^{ses}. en com^{on}.	— *Idem*.	»	10	4125	»
Février.	4	— Traites et remises.	Pour un effet reçu.	3	3	2112	55
»	9	— dites..	— *Idem*.	»	»	3000	»
»	14	— Compte de banque	Pour négociation à Gautier.. .	4	6	14475	»
»	15	— divers.	Pour vente au comptant. . .	»	0	12000	»
»	»	— Traites et remises.	Pour effet reçu..	»	3	3049	20
»	25	— dites.	— *Idem*.	»	»	3920	»
Mars.	2	— divers.	Reçu de Julien, pour divers. .	»	0	10149	45
»	12	— Zacary, de Toul^{se}.	— de Ducoudray, pour nég^{on}. .	5	9	7889	»
»	15	— Marchandises g^{les}..	Pour vente au comptant. . .	»	4	10698	»
»	17	— dites.	— *Idem*.	»	»	12081	95
Avril.	9	— dites.	— *Idem*.	6	»	5898	75
»	14	— divers.	Pour bénéfice de négociation. .	»	0	48	35
»	30	— Traites et remises.	Reçu pour un effet.	7	3	5898	75
Mai.	1	— divers.	Pour vente au comptant. . .	»	0	12000	»
»	2	— Traites et remises.	Reçu pour négociation. . . .	»	3	9950	»
»	17	— divers.	Pour vente au comptant. . .	8	0	7282	80
»	»	— Traites et remises.	Reçu pour un effet.	»	3	12081	95
			Reporté F°. du présent. .	.	2	263351	35

F°. 1.

1807.			AVOIR.			F.	C.
Janvier.	1	Par divers.	Pour notre actif.	1	0	248000	»
Octob.	20	Par Profits et pertes..	Pour bénéfices nets.	22	11	98243	29
						346243	29
		Par Balance. . . .	Comme dessus à nouveau. . . .	0	22	286243	29

			AVOIR.				
Janvier.	2	Par Marchses. génles. .	Pour achat au comptant. . .	2	4	3468	»
»	12	— lesdites.	*Idem*..	»	»	3187	80
»	17	— Julien, de Nantes.	Pour frais de voiture. . . .	»	8	132	90
»	29	— Breda et fils. . .	Payé pour rescriptions. . . .	»	9	45000	»
»	30	— divers.	Payé à Empezat et Ce. . . .	3	0	30507	50
»	»	— Frais généraux. .	Pour frais divers.	»	12	666	60
Février.	9	— Compte de banque.	Payé pour traite sur Amsterdam.	»	6	14321	05
»	10	— Empezat et comp..	Pour achat de laine.	»	10	2300	»
»	25	— Traites et remises.	Pour un effet escompté. . . .	4	3	9700	»
Mars.	2	— L. et B. à payer. .	Payé N/ billet ordre Fortin. . .	»	8	8000	»
»	5	— divers.	Pour traites sur Amsterdam. .	»	0	18947	30
»	»	— L. et B. à payer. .	Payé N/ billet ordre Lecomte. .	5	8	5000	»
»	12	— lesdits.	Payé N/ billet ordre Chevigny..	»	»	3187	80
»	19	— divers.	Payé à divers.	»	0	9000	»
Avril.	1	— Marchanses. génles..	Payé pour achat d'indigo. . .	6	4	6050	»
»	»	— Lagarique. . . .	Payé pour achat de toile. . .	»	5	9800	»
»	5	— Julien, de Nantes..	Pour achat d'eau-de-vie.. . .	»	8	2337	»
»	19	— divers.	Pour achat au comptant. . .	»	0	10000	»
Mai.	10	— L. et B. à payer. .	Payé N/ billet ordre Chevigny..	8	8	6050	»
			Reporté F°. du présent. .		2	187555	95

F°. 2.

1807.		DOIT.	CAISSE.			F.	C.
			Transport d'autre part.	»	»	263351	35
Juin.	14	A L. et B. à payer.	Pour négociation.	9	8	9304	10
»	16	— divers.	— vente au comptant.	»	0	17512	85
»	19	— Sivrac, de Cadix.	— négociation.	10	14	3920	»
»	28	— dito.	— *Idem.*	»	»	6644	20
»	30	— Traites et remises.	Reçu pour un effet.	»	3	3500	»
Juillet.	6	— divers.	Reçu pour vente.	11	0	3806	25
»	9	— dito.	Pour négociation.	12	»	13482	50
»	15	— March^{ses}. gén^{les}.	— vente au comptant.	13	4	14110	»
»	16	— divers.	— *Idem.*	»	0	8565	»
»	24	— dito.	— *Idem.*	15	»	27044	»
»	28	— dito.	Pour solde de négociation.	»	»	341	»
Août.	7	— Besson.	*Idem.*	16	17	5086	»
»	12	— March^{ses}. gén^{les}.	Pour vente au comptant.	»	4	1066	66
»	15	— dites.	— *Idem.*	17	»	2321	25
Septem.	1	— Traites et remises.	Reçu pour un effet.	»	3	2093	»
»	5	— L. et B. à payer.	Pour négociation.	»	8	5791	80
»	10	— Sivrac.	— *Idem.*	18	14	23908	19
Octobre	15	— divers.	Reçu du capitaine de N/ navire.	19	0	11000	»
»	19	— Art. du *Lion-d'Or.*	Pour fret, etc.	20	20	40000	»
»	20	— divers.	— négociation.	»	0	21050	»
»	»	— Compte d'agio.	— intérêts.	»	12	150	»
						484048	15
»	»	A Balance.	En caisse à nouveau.	0	22	69109	35

F°. 2.

1807.			AVOIR.			F.	C.
			Transport d'autre part.	»	»	187555	95
Mai.	19	Par Breda et fils.	Payé pour traite sur Londres.	8	9	9441	95
»	22	— Ses.1/2 avec Bailly.	— pour frais.	»	15	275	»
Juin.	1	— Traites et remises.	Pour achat au comptant.	9	3	2800	»
»	9	— Marchses. génles.	*Idem.*	»	4	3960	»
»	22	— Bailly frères N/C.	Pour traites sur Amsterdam.	10	16	15037	50
Juillet.	1	— Mses.1/2 av. Besson.	— achat au comptant.	»	17	4660	»
»	6	— Compte d'agio.	Payé pour intérêts.	11	12	37	50
»	7	— divers.	Pour frais de voiture.	»	0	185	»
»	9	— Compte d'agio.	— intérêts.	12	12	280	»
»	12	— Marchses. génles.	— frais de voiture.	»	4	215	»
»	14	— Jouve N/C.	— traite sur Hambourg.	»	13	15219	75
»	16	— divers.	— *Idem*, sur Amsterdam.	13	0	7110	50
»	18	— Seguers S/C.	— frais de voiture.	»	19	110	»
»	20	— divers.	— solde de négociation.	14	0	786	»
»	23	— Mses.1/2 av. Sivrac.	— achat au comptant.	»	19	25000	»
»	24	— divers.	— traites sur Hambourg.	15	0	19024	65
Août.	7	— Traites et remises.	— négociation.	16	3	15840	»
Septem.	10	— Sivrac.	Payé son mandat.	18	14	1000	»
»	«	— Frais généraux.	Pour frais de liquidation.	»	12	600	»
»	11	— Nav. *le Lion-d'Or.*	Payé à compte dudit.	»	20	32000	»
»	18	— Arm. dudit navire.	Pour dépenses et frais au navire.	19	»	42000	»
Octobre	16	— divers.	— *Idem.*	»	0	31400	»
»	20	— Frais généraux.	Pour dépenses.	21	12	400	»
»	»	— Balance.	Reste en caisse.	0	22	69109	35
						484048	15

F°. 3.

1807.		DOIVENT.	TRAITES.			F.	C.
Janvier.	1	A Capital.	P^{r}. effets n°s. 1 et 2 en portef^{lle}.	1	1	5112	55
»	15	— March^{ses}. gén^{les}.	— [illegible] sur Breda.	2	4	3049	20
»	25	— dites en com^{on}.	— 4 sur Lagarique.	»	10	3920	»
Février.	25	— divers.	— 5 sur Seguers.	4	0	10000	»
Mars.	17	— March^{ses}. gén^{les}.	— 6 sur Gautier.	5	4	12081	95
Avril.	9	— dites.	— 7 sur Créqui et comp^{e}.	6	»	5898	75
Juin.	1	— divers.	— 8 sur lesdits.	9	0	3500	»
»	26	— dito.	— 9 sur Marseille.	10	»	20401	»
Juillet.	6	— March^{ses}. gén^{les}.	— 11 sur Lagarique.	11	4	1250	»
»	9	— divers.	— 12 sur Crequi.	12	0	3374	25
»	16	— dito.	— 13 sur Lefort.	13	»	2197	95
»	19	— March^{ses}. en com^{on}.	— 14 sur Empezat.	»	10	2093	»
»	27	— divers.	— 15 sur Créqui.	15	0	6270	»
Août.	7	— dito.	— 16 sur Mallet frères.	16	»	16000	»
»	12	— dito.	— 17 sur Créqui.	»	»	2176	»
»	15	— March^{ses}. gén^{les}.	— 18 sur Breda.	17	4	2321	25
Octobre	15	— divers.	— 19 sur Bastide.	19	0	10000	»
»	20	— Lagarique.	— 20 sur lui-même.	20	5	2915	50
»	»	— L. et B. à payer.	— 21 sur Breda.	»	8	15000	»
						127561	40
»	»	A Balance.	Pour effets en portefeuille.	0	22	59328	95

F°. 3.

1807.		ET REMISES.	AVOIR.			F.	C.
Février.	4	Par Caisse.	Pour effets n°s. 1 sur Duchâteau.	3	1	2112	55
»	9	— ladite.	— 2 sur Lagarique.	»	»	3000	»
»	15	— ladite.	— 3 sur Breda.	4	»	3049	20
»	25	— ladite.	— 4 sur Lagarique.	»	»	3920	»
Avril.	30	— ladite.	— 7 sur Créqui et comp^e. . .	7	»	5898	75
Mai.	2	— divers.	— 5 sur Seguers.	»	0	10000	»
»	17	— Caisse.	— 6 sur Gautier.	8	1	12081	95
Juin.	30	— ladite.	— 8 sur Créqui et comp^e. . .	10	2	3500	»
Août.	9	— divers.	— 9 sur Marseille.	16	0	20401	»
»	12	— dito.	— 17 sur Créqui et comp^e. . .	»	»	2176	»
Septem.	1	— Caisse.	— 14 sur Empezat.	17	2	2093	»
Octobre	20	— Balance. . . .	Pour effets restant en portef^lle. .	0	22	59328	95
						127561	40

F°. 4.

1807.		DOIVENT.	MARCHANDISES.			F.	C.
Janvier.	1	A Capital.	Pour March^ses^. en magasin. . .	1	1	60738	»
»	2	— Caisse.	— 867 kilog. coton.	2	0	3468	»
»	12	— divers.	— 2772 kilog. café Martinique..	»	0	6375	60
Février.	1	— Empezat et comp^e^.	— 1/4 à 4000 kilog. laine. . .	3	10	2300	»
Avril.	1	— divers.	— 605 kilog. indigo.	6	0	12100	»
»	19	— Caisse.	— 1/3 à 500 kilog. indigo. . .	7	1	3333	34
Juin.	9	— ladite.	— 2600 aunes toile de Flandres.	9	2	3960	»
Juillet.	12	— divers.	— 4891 kil. 1/2 café Martinique.	12	0	12215	»
»	20	— dito.	— 60 kilog. indigo.	14	3	1200	»
»	22	— Chevigny frères. .	— 1/3 à 6 tonneaux sucre blanc.	»	7	1860	»
»	28	— divers.	— 600 kilog. laine..	15	0	2400	»
Août.	12	— Traites et remises..	— 107 kil. 1/2 indigo.	16	3	2150	»
Octobre	15	— divers.	— café, indigo et coton. . . .	19	0	231800	»
»	16	— Caisse.	— frais de déchargement. . .	»	3	4900	»
»	»	— Ar^t^. du *Lion-d'Or.*	— pour fret.	20	20	25000	»
»	20	— Créqui et comp^e^. .	— 20 tonneaux vin de Mâcon. .	»	6	6000	»
						379799	94
»	»	A Balance.	Suivant l'inventaire.	0	22	239000	»

F°. 4.

1807.		GÉNÉRALES.	AVOIR.			F.	C.
Janvier.	6	Par Caisse.	Pour 867 kilog. coton. . . .	2	1	3641	40
»	15	— divers.	— 2772 kilog. café Martinique. .	»	0	6098	40
Février.	15	— Caisse.	— 1/4 à 4000 kilog. laine. . .	4	1	3000	»
Mars.	15	— ladite.	— 12 boucauds sucre brut n°. 1.	5	»	10698	»
»	17	— divers.	— 16 dito sucre blanc n°. 2. . .	»	0	24163	90
»	29	— Seguers N/C. . .	— 30 p^{ces}. vin n°. 3 en échange.	6	14	9000	»
Avril.	9	— divers.	— 605 kilog. indigo.	»	0	11797	50
Mai.	1	— Caisse.	— 1/3 à 500 kilog. indigo. . .	7	1	4000	»
Juillet.	6	— divers.	— 25 tonneaux vin n°. 3. . .	11	0	7500	»
»	9	— dito.	— 20 dito, dito.	12	»	6600	»
»	15	— Caisse.	— 4891 kilog. 1/2 café. . . .	13	2	14110	»
»	27	— Traites et remises. .	— 1/3 à 6 tonneaux sucre blanc.	15	3	2090	»
»	28	— divers.	— 60 kilog. indigo.	»	0	1320	»
Août.	12	— dito.	— 10 pièces vin n°. 3.	16	»	3200	»
»	15	— dito.	— toile, laine et indigo. . . .	17	»	9285	»
Octobre	20	— Profits et pertes. .	— pertes sur les marchandises. .	21	11	24295	74
»	20	— Balance. . . .	— m^{ses}. en m^{sin}. suiv. inventaire.	0	22	239000	»
						379799	94

F°. 5.

1807.		DOIVENT.	IMMEUBLES.			
Janvier.	1	A Capital.	Pour une maison estimée. . .	1	1	42000 »
Octobre	20	A Balance.	A nouveau.	0	22	42000 »

		DOIT.	LAGARIQUE,			
Janvier.	1	A Capital.	Par compte courant.	1	1	10000 »
Février.	1	— Empezat et comp^e.	— 1/4 à 4000 kilog. laine. . .	3	10	2300 »
Mars.	19	— Caisse.	— dito, dito solde de vente. .	5	1	3000 »
Avril.	1	— ladite.	— solde de quatre balles toile. .	6	»	9800 »
Juillet.	22	— Chevigny frères. .	— 1/3 à 6 tonneaux sucre blanc.	14	7	1860 »
»	23	— March^{ses}. en com^{on}.	— 5 balles laine.	»	10	2081 50
						29041 50
Octobre	20	A Balance.	A nouveau.	0	22	2000 »

F°. 5.

1807.			AVOIR.			
Octobre	20	Par Balance. . . .	Pour solde.	0	22	42000 »

		DE PARIS.	AVOIR.			
Février.	10	Par Empezat et comp.	Pr. solde de S/4 à 4000 kil. laine.	3	10	2300 »
»	15	— Caisse.	— dito, dito à la vente. . . .	4	1	3000 »
Mars.	22	— Sivrac, de Cadix. .	— 4 balles toile de Flandres. .	6	14	9800 »
Mai.	17	— Caisse.	— 1734 kilog. coton.	8	1	6936 »
Juillet.	27	— Traites et remises.	— 1/3 à 6 ton. sucre blanc. . .	15	3	2090 »
Octobre	20	— lesdites.	— son effet à notre ordre. . .	20	»	2915 50
»	»	— Balance. . . .	Pour solde.	0	22	2000 »
						29041 50

F°. 6.

1807.		DOIVENT.	CRÉQUI ET Cie.,			F. C.
Janvier.	1	A Capital.	Par compte courant.	1	1	5600 »
Février.	1	— Empezat et comp°.	— 1/4 à 4000 kilog. laine. . .	3	10	2300 »
Mars.	19	— Caisse.	— dito, pour solde à la vente. .	5	1	3000 »
Avril.	19	— ladite.	— 1/3 à 500 kil. indigo. . . .	7	»	3333 33
Mai.	2	— Jouve N/C. . . .	— traite à leur ordre. . . .	»	13	14297 35
»	29	— divers.	— P^ts. H. b°. 4905 à 92 1/2.. .	9	0	22685 62
Juillet.	16	— Caisse.	— 1/2 à fl. c. 3877 10 s. à 57. .	13	2	3555 25
Août.	15	— March^ses. gén^les. .	— mandat de Breda.	17	4	1400 »
						56171 55
Octobre	20	A Balance.	A nouveau.	0	22	30246 13

		DOIT.	COMPTE			
Février.	9	A Caisse.	P^r. fl. c. 6755 à 57 sur Amsterd.	3	1	14221 05
Juillet.	16	— divers.	— 1/2 à 3877 fl. 10 s. et 1300 m.	13	0	5994 80
»	20	— dito.	— fl. c. 960 à 58.	14	»	1986 »
Août.	15	— March^ses. gén^les. .	— fl. c. 1500 à 57.	17	4	3157 85
Octobre	20	— Compte d'agio. .	— bénéfice sur dito.	21	12	352 45
						25712 15
»	»	A Balance.	P^r. 1500 fl. à 57, et 1300 m. à 190.	0	22	5597 40

F°. 6.

1807.		DE PARIS.	AVOIR.				
Février.	10	Par Empezat et comp.	Par solde de L/4 à 4000 k. laine.	3	10	2300	»
»	15	— Caisse.	— dito, dito à la vente. . . .	4	1	3000	»
Mars.	2	— ladite.	— Reçu de Julien, de C/V. . .	»	»	5600	»
Avril.	14	— ladite.	— 1/2 benéfice à 9810 marcs b°.	6	»	24	17
Mai.	1	— ladite.	— 1/3 à 500 kilog. indigo. . .	7	»	4000	»
Juillet.	16	— divers.	— divers au Journal F°. . . .	13	0	4101	25
»	20	— dito.	— mandat ordre Empezat. . .	14	»	900	»
Octobre	20	— Marchies. génles. .	— 20 tonneaux vin de Mâcon. .	20	4	6000	»
»	»	— Balance. . . .	Pour solde.	0	22	30246	13
						56171	55

		DE BANQUE.	AVOIR.				
Février.	14	Par Caisse.	Pour négon. de fl. c. 6755 à 56. .	4	1	14475	»
Juillet.	16	— divers.	— dito à fl. c. 3877 10 s. à 56. .	13	0	3618	75
»	28	— dito.	— dito de fl. c. 960 à 57. . . .	15	»	2021	»
Octobre	20	— Balance. . . .	— 1500 fl. à 57, et 1300 m. à 190.	0	22	5597	40
						25712	15

F°. 7.

1807.		DOIVENT	CHEVIGNY Frères,			F. C.
Janvier.	1	A Capital.	Par Compte courant.	1	1	4549 45
Février.	1	— Empezat et comp.	— 1/4 à 4000 kilog. laine.	3	10	2300 »
Mars.	19	— Caisse.	— dito, dito p^{r}. solde à la vente.	5	1	3000 »
Avril.	19	— ladite.	— 1/3 à 500 kilog. indigo.	7	»	3333 33
Mai.	9	— divers.	— p^{les}. 765 à 14 l. 15 s. sur Cadix.	8	0	11200 17
Octobre	20	— Balance.	P^{r}. solde.	0	22	23842 83
						48225 78

		DOIT.	BRULET, d'Ams^{dam}.			
Mars.	5	A Caisse.	P^{r}. remise de fl. c. 6000 à 57.	4	1	12631 55
Juillet.	7	— Jouve N/C.	— dito, dito 750 à 33.	11	13	1708 15
Octobre	20	— lui-même S/C.	— solde.	22	«	17660 30
						32000 »

F°. 7.

1807.		DE PARIS.	AVOIR.			
Février.	10	Par Empezat et comp.	Pr. solde de L/4 à 4000 k. laine.	3	10	2300 »
»	15	— Caisse.	— dito, dito à la vente. . . .	4	1	3000 »
Mars.	2	— ladite.	— Reçu de Julien, de C/V. . .	»	»	4549 45
Mai.	1	— ladite.	— 1/3 à 500 kil. indigo. . . .	7	»	4000 »
»	29	— Créqui et comp. .	— piastres H. b°. 4905 à 92. .	9	6	22563 »
Juin.	1	— Traites et remises.	— 1/3 bénéfice à 1400 aun. toile.	»	3	233 33
Juillet.	16	— Caisse.	— 2000 kil. laine.	13	2	6000 »
»	22	— divers.	— 6 tonneaux sucre blanc. . .	14	0	5580 »
						48225 78
Octobre	20	Par balance. . . .	A nouveau.	0	22	23842 83

		N/COMPTE.	AVOIR.			
Septem.	11	Par nav. *le Lion-d'Or*.	Pour notre traite ordre Roux. .	18	20	32000 »
						32000 »

F°. 8.

1807.		DOIVENT	LETTRES ET BIL^cts.			
Mars.	2	A Caisse.	Pr. acquit de n/ billet O/ Fortin.	4	1	8000 »
»	5	— ladite.	— dito, ordre Lecomte.	5	»	5000 »
»	12	— ladite.	— dito, ordre Chevigny frères.	»	»	3187 80
Mai.	10	— ladite.	— dito, ordre dito.	8	»	6050 »
Octobre	20	— divers.	— dito, ordre Ripard.	20	0	9550 »
»	»	— Balance.	— 10 effets ordre divers.	0	22	215150 »
						246937 80

		DOIT.	JULIEN, DE NANTES.			
Janvier.	17	A Caisse.	Pour frais de vre. à 12 bal. toile.	2	1	132 90
Avril.	5	— divers.	— 12 pièces eau-de-vie.	6	0	2395 »
»	30	— Seguers, N/C.	— traite à son ordre.	7	14	9916 »
Octobre	20	— Balance.	Pr. solde.	0	22	3393 70
						15837 60

F°. 8.

1807.		A PAYER.	AVOIR.			
Janvier.	1	Par Capital. . . .	Pour 2 effets ordre divers. . .	1	1	13000 »
»	12	— Marchses. génles. .	— N/ effet ord. Chevigny frères.	2	4	3187 80
Avril.	1	— lesdites.	— dito, dito.	6	»	6050 »
Juin.	14	— divers.	— N/ effet ordre Lagarique. .	9	0	10000 »
Juillet.	9	— dito.	— 3 effets ordre Empezat. . .	12	»	12000 »
»	20	— dito.	— N/ effet ordre desdits. . . .	14	»	1500 »
Septem.	5	— dito.	— dito, dito.	17	»	6000 »
»	10	— Sivrac.	— dito ordre Ripard.	18	14	9550 »
»	12	— Cais. du *Lion d'Or*.	— 3 effets ordre divers. . . .	»	20	170650 »
Octob.	20	— Traites et remises.	— N/ effet ordre Breda et fils. .	20	3	15000 »
						246937 80
»	»	Par Balance. . . .	Pour 10 effets ordre divers.. .	0	22	25150 »

			AVOIR.			
Janvier.	1	Par Capital. . . .	Par compte courant.	1	1	4000 »
»	30	— Marchses. en comon.	— net prod. de 12 balles toile. .	3	10	7869 10
Août.	19	— Seguers, S/C. . .	— Traite à vue à son ordre. .	17	19	3968 50
						15837 60
Octobre	20	Par Balance. . . .	A nouveau.	0	22	3393 70

F°. 9.

1807.		DOIVENT.	BREDA et FILS,			
Janvier.	29	A divers.	P^r. rescriptions dom^nes. nat^aux.	2	0	45045 »
Mai.	19	— dito.	— liv. sterl. 400, à 23 l. 18 s.	8	»	9489 15
Juin.	6	— dito.	— 4 balles trames soie, n°s. 1 à 4.	9	»	21193 50
Juillet.	16	— dito.	— mandat de Lefort.	13	»	1000 »
»	22	— Chevigny frères.	— 1/3 à 6 tonn. sucre blanc.	14	7	1860 »
						78587 65
Octobre	20	A Balance.	A nouveau	0	22	53264 32

		DOIT.	ZACARY,			
Octobre	20	À Balance.	Pour solde.	0	22	62050 »
						62050 »

F°. 9.

1807.		DE PARIS.	AVOIR.			F.	C.
Janvier.	1	Par Capital. . . .	Par compte courant.	1	1	3000	»
Juin.	1	— Traites et remises.	— 1/3 bén. sur 1400 aun. toile.	9	3	233	33
Juillet.	27	— lesdites.	— 1/3 à 6 tonneaux sucre blanc.	15	»	2096	»
Octobre	20	— divers.	— autant sous esc. val. à 6 mois.	20	0	20000	»
»	»	— Balance. . . .	Pour solde de.	0	22	53264	32
						78587	65

		DE TOULOUSE.	AVOIR.				
Janvier.	1	Par Capital. . . .	Par compte courant.	1	1	10000	»
Mars.	12	— divers.	— sa remise sur Laferrière. . .	5	0	8050	»
Juillet.	12	— March^ses^. gén^les^. .	— 4891 kilog. 1/2 café. . . .	12	4	12000	»
Septem.	11	— Nav. *le Lion-d'Or*.	— N/ traite ordre Roux. . . .	18	20	32000	»
						62050	»
Octobre	20	Par Balance. . . .	A nouveau.	0	22	62050	»

Fo. 10.

1807.		DOIVENT	EMPEZAT et Cie.,			F. C.
Janvier.	30	A Caisse.	Pour remboursement.	3	1	30000 »
Février.	10	— divers.	— solde de 4000 kilog. laine. .	»	0	9200 »
Juillet.	6	— divers.	— Effet à leur ordre.	11	3	2500 »
»	28	— divers.	— mandat de Chevigny frères. .	15	0	600 »
Octobre	20	— Balance.	— solde.	0	22	14418 26
						56718 26

		DOIVENT	MARCHANDISES.			
Janvier.	30	A divers.	Julien de Nantes, pour solde. .	3	0	8045 »
Juillet.	30	— dito.	Seguers, dito, dito.	15	»	4174 50
						12219 50

F°. 10.

1807.		DE PARIS.	AVOIR.			f. c.
Janvier.	1	Par Capital.	Par compte courant.	1	1	30000 »
Février.	1	— divers.	— 4000 kilog. laine.	3	0	9200 »
Mai.	9	— Chevigny frères.	— 765 pistoles, à 14 liv. 15 s.	8	7	11144 45
»	29	— Créqui et Ce.	— 1/2 bénéfice à 4905 p^{tres}. H. b^{o}.	9	6	61 31
Août.	2	— Frédéric, N/C..	— 1250 p^{tres}. à 101.	16	17	6312 50
						56718 26
Octobre	20	— Balance..	A nouveau.	0	22	14418 26

		EN COMMIS^{on}.	AVOIR.			
Janvier.	21	Par Caisse.	Par Julien de Nantes.	2	1	4125 »
»	25	— Traites et remises..	— Le Même.	»	3	3920 »
Juillet.	19	— lesdites.	— Seguers de Nantes..	13	»	2093 »
»	23	— Lagarique.	— Le Même.	14	5	2081 50
						12219 50

F°. 11.

1807.		DOIVENT.	PROFITS et PERTES.			F.	C.
Août.	12	A Traites et remises. .	Pour Retour.	16	3	26	»
»	15	— Marchses. génles. .	— Rabais.	17	4	84	65
Octob.	20	— dites.	— Solde.	21	4	24295	74
»	»	— Nav. *le Lion d'Or.*	— Avarie.	»	20	6000	»
»	»	— Compte d'Agio. . .	— Solde.	22	12	1714	89
»	»	— Frais généraux. . .	— Dito.	»	»	1601	60
»	»	— Capital.	— Bénéfices nets.	»	1	98243	29
						131966	17

F°. 11.

1807.			AVOIR.			F.	C.
Janvier.	29	Par Breda et Fils. . .	Par Commission s/rescript^{ons}. .	2	9	45	»
»	30	— March^{ses}. en com^{on}.	De Julien de Nantes.	3	10	160	90
Mars.	22	— Sivrac de Cadix. .	Pour Commission à Toiles. . .	6	14	200	»
Avril.	5	— Julien de Nantes. .	— dito s/eaux-de-vie.	»	8	58	»
Mai.	17	— Caisse.	— Bénéfice sur coton.	8	1	346	80
»	19	— Breda et Fils. . .	— Commission à liv. st. 400. .	»	9	47	20
Juin.	1	— Traites et remises. .	— 1/3 bénéfice à 1400 aun^{es}. T^{le}.	9	3	233	34
Juillet.	1	— Besson.	— Provision.	10	17	46	»
»	16	— Caisse.	— 1/2 bénéfice à 2000 k. laine. .	13	2	482	50
»	23	— Sivrac.	— Provision.	14	14	262	80
»	30	— March^{ses}. en com^{on}.	de Seguers de Nantes.	15	10	96	»
Sepb^{re}.	10	— Sivrac.	Pour balance des intérêts. . .	18	14	211	»
Octobre	20	— Seguers N/C. . . .	— Solde.	21	»	916	»
»	»	— Soies de Cte. à 1/2.	— Bénéfice sur lesdites. . . .	»	15	6187	38
»	»	— M^{ses}. de Cte. à 1/2.	— dito dito avec Besson. .	»	17	360	»
»	»	— Frédéric N/C. . .	Pour solde.	»	»	31	25
»	»	— Sucres de Cte. à 1/2.	— Bénéfice sur dito.	»	18	772	»
»	»	— M^{ses}. de Cte. à 1/2.	— dito dito avec Sivrac. . .	»	19	4860	»
»	»	— Cg^{on}. du *Lion d'Or*.	— Bénéfice sur dito.	»	20	62050	»
»	»	— Armement dudit. .	— dito. . . . .dito.	»	»	54600	»
						131966	17

F°. 12.

1807.		DOIT.	COMPTE D'AGIO.			F. C.
Janvier.	30	A Caisse.	Pr. intérêts à Empezat. . . .	3	1	507 50
Mars.	12	— Zacary, de Toulse.	— négociation de sa remise.. .	5	9	161 »
Mai.	2	— Traites et remises..	— escompte au n°. 5.. . . .	7	3	50 »
Juin.	14	— L. et B. à payer. .	— escomptes divers.	9	8	695 90
»	28	— Sivrac de Cadix. .	— négociation.	10	14	33 40
Juillet.	6	— Caisse.	— escompte à Empezat. . . .	11	2	37 50
»	9	— divers.	— escomptes divers.	12	0	447 50
Août.	9	— Traites et remises..	— dito, S/ n°. 9.	16	3	76 50
Septem.	5	— L. et B. à payer. .	— escomptes divers.	17	8	208 20
»	10	— Sivrac.	— dito, dito.	18	14	174 21
Octobre	20	— Breda et fils. . .	— dito, dito.	20	9	600 »
						2991 71

		DOIVENT	FRAIS GÉNÉRAUX.			
Janvier.	30	A Caisse.	Pr. frais divers..	3	1	666 60
Septem.	10	— ladite.	— liquidation et arbitrages.. .	18	2	600 »
Octobre	20	— ladite.	— dito et solde.	21	»	400 »
						1666 60

F°. 12.

1807.		ET INT^{éts}. DE	NÉG^{on}. AVOIR.			F. C.
Février.	25	P^{r}. Traites et remises.	P^{r}. escompte au n°. 5.	4	3	300 »
Avril.	14	— Caisse.	— 1/2 bénéfice à 9810 m. b°.	6	1	24 18
Mai.	9	— Chevigny frères.	— commission à 765 pistoles.	8	7	55 72
»	29	— Créqui et Ce.	— 1/2 bén. à 4905 p^{tres}. H. b°.	9	6	61 31
Juillet.	6	— Caisse.	— escomptes aux n°s. 10 et 11.	11	2	56 25
»	9	— Traites et remises..	— dito, au n°. 12..	12	3	74 25
Août.	7	— lesdites.	— dito, au n°. 16..	16	»	160 »
»	12	— lesdites.	— dito, au n°. 17..	16	»	42 66
Octobre	20	— Caisse.	— Commission d'échange.	20	2	150 »
»	»	— Compte de banq.	— bénéfice sur dito.	21	6	352 45
»	»	— Profits et pertes.	— solde.	22	11	1714 89
						2991 71

			AVOIR.			
Janvier.	30	P^{r}.March^{ses}. en com^{on}.	P^{r}. frais.	3	10	15 »
Juillet.	1	— M^{ses}. de C/ à 1/2.	— avec Besson.	10	17	20 »
»	23	— dito.	— avec Sivrac.	14	19	30 »
Octobre	20	— Profits et pertes.	— solde.	22	11	1601 60
						1666 60

F°. 13.

1807.		DOIT.	BRULET d'Amst^{dam}.			F. C.
Mars.	5	A Caisse.	P^{r}. remise de flor. c^{s}. 3000 à 57.	4	1	6315 75
Octobre	20	— balance.	Pour solde.	0	22	11344 55
						17660 30

		DOIT.	JOUVE d'Hambourg.			
Mars.	15	A Dentu, N/C. . . .	P^{r}. traite de fl. c. 6000 à 31 1/2.	5	13	14297 35
Juillet.	7	— au même. . . .	— dito, dito, dito.	11	»	14297 35
»	14	— Caisse.	— rem. de 8000 m. b°. à 192 5/8.	12	2	15219 75
»	24	— ladite.	— dito de 2000 dito, dito. . .	15	»	3804 90
						47619 35

		DOIT.	DENTU de Rot^{dam}.			
Octobre	20	A Balance.	P^{r}. solde.	0	22	28594 70
						28594 70

F°. 13.

1807.		S/COMPTE.	AVOIR.			F. C.
Octobre	20	Par lui-même N/C. .	Pr. solde.	22	7	17660 30
						17660 30
»	»	Par Balance.	. . . .	0	22	11344 55

		N/COMPTE.	AVOIR.			
Mai.	2	Par Gréqui et Co. . .	Pr. traite à L/O.	7	6	14297 35
Juillet.	7	— divers.	— suivant Journal f°. . . .	11	0	24365 65
Octobre	20	— lui-même S/C. . .	— solde.	22	18	8956 35
						47619 35

		N/COMPTE.	AVOIR.			
Mars.	15	Par Jouve, N/C. . .	Pr. tr. de fl. c. 6000 à 31 1/2 etc.	5	13	14297 35
Juillet.	7	— le même. . . .	— dito, dito.	11	»	14297 35
						28594 70
Octobre	20	Par Balance. . . .	A nouveau.	0	22	28594 70

F°. 14.

1807.		DOIT.	SIVRAC DE CADIX.			F.	C.
Mars.	22	A divers.	Pr. expédon. de 4 balles toile. .	6	0	10000	»
Avril.	30	— Roux, de Bordaux..	— frais et assurances à dito. .	7	15	597	60
Juillet.	23	— divers.	— 1/2 à bijouteries et autres. .	14	0	13402	80
Septem.	10	— dito.	— divers au Journal f°. . . .	17	»	28761	»
						52761	40
Octobre	20	A Balance.	A nouveau.	0	22	18081	40

		DOIT.	SEGUERS				
Mars.	29	A Marchses. génles.. .	Pr. 3913 kil. café en échange. .	6	4	9000	»
Octobre	20	— Profits et pertes. .	— bénéfice et solde.	21	11	916	»
						9916	»

F°. 14.

1807.			AVOIR.			F. C.
Juin.	19	Par Caisse.	Pr. sa remise sur Paris. . . .	10	2	3920 »
»	28	— divers.	— 453 ples. 23 rx. 8 mis. à 14 l. 18 s.	10	0	6677 60
Septem.	10	— dito.	— 2 traites ordre divers. . . .	18	»	24082 40
Octobre	20	— Balance. . . .	— solde.	0	22	18081 40
						52761 40

		DE NANTES.	N/C. AVOIR.			
Avril.	30	Par Julien de Nantes.	Pr. solde de 3913 kil. café. . .	7	8	9916 »
						9916 »

F°. 15.

1807.		DOIT.	ROUX			F. C.
Août.	9	A Traites et remises. .	Pr. remise sur Marseille. . . .	16	3	20248 »
						20248 »
Octobre	20	A Balance.	A nouveau.	0	22	18400 40

		DOIVENT.	SOIES DE C/ A 1/2			
Mai.	22	A divers.	Pr. 1/2 à 12 balles trames soies.	8	0	23635 »
Octobre	20	— Profits et pertes. .	— bénéfice pour solde. . . .	21	11	6187 38
						29822 38

F°. 15.

1807.		DE BORDEAUX.	AVOIR.			F. C.
Avril.	30	Pr. Sivrac de Cadix. .	Pr. frais et assur. de 4 bal. toile.	7	14	597 60
Juillet.	23	— Mses. de C/ à 1/2. .	— Assurances et frais.	14	19	1250 »
Octobre	20	— Balance. . . .	— Solde.	0	22	18400 40
						20248 »

		avec BAILLY fres.	DE NAPLES. AVOIR.			
Mai.	22	Pr. Bailly L/C. . .	Pr. 1/2 aux frais.	8	16	268 70
Juin.	6	— Breda et fils. . .	— 4 balles trames n°. 1 à 4. . .	9	9	10596 75
»	16	— Caisse.	— dito, dito, n°. 5 à 8. . . .	0	2	8756 43
»	26	— Traites et remises. .	— dito, dito, n°. 9 à 12. . . .	10	3	10200 50
						29822 38

F°. 16.

1807.		DOIVENT.	BAILLY FRÈRES			F. C.
Juin.	22	A Caisse.	Pr. Rse. 3000 pres. s/Livourne. .	10	2	15037 50
Juillet.	2	— Frédéric de Liv. .	— Tte. de 1250 pres. à 101 1/2..	11	17	6343 75
Octobre	20	— Eux-mêmes L/C. .	— Solde.	22	16	1716 35
						23097 60

		DOIVENT.	BAILLY FRÈRES			
Mai.	22	A Soies de C/à 1/2. .	Pour 1/2 aux Frais.	8	15	268 70
Août.	9	— Traites et remises.	— 1/2 sur négociation . . .	16	3	76 50
Octobre.	20	— Balance.	— Solde.	0	22	30924 82
						31270 02

		DOIT.	BOUDET			
Octobre.	20	A Balance.	Pour solde.	0	22	262 40

F°. 16.

1807.		de Naples. N/C.	AVOIR.			F. C.
Mai.	22	Par soies de Cie. à 1/2.	P^{r}. 1/2 à 12 B/ trame soies.	8	15	23097 60
						23097 60
		de Naples L/C.	AVOIR.			
Juin.	6	Par Breda et Fils.	P^{r}. 1/2 à 4 B/tram. n°s. 1 à 4.	9	9	10596 75
»	16	— Caisse.	— dito dito. n°s. 5 à 8.	»	2	8756 42
»	26	— Traites et remises.	— dito dito. n°s. 9 à 12.	10	3	10200 50
Octob.	20	— Eux-mêmes N/C.	— Solde.	22	16	1716 35
						31270 02
	»	Par balance.	A nouveau.	0	22	30924 82
		de Marseille.	AVOIR.			
Mai.	22	P/ soies de Cie. à 1/2.	Pour frais d'expédition.	8	15	262 40
Octob^{re}.	20	Par Balance.	A nouveau.	0	22	262 40

F°. 17.

1807.		DOIVENT	MARCses. DE C/ A 1/2			F. C.
Juillet.	1	A divers.	Pr. 224 aunes velours de Gênes.	10	0	4680 »
Octobre	20	— Profits et pertes.	— Bénéfice.	21	11	360 »
						5040 »

		DOIT.	BESSON			
Juillet.	1	A divers.	Pr. 1/2 à 224 aun. vel. de Gênes.	10	0	2386 »
Août.	2	— Mses. de C/ à 1/2.	— dito, dito en vente.	16	17	2700 »
						5086 »

		DOIT.	FRÉDÉRIC,			
Août.	2	A Empezat et Ce.	Pr. traite de 1250 ptres. à 101.	16	10	6312 50
Octobre	20	— Profits et pertes.	— bénéfice au change.	21	11	31 25
						6343 75

F°. 17.

1807.		AVEC BESSON,	DE LISBONNE. AVOIR.			F. C.
Juillet.	1	Par Besson. . . .	Pr. sa 1/2 à 224 a. vel. de Gênes.	10	17	2340 »
Août.	2	— ledit.	— dito, dito en vente. . . .	16	»	2700 »
						5040 »

		DE LISBONNE.	AVOIR.			
Août.	7	Par Caisse.	Pr. traite à vue ordre Colaud. .	16	2	5086 »
						5086 »

		DE LIVOURNE.	N/C. AVOIR.			
Juillet.	2	Par Bailly, N/C. . .	Pr. traite de 1250 ptres. à 101 1/2.	11	16	6343 75
						6343 75

F°. 18.

1807.		DOIVENT.	SUCRES DE C/ A 1/2			F.	C.
Juillet.	7	A divers.	Pr. 1/2 à 11325 kil. et frais.	11	0	12750	»
Octobre	20	— Profits et pertes.	— bénéfice.	21	11	772	»
						13522	»

		DOIT.	JOUVE				
Juillet.	7	A Caisse.	Pr. 1/2 aux fs. de 11325 k. sucre.	11	2	92	50
»	24	— ladite.	— remise de 800 m. b°.	15	»	15219	75
Octobre	20	— lui-même, N/C.	— solde.	22	13	8956	35
						24268	60
Octobre.	»	A Balance.	A nouveau.	0	22	10746	60

		DOIT.	LE CORSAIRE				
Juillet.	7	A Jouve, N/C.	Pr. cinq actions.	11	13	10000	»
Octobre	20	— Balance.	A nouveau.	0	22	10000	»

F°. 18.

1807.		AVEC JOUVE	D'HAMB^ourg^. AVOIR.			F. C.
Juillet.	24	Par Caisse.	P^r^. 1/2 à 11325 kil. blanc.	15	2	13522 »
						13522 »

		D'HAMBOURG.	S/C. AVOIR.			
Juillet.	24	Par Caisse.	P^r^. 1/2 à 11325 kil. sucre.	15	2	13522 »
Octobre	20	— Balance.	— solde.	0	22	10746 60
						24268 60

		L'ALERTE.	AVOIR.			
Octobre	20	Par Balance.	P^r^. cinq actions.	0	22	10000 »

F°. 19.

1807.		DOIVENT	MICHEL FRÈRES,			F. C.
Juillet.	9	A March^{ses}. gén^{les}..	P^{r}. mandat de Créqui et Ce..	12	4	1650 »

		DOIT.	SEGUERS DE NANTES,			
Juillet.	18	A Caisse.	P^{r}. v^{te}. de 10 balles laine.	13	2	110 »
Août.	19	— Julien de Nantes.	—N/Traite à vue à son ordre.	17	8	3968 50
						4078 50

		DOIVENT	MARCH^{ses}. DE C/ A 1/2			
Juillet.	23	A divers.	Par bijouteries et autres objets.	14	0	26280 »
Octobre	20	— Profits et pertes.	— Bénéfice.	21	11	4860 »
						31140 »

F°. 19.

						F. C.
1807.		DE PARIS.	AVOIR.			
Octobre	20	Par Caisse.	Pr. solde.	20	2	1650 »
		S/COMPTE.	AVOIR.			
Juillet.	30	Par Mar^des. en com^on.	Pr. net prod^t. de 10 balles laine.	15	10	4078 50
						4078 50
		AVEC SIVRAC	DE CADIX. AVOIR.			
Juillet.	23	Par Sivrac.	Pr. 1/2 à bijouteries, etc. . . .	14	14	13140 »
Septem.	10	— ledit.	— dito, dito en vente. . . .	18	»	18000 »
						31140 »

Fo. 20.

1807.		DOIT	LE NAVIRE			F.	C.
Septem.	11	A Divers.	Pr. achat dt. nav., agrès, etc. .	18	0	96000	»
						96000	»
Octobre	20	A Balance.	A nouveau.	0	22	90000	»

		DOIT	LA CARGAISON				
Septem.	12	A Billets à payer. . .	Pour chargement.	18	8	170650	»
»	13	— armnt dudit navre.	— Fret.	19	20	20000	»
Octobre	15	— divers.	— Frais de déchargement. . .	»	0	1800	»
»	20	— profits et pertes. .	— Bénéfice.	21	11	62050	»
						254500	»

		ARMEMENT	DU NAVIRE				
Septem.	18	A Caisse.	Pour l'Equipage.	19	2	42000	»
Octobre	15	— divers.	— Achat et réparations. . . .	»	0	1900	»
»	16	— Caisse.	— Frais de désarmnt. au Capite.	»	2	26500	»
»	20	— Profits et pertes. .	— Bénéfice.	21	11	54600	»
						125000	»

F°. 20.

1807.		LE LION D'OR.	AVOIR.			F.	C.
Octobre.	20	Par Profits et pertes. .	Pour Avaries, etc.	21	11	6000	»
»	»	— Balance.	— Valeur dudit navire. . . .	0	22	90000	»
						96000	»

		DU LION D'OR.	AVOIR.				
Octobre.	15	Par Divers.	Pr. produit de Mses. vendues. .	19	0	254500	»
						254500	»

		LE LION D'OR.	AVOIR.				
Septem.	13	Par Cargaison. . .	Pour Fret	19	20	20000	»
Octobre.	15	— Divers.	— dito et quatre Passagers.. .	»	0	40000	»
»	16	— Marchses. génles. .	— Frais desdites.	20	4	25000	»
»	19	— Caisse.	— dito et passage de 4 Colons.	»	2	40000	»
						125000	»

F°. 21.

1807.		DOIVENT	DESCHAMPS et Cie.,			F. C.
Octobre	15	A divers.	Pr. Mses. vend. par N/ Capitaine.	19	0	29000 »
Octobre	20	— Balance. . . .	A nouveau.	0	22	29000 »

		DOIVENT	DURAND et Cie.,			
Octobre	15	A divers.	Pr. Mses. vend. par N/ Capitaine.	19	0	9000 »
»	20	— Balance. . . .	A nouveau.	0	22	9000 »

		DOIT.	RIPARD,			
Octobre	20	A Balance.	Pour Solde.	0	22	9550 »

F°. 21.

1807.		DU CAP.	AVOIR.			F. C.
Octobre	20	Par Balance. . . .	Pr. solde.	0	22	29000 »

		DU CAP.	AVOIR.			
Octobre	20	Par Balance. . . .	Pr. solde.	0	22	9000 »

		DE PARIS.	AVOIR.			
Octobre	20	Par L. et B. à payer.	Pr. notre effet à son ordre. . .	20	8	9550 »
»	»	— Balance. . . .	A nouveau.	0	22	9550 »

F°. 22.

DOIT BALANCE D'INVENTAIRE DE

DÉBITEURS.

			F.	C.
Caisse.	»	2	69109	35
Traites et remises. .	»	3	59328	95
March^{ses}. gén^{les}. . .	»	4	239000	»
Immeubles. . . .	»	5	42000	»
Lagarique.	»	»	2000	»
Créqui et Ce. . . .	»	6	30246	13
Compte de Banque. .	»	»	5597	40
Breda et fils. . . .	»	9	53264	32
Sivrac de Cadix. . .	»	14	18081	40
Roux de Bordeaux. .	»	15	18400	40
Jouve d'Hamb., S/C..	»	18	10746	60
Corsaire *l'Alerte*.. .	»	»	10000	»
Navire *le Lion-d'Or*..	»	20	90000	»
Deschamps et Ce.. .	»	21	29000	»
Durand et Ce.. . .	»	»	9000	»
			685774	55

F°. 22.

L'ANNÉE MIL HUIT CENT SEPT. AVOIR.

		CRÉANCIERS.			F.	C.
	Chevigny frères. . .	. . . .	»	7	23842	83
	L. et B. à payer. . .	. . . .	»	8	215150	»
	Julien de Nantes. . .	. . . .	»	»	3393	70
	Zacary de Toulouse. .	. . . .	»	9	62050	»
	Empezat et Ce. . .	. . . .	»	10	14418	26
	Brulet d'Amst., S/C. .	. . . .	»	13	11344	55
	Dentu deRotter., N/C.	. . . .	»	»	28594	70
	Bailly f. de Nap., L/C.	. . . .	»	16	30924	82
	Boudet de Marseille. .	. . . .	»	»	262	40
	Ripard.	. . . .	»	21	9550	»
	Capital.	P^r^. solde.	»	1	286243	29
					685774	55

DE LA BALANCE GÉNÉRALE.

Du Bilan de vérification et du pointage des Ecritures ; de la Balance des Comptes généraux et particuliers ; de l'Inventaire résultant des Ecritures ; et enfin du Bilan de sortie et d'entrée au Grand Livre.

1°. *Du bilan général de vérification et du pointage.*

En terminant mes instructions sur le Journal à parties doubles, j'ai fait observer que *les articles de balance* qui suivent le modèle de ce Journal, tenaient moins aux opérations du commerce en elles-mêmes, qu'à la méthode des écritures à parties doubles, dont ces articles sont la suite; c'est par cette raison que j'ai renvoyé, après le modèle du Grand Livre, les explications à donner à ce sujet, afin de les rendre plus sensibles par l'application.

J'ai dit encore, en donnant les règles à suivre pour former les articles au Journal, que le débit doit toujours égaler le crédit dans chaque article, et, par une conséquence nécessaire, que la somme de tous les débits doit égaler celle de tous les crédits, faute de quoi il y aurait infailliblement erreur, soit dans les articles du Journal, soit dans leur report au Grand Livre.

C'est ici le lieu de faire l'application des principes que je viens de rappeler.

Lorsqu'on est arrivé à l'époque fixée pour faire inventaire et qu'on a reporté au Journal et de là au Grand Livre les écritures de toutes les opérations faites jusqu'à ce moment, on procède au pointage de tous les articles correspondans du Journal et du Grand Livre, afin de s'assurer que toutes les sommes soient exactement portées tant en débit qu'en crédit à leurs comptes respectifs.

Pour pointer on commence par le premier article du Journal, dont on appelle le débiteur et la somme, et l'on vérifie sur le Grand Livre, au compte appelé, si la somme est exactement reportée. On en fait de même pour le créditeur, et ainsi de suite jusqu'au dernier article du Journal; à chaque somme appelée on met un point (•), ainsi qu'on peut le voir au modèle du Grand Livre qui précède.

Cette opération faite, on dresse sur une feuille ou cahier de papier séparé, un état à quatre sommiers, conforme au modèle que j'en donne ci-après, sous le titre de *Bilan général de vérification.*

On porte, dans une colonne à gauche de cet état, le nom de chaque compte et le folio du Grand Livre où il se trouve, et, sur la même ligne dans le premier sommier, le montant du débit, et dans le second le montant du crédit, et ainsi de suite jusqu'au dernier des comptes ouverts au Grand Livre; on fait ensuite l'addition générale de tous les débits et celle de tous les crédits, qui doivent l'une et l'autre donner le même résultat, comme dans le modèle qui suit, dont les deux additions donnent chacune la somme totale de 2,072,819 F. 90 c.

S'il se trouve, au contraire, une différence entre les deux additions générales, il faut les vérifier et recommencer le pointage jusqu'à ce qu'on trouve la cause de la différence; car la plus légère, ne fût-elle que d'un centime, peut couvrir des erreurs très-considérables.

Il n'est pas cependant rigoureusement impossible que l'égalité même entre la somme des débits et celle des crédits, ne couvre encore quelques erreurs; mais pour qu'il en existât en pareil cas, il faudrait : 1°. qu'elles existassent au débit et au crédit tout à la fois : par exemple, dans le cas où une même somme serait portée à l'inverse, d'un compte à l'autre, c'est-à-dire au crédit pour le débit de l'un, et *vice versâ*, ou à un compte pour l'autre; 2°. qu'elles fussent de sommes égales s'il n'existait que deux erreurs, ou au moins de sommes qui se compensassent s'il en existait un plus grand nombre; 3°. qu'elles fussent toutes en plus ou toutes en moins dans le débit comme dans le crédit, et qu'on ne s'en apperçût pas au pointage.

Or il est évident qu'un tel concours de circonstances n'est pas même vraisemblable, et tout au moins qu'il est tellement difficile à rencontrer, que, lorsqu'une fois les écritures ont été pointées et qu'en résultat la somme des débits égale celle des crédits, on peut procéder de suite à la balance des comptes, avec d'autant plus de confiance que cette balance est encore une espèce de contre-épreuve de la régularité des écritures.

2°. *De la balance des comptes généraux et particuliers.*

Les deux sommiers qui suivent ceux des additions, dans le bilan de vérification, sont destinés à porter les soldes ou balances particulières de chaque compte, c'est-à-dire, le troisième sommier pour les comptes qui restent débiteurs, et le quatrième pour ceux qui restent créditeurs.

L'addition générale des balances en débit doit encore être parfaitement égale à celle des balances en crédit, comme on le voit au modèle qui suit du bilan général de vérification, où chacune de ces additions présente la somme de 685,774 55 cent.

Mais il est essentiel d'observer ici qu'avant de tirer les balances particulières des comptes, il faut résumer les comptes généraux qui en sont susceptibles, par celui de *Profits et pertes*, et solder ce dernier par celui de *Capital.* C'est aussi le moment de résumer et solder les uns par les autres les divers comptes ouverts au même correspondant, sous les désignations M/C L/C N/C, etc.

Je renvoie, pour plus grands détails sur ce point, aux instructions que j'ai données précédemment sur les diverses espèces de comptes usités en parties doubles et sur la manière de les solder; mais pour faciliter à cet égard l'application des règles, j'ai porté dans une colonne à droite du *bilan de vérification*, l'extrait de tous les comptes du Grand Livre, susceptibles d'être résumés ou soldés les uns par les autres.

La résumption de ces divers comptes est ce qui produit les *articles de balance* qui suivent l'article 103, au modèle du Journal, et qui par conséquent doivent être et sont effectivement reportés au Grand Livre dans le modèle qui précède.

Il résulte de cette *résumption* de comptes :

1°. Que la balance du compte de *Marchandises générales*, à porter dans le troisième sommier du bilan de vérification, ne résulte pas des additions du débit et du crédit; mais forme précisément le montant des marchandises restant; la différence qui résulte au-delà est portée à *Profits et pertes.*

Il en est de même des *Comptes de banque et d'agio*, et de celui du *navire.*

2°. Les comptes de *soies*, de *sucres* et *marchandises en compte à demi* ne comprenant point de marchandises restant, sont purement et simplement soldés par profits et pertes.

Il en est de même des comptes de *cargaison* et *armement de navire.*

3°. Les comptes de *Seguers* et *Frédéric* ne donnant en balance que des objets de profits et pertes, sont également soldés par *Profits et pertes.*

4°. Et enfin le compte de *Brulet*, intitulé *notre compte*, est soldé par celui intitulé *son compte.*

Il en est de même des comptes de *Jouve* et de *Bailly* frères.

Ainsi plusieurs de ces comptes se trouvent entièrement soldés ou résumés, et disparaissent sans donner de résultat dans les deux sommiers destinés aux balances; enfin le compte de *Profits et pertes* chargé des résultats des autres, disparaît lui-même en confondant son propre résultat dans celui de *Capital.*

A l'égard des autres comptes, tels que ceux de *Caisse*, *Traites et remises*, *Lettres et billets à payer*, ceux de *Chevigny*, *Créqui*, *Julien* et autres, les balances sortent naturellement de la différence de leurs débits à leurs crédits.

Au surplus le modèle du Grand Livre qui précède, contient tous les comptes balancés, résumés ou soldés conformément au tableau que présentent le *bilan général de vérification* et l'*état de résumption* à côté, où l'ensemble des opérations se trouve réuni sous le même point de vue.

3°. *De l'inventaire résultant des écritures.*

Lorsque les écritures sont vérifiées et trouvées exactes suivant les règles que nous venons de poser ou de rappeler, il n'est pas difficile de dresser l'inventaire qui est le résultat de ces écritures et doit cadrer avec elles exactement.

Mais il y a plusieurs points à considérer avec attention.

1°. L'état des marchandises en magasin doit être recensé exactement sur celles qui restent, estimées au prix d'achat ou au cours du jour, et d'accord, pour les quantités, sauf les déchets et coulages, avec *le livre de marchandises en magasin.*

2°. La somme des espèces en caisse nombrées et vérifiées, doit être conforme à la balance du livre de caisse, et par conséquent du compte de *Caisse* au Grand Livre.

S'il s'y trouvait une différence qui excédât les menus frais ordinaires de sacs et de faux appoints, il faudrait chercher l'omission que cette différence indiquerait soit en recette soit en dépense.

3°. La somme et le nombre des effets en portefeuille doivent être parfaitement semblables à la balance du compte de *Traites et remises.* S'il s'en trouvait quelqu'un de moins, ce serait la preuve d'une omission d'écriture qu'il faudrait rechercher, ce qui ne devrait pas être difficile, puisqu'avec le secours du livre de traites et remises on aurait bientôt reconnu l'effet ou les effets manquant.

4°. Le montant général de l'actif de l'inventaire doit répondre exactement à la somme totale des balances en débit au bilan général de vérification.

5°. Et enfin le montant total du passif, comparé avec l'actif, doit donner exactement pour résultat la balance actuelle du compte de *Capital*, ou, ce qui est la même chose, le montant du passif, joint à la balance du compte de capital, doit égaler exactement le montant général de l'actif.

C'est le résultat de l'inventaire qui suit ci-après le bilan de vérification.

On peut porter au Grand Livre l'extrait de cet inventaire, qui alors n'est autre chose que l'état des balances des comptes, et s'inscrit en débit et crédit sous la forme d'un compte ordinaire et sous le titre de *Balance d'inventaire de telle année*. Voir à cet égard celui qui termine le Grand Livre précédent, et dressé aussi à la suite du bilan général de vérification.

Les divers modèles qui suivent présentent, sous un point de vue très-rapproché, l'application de toutes les règles posées précédemment.

4°. *Du bilan de sortie et du bilan d'entrée.*

Lorsqu'un Grand Livre est entièrement rempli et qu'il devient nécessaire d'en recommencer un nouveau, il faut balancer tous les comptes de l'ancien grand livre pour les ouvrir sur le nouveau.

Alors il est d'usage d'ouvrir à la fin du Grand Livre ancien, un compte que l'on intitule *Bilan de sortie*, et dans lequel on porte les balances de tous les comptes du grand livre, savoir : celles actives, au débit du bilan de sortie; et celles passives, au crédit, précisément dans la même forme que la balance d'inventaire dont j'ai parlé plus haut, et qui servirait en même temps de *bilan de sortie*, si le grand livre se trouvait rempli précisément à l'époque de l'inventaire.

Avant d'ouvrir les comptes sur le Grand Livre nouveau, on y porte, sur le premier feuillet, le même compte qui termine l'ancien grand livre, avec cette différence qu'on l'intitule alors *bilan d'entrée*, et que le débit du bilan de sortie devient le crédit du bilan d'entrée, et *vice versâ*.

Si, comme cela peut arriver souvent, on se trouvait dans la nécessité de changer de grand livre à toute autre époque que celle fixée pour l'inventaire, alors il ne faut résumer ni solder les comptes; on se contente d'en faire les additions partielles et générales, et d'en tirer directement toutes les balances telles qu'elles se trouvent, pour en former le bilan de sortie et ensuite celui d'entrée.

On doit observer qu'en ce cas comme dans tout autre, les débits doivent toujours présenter la même somme que les crédits, et par suite, que le total des balances actives doit être égal à celui des balances passives ; lorsqu'on a trouvé ce résultat, on peut le considérer comme la preuve de l'exactitude des écritures jusqu'à ce moment.

BILAN général de vérification des Écritures et Balance des comptes pour parvenir à l'Inventaire.

F^os.		ADDITIONS DES DÉBITS. F. C.	ADDITIONS DES CRÉDITS. F. C.	BALANCES EN RÉSULTANT EN DÉBIT. F. C.	BALANCES EN RÉSULTANT EN CRÉDIT. F. C.
1	Capital.	60000 »	248000 »	» »	286243 29
2	Caisse.	484048 15	414938 80	69109 35	» »
3	Traites et remises.	127561 40	68232 45	59328 95	» »
4	Marchandises générales.	379799 94	116504 20	239000 »	» »
5	Immeubles.	42000 »	» »	42000 »	» »
»	Lagarique de C/V.	29041 50	27041 50	2000 »	» »
6	Créqui et Comp^e. *id.*	56171 55	25925 42	30246 13	» »
»	Compte de banque.	25359 70	20114 75	5597 40	» »
7	Chevigny frères, de C/V.	24382 95	48225 78	» »	23842 83
»	Brulet d'Amsterdam, N/C.	14339 70	32000 »	» »	» »
8	Lettres et billets à payer.	31787 80	246937 80	» »	215150 »
»	Julien de Nantes.	12443 90	15837 60	» »	3393 70
9	Breda et fils, de C/V.	78587 65	25323 33	53264 32	» »
»	Zacary de Toulouse.	» »	62050 »	» »	62050 »
10	Empezat et Comp^e., de C/V.	42300 »	56718 26	» »	14418 26
11	Profits et pertes.	110 65	2189 54	» »	» »
12	Compte d'agio.	2991 71	924 37	» »	» »
»	Frais généraux.	1666 60	65 »	» »	» »
13	Brulet d'Amsterdam, S/C.	6315 75	» »	» »	11344 55
»	Jouve d'Hambourg, N/C.	47619 35	38663 »	» »	» »
»	Dentu de Rotterdam, N/C.	» »	28594 70	» »	28594 70
14	Sivrac de Cadix.	52761 40	34680 »	18081 40	» »
»	Seguers de Nantes, N/C.	9000 »	9916 »	» »	» »
15	Roux de Bordeaux.	20248 »	1847 60	18400 40	» »
»	Soies de compte à 1/2.	23635 »	29822 38	» »	» »
16	Bailly frères, N/C.	21381 25	23097 60	» »	» »
»	Les mêmes L/C.	345 20	29553 67	» »	30924 81
»	Boudet de Marseille.	» »	262 40	» »	262 40
17	M^dses. de Cie. à 1/2 avec Besson.	4680 »	5040 »	» »	» »
»	Besson de Lisbonne.	5086 »	5086 »	» »	» »
»	Frédéric de Livourne, N/C.	6312 50	6343 75	» »	» »
18	Sucres de Cie. à 1/2 avec Jouve.	12750 »	13522 »	» »	» »
»	Jouve d'Hambourg, S/C.	15312 25	13522 »	10746 60	» »
»	Corsaire *l'Alerte*.	10000 »	» »	10000 »	» »
19	Michel frères, de C/V.	1650 »	1650 »	» »	» »
»	M^dses. de Cie. à 1/2 avec Sivrac.	26280 »	31140 »	» »	» »
	En l'autre part.	1675969 90	1683769 90	557774 55	676224 55

RÉSUMPTION DES COMPTES GÉNÉRAUX.

	DÉBITS. F. C.	CRÉDITS. F. C.
MARCHANDISES GÉNÉRALES.	379799 94	116504 20
Par balance marchandises restant.	» »	239000 »
Par profits et pertes pour perte.	» »	24295 74
	379799 94	379799 94
COMPTE DE BANQUE.	25359 70	20114 75
A Compte d'agio pour solde.	352 45	» »
Par balance pour 2 effets restant.	» »	5597 40
	25712 15	25712 15
COMPTE D'AGIO.	2991 71	924 37
Par compte de banque.	» »	352 45
Par profits et pertes.	» »	1714 89
	2991 71	2991 71
FRAIS GÉNÉRAUX.	1666 60	65 »
Par profits et pertes pour solde.	» »	1601 60
	1666 60	1666 60
BRULET, N/C.	14339 70	32000 »
A lui-même, S/C.	17660 30	» »
	32000 »	32000 »
BRULET, S/C.	6315 75	» »
Par lui-même, N/C.	» »	17660 30
A balance.	11344 55	» »
	17660 30	17660 30
JOUVE, N/C.	47619 35	38663 »
Par lui-même, S/C.	» »	8956 35
	47619 35	47619 35
JOUVE, S/C.	15312 25	13522 »
A lui-même, N/C.	8956 35	» »
Par balance.	» »	10746 60
	24268 60	24268 60
SEGUERS, N/C.	9000 »	9916 »
A. P. et P. pour bénéfice sur marchandises.	916 »	» »
	9916 »	9916 »
FRÉDÉRIC, N/C.	6312 50	6343 75
A P. et P. pour Bénéfice de change.	31 25	» »
	6343 75	6343 75
BAILLY FRÈRES, N/C.	21381 25	23097 60
A eux-mêmes L/C.	1716 35	» »
	23097 60	23097 60
BAILLY FRÈRES L/C	345 20	29553 67
Par eux-mêmes, N/C.	» »	1716 35
A Balance.	30924 82	» »
	31270 02	31270 02

Suite du Bilan général de vérification des Ecritures de l'autre part.

	ADDITIONS				BALANCES EN RÉSULTANT			
	DES DÉBITS.		DES CRÉDITS.		EN DÉBIT.		EN CRÉDIT.	
	F.	C.	F.	C.	F.	C.	F.	C.
D'autre part.	1675969	90	1683769	90	557775	55	676224	55
20 Navire *le Lion d'Or*.	96000	»	»	»	90000	»	»	»
» Cargaison du *Lion d'Or*.	192450	»	254500	»	»	»	»	»
» Armement dudit.	70400	»	125000	»	»	»	»	»
21 Deschamps et Compᵉ., du Cap.	29000	»	»	»	29000	»	»	»
» Durand et Compᵉ. *id*.	9000	»	»	»	9000	»	»	»
» Ripard de C/V.	»	»	9550	»	»	»	9550	»
TOTAUX.	2072819	90	2072819	90	685774	55	685774	55

BALANCE D'INVENTAIRE A PORTER AU GRAND LIVRE.

DÉBITEURS.	F.	C.	CRÉDITEURS.	F.	C.
A Caisse.	69109	35	Par Chevigny frères, de C/V.	23842	83
A Traites et remises.	59328	95	Par Lettres et billets à payer.	215150	»
A Marchandises générales.	239000	»	Par Julien de Nantes.	3393	70
A Immeubles.	42000	»	Par Zacary de Toulouse.	62050	»
A Lagarique de C/V.	2000	»	Par Empezat et Compᵉ., de C/V.	14418	26
A Créqui et Compᵉ.	30246	13	Par Brulet d'Amterdam, S/C.	11344	55
A Compte de Banque 2 effets.	5597	40	Par *Dentu* de Rotterdam, N/C.	28594	70
A Bréda et fils, de C/V.	53264	32	Par Bailly frères, de Naples, L/C.	30924	82
A Sivrac de Cadix.	18081	40	Par Boudet de Marseille.	262	40
A Roux de Bordeaux.	18400	40	Par Ripard de C/V.	9550	»
A Jouve d'Hambourg, S/C.	10746	60			
A corsaire l'*Alerte*.	10000	»			
A navire *le Lion d'Or*.	90000	»			
A Deschamps et Cⁱᵉ., du Cap.	29000	»			
A Durand et Cⁱᵉ., *id*.	9000	»	Par Capital pour solde.	286243	29
	685774	55		685774	55

N. B. Cette balance d'inventaire, qui termine le Grand Livre, est ici réunie pour présenter sous toutes leurs formes et sous un même point de vue les résultats des parties doubles lors d'un inventaire.

Elle peut encore servir de *Bilan de sortie*, lorsqu'on change de Grand Livre à l'époque d'un inventaire, alors on peut l'intituler *Balance d'inventaire et Bilan de sortie*. On reporte ensuite ce même compte sur le premier feuillet du nouveau Grand Livre, sous le titre de *Bilan d'entrée;* mais il faut avoir soin alors de transposer le débit et le crédit à la place l'un de l'autre, les débiteurs à gauche, les créditeurs à droite et en regard.

Lorsqu'on change de livres à toute autre époque que celle de l'inventaire, le Bilan de sortie, et par suite le Bilan d'entrée se compose de tous les soldes qui résultent naturellement des additions des comptes, dans l'état où ils se trouvent à ce même moment.

RÉSUMPTION DES COMPTES GÉNÉRAUX.

	DÉBITS.		CRÉDITS.	
	F.	C.	F.	C.
SOIES A DEMI AVEC BAILLY.	23635	»	29822	38
A profits et pertes.	6187	38	»	»
	29822	38	29822	38
MARCHANDISES A DEMI AVEC BESSON.	4680	»	5040	»
A profits et pertes.	360	»	»	»
	5040	»	5040	»
SUCRES A DEMI AVEC JOUVE.	12750	»	13522	»
A profits et pertes.	772	»	»	»
	13522	»	13522	»
MARCHANDISES A DEMI AVEC SIVRAC.	26280	»	31140	»
A profits et pertes.	4860	»	»	»
	31140	»	31140	»
NAVIRE *le Lion d'Or*.	96000	»	»	»
Par profits et pertes.	»	»	6000	»
Par balance.	»	»	90000	»
	96000	»	96000	»
CARGAISON dudit navire.	192450	»	254500	»
A profits et pertes.	62050	»	»	»
	254500	»	254500	»
ARMEMENT DUDIT NAVIRE.	70400	»	125000	»
A profits et pertes.	54600	»	»	»
	125000	»	125000	»
PROFITS ET PERTES.	110	65	2189	54
A Marchandises générales.	24295	74	»	»
A compte d'Agio.	1714	89	»	»
A Frais généraux.	1601	60	»	»
Par Seguers.	»	»	916	»
Par Frédéric.	»	»	31	25
Par Soies, etc.	»	»	6187	38
Par Marchandises avec Besson.	»	»	360	»
Par Sucres avec Jouve.	»	»	772	»
Par Marchandises avec Sivrac.	»	»	4860	»
A Navire *le Lion d'Or*.	6000	»	»	»
Par Cargaison dudit.	»	»	62050	»
Par Armement dudit.	»	»	54600	»
A Capital pour solde.	98243	29	»	»
	131966	17	131966	17
CAPITAL.	60000	»	248000	»
Par profits et pertes.	»	»	98243	29
A balance, CAPITAL NET.	286243	29	»	»
	346243	29	346243	29

INVENTAIRE

RÉSULTANT DES ÉCRITURES AU MOIS D'OCTOBRE 1807.

ACTIF.

1°. ARGENT EN CAISSE.				
Espèces restées en caisse à balance.			69109	35
2°. EN PORTEFEUILLE.				
En effets de divers comme suit, SAVOIR :	F			
N°. 11. Billet de Lagarique, Paris, échu.	1250	»		
12. *Idem* de Créqui et Cie., *id. id.*	3374	25		
13. *Idem* de Lefort, *id.*, *id.* 20 octobre.	2197	95		
15. *Idem* de Créqui et Cie. *id.* échu.	6270	»		
16. Traites sur Mallet frères, *id. id.*	16000	»	59328	95
18. Billet de Bréda et fils, *id.* fin d'octobre.	2321	25		
19. Traite sur Bastide, *id.* au 15 décembre.	10000	»		
20. Billet de Lagarique, *id.* 20 *id.*	2915	50		
21. *Idem* de Bréda et fils *id.* 20 avril.	15000	»		
OBJETS DE BANQUE.				
Fl. cour. 1500 à 57, sur Brulet d'Amsterdam.	3157	85	5597	40
Marcs de B°. 1300 à 190, sur Vanderman d'Hambourg.	2439	55		
3°. MARCHANDISES EN MAGASIN.				
4 Tonneaux vins n°. 3 à F. 300.	1200	»		
20 *dito* Mâcon à F. 300.	6000	»		
107500 Kil. café, ci.	102200	»	239000	»
35 Futailles indigo, ci.	70000	»		
110 Balles coton, ci.	39600	»		
4°. IMMEUBLES.				
Une Maison, sise rue Verte, estimée comme au précédent inventaire.			42000	»
5°. NAVIRE LE LION D'OR.				
Pour la valeur actuelle dudit.			90000	»
6°. CORSAIRE L'ALERTE.				
Pour la valeur de nos 5 actions sur ledit.			10000	»
7°. DETTES ACTIVES PAR COMPTE COURANT.				
Lagarique de cette ville.	2000	»		
Créqui et Compagnie, *id.*	30246	13		
Bréda et fils, *id.*	53264	32		
Sivrac de Cadix.	18081	40	170738	85
Roux de Bordeaux.	18400	40		
Jouve d'Hambourg.	10746	60		
Deschamps et Compagnie, du Cap.	2900	»		
Durand et Compagnie, *id.*	900	»		
TOTAL GÉNÉRAL DE L'ACTIF.		F.	685774	55

PASSIF.

1°. LETTRES ET BILLETS A PAYER.

Notre billet, ordre Lagarique, échu.	10000	»		
Idem ordre Empezat et Compagnie, *id.*	12000	»		
Idem ordre *id. id.*	1500	»		
Idem ordre *id.* 5 novembre.	6000	»		
Idem ordre Rougemont, 12 Juin.	100000	»	215150	»
Idem ordre Boyer *id.*	8250	»		
Idem ordre Jauber, *id.*	62400	»		
Idem ordre Breda, 20 avril.	15000	»		

2°. DETTES PASSIVES EN COMPTE COURANT.

A Chevigny frères, de cette ville.	23842	83		
A Julien de Nantes.	3393	70		
A Zacary de Toulouse.	62050	»		
A Empezat et Compagnie, de cette ville.	14418	26		
A Brulet d'Amsterdam.	11344	55	184381	26
A Dentu de Rotterdam.	28594	70		
A Bailly frères, de Naples.	30924	82		
A Boudet de Marseille.	262	40		
A Ripard de cette ville.	9550	»		
TOTAL GÉNÉRAL DU PASSIF.			399531	26

BORDEREAU DU PRÉSENT INVENTAIRE.

ACTIF.

En caisse.	69109	39		
En portefeuille 9 effets.	59328	95		
2 *idem* sur l'étranger.	5597	40		
En marchandises.	239000	»	685774	55
En immeubles.	42000	»		
Navire *le Lion d'Or.*	90000	»		
Actions sur le corsaire *l'Alerte.*	10000	»		
Dettes actives.	170738	85		

PASSIF.

Engagemens, ordre divers.	215150	»	399531	26
Dettes passives en compte courant.	184381	26		
Partant, notre avoir net est de.			286243	29

Notre capital en commençant les écritures était de.	188000.	»	Somme égale.	286243	29
Le bénéfice fait depuis est.	98243	29			

DE LA MANIÈRE

DE SIMPLIFIER ET RÉSUMER LA TENUE DES ÉCRITURES

AU JOURNAL ET AU GRAND LIVRE A PARTIES DOUBLES.

J'AI promis dans mon Avertissement d'indiquer les moyens de simplifier considérablement la tenue des livres à parties doubles, en résumant sur un Journal particulier, et de-là sur le Grand Livre, toutes les écritures des opérations faites dans un intervalle de temps donné.

Les principes et les règles à observer étant toujours les mêmes, je ne répéterai pas inutilement tout ce que j'ai établi précédemment; je me bornerai à quelques observations qui en sont les conséquences, et essentielles pour ceux qui voudront adopter la marche abrégée.

L'article 9 du Code de Commerce exige de tout commerçant au moins un Livre journal tenu jour par jour et en détail, et qui embrasse la généralité de ses opérations.

Il faut surtout ici s'attacher à bien saisir l'esprit de la loi.

Ce qui constitue le Livre journal, c'est la tenue journalière, successive, en détail et sans interruption, des opérations de commerce à mesure et de la manière qu'elles se présentent. Mais il importe peu d'ailleurs quel nom on donne à ce livre et qu'il soit tenu à parties simples ou doubles, le nom et la forme sont à l'arbitraire de celui qui les tient.

Mais il faut avoir ce livre, et il importe d'autant plus qu'il soit tenu nettement jour par jour et en détail, que l'on abrégera davantage les écritures au Journal et au Grand Livre dont je vais parler à l'instant.

Je conseillerai d'ailleurs de le tenir suivant la forme des parties doubles, ce qui donnera la facilité d'abréger sur les autres livres, en présentant toujours à la vue les débiteurs et les créditeurs sans fatiguer l'attention à les chercher.

On conçoit au reste qu'il est sans utilité de répéter sur un autre Livre les détails que contient le Livre journalier qu'exige la loi; que dès-lors le Journal particulier à parties doubles, beaucoup plus concis, ne sert plus que d'intermédiaire pour reporter au Grand Livre, qui est lui-même encore bien plus bref, puisque les plus longs articles s'y réduisent à une ligne pour chaque compte; qu'enfin le Grand Livre n'est jamais, dans tous les cas, qu'un extrait succinct des opérations classées à chaque compte particulier, et ne peut qu'indiquer sommairement la position de chaque correspondant avec le chef, et celle personnelle du chef par l'ensemble de tous les comptes.

Il est évident en effet que si un commerçant voulait avoir l'état des marchandises qui lui restent en magasin, il ne pourrait le former d'après son grand livre, où il ne trouvera que des résultats où des sommes générales; il en serait de même s'il voulait dresser les comptes détaillés de quelques-uns de ses correspondans : il n'y pourrait parvenir qu'à l'aide du Journal de détail, bien que, dans tous les cas, les comptes résumés et sommaires du Grand Livre dussent présenter le même résultat que les comptes relevés par détail sur les autres Livres.

Il s'ensuit que la plus grande concision qu'on puisse apporter dans les écritures du Grand Livre, ne nuit point à l'exactitude et procure même l'avantage de diminuer le travail en rapprochant les résultats; qu'enfin, si au lieu de porter successivement plusieurs sommes à un compte du Grand Livre, on les y réunit dans un même article, cela ne donnera aucune différence ni dans les additions ni dans la balance de ce compte.

Le moyen d'abréger les écritures du Journal particulier et du Grand Livre se réduit à former un seul article de divers débiteurs pour divers créditeurs, pour toutes les opérations portées au Journal ou Main courante pendant un intervalle de temps quelconque, soit de dix ou quinze jours, soit d'un mois ou plus, et de porter en une seule somme à chaque compte tous les objets de débit ou tous ceux de crédit qui y ont rapport dans le même temps, en se bornant à indiquer les diverses dates dans la ligne.

Il n'y a d'ailleurs aucun autre changement à apporter dans la tenue des écritures; le report du Journal au Grand Livre est toujours subordonné aux mêmes règles.

Je me bornerai en conséquence à donner ici pour exemple le résumé des opérations de deux mois, prises sur le Journal même dont le modèle précède, afin qu'on puisse les reconnaître et comparer d'un coup-d'œil la différence qui résulte de l'une et l'autre manière de tenir les écritures.

Il faut prendre d'abord une feuille ou cahier de papier, sur lequel on trace deux sommiers, à gauche desquels on porte d'abord, sous le nom de chaque compte et successivement, tous les articles de débit qui le concernent.

On en fait autant ensuite pour tous les crédits qui doivent, bien entendu, égaler en somme le total des débits.

J'observe au surplus que je ne comprendrai pas dans ce résumé les deux articles d'inventaire, qui, pour l'ordre, doivent toujours être réduits à leur objet particulier.

Résumé d'Écritures du 1er. Janvier au 28 Février 1807.

DÉBITS.

Marchandises générales. Du 2 janvier, pour achat.	3468	»		
— 12, *id.*	6375	60		
— 1er. février, *id.*	2300	»	12143	60
Caisse. Du 2, reçu de Bréda et fils.	3641	40		
— 15, des mêmes.	3049	20		
— 21, de Chevigny.	4125	»		
— 4 février, pour un effet.	2112	55		
— 9, pour autre *id.*	3000	»		
— 14, pour autre *id.*	14475	»		
— 15, de Desbrières.	12000	»		
— 19, reçu 1 effet.	3049	20		
— 25 *id.*	3920	»	49372	35
Report.			61515	95

Report d'autre part.		61515 95
Traites et remises. Du 15, 1 effet remis par Bréda..	3049 20	
— 25, 1 *idem* — par Lagarique.	3920 »	
— 25 février, 1 *idem* par Lemaître.	10000 »	16969 20
Julien de Nantes, du 17 janvier, payé pour son compte.		132 90
Breda et fils, du 29 janvier, pour achat pour leur compte.		45045 »
Empezat et compagnie, notre remise du 30 janvier, espèces.		30000 »
Compte d'agio du 30 janvier, pour intérêts.		507 50
Marchandises en commission, pour produit à Julien.		8045 »
Frais généraux, du 30 janvier, payé.		666 60
Compte de Banque, 1 effet sur l'étranger.		14221 05
TOTAL DES DÉBITS.		177103 20
CRÉDITS.		
A Caisse. Du 2 janvier, payé en espèces.	3468 »	
— 12 . . . *idem.*	3187 80	
— 17 . . . *idem.*	132 90	
— 29 . . . *idem.*	45000 »	
— 30 . . . *idem.*	30507 50	
— » . . . *idem.*	666 60	
— 9 février, *idem.*	14221 05	
— 10 . . . *idem.*	2300 »	
— 25 . . . *idem.*	9700 »	109183 85
A Marchandises générales. Du 6 Janvier. Pour vente.	3631 40	
— 15 . . . . . Pour *idem.*	6098 40	
— 15 Février. Pour *idem.*	3000 »	12739 80
A Lettres et Billets à payer, pour notre billet ordre Chevigny.		3187 »
A Marchandises en commission. Du 21 Janvier. Pour vente.	4125 »	
— 25 *idem*, *idem.*	3920 »	8045 »
A Profits et pertes. Pour magasinage.	45 »	
Pour intérêts.	160 90	205 90
A Julien de Nantes. Du 30 janvier. Pour net produit..		7869 10
— Frais généraux. Pour magasinage.		15 »
— Compte de banque. Négociation d'un effet.		14475 »
— Lagarique. Du 15 février. 1/4 au produit de laines.		3000 »
— Créqui et Cie. Du 15 *idem.* 1/4 à *id.*		3000 »
— Chevigny frères. Du 15 *id.* 1/4 à *id.*		3000 »
— Compte d'agio pour change. Du 25 février.		300 »
— Traites et remises. Du 4 février. Reçu un effet.	2112 55	
Du 9 dito. . . . . . Autre *id.*	3000 »	
— 15 dito. . . . . . Autre *id.*	3049 20	
— 25 dito. . . . . . Autre *id.*	3920 »	12081 75
TOTAL DES CRÉDITS.		177103 20

On voit que pour établir ce résumé, on a parcouru successivement tous les articles du Journal général, pour réunir sous chaque compte tous les articles qui le concernent dans l'intervalle de deux mois.

Pour procéder avec ordre, il faut pointer chaque article sur le Journal de détail, à fur et mesure qu'il est porté au résumé, et aussi pour s'assurer de n'en omettre aucun.

On vérifie en même temps si les balances de la caisse et du portefeuille, résultant des écritures, se rapportent exactement au restant en caisse et au montant des effets en portefeuille, le compte de traites et remises surtout étant celui où il est plus facile de faire des erreurs, plus difficile de les retrouver si on les laisse vieillir, et où cependant on ne peut en laisser subsister la plus légère.

Pour vérifier la balance de caisse, on ajoute celle qui résulte des précédentes écritures au montant des sommes reçues dans l'intervalle du résumé actuel, et du total on déduit le montant des sommes payées dans le même intervalle; le reste doit présenter la balance du Livre de caisse et la somme d'argent existant dans la caisse.

On en fait autant pour le compte de traites et remises, et le résultat de la soustraction doit donner le montant exact des effets en portefeuille, dont on dresse le bordereau vérifié sur les effets mêmes.

Le moyen de s'assurer de l'exactitude de ce compte est de marquer la sortie du Livre de traites et remises pour chaque effet, en comparant si la somme de l'effet sorti, au Journal de détail ou Mémorial, est conforme à l'entrée du Livre de traites et remises, et même, en cas de différence, à l'entrée au Mémorial ou Journal détaillé.

Lorsqu'il se trouve, dans l'intervalle de temps qu'embrasse le résumé des comptes particuliers qui se soldent directement en débit et en crédit, on peut se dispenser de relever ces comptes dans le résumé, et dans ce cas, au lieu d'un point on met une (*S*) dans le Journal détaillé, en marge et à côté de chacun des articles de débit et de crédit, qui se soldent entre eux, sans faire partie d'un compte courant.

C'est ce que j'ai fait à l'égard d'une somme de 9200 francs, que j'ai supprimée tant au débit qu'au crédit d'Empezat et Compagnie, aux dates des 1er. et 10 février, et de trois sommes de 2300 francs chacune, tant aux débits qu'aux crédits de Lagarique, Créqui et Compagnie, et Chevigny frères.

Au reste on peut, si on le préfère, comprendre dans le résumé tous les articles et tous les comptes sans exception.

Lorsqu'une fois le résumé provisoire est dressé, vérifié et trouvé exact, alors on en forme un article de divers à divers au Journal particulier destiné pour reporter au Grand Livre, dans la forme de celui ci-après, composé du résumé précédent.

Du 28 Février 1807.

DIVERS à DIVERS, F. 177103 20 cent., pour les opérations détaillées au Journal général du 2 Janvier à ce jour, inclusivement; savoir :

4	MARCHANDISES GÉNÉRALES, pour achats divers.	12143	60		
1	CAISSE, pour recettes diverses.	49372	35		
3	TRAITES ET REMISES, pour 3 effets reçus de divers. . . .	16969	20		
8	JULIEN DE NANTES, 17 Janvier, payé pour lui.	132	90		
9	BREDA et Fils, 29 Janvier, achat pour leur compte. . . .	45045	»		
10	EMPEZAT et Compagnie, 30 Janvier, ma remise espèces. . .	30000	»		
12	COMPTE D'AGIO, pour intérêts.	507	50		
10	MARCHANDISES EN COMMISSION, pour produit.	8045	»		
12	FRAIS GÉNÉRAUX, ceux payés.	666	60		
6	COMPTE DE BANQUE, pour l'effet.	14221	05	177103	20

CRÉDITS par contre.

1	A CAISSE, paiemens divers en espèces	109183	85		
4	—MARCHANDISES GÉNÉRALES, pour ventes.	12739	80		
8	—LETTRES ET BILLETS A PAYER, N/Billet ordre Chevigny. .	3187	80		
10	—MARCHANDISES EN COMMISSION, pour vente pour compte.	8045	»		
11	—PROFITS ET PERTES, pour bénéfices divers.	205	90		
8	—JULIEN de Nantes, 30 Janvier, net produit.	7869	10		
12	—FRAIS GÉNÉRAUX, pour frais rentrés.	15	»		
6	—COMPTE DE BANQUE, pour négociation.	14475	»		
5	—LAGARIQUE, 15 Février, S/4 au produit de laines. . .	3000	»		
6	—A CRÉQUI et Compagnie, 15 dito, S/4 à idem.	3000	»		
7	—CHEVIGNY frères, 15 dito, L/4 à idem.	3000	»		
12	—COMPTE D'AGIO, pour change.	300	»		
3	—TRAITES ET REMISES, pour 4 effets sortis.	12081	75	177103	20

Les écritures depuis le 2 janvier 1807 jusqu'au 28 février suivant, se trouvent ici résumées en vingt-trois articles seulement, tant en débit qu'en crédit, au lieu de cinquante-huit qu'elles forment au Journal général ou détaillé.

Ainsi, voilà une réduction de trente-cinq articles à porter en moins dans le Journal particulier, et de pareil nombre aussi en moins dans le Grand Livre, sans qu'il y ait pour cela aucune différence dans les résultats des comptes, et il est évident que cette réduction serait d'autant plus grande, que les opérations seraient plus multipliées.

Il suffit au surplus de mettre sous les yeux l'article résumé du Journal particulier, pour faire juger de l'effet qu'il produirait étant au Grand Livre, puisqu'il n'y a rien à changer dans la manière d'y reporter les articles.

On doit juger enfin que telles nombreuses que soient les opérations, elles ne donneront jamais au Grand Livre, dans chaque compte, qu'autant de lignes que l'on aura fait d'articles résumés dans le cours de l'année, soit par exemple douze, si l'on résume les opérations à la fin de chaque mois; qu'enfin un Grand Livre, qui peut être rempli par la marche journalière, dans un intervalle de quelques mois, peut, par l'abréviation des écritures, durer douze ou quinze ans, et même plus.

Ainsi, avantage marqué dans cette dernière méthode par le bénéfice de temps; simplification d'opérations et d'écritures qui donnent une balance d'écritures à chaque résumé, et conduisent avec la plus grande facilité à la balance générale, en évitant une foule d'additions et de vérifications aussi longues que pénibles, et en présentant des résultats d'autant plus prompts, plus sûrs, plus clairs et plus précis, qu'ils sont rapprochés dans un cadre très-étroit; qu'enfin plus les opérations sont multipliées, plus le chef a besoin et intérêt de consulter souvent sa véritable position, ce qu'il ne peut faire qu'avec beaucoup de peines et de temps par la marche ordinaire.

Mais au surplus, je réitère ici l'observation que j'ai faite dans mon Avertissement, c'est que le teneur de livres ne pourra jamais avec succès employer la méthode d'abréger les écritures que je viens d'expliquer, s'il n'est auparavant bien fixé sur les règles et les principes généraux, et s'il ne possède à fond la marche ordinaire et journalière des parties doubles.

FIN DE LA TENUE DES LIVRES.

DE L'ARITHMÉTIQUE RAISONNÉE,

POUR SERVIR D'INTRODUCTION AUX CHANGES.

L'ARITHMÉTIQUE est une partie des Mathématiques.

Elle consiste dans l'art de calculer les nombres déterminés, soit entiers, soit fractionnaires.

Le nombre entier est l'unité ou un assemblage d'unités entières.

Le nombre fractionnaire est un assemblage de parties de l'unité.

Les nombres s'expriment par le moyen de neuf figures ou chiffres, qui sont :

1	2	3	4	5	6	7	8	9
un,	*deux,*	*trois,*	*quatre,*	*cinq,*	*six,*	*sept,*	*huit,*	*neuf,*

et représentent, par eux-mêmes et séparément, les neuf premiers nombres.

Le dixième nombre s'exprime par le moyen de l'unité simple, rejetée d'un rang vers la gauche par un *zéro* qui en prend la place, sans exprimer aucune valeur par lui-même; ainsi : 10 *dix.*

La suite des dizaines s'exprime de la même manière que celle des unités, par l'addition du zéro à la droite.

10	20	30	40	50	60	70
dix,	*vingt,*	*trente,*	*quarante,*	*cinquante,*	*soixante,*	*soixante-dix,*

80	90
quatre-vingts,	*quatre-vingt-dix.*

Les nombres intermédiaires d'une dizaine à l'autre, jusqu'à *quatre-vingt-dix-neuf* (99), s'expriment en substituant successivement les chiffres simples aux zéros.

11	12	23	44
onze,	*douze,*	*vingt-trois,*	*quarante-quatre,* etc.

Le centième nombre, qui contient dix dizaines ou *dix* fois *dix,* s'exprime par l'apposition de deux zéros à la droite de l'unité qui se trouve reculée au troisième rang vers la gauche, ainsi : 100 *cent.*

Les nombres intermédiaires d'une centaine à l'autre, s'expriment par la substitution successive des chiffres aux zéros, et l'on en forme ainsi les nombres ci-après :

101	110	112	120	140
cent un,	*cent dix,*	*cent douze,*	*cent vingt,*	*cent quarante,*

et jusqu'à 199.

cent quatre-vingt-dix-neuf.

Ainsi les chiffres, successivement mis au troisième rang, représenteront autant de *centaines* qu'ils expriment d'unités par eux-mêmes, et chaque nombre intermédiaire sera représenté par ces mêmes chiffres, suivant la place qu'ils occuperont plus ou moins éloignée, vers la gauche, de celle de l'unité, et croissant toujours de valeur dans une progression décuple par chaque rang; l'on aura ainsi :

200	300	401	410	522
deux cents,	*trois cents,*	*quatre cent un,*	*quatre cent dix,*	*cinq cent vingt-deux,*

666 *six cent soixante-six,* etc., jusqu'à 999 *neuf cent quatre-vingt-dix-neuf.*

Par cette progression toujours décuple, chaque fois qu'on reculera l'unité d'un rang vers la gauche, on exprimera le *mille* (1000), la *dizaine de mille* (10,000), la *centaine de mille* (100,000), le *million* (1,000,000), et tous les nombres imaginables; enfin, par la substitution successive des chiffres aux zéros, on exprimera tous les nombres intermédiaires.

EXEMPLE.

Milliards.	Centaine de millions.	Dizaine de millions.	Millions.	Centaine de mille.	Dizaine de mille.	Mille.	Centaines.	Dizaines.	Unités.
2	3	1	4,	6	7	5,	9	8	0

qu'on lira ainsi : *Deux milliards trois cent quatorze millions six cent soixante-quinze mille neuf cent quatre-vingt.*

Ce que je viens de dire à l'égard des nombres entiers peut également s'appliquer, en raison inverse, à une espèce de fractions qu'on appelle *décimales.*

Mais au lieu de les reculer vers la gauche, comme les nombres entiers, on les reculera au contraire vers la droite, d'autant de rangs que le nombre à exprimer sera plus petit, en les séparant de l'unité par une virgule (,).

Ainsi, pour exprimer six unités et cinq dixièmes, on écrira 6,5 ; pour exprimer vingt-cinq unités, six dixièmes et cinq centièmes, on écrira 25,65.

S'il n'y a pas de nombres entiers, on met un zéro avant la virgule pour indiquer que le nombre n'exprime que des décimales ; soit le nombre 0,349, qui exprime *trois dixièmes, quatre centièmes et neuf millièmes;* ou ce qui est la même chose, *trois cent quarante-neuf millièmes.*

On exprime jusqu'aux plus petites fractions décimales, en marquant leur rang par autant de zéros qu'il est nécessaire après la virgule.

EXEMPLES.

0,1	0,01	0,001	0,0001
un dixième,	*un centième,*	*un millième,*	*un dix millième,*

et par l'interposition des chiffres, ou leur substitution aux zéros, on exprime tous les nombres intermédiaires de décimales, soit :

0,11	0,105	0,0708
onze centièmes,	*cent cinq millièmes,*	*sept cent huit dix millièmes.*

On décuplera ou on sous-décuplera le nombre en avançant la virgule d'un rang vers la droite ou vers la gauche.

Ainsi, dans le nombre 25,65, qui exprime *vingt-cinq entiers* et *soixante-cinq centièmes,* si on avance la virgule d'un rang vers la gauche, on aura 2,565, ou *deux entiers* et *cinq cent soixante-cinq millièmes,* nombre dix fois moindre que le précédent. Le premier nombre sera décuplé au contraire si on écrit 256,5, puisqu'il exprime *deux cent cinquante-six entiers et cinq dixièmes.*

Les zéros placés après la virgule et avant les chiffres, sous-décuplent comme on l'a vu la valeur des décimales autant de fois qu'il y a de zéros ; mais il n'en est pas de même si l'on ne place ces zéros qu'après les chiffres qui expriment les décimales ; dans ce cas, ils n'en changent pas la valeur.

En effet, dans le nombre donné 25,65, qu'on écrive 25,650, ou 25,6500, les deux premiers chiffres exprimeront toujours des entiers ; celui qui suit la virgule exprimera toujours des dixièmes, et le dernier, des centièmes ; seulement les décimales suivies de zéros pourront être dénommées par une plus petite fraction ; il est indifférent en réalité de dire : *Six dixièmes et cinq centièmes,* ou *soixante-cinq centièmes,* ou encore *six cent cinquante millièmes,* ou bien enfin *six mille cinq cent dix millièmes,* puisque toutes ces dénominations n'expriment qu'une seule et même valeur.

Les décimales étant la base du système métrique, et pouvant d'ailleurs s'adapter à toute espèce de calcul, c'est ce qui m'a fait entrer dans le détail qui précède, sur lequel je ne m'étendrai pas davantage, n'ayant point pour but, ainsi que je l'ai déjà dit, de faire un Traité complet d'Arithmétique, mais seulement de récapituler sommairement les principes sur lesquels posent les opérations de change et d'arbitrage, qui vont faire ci-après le principal objet de cet Ouvrage.

DES OPÉRATIONS DE L'ARITHMÉTIQUE.

Les principales opérations de l'Arithmétique sont l'Addition, la Soustraction, la Multiplication et la Division.

La Multiplication n'est qu'une Addition abrégée.

La Division n'est qu'une Soustraction abrégée.

Toutes les autres opérations de l'Arithmétique, même les plus compliquées, se rapportent à ces deux dernières.

Ainsi, le but et l'art du calcul se réduisent à ajouter et à soustraire, mais par des moyens plus ou moins expéditifs.

Au surplus, la marche du calcul étant la même pour les nombres entiers et pour les fractions décimales, j'opérerai en même temps sur les uns et les autres.

DE L'ADDITION.

L'Addition consiste à réunir plusieurs nombres en un seul ; soit par exemple les nombres 2050, 601, 328 et 746, dont on propose de faire l'Addition.

Je dispose ces quatre nombres dans l'ordre suivant, les unités sous les unités, les dizaines sous les dizaines, etc.

	2050
	601
	328
	746
Total. . .	3725

Commençant par la droite, je dis 1 et 8 font 9, et 6 font 15 ; ce qui me donne cinq unités simples que je pose sous la première colonne, et une dizaine ou unité du second ordre, que je réserve pour l'ajouter à la seconde colonne.

A cette seconde colonne, je dis 1 (retenu) et 5 font 6, et 2 font 8, et 4 font 12 ; je pose le 2 sous la seconde colonne, et retiens l'unité du troisième ordre pour l'ajouter à la troisième colonne.

A la troisième colonne, je dis 1 et 6 font 7, et 3 font 10, et 7 font 17 ; je pose le 7 sous la troisième colonne et retiens l'unité du quatrième ordre, pour l'ajouter à la quatrième colonne.

A cette dernière colonne, il ne se trouve que le chiffre 2 qui, réuni à l'unité retenue, forme 3, que je pose sous cette quatrième colonne, et j'ai pour résultat des quatre nombres réunis, *trois mille sept cent vingt-cinq* (3725).

S'il y avait des décimales jointes aux nombres entiers, on opérerait de la même manière : il ne s'agit que de placer toujours les unités sous les unités, et les décimales de même valeur les unes sous les autres, sans égard à leur nombre, soit par exemple à faire l'Addition des nombres suivans : 1849, 77 — 450, 561 — 819, 4 — et 789, 119. Je dispose les sommes ainsi :

	1849, 77
	450, 561
	819, 4
	789, 119
Total. . .	3908, 850

Le résultat est trois mille neuf cent huit entiers et quatre-vingt-cinq centièmes, ou, ce qui est la même chose, huit cent cinquante millièmes.

L'Addition des nombres suivis de décimales s'opère, comme celle des nombres entiers, de droite à gauche, en commençant par les dernières figures, sans autre précaution que de placer, dans la somme totale et avant la colonne des unités entières, une virgule pour désigner le rang et le nombre des décimales.

L'Addition, quoique la plus simple en général des opérations de l'Arithmétique, devient quelquefois très-pénible et très-fatigante lorsque les sommes à réunir sont fortes et nombreuses, ce qui arrive assez souvent au moment d'un inventaire dans la Tenue des Livres. La tension d'esprit que cette opération exige alors pendant un temps quelquefois fort long, suffit pour occasionner des erreurs qui, à leur tour, redoublent le travail en forçant celui surtout qui n'a pas une très-grande habitude de l'Addition, de la recommencer plusieurs fois.

Je vais indiquer deux moyens simples de reposer l'attention et d'interrompre une Addition telle longue qu'elle soit, pour la reprendre, à volonté, au point où on l'a laissée, sans aucun inconvénient et avec l'avantage d'en trouver la preuve avec la même facilité.

On veut additionner les nombres suivans :

	Additions par colonnes.			
187849, 39	1re. colonne.	11.3	3	à droite.
859796, 81	2e.	11.5	5	
1288979, 98	3e.	13.2	2,	
197859, 99	4e.	11.5	5	
4759919, 32	5e.	13.9	9	
499879, 79	6e.	12.1	1,	
10739, 12	7e.	8.7	7	
44969, 39	8e.	5.6	6	
319789, 89	9e.	5	5,	
1001, 31	dernre. retenue,	1	1	
17849, 19				
259639, 64	*Autre manière.*			
4841777, 99	9e. colonne.	1,13		à gauche.
124760, 37	8e.	10,4		
1849349, 81	7e.	121		
64781, 60	6e.	102		
4637, 59	5e.	128		
22340, 99	4e.	108		
311040, 10	3e.	75		
3780, 01	2e.	48		
1210, 25	1re.	10		
15,671,952, 53		15,671,952, 53		

On peut voir que ce qu'il y a de commun dans ces deux manières c'est d'additionner séparé-chaque colonne et d'en porter les produits à la suite les uns des autres.

Mais voici la différence de l'une à l'autre : pour la première manière on suit la marche ordinaire de l'Addition, c'est-à-dire qu'après avoir posé le produit de la première colonne (qui est ici 113), on retient les dizaines pour les ajouter au produit de la seconde colonne, et ainsi de suite jusqu'à la dernière, et si le produit de cette dernière colonne est de deux ou plusieurs chiffres, on met ces chiffres au-dessous les uns des autres, au lieu de les placer sur la ligne horisontale. Ainsi, dans le premier exemple, il reste 11 dizaines à réunir au produit de la seconde colonne ; 11 centaines à réunir à celui de la troisième ; 13 dizaines de centaines à celui de la quatrième, et ainsi de suite. Les produits de chacune de ces colonnes, placés les uns sous les autres, l'Addition totale se trouve faite et représentée par la ligne verticale à droite, en commençant par le bas.

Pour la seconde manière, il n'est pas nécessaire de s'occuper des retenues à faire : il s'agit tout simplement de poser le produit particulier de chaque colonne l'un sous l'autre ; mais en reculant le second produit d'un rang vers la gauche ; le troisième de deux rangs ; le quatrième de trois rangs, et ainsi de suite. On tire un trait sous tous ces produits et on en fait une Addition générale, dans laquelle on considère les rangs vides, comme remplis, par autant de zéros.

Cette dernière méthode peut servir de preuve à la première, indépendamment de la preuve ordinaire dont je vais parler, et n'a d'autre inconvénient que de faire faire une seconde, mais très-courte Addition.

DE LA PREUVE DE L'ADDITION.

La preuve de l'Addition se fait en prenant la somme de chacune des colonnes, à commencer par la gauche. On retranche chaque somme partielle du chiffre ou des chiffres correspondans de la somme totale ; s'il y a un reste, on l'écrit dessous, et on le joint par la pensée au chiffre suivant de la somme totale.

Soit pour exemple, celui même proposé pour faciliter l'Addition, et dont je ne répéterai pas les sommes de détail, puisque nous avons déjà les sommes partielles des colonnes.

9e. colonne, en commençant à gauche.	1, 1 3	1re. colonne à droite.
8e.	1 0, 4 .	2e.
7e.	1 2 1 . .	3e.
6e.	1 0 2 . . .	4e.
5e.	1 2 8	5e.
4e.	1 0 8	6e.
3e.	7 5	7e.
2e.	4 8	8e.
1re.	1 0	9e.
	1 5 6 7 1 9 5 2, 5 3	
	5. 8. 12. 13. 11. 13. 11. 11. 0	

Le total de la première colonne, en commençant à gauche, est de 10 ; retranché de 15, reste 5, que j'écris sous le 5 de l'Addition générale ; ce reste 5, joint au chiffre suivant 6, donne 56, dont déduit 48 total de la seconde colonne, reste 8, que j'écris sous le 6 de l'Addition générale. Ce reste 8 joint au chiffre suivant 7, donne 87, dont déduit 75 total de la troisième colonne, reste 12 ; qui, avec le chiffre suivant 1, donne 121, dont ôté 108, reste 13, et ainsi de suite jusqu'à l'avant-dernière colonne, qui donne pour reste 11 ; ce qui, avec le chiffre suivant 3, donne 113, montant juste de la dernière colonne, qui, étant retranché, il reste zéro, ce qui complète la preuve.

Le premier moyen que j'ai indiqué pour faciliter l'Addition, a sur celui-ci l'avantage que, lorsqu'on additionne chaque colonne en commençant à gauche, pour faire la preuve, il offre de suite et la différence, qui n'est autre chose que la retenue, et le total de la colonne réuni avec cette différence.

EXEMPLE.

9e. colonne à gauche.	11.3
8e.	11.5
7e.	13.2
6e.	11.5
5e.	13.9
4e.	12.1
3e.	8.7
2e.	5.6
1re.	5
Et la retenue.	1

En effet, le total de la première colonne étant 10, et l'Addition générale offrant 15, la différence est 5, qui est précisément le premier chiffre du nombre 56 au-dessus.

De même le total de la seconde colonne étant 48, et l'Addition générale offrant 56 avec le reste de la première colonne, la différence est 8, premier chiffre du nombre supérieur 87.

En remontant successivement, on trouve pour différences ou retenues 12, 13, 11, 13 et 11, qui, réunies aux totaux particuliers des colonnes, donnent successivement aussi 121, 139, 115, 132, 115, et enfin 113, qui est le total de la dernière, lequel retranché de lui-même donne zéro pour reste.

La moindre différence qu'on trouverait aux résultats, indiquerait dans l'opération une erreur à rectifier, et on verrait par la preuve ci-dessus dans quelle colonne cette erreur existerait.

La facilité de faire promptement, et sans fatigue, les plus longues Additions et de les vérifier de même, est ce qui m'a engagé à indiquer ce moyen à ceux qui ne le connaissent pas, et à entrer dans quelques détails qui s'écartent un peu de mon objet.

DE LA SOUSTRACTION,

SECONDE OPÉRATION DE L'ARITHMÉTIQUE.

La Soustraction consiste à retrancher un nombre d'un autre, pour en avoir la différence.

Pour faire une Soustraction, il faut poser le petit nombre sous le grand, de manière que les rangs semblables se correspondent, les unités sous les unités, les dizaines sous les dizaines, et, s'il y a des décimales, celles du même ordre les unes sous les autres, sans égard au plus ou au qu'il peut s'en rencontrer dans les nombres.

On commence la Soustraction par le premier rang vers la droite. Si le chiffre supérieur est plus grand que l'inférieur correspondant, on pose la différence au-dessous; s'il lui est égal, on écrit zéro; s'il est plus petit, on emprunte une unité sur le chiffre immédiat à la gauche. Cette unité vaudra dix, qui, ajoutés au chiffre sur lequel on opère, le rendront toujours assez fort pour surpasser l'inférieur, qui ne peut excéder neuf.

Soit à soustraire le nombre 47851, 74 de celui 84539, 48, je dispose ces deux nombres comme il suit, et tire un trait horisontal sous le tout.

	84539, 48
	47851, 74
Reste. . . .	36687, 74

et je dis : 4 de 8, reste 4, que j'écris sous le trait ; 7 de 4 ne se peut. J'emprunte une unité sur le 9 suivant, qui vaut dix, et avec le 4 donne 14, et je dis 7 de 14 reste 7, que j'écris.

J'observe que l'unité empruntée sur le 9, le réduit à 8 ; c'est pourquoi je dis 1 de 8 reste 7 ; 5 de 3 ou (empruntant sur le 5), 5 de 13 reste 8 ; 8 de 4, ou 8 de 14 reste 6 ; 7 de 13 reste 6, et enfin 4 de 7 reste 3.

S'il se trouve un zéro au rang sur lequel on emprunte, il faut dans ce cas emprunter sur le second rang en suivant ; l'unité empruntée vaudra cent par rapport au chiffre sur lequel on opère. On laissera 9 sur le zéro, et on empruntera seulement une dizaine pour faire la Soustraction ; s'il y avait plusieurs zéros de suite, on emprunterait sur le premier chiffre réel, et on laisserait 9 sur chaque zéro.

S'il y avait des décimales, et que le nombre à soustraire en eût le plus ou fût le seul qui en eût, on considérerait alors le nombre supérieur comme ayant à la suite autant de zéros que l'inférieur aurait de décimales excédantes.

EXEMPLE.

	99
	360039, 45..
	217346, 6754
Reste. . . .	142692, 7746
Preuve. . . .	360039, 45..

DE LA PREUVE DE LA SOUSTRACTION.

La preuve de la Soustraction se fait par l'addition du nombre retranché, avec le reste de la Soustraction ; ce qui reproduit le nombre dont on a retranché l'autre.

(*Voyez* cette preuve à l'Exemple précédent.)

DE LA MULTIPLICATION.

La Multiplication consiste à ajouter un nombre à lui-même autant de fois qu'il est marqué par un autre.

Il suit de cette définition qu'on peut comparer la Multiplication à une Addition dans laquelle tous les nombres à réunir seraient égaux. Si j'avais en effet à multiplier 18 par 5, je pourrais écrire

5 fois le nombre 18 au-dessous l'un de l'autre pour en faire l'Addition ; mais la méthode de la Multiplication est une voie plus courte pour obtenir le même résultat. On peut donc la considérer comme une Addition abrégée.

Pour faire la Multiplication, il faut posséder dans sa mémoire les produits de chacun des douze nombres, multipliés les uns par les autres, qui se trouvent dans la Table suivante, dite de *Pythagore.*

1	2	3	4	5	6	7	8	9	10	11	12
2	4	6	8	10	12	14	16	18	20	22	24
3	6	9	12	15	18	21	24	27	30	33	36
4	8	12	16	20	24	28	32	36	40	44	48
5	10	15	20	25	30	35	40	45	50	55	60
6	12	18	24	30	36	42	48	54	60	66	72
7	14	21	28	35	42	49	56	63	70	77	84
8	16	24	32	40	48	56	64	72	80	88	96
9	18	27	36	45	54	63	72	81	90	99	108
10	20	30	40	50	60	70	80	90	100	110	120
11	22	33	44	55	66	77	88	99	110	121	132
12	24	36	48	60	72	84	96	108	120	132	144

Pour faire usage de cette Table, il faut prendre la case placée à l'angle correspondant des deux chiffres qu'on veut multiplier l'un par l'autre, pris dans les deux premières lignes, horizontale et verticale.

EXEMPLE.

Je veux multiplier 6 par 7 ; je prends le 6 de la première ligne perpendiculaire, et suivant horizontalement jusqu'à ce que je sois arrivé exactement sous le 7 de la première ligne horisontale, la case qui fait angle entre ces deux chiffres me donne 42, produit exact de 6 multiplié par 7.

Le nombre à multiplier s'appelle *multiplicande.*

Le nombre par lequel on doit multiplier s'appelle *multiplicateur.*

L'un et l'autre portent le nom commun de *facteurs*, et le résultat de la Multiplication celui de *produit.*

Pour multiplier un nombre composé de plusieurs chiffres par un seul, on écrit le multiplicateur sous les unités du multiplicande; on souligne le tout, et commençant à opérer par la droite, on pose le produit en rejetant les dizaines, s'il y en a, sur les chiffres suivans, à fur et mesure qu'on opère.

Si le multiplicateur est composé de plusieurs chiffres, on l'écrit de même sous le multiplicande, de manière que les rangs se correspondent : on commence l'opération comme s'il n'y avait que des unités, dont on pose le produit, et on fait ensuite la même chose pour le second chiffre du multiplicateur; observant que, comme ce second chiffre représente des dizaines, il faut poser le premier chiffre du second produit en le reculant d'un rang vers la gauche, et ainsi de suite pour chacun des autres chiffres du multiplicateur par lesquels on opère; on tire ensuite une ligne horizontale, au-dessous de laquelle on additionne tous ces produits partiels.

S'il y avait des zéros à la suite de l'un des facteurs, on pourrait négliger ces zéros et se contenter de les mettre à la suite du produit.

S'il y avait des zéros à la suite des deux facteurs, on ajouterait au produit autant de zéros qu'il s'en trouverait dans les deux facteurs ensemble.

La raison en est que les zéros ajoutés ou intercalés à des chiffres, quoique ne produisant rien par eux-mêmes, marquent par le rang qu'ils tiennent, qu'un nombre est autant de fois décuplé de lui-même qu'il y a de zéros à la somme. Par cette raison on reculerait les produits des chiffres d'autant de rangs qu'il y aurait de zéros qui les précéderaient.

S'il y avait des décimales à l'un des deux facteurs, on opérerait comme s'il n'y en avait pas, et ensuite on séparerait par une virgule autant de chiffres dans le produit, qu'il y aurait de décimales.

Si les deux facteurs étaient suivis de décimales, on en marquerait par la virgule dans le produit, autant qu'il s'en trouverait dans les deux facteurs ensemble.

EXEMPLES.

PREMIER EXEMPLE. — *Multiplicateur d'un seul Chiffre.*

Soit à multiplier. . . .	4564
Par.	7
Produit.	31948

Dans cette opération je dis : 7 fois 4 font 28, je pose 8 et retiens 2 ; 7 fois 6 font 42, et 2 retenus font 44, je pose 4 et retiens 4 ; 7 fois 5 font 35 et 4 retenus font 39, je pose 9 et retiens 3; 7 fois 4 font 28 et 3 retenus font 31, que je pose : ce qui me donne pour produit total 31948.

DEUXIÈME EXEMPLE. — *Multiplicateur composé des plusieurs chiffres.*

Soit à multiplier. . . . 4759
Par. 234

19036
14277
9518

Produit. . . . 1113606

TROISIÈME EXEMPLE. — *D'un des Facteurs suivis de zéros.*

Soit à multiplier. . . . 403000
Par. 62

806
2418

24986000

QUATRIÈME EXEMPLE. — *Des deux Facteurs suivis de zéros.*

Soit à multiplier. . . . 5602000
Par. . . . 304000

22408...
16806....

Produit. . . 1703008000000

On peut aussi calculer en opérant sur les zéros; ainsi :

5602000
304000

22408000000
168060000

Produit. . . 1703008000000

CINQUIÈME EXEMPLE. — *D'un des facteurs suivi de décimales.*

Soit à multiplier. . . 4639,49
Par. 246

2783694
1855796
927898

Produit. . . . 1141314,54

SIXIÈME EXEMPLE. — *Des deux facteurs suivis de décimales.*

Soit à multiplier. . . .	654,56
Par.	87,40
	2618240
	458192
	523648
Produit. . . .	57208,5440

DE LA PREUVE DE LA MULTIPLICATION.

La preuve de la Multiplication peut se faire de plusieurs manières :

1°. En doublant le multiplicande et sous-doublant le multiplicateur, ou *vice versâ*, ce qui devrait donner en résultat le produit déjà trouvé.

2°. En divisant le produit par l'un des deux facteurs, et le résultat représenterait l'autre facteur.

Ces deux méthodes ont l'inconvénient d'être aussi longues que l'opération même.

3°. La méthode la plus courte est la preuve par 9 : on ajoute successivement tous les chiffres du multiplicande, dont on retranche autant de fois 9 qu'il s'y trouve, et on écrit le reste s'il s'en trouve un ; on opère de même sur le multiplicateur, on multiplie ensuite les deux restes l'un par l'autre, et on en ôte tous les 9 s'il y en a ; on ajoute ensuite tous les chiffres du produit, dont on ôte pareillement tous les 9, et on écrit le reste ; il faut que le reste du produit de la Multiplication égale le produit des restes des deux facteurs.

EXEMPLE.

2345, 51	— 2	reste du multiplicande.
4, 38	— 6	reste du multiplicateur.
18764, 08	12 — 3	produit des restes le 9 ôté.
70365, 3		
938204		
1027333, 38	— 3	reste du produit.

Après avoir fait la Multiplication suivant la méthode ordinaire, je dis : 2 et 3 font 5, et 4 font 9, et 5 font 14, et 5 font 19, et 1 font 20, dont ôté deux fois neuf, j'ai 2 pour reste du multiplicande.

Opérant de la même manière, j'ai 6 pour reste du multiplicateur. Multipliant ensuite 2 par 6, j'ai 12 pour produit, dont retranchant neuf, il me vient 3 pour produit des restes des deux facteurs.

Passant ensuite au produit de la Multiplication, j'en ajoute les chiffres les uns aux autres, ce qui me donne 30, dont je retranche trois fois neuf qui s'y trouvent, et j'ai 3 pour reste, qui étant égal au produit des restes des facteurs, me fait juger que l'opération est bien faite.

DE LA DIVISION.

L'opération de la Division consiste à chercher combien de fois un nombre donné en contient un autre plus petit.

Il suit de là que la Division est une Soustraction abrégée : car pour savoir, par exemple, combien de fois 12 est contenu dans 84, je puis d'abord soustraire 12 de 84, et du reste 72 soustraire encore 12, et ainsi de suite jusqu'à ce que j'aie épuisé la somme, et le nombre des soustractions me donnera la quantité de fois que 12 est contenu dans 84; mais la Division est une méthode plus courte pour obtenir ce résultat.

La somme à diviser s'appelle *dividende.*

Celle qui sert à diviser s'appelle *diviseur.*

Et le résultat se nomme *quotient.*

Pour faire la division, on écrit le dividende et le diviseur sur la même ligne et on les sépare par un trait vertical ou autre marque; on souligne le diviseur pour écrire au-dessous les chiffres du quotient, à mesure qu'on les trouve.

On commence à faire la division par la gauche du dividende; on prend autant de chiffres de ce dividende qu'il en faut pour contenir *au moins une fois* le diviseur; on examine combien ce dividende partiel contient de fois le diviseur, et on écrit le quotient; on multiplie ce quotient par le diviseur, et on soustrait le produit du dividende partiel sur lequel on a opéré; à côté du reste, s'il y en a un, on abaisse le chiffre suivant du dividende, ce qui donne un nouveau dividende partiel, sur lequel on opère comme sur le premier; on continue ainsi d'abaissser successivement les chiffres du dividende, et chaque chiffre qu'on abaisse produit un chiffre au quotient; si le dividende partiel ne contenait pas le diviseur, on mettrait un zéro au quotient.

EXEMPLE.

Soit proposé de diviser 84326 par 7; je pose ainsi l'opération :

Dividende	84326	7	Diviseur.
	7	12046	Quotient.
	14		
	14		
	032		
	28		
	46		
	42		
	4	reste.	

Après avoir disposé l'opération, je dis : en 8 combien de fois 7? Il y est une fois : j'écris 1 au quotient.

Multipliant 7 par 1, j'ai 7 que je pose sous 8, dividende partiel, et par la soustraction il me reste 1, à côté duquel j'abaisse 4, chiffre suivant du dividende, ce qui me donne 14, et je dis : en quatorze combien de fois 7 ? Il y est deux fois : je pose 2 au quotient.

Multipliant 7 par 2, j'ai 14, qui déduit de 14, dividende partiel, il reste 0; j'abaisse 3, chiffre suivant du dividende, lequel ne contenant pas le diviseur, je pose 0 au quotient.

J'abaisse ensuite 2 du dividende, ce qui avec 3, chiffre précédent, me donne 32, et je dis : en 32 combien de fois 7? Il y est 4, que j'écris au quotient.

Quatre fois 7 font 28, déduits de 32 reste 4, auprès duquel j'abaisse 6, ce qui fait 46.

En 46 combien de fois 7? Il y est 6, que je pose au quotient.

Six fois 7 font 42, déduits de 46, j'ai pour reste de la division totale 4 qui ne contient pas le diviseur.

Mais cette manière d'opérer est longue, on peut se dispenser d'écrire les produits partiels sous les dividendes partiels, ainsi que les soustractions, en opérant par la pensée.

Ainsi on pourrait faire l'opération précédente de cette manière.

```
84326 { 7
14    { 12046
 032
   46
    4 reste.
```

Et j'ai pour quotient 12046, qui est contenu 7 fois dans 84326, plus 4 pour reste, ce qui me donne en outre une fraction de $4/7^{mes}$. au quotient.

S'il y avait des décimales au dividende, on opérerait comme s'il n'y en avait pas, et on séparerait par une virgule dans le quotient autant de chiffres qu'il y aurait de décimales au dividende.

EXEMPLE.

```
678, 432 { 4
27       { 169, 608
 38
  24
   032
     0
```

Si les deux termes de la Division étaient exprimés par plusieurs chiffres, on prendrait de même autant de chiffres du dividende qu'il en faut pour contenir au moins une fois le diviseur et au plus neuf fois; mais dans ce cas la multiplication et la soustraction se font (toujours par la pensée) sur chaque chiffre en particulier, tant du diviseur que du dividende.

EXEMPLE.

```
43385 { 493
 3945 { 88
    1 reste.
```

Dans cet exemple je vois que le diviseur, composé de trois chiffres, ne se trouve pas contenu dans les trois premiers chiffres du dividende, conséquemment qu'ils sont insuffisans; alors opérant sur les quatre premiers chiffres du dividende, je dis : en 4338 combien de fois 493? Je vois qu'il y est 8 fois, j'écris 8 au quotient.

Multipliant ensuite chacun des chiffres du diviseur par le quotient 8 pour avoir le reste du dividende partiel, je dis :

Huit fois 3 font 24, qui déduits de 28 (nombre immédiatement supérieur à 24 par les dizaines que j'emprunte sur 3, avant-dernier chiffre du dividende partiel), reste 4 que j'écris sous le 8, dernier chiffre du dividende partiel, et je retiens 2 que j'ai empruntés.

Continuant de multiplier les autres chiffres du diviseur par le quotient 8, je dis 8 fois 9 font 72, et 2 retenus font 74, déduits de 83 (en empruntant encore 8 dizaines) reste 9, que j'écris sous le 3, avant-dernier chiffre du dividende partiel, et je retiens 8 empruntés sur les chiffres précédens.

Enfin je dis : 8 fois 4 font 32, et 8 retenus font 40, qui déduits de 43, il reste 3, que j'écris à côté et à la gauche du 9.

J'ai pour reste du premier dividende partiel 394, à côté duquel j'abaisse 5, ce qui me donne un nouveau dividende partiel de 3945, sur lequel j'opère comme sur le précédent; je trouve encore 8 au quotient, et 1 pour reste; d'où il résulte que 493 est contenu 88 fois dans 43385, plus une unité.

Si le dividende et le diviseur étaient suivis de zéros, on pourrait en retrancher autant à l'un qu'à l'autre, sans rien changer au quotient; car, en retranchant autant de zéros à l'un qu'à l'autre, on les sous-décuple autant de fois; ou, ce qui est la même chose, on les divise par un même nombre.

Si en effet j'ai à diviser 400 par 100, j'aurai toujours 4 au quotient, soit que je fasse ou non abstraction des zéros.

Si le dividende seul a des décimales, on en marque autant par la virgule dans le quotient, qu'il y en a dans le dividende.

Si le dividende et le diviseur avaient des décimales, on en marquerait autant dans le quotient que le dividende en contiendrait de plus que le diviseur.

EXEMPLES.

Dividende	Diviseur / Quotient	Dividende	Diviseur / Quotient
155, 808	36	155, 808	3, 6
11, 8	4,328	11, 8	43, 28
1, 00		1, 00	
288		288	
00		00	

Si le dividende avait moins de décimales que le diviseur, il faudrait mettre à la suite du dividende, autant de zéros qu'il aurait de décimales de moins, ce qui ne changerait pas sa valeur.

EXEMPLE.

Soit à diviser 6425 par 6,425. Je pose l'opération ainsi :

Dividende. . . .	6425,000	6,425	Diviseur.
		,1000	Quotient.

Il est évident que le diviseur, quoique composé des mêmes chiffres que le dividende, y est contenu mille fois, puisqu'il n'en représente que la millième partie par les décimales, et que les zéros ajoutés au dividende n'en changent pas la valeur.

AUTRE EXEMPLE.

Soit 6363,1 à diviser par 3, 77. Je pose ainsi l'opération.

6363, 10	3,77	
2593	1687	
331, 1		
29, 50		
3, 11		reste.

Mais pour éviter toute distinction et tout embarras, on peut toujours faire ensorte que les deux termes de la division aient autant de décimales l'un que l'autre, en ajoutant des zéros à la suite de celui qui en a le moins.

Soit proposé l'exemple déjà donné plus haut, de 155,808, à diviser par 3,6, que je poserai ainsi :

155, 808	3, 600
11, 808	43, 28
1, 0080	
28800	
0000	

Autre exemple, soit à diviser 6325 par 5, 33. Je pose ainsi l'opération :

6325, 00	5, 33	
995	1186	
462,0		
35,60		
3,62		reste.

Lorsque la Division donne un reste, et que le dividende n'est pas exactement multiple du diviseur, on peut se servir des décimales pour obtenir, sur ce reste, le quotient le plus rapproché possible : il suffit pour cela d'ajouter successivement des zéros au reste, de manière qu'il contienne le diviseur ; mais il faut observer que comme le quotient, produit par ce nouveau dividende, n'est plus composé que de décimales, on doit mettre une virgule après le quotient principal, pour marquer les décimales qui le suivent.

Enfin, lorsqu'on veut approcher très-près du vrai quotient, on continue de mettre des zéros à la suite des restes, et on retrouve le même dividende qu'on avait en commençant l'opération. Quand on est parvenu à ce point, on est sûr de retrouver la même série de décimales au quotient; puisque les mêmes dividendes, toujours divisés par les mêmes diviseurs, doivent donner les mêmes quotiens et les mêmes restes : alors il n'est plus nécessaire de continuer le calcul; il suffit de répéter la série des chiffres jusqu'au nombre de décimales qu'on veut avoir.

EXEMPLE.

Soit à diviser 345 par 7; je pose l'opération à l'ordinaire.

```
                        345 | 7
                        65  | 49, 285714
Première série. . . .    2,0
                          60
                           40
                            50
                             10
                              30
Deuxième série. . . .          2  reste.
```

Il est évident qu'en continuant l'opération plus loin, et ajoutant un zéro à ce reste, je retrouverais 2 au quotient, comme en commençant les décimales, et 6 pour reste, et ainsi de suite.

PREUVE DE LA DIVISION.

1°. Pour faire la preuve de la division on peut doubler ou sous-doubler en même temps les deux termes, et le quotient qui en résulterait devrait être le même que celui de la première opération.

2°. On peut aussi multiplier le quotient par le diviseur; et en ajoutant au produit le reste de la division, le résultat doit égaler le dividende.

3°. On peut enfin employer la preuve par 9. Pour cela on prend la somme des chiffres du diviseur, dont on retranche les 9, et on écrit le reste; on fait la même chose sur le quotient.

On multiplie ensuite les deux restes l'un par l'autre : on retranche les 9 du produit qui en résulte, et on écrit le reste, auquel on ajoute le résidu de la division dont on retranche pareillement les 9.

Pour que l'opération soit juste, il faut que le reste en définitif soit égal au reste du dividende, tous les 9 également déduits.

EXEMPLE.

```
3 reste du dividende les 9 ôtés. .  647454 | 845      8   reste du diviseur.
                                     5595  | 766      1   reste du quotient.
                                     5254            ---
                                      184 . . . . .   8   produit des restes.
                                                      4   reste du résidu.
                                                     ---
                                                     12 — 3
```

Pour faire la preuve de cette division, je prends la somme des chiffres du diviseur, dont les 9 ôtés, il reste 8 que j'écris à côté.

Je fais la même chose sur le quotient; il reste 1 que j'écris sous le reste du diviseur: 1 multiplié par 8 ne donne que 8, à quoi j'ajoute le reste de la division en ôtant les 9, ce qui me donne 12 en tout, dont 9 ôtés, reste 3; prenant ensuite la somme des chiffres du dividende et ôtant les 9, il me reste également 3, d'où je conclus que l'opération est bien faite.

OBSERVATIONS GÉNÉRALES.

Pour multiplier par 10, 100 ou 1000, et en général par toute espèce de progression décuple, il suffit d'ajouter au multiplicande autant de zéros qu'il est nécessaire, pour le rendre aussi grand qu'on le veut.

Pour diviser par 10, par 100, etc., si le dividende a des zéros à la suite, il suffit d'en retrancher autant qu'il sera nécessaire pour obtenir un quotient dix fois, cent fois, etc., plus faible.

Mais si le dividende n'a pas de zéros à la suite, on sous-décuplera le nombre autant de fois qu'on le voudra, en séparant, par une virgule, autant de chiffres sur la droite qu'il sera nécessaire, et ces mêmes chiffres ne représenteront plus que les fractions décimales du nombre entier qu'on avait avant.

Il est très-souvent utile de pouvoir reconnaître d'un coup-d'œil si un nombre est divisible par un autre. Voici quelques règles dont on peut faire usage :

1°. Tout nombre dont le dernier chiffre est pair est divisible par 2.

2°. Un nombre est divisible par 4, si les deux derniers chiffres contiennent 4 exactement et sans reste.

3°. Pour qu'un nombre soit divisible par 8, il faut que les trois derniers chiffres qui le terminent soient multiples exacts de 8.

4°. En général, pour connaître si un nombre est divisible par un de ceux de la série 2, 4, 8, 16, 32, 64, etc., il suffit d'éprouver autant de chiffres sur la droite que le marque le rang du diviseur de cette série. Pour savoir si un nombre est divisible par 32, il suffit d'éprouver les cinq derniers chiffres, parce que 32 est le cinquième terme de la série. Exemple : 795,423,936 est divisible par 32, parce que 23936 contient exactement 32 un certain nombre de fois.

5°. Tout nombre divisible par 3 donne toujours 3 exactement pour somme de chiffres. 7,745,919 est divisible par 3; puisqu'en prenant la somme de tous les chiffres et retranchant les 3 à mesure, il ne reste rien. Cette propriété du nombre 3 vient de ce qu'il est diviseur exact du nombre 9.

6°. Un nombre est divisible par 6, s'il donne exactement 3 pour somme de chiffres et s'il est terminé par un chiffre pair; il est en ce cas divisible par 2 et par 3.

7°. Tout nombre divisible par 12 donne 3 pour somme de chiffres, et est terminé par deux chiffres qui contiennent 4 sans reste, parce que 12 est divisible par 3 et par 4.

En général, tout nombre divisible par un de ceux de la série 3, 6, 12, 24, 48, 96, etc., donne 3 pour somme de chiffres, et les derniers chiffres, pris en nombre marqué par le rang de cette série, sont divisibles par le terme correspondant de la série 2, 4, 8, 16, 32, 64. EXEMPLE : 62,244,240 est divisible par 48, parce que la somme des chiffres donne 3, et que les quatre derniers chiffres 4240 sont divisibles par 16, nombre correspondant à 48, divisé par 3.

8°. Tout nombre terminé par zéro ou par 5, est divisible par 5.

9°. Tout nombre divisible par 9 donne 9 pour somme de chiffres.

10°. Tout nombre divisible par 15 est terminé par 5, et donne 3 pour somme de chiffres.

11°. Tout nombre divisible par 18 donne 9 pour somme de chiffres, et est terminé par un nombre pair.

12°. Tout nombre divisible par 45 est terminé par zéro ou par 5, et donne 9 pour somme de chiffres.

13°. Pour qu'un nombre soit divisible par 11, il faut qu'en retranchant successivement tous les chiffres les uns des autres, en allant de droite à gauche, il ne reste rien au dernier. EXEMPLE : soit à éprouver 3,799,543, je dis : 3 de 4 reste 1, 1 de 5 reste 4, 4 de 9 reste 5, 5 de 9 reste 4, 4 de 7 reste 3, 3 de 3 reste zéro ; j'en conclus que le nombre est multiple de 11.

Si le chiffre à retrancher est plus grand que celui dont on veut le retrancher, on emprunte sur le suivant. EXEMPLE : soit à éprouver 50,235,746, je dirai : 6 de 14 reste 8, 8 de 16 reste 8, 8 de 14 reste 6, 6 de 12 reste 6, 6 de 11 reste 5, 5 de 9 reste 4, et enfin 4 de 4 reste 0.

Cette méthode a non-seulement l'avantage d'indiquer si un nombre est divisible par 11, mais encore d'en donner le quotient ; ainsi, dans les deux exemples proposés, en posant d'abord le premier chiffre à déduire sous les unités, et successivement les restes des autres, la somme de ces restes donnera le vrai quotient.

3799543	Dividende.	50235746	Dividende.
. 345413	Quotient.	. 4566886	Quotient.

Le premier de ces deux nombres divisés par 11, donnera pour quotient 345413, et le second 4566886.

Le nombre 9 a une propriété qui lui est particulière dans les séries de décimales. Tout nombre au-dessous de 9, divisé par 9, donne pour décimale un nombre égal à lui-même : ainsi 7 divisé par 9 donne 0,7 pour quotient, et si l'on continue d'opérer sur les restes, en y ajoutant des zéros successivement, on trouvera autant de 7 à porter au quotient qu'on voudra avoir de décimales.

Par suite, tout nombre au-dessous de 99 et divisé par ce dernier, donne une série de décimales égale à lui-même, et qui se répétera autant de fois qu'on poussera l'opération, ou qu'on voudra avoir de décimales ; ainsi 85 divisé par 99 donnera 0,858585, etc.

Enfin, tout nombre quelconque, divisé par autant de 9 qu'il contient de chiffres, donne toujours une série de décimales égale à lui-même ; ainsi 87654, divisé par 99999, donnera 0,8765487654, etc.

DES FRACTIONS.

Le nombre fractionnaire est un assemblage de parties de l'unité. La fraction est composée d'un *Numérateur* et d'un *Dénominateur*, qui s'appellent, d'un nom commun, *les Termes de la fraction.*

Le numérateur d'une fraction est le chiffre supérieur et désigne le nombre de parties de l'unité contenues dans la fraction.

Le dénominateur est le chiffre inférieur séparé par un trait du numérateur, et désigne en combien de parties égales l'unité principale se trouve partagée. Ainsi, dans la fraction $\frac{3}{5}$, le 3 indique que la fraction contient trois parties de l'unité, et le 5, que l'unité est divisée en cinq parties égales.

On peut multiplier, par un même nombre, les deux termes d'une fraction, sans en changer la valeur. Ainsi, $\frac{3}{5}$ ou $\frac{15}{25}$ sont de même valeur.

On peut réduire une fraction ordinaire en fractions décimales. Ainsi, $\frac{1}{4}$ ou 1, divisé par 4, donnera 0,25; et $\frac{3}{5}$ ou 3 divisé par 5, donnera 0,6.

On peut réduire les décimales en fractions ordinaires, en prenant les décimales pour numérateur, et, pour dénominateur, l'unité suivie d'autant de zéros qu'il y a de décimales. Ainsi, 0,25 se réduit à $\frac{25}{100}$ ou en divisant les deux termes par 25, à $\frac{1}{4}$; de même 0,6 se réduit à $\frac{6}{10}$, ou en divisant les deux termes par 2, à $\frac{3}{5}$.

On peut réduire deux ou plusieurs fractions au même dénominateur, en multipliant les deux termes de chaque fraction par le produit des dénominateurs de toutes les autres. EXEMPLE : Soit à réduire les fractions $\frac{2}{3}$ $\frac{3}{4}$ à un même dénominateur,

Je multiplie les deux termes de la première fraction par 4, dénominateur de la seconde, et la première fraction exprime $\frac{8}{12}$.

Je multiplie ensuite les deux termes de la seconde fraction par 3, dénominateur de la première, et cette seconde fraction exprime $\frac{9}{12}$.

Autre EXEMPLE : Soit à réduire à la même dénomination les 3 fractions $\frac{2}{3}$ $\frac{3}{4}$ $\frac{4}{5}$

Je multiplie les deux termes de la première fraction par 20, produit des dénominateurs des deux autres fractions, et j'ai pour la première $\frac{40}{60}$.

Je multiplie ensuite les deux termes de la seconde fraction par 15, produit des dénominateurs de la première et de la troisième, et j'ai pour cette dernière fraction $\frac{45}{60}$.

Enfin, je multiplie les deux termes de la troisième fraction par 12, produit des dénominateurs de la première et de la seconde, et j'ai pour cette dernière fraction $\frac{48}{60}$.

Le dénominateur commun est 12 dans le premier Exemple, et 60 dans le second.

Cette méthode devient longue et fatigante lorsqu'il y a un grand nombre de fractions. Pour abréger, voici une marche qu'on peut suivre, lorsque les dénominateurs sont multiples les uns des autres.

On prend pour dénominateur commun le plus petit nombre divisible par chacun des dénominateurs primitifs.

Pour avoir le numérateur de chaque fraction réduite, on multipliera son numérateur primitif par le nombre de fois que son dénominateur est contenu dans le dénominateur commun.

Exemple : on veut réduire au même dénominateur les cinq fractions suivantes : $\frac{2}{3}$ $\frac{3}{4}$ $\frac{5}{6}$ $\frac{7}{8}$ $\frac{11}{12}$.

J'observe que le nombre 24 est multiple exactement de tous les dénominateurs, et le plus petit des nombres divisibles par ces dénominateurs ; je le choisis en conséquence pour dénominateur commun.

J'écris ensuite toutes les fractions sur la même ligne : je tire sous le tout un trait horizontal ; j'écris, sous chaque fraction, le chiffre indicatif du nombre de fois que son dénominateur particulier est contenu dans le dénominateur commun, et je multiplie le numérateur de chaque fraction par ce même chiffre indicatif. Ainsi :

$$\begin{array}{ccccc} \frac{2}{3} & \frac{3}{4} & \frac{5}{6} & \frac{7}{8} & \frac{11}{12} \\ \hline 8 & 6 & 4 & 3 & 2 \\ \hline \frac{16}{24} & \frac{18}{24} & \frac{20}{24} & \frac{21}{24} & \frac{22}{24} \end{array}$$

Pour réduire une fraction à la plus simple expression, on en divise les deux termes par le plus grand diviseur commun.

Pour trouver le plus grand diviseur commun de deux nombres, on divise le plus grand par le plus petit ; si la division s'opère sans reste, c'est ce dernier nombre qui est le diviseur commun.

S'il y a un reste, on divise, sans avoir égard au quotient trouvé, le petit nombre par ce reste qui est le diviseur cherché, si la seconde division ne produit plus de reste.

Mais s'il y a encore un reste, on divise le premier reste par le second, et ainsi de suite, jusqu'à ce que la division se fasse exactement, et le dernier reste trouvé est le plus grand diviseur commun qu'on cherche. Exemple :

Soit à réduire à sa plus simple expression la fraction $\frac{3760}{9024}$, je divise 9024 par 3760 ; j'ai 2 au quotient et 1504 pour reste. Je divise ensuite 3760 par 1504 ; j'ai encore 2 au quotient et 752 pour reste. Je divise enfin 1504 par 752, et j'ai pour quotient 2 sans reste : j'en conclus que 752 est le diviseur commun que je cherche.

Divisant ensuite 3760 et 9024, termes de la fraction, chacun par 752, la première division me donne 5 au quotient, pour numérateur, et la seconde 12, pour dénominateur ; ce qui réduit la fraction à $\frac{5}{12}$.

Pour éviter la multitude des chiffres, lorsqu'on cherche le diviseur commun de deux nombres, on peut écrire le diviseur sous le dividende, et le quotient à côté du diviseur, sous lequel on écrit le reste : de cette manière le diviseur de la première opération devient le dividende de la suivante, et le reste en devient le diviseur. Exemple :

Premier dividende. . .	9024		
Premier diviseur. . . Deuxième dividende.	3760	— 2	premier quotient.
Premier reste et deuxième diviseur. . . Troisième dividende.	1504	— 2	deuxième quotient.
Deuxième reste et plus grand diviseur commun.	752	— 2	Troisième quotient sans reste.
	00		

Dans l'opération ainsi disposée, après avoir écrit 3760, diviseur, sous 9024, dividende, j'écris 2 au quotient, et multipliant 3760 par 2, j'écris au-dessous, le reste 1504, et je divise de même 3760 par 1504, et j'ai pour reste 752, diviseur exact de 1504, sans reste.

On peut simplifier la réduction des fractions, en essayant de les diviser par 2, par 3, par 5, par 11, etc., suivant la méthode indiquée précédemment à la suite de la division.

ADDITION DE FRACTIONS.

Si les fractions ont le même dénominateur, il ne s'agit que de faire l'addition des numérateurs pour avoir la somme des fractions, ainsi $\frac{3}{4}$ $\frac{5}{4}$ $\frac{7}{4}$, étant additionnés, donnent $\frac{15}{4}$ ou 3 et $\frac{3}{4}$.

Mais il faut les réduire au même dénominateur, si elles en diffèrent entre elles. Si l'on proposait d'additionner $\frac{2}{3}$ $\frac{}{6}$ $\frac{7}{8}$, je réduirais ces trois fractions ainsi : $\frac{16}{24}$ $\frac{20}{24}$ $\frac{21}{24}$ ou plus simplement $\frac{16 - 20 - 21}{24}$, ce qui me donnerait par l'addition des numérateurs $\frac{57}{24}$ ou 2 $\frac{9}{24}$ ou enfin 2 $\frac{3}{8}$.

SOUSTRACTION DE FRACTIONS.

Si les fractions ont le même dénominateur, on fera la soustraction des numérateurs par la même raison qu'on peut en faire l'addition; mais si elles ont des dénominateurs différens, il faut les réduire au même pour arriver à la soustraction.

S'il se trouve des entiers joints à des fractions, on peut les réduire à une seule fraction pour faire l'opération soit de l'addition, soit de la soustraction : dans ce cas, on multiplie l'entier par le dénominateur de la fraction qui y est jointe. Exemple :

Soit à additionner comme à soustraire l'un de l'autre, les nombres 4 $\frac{3}{4}$ et 5 $\frac{2}{3}$;

Je réduis d'abord 4 $\frac{3}{4}$ en $\frac{19}{4}$, et 5 $\frac{2}{3}$ en $\frac{17}{3}$ que je réduis ensuite à la même dénomination; ce qui me donne $\frac{57 \text{ et } 68}{12}$, et par l'addition des numérateurs $\frac{125}{12}$ ou 10 $\frac{5}{12}$; et enfin, par la soustraction, $\frac{11}{12}$ pour la différence.

Mais il n'est pas toujours nécessaire de changer les entiers, il suffit de réduire les fractions qui y sont jointes à la même dénomination, sauf, pour faire la soustraction, à emprunter une unité, qu'on réduit également et qui est toujours assez grande pour contenir la fraction à soustraire, toujours inférieure à l'unité.

MULTIPLICATION DE FRACTIONS.

Il s'agit de multiplier une fraction par un entier, ou un entier par une fraction, ou enfin une fraction par une fraction.

Pour multiplier une fraction par un entier, il faut multiplier le numérateur par l'entier, et laisser au produit le dénominateur de la fraction multiplicande : ainsi $\frac{5}{7}$ multipliés par 6, donnent $\frac{30}{7}$ ou $5\frac{2}{7}$.

Pour multiplier un entier par une fraction, il faut multiplier l'entier par le numérateur de la fraction, et donner au produit le dénominateur de la fraction multiplicateur : ainsi, 6 multiplié par $\frac{4}{5}$ produit $\frac{24}{5}$ ou $4\frac{4}{5}$.

Pour multiplier une fraction par une fraction, il faut multiplier numérateur par numérateur, et dénominateur par dénominateur : ainsi, $\frac{3}{5}$ multipliés par $\frac{5}{6}$, produisent $\frac{15}{30}$ ou par réduction $\frac{1}{2}$.

Pour multiplier des entiers joints à des fractions, il faut réduire les entiers en fractions avant de faire l'opération. Exemple : Soit à multiplier $3\frac{7}{8}$ par $7\frac{5}{6}$; je réduis $3\frac{7}{8}$ en $\frac{31}{8}$ et $7\frac{5}{6}$ en $\frac{47}{6}$, multipliant ensuite $\frac{31}{8}$ par $\frac{47}{6}$, j'ai pour produit $\frac{1457}{48}$, ou ce qui est la même chose, $30\frac{17}{48}$, par la réduction.

DIVISION DE FRACTIONS.

Pour diviser par une fraction, il suffit de multiplier par cette fraction renversée. Ainsi, pour multiplier $\frac{5}{7}$ par $\frac{2}{5}$, je renverse cette dernière fraction en $\frac{5}{2}$, et faisant l'opération, j'ai pour produit $\frac{25}{14}$ ou $1\frac{11}{14}$.

On peut se dispenser de renverser la fraction, et multiplier simplement le numérateur de la fraction dividende par le dénominateur de la fraction diviseur, et le dénominateur de la fraction dividende par le numérateur de la fraction diviseur. Exemple :

Soit à diviser $\frac{5}{7}$ par $\frac{9}{11}$,

Je multiplie 5 par 11, ce qui donne 55 pour numérateur; je multiplie également 7 par 9, ce qui donne 63 pour dénominateur, et le résultat de la division est $\frac{55}{63}$.

Pour diviser un entier par une fraction, et réciproquement une fraction par un entier, il faut multiplier l'entier par le dénominateur de la fraction, et diviser le produit par le numérateur, ou simplement considérer l'entier comme une fraction, en lui donnant l'unité pour dénominateur, et laisser le dénominateur de la fraction dans son état naturel.

EXEMPLES : Soit à diviser 5 par $\frac{6}{7}$,

Je multiplie 5 par 7, ce qui produit $\frac{35}{6}$ ou $5\frac{5}{6}$.

Soit au contraire à diviser $\frac{6}{7}$ par 5,

Je multiplie 7, dénominateur de la fraction, par 5, ce qui produit 35, et pour résultat de la division $\frac{6}{35}$.

Pour diviser des entiers joints à des fractions, il faut réduire chaque entier et sa fraction en une fraction unique.

EXEMPLE : Soit à diviser $12\frac{5}{6}$ par $7\frac{7}{8}$,

Je réduis d'abord $12\frac{5}{6}$ en $\frac{77}{6}$ et $7\frac{7}{8}$ en $\frac{63}{8}$, et faisant l'opération, j'ai pour résultat $\frac{616}{378}$ ou $1\frac{17}{27}$.

DES FRACTIONS DE FRACTIONS.

Les fractions de fractions sont des fractions d'unités fractionnaires : ainsi 1 divisé par 8, donne $\frac{1}{8}$ qui est une fraction; si on divise ce $\frac{1}{8}$ par 4, on aura $\frac{1}{32}$ qui est une fraction de fraction; si l'on voulait diviser cette dernière fraction par 3, on aurait $\frac{1}{96}$ qui est fraction de fraction de fraction.

Quel que soit le nombre de ces fractions, on peut toujours les réduire en fractions ordinaires, en multipliant numérateur par numérateur, et dénominateur par dénominateur.

EXEMPLES : Soit à évaluer les $\frac{4}{5}$ de $\frac{5}{6}$,

Je multiplie 4 par 5 et 5 par 6, ce qui me produit $\frac{20}{30}$ ou $\frac{2}{3}$.

Pour évaluer les $\frac{3}{5}$ de $\frac{4}{7}$ de $\frac{2}{9}$,

Je multiplierai 3 par 4, et le produit par 2, ce qui donne 24 pour numérateur; et ensuite 5 par 7, et le produit par 9, ce qui donne 315 pour dénominateur : j'aurai donc $\frac{24}{315}$ ou $\frac{8}{105}$.

S'il y avait des entiers joints aux fractions, il faudrait les réduire en fractions. EXEMPLE : Les $\frac{2}{3}$ de $7\frac{4}{5}$ se réduisent aux $\frac{2}{3}$ de $\frac{39}{5}$; c'est-à-dire $\frac{78}{15}$ ou enfin $5\frac{1}{5}$.

DES NOMBRES COMPLEXES.

Jusqu'ici nous n'avons considéré les nombres que comme abstraits : c'est ainsi qu'ils doivent être considérés le plus souvent, puisque ce n'est que le résultat des opérations qui en détermine la dénomination.

Un nombre est concret ou abstrait selon que la valeur est déterminée ou indéterminée : 100 mètres, 100 toises, 100 francs, etc., sont des nombres concrets. Tous les nombres dont l'espèce ou la valeur sont indéterminées, sont abstraits.

Les nombres complexes sont composés d'unités et de fractions, qu'on pourrait soumettre aux règles que nous avons données, mais qui peuvent être considérées comme des unités d'une espèce particulière, réductibles à l'espèce principale par des règles particulières et plus courtes.

ADDITION DES NOMBRES COMPLEXES.

On veut ajouter 48 liv. 17 s. 4 d. tournois à 751 liv. 3 s. 8 d. Du moment qu'on sait qu'il faut 12 deniers pour faire un sol, 20 sols pour faire une livre, l'opération ne présente plus de difficultés, et on pose la règle suivant la méthode déjà indiquée.

	48 l.	17 s.	4 d.
	751	3	8
Total. . . .	800 l.	1 s.	» d.

Dans cette règle je dis, en commençant à droite par les deniers, 8 et 4 font 12, qui valent 1 sol que je retiens pour le joindre aux sols ; passant aux sols, je dis : 1 (retenu) et 7 font 8, et 3 font 11 ; j'écris 1 sous les sols et retiens la dizaine pour la réunir aux dizaines de sols, et je dis 1 (retenu) et 1 font 2, qui représente deux dizaines ou 20 sols ; je dis la moitié de 2 est 1, que je retiens pour l'ajouter aux livres. Le reste suit la méthode ordinaire.

AUTRE EXEMPLE. On veut additionner :

	107 toises	5 pieds	7 pouces	6 lignes,
	51	9	11	7
	37	9	4	11
Total. . . .	197	1	»	»

Il suffit de savoir que la toise se divise en 6 pieds ; le pied en 12 pouces, et le pouce en 12 lignes pour faire cette addition ; et, en général, il faut connaître les subdivisions de tous les nombres concrets sur lesquels on veut opérer.

SOUSTRACTION DES NOMBRES COMPLEXES.

On suit la même marche que pour la Soustraction des nombres abstraits, en empruntant, s'il est nécessaire, des unités de l'espèce immédiatement précédente, et en remontant, en cas d'insuffisance, jusqu'aux unités principales. EXEMPLE :

Soit à soustraire 451 liv. 18 s. 6 d. de 844 liv. 15 s. 3 d., je pose l'opération ainsi :

	844 l.	15 s.	3 d.
	451	18	6
Reste.	392	16	9
Preuve. . . .	844	15	3

Dans cette opération, 6 deniers ne pouvant se déduire de 3, j'emprunte sur la gauche une unité du genre immédiatement supérieur; c'est-à-dire un sol, qui vaut 12 deniers, lesquels réunis à 3, donnent 15, dont je déduis 6 : il reste 9 que j'écris sous le trait.

Opérant ensuite sur les sols, le 5 du nombre supérieur ne vaut plus que 4, par l'emprunt que j'ai fait, et est encore insuffisant. J'emprunte la dizaine précédente, ce qui donne 14, dont je déduis 8 ; il reste 6 que j'écris.

Pour soustraire ensuite la dizaine du nombre inférieur, j'emprunte 1 des unités principales ; cette unité vaut 20 sols ou deux dizaines, et je dis 1 de 2, reste 1 que j'écris.

Le reste de l'opération se fait à l'ordinaire et ne présente plus de difficultés.

AUTRE EXEMPLE : Soit à déduire 49 liv. 10 onces 5 gros et 15 grains de 61 liv. » o. » g. 12 g^{s}.

Pour faire cette opération, il faut savoir que la livre, ancien poids de marc, se divise en 16 onces, l'once en 8 gros, et le gros en 72 grains. Je pose l'opération ainsi :

	$\overset{o}{61}$ liv.	$\overset{15}{»}$ onc.	$\overset{7}{»}$ gros	$\overset{72}{12}$ gr.
	49	10	5	15
Reste. . .	11	5	2	69
Preuve. . .	61	»	»	12

Dans cette règle, n'ayant pas d'unités particulières que je puisse emprunter, je remonte aux unités principales, sur lesquelles je prends 1 qui vaut 16 ; j'en laisse 15 sur les onces, et je réserve 1 qui vaut 8 gros, dont je laisse 7 sur les gros, et réserve encore 1 qui vaut 72 grains, lesquels ajoutés à 12, forment 84, dont je déduis 15. Le reste de l'opération est sans difficulté.

Il est évident qu'on ne peut ajouter les uns aux autres, des nombres concrets d'espèces différentes. On ne pourrait ajouter des livres tournois à des francs, ni à des pieds, ni à des toises, ni des livres poids de marc à des kilogrammes, ni enfin des mètres à des toises ou à des poids, et, par la même raison, qu'on ne pourrait les soustraire les uns des autres.

MULTIPLICATION DES NOMBRES COMPLEXES.

Lorsqu'on a à multiplier un nombre complexe par un autre, au lieu de réduire les fractions par les méthodes que j'ai enseignées, ce qui serait fort long, on peut opérer par les parties aliquotes, ce qui est beaucoup plus expéditif. EXEMPLE :

On veut savoir le produit de 54 aunes 3/4 de drap, à raison de 18 liv. 15 s. l'aune.

Je pose l'opération ainsi : 54 aun. 3/4.
à 18 liv. 15 s.

Pour 8 liv.	432			
Pour 10 liv.	54			
Pour 10 sols.	27			moitié des entiers du multiplicande.
Pour 5 sols.	13	10	s.	le quart.
Pour 1/2 aune.	9	7	6	moitié du multiplicateur.
Pour 1/4 *idem*.	4	13	9	le quart *idem*.
Produit. . .	1026	11	3	

Pour faire toute autre opération de même nature, telle que des toises, pieds et pouces, etc., il ne s'agit que de connaître les subdivisions, pour en prendre les parties aliquotes ou proportionnelles.

La partie aliquote d'un nombre est un autre nombre contenu dans le premier un certain nombre de fois ; ainsi, 4 contenu 5 fois dans 20 sols, en est une partie aliquote, etc.

DIVISION DES NOMBRES COMPLEXES.

Dans la division des nombres complexes, il faut surtout faire attention à la nature des unités qui devront composer le quotient ; puisque c'est de-là que dépend la conversion à faire des restes du dividende.

Les deux termes de la division étant de même espèce, le quotient peut être d'une espèce différente. Exemple :

On demande combien on fera faire de toises d'ouvrage pour 1625 liv. 15 sols, le prix de la toise étant à 36 liv. 10 sols ?

Il est évident que dans cette question il s'agit de diviser l'un par l'autre, deux nombres de même espèce ; c'est-à-dire des livres et sols tournois, et que le quotient cherché doit donner des toises et des subdivisions de la toise.

Mais il faut observer que les deux termes de la division étant complexes, il est indispensable de les multiplier l'un et l'autre par un même nombre, pour absorber les fractions, ce qui ne change pas la valeur des termes. En conséquence, je pose l'opération ainsi :

	1625 l. 15 s.	36 l. 10 s.
A multiplier par. . .	4	4
Dividende préparé. . .	6503	146 Diviseur préparé.
	663	
Reste. . . .	79	44 t. 3 p. 2 p. 11 l. $\frac{74}{146}$ ou $\frac{37}{73}$
A multiplier par. . .	6 pieds, subdivision de la toise.	
	474	
	36	
A multiplier par. . .	12 pouces, subdivision du pied.	
	432	
	140	
A multiplier par. . .	12 lignes, subdivision du pouce.	
	1680	
	220	
Reste. . . .	74	

La preuve de cette opération se ferait en multipliant le quotient par le diviseur, ce qui reproduirait le dividende.

Si le quotient doit être de même espèce que le dividende, et que le diviseur soit incomplexe, dans ce cas il n'est pas nécessaire de réduire les termes de la division, et l'on peut considérer comme incomplexe le dividende, dont les fractions s'ajouteront successivement aux restes sur lesquels on aura à opérer. Exemple :

	4364 l. 18 s.	24
	196	181 l. 17 s. 5 d.
	44	
Reste.	20	
A multiplier par 20 sols. . .	20	
En ajoutant 18.	418	
	178	
	10	
A multiplier par.	12	
	120	
	00	

Mais toutes les fois que le diviseur est complexe, il faut multiplier les deux termes de la division par un nombre qui absorbe les fractions pour le rendre incomplexe.

DES RAPPORTS OU RAISONS.

On appelle *Rapport* ou *Raison*, le résultat de la comparaison de deux quantités.

Par conséquent, un rapport doit nécessairement avoir deux *Termes*, qu'on appelle, le premier, l'*Antécédent*, et le second, le *Conséquent*.

Si la comparaison de deux quantités a pour objet de faire connaître de combien l'une surpasse l'autre, ou en est surpassée, le rapport s'appelle *Arithmétique ;* ainsi, le rapport arithmétique de 5 à 3 est 2, différence de l'un à l'autre nombre, dont le *rapport* s'exprime en séparant les deux termes par un point (.); ainsi : 5 . 3 (ou 5 est à 3).

On peut ajouter ou retrancher la même quantité des deux termes d'un rapport arithmétique sans changer le rapport. Ainsi, dans le rapport de 5 . 3, si j'ajoute 4 à chacun des deux termes, j'aurai 9 . 7 ; si au contraire je retranche 2 de chaque terme, j'aurai 3 . 1 ; et, dans les trois cas, la raison ou différence de l'un à l'autre terme sera toujours 2.

Si, en comparant deux quantités, on a pour objet de savoir combien de fois l'une contient l'autre, ou y est contenue, le rapport s'appelle *Géométrique.* Ainsi, le rapport géométrique de 6 à 3 est égal au nombre de fois que 6 contient 3 ; c'est-à-dire 2, quotient de 6, divisé par 3 ; et le rapport s'exprime en séparant les deux termes par deux points (:) ; ainsi : 6 : 3 (ou 6 est à 3).

On peut multiplier ou diviser, par une même quantité, les deux termes d'un rapport géométrique, sans changer ce rapport ; ainsi, dans le rapport de 15 : 5, si je multiplie les deux termes par 5, j'aurai 75 : 25 ; si, au contraire, je les divise par 5, j'aurai 3 : 1 ; et, dans ces trois cas, en divisant l'antécédent par le conséquent, le quotient ou raison sera toujours 3; car l'unité n'est ni diviseur ni multiplicateur.

Mais il faut observer que, dans un rapport géométrique, on ne divise pas toujours le grand nombre par le plus petit; mais que c'est toujours l'*antécédent* qui est *dividende*, et le *conséquent* qui est *diviseur*.

Si, dans un rapport, l'antécédent se trouve être plus petit que son conséquent, le rapport géométrique sera représenté par une fraction qui aura l'antécédent pour numérateur et le conséquent pour dénominateur; si donc on veut avoir la raison de 7 : 9, en faisant la division, on trouvera $\frac{7}{9}$.

Le rapport de 8 : 4, par la division, donne 2 pour la raison.

Le rapport de 9 : 5, ne pouvant s'effectuer en nombres entiers par la division, on peut représenter la raison par $\frac{9}{5}$.

On rendra égaux les deux termes d'un rapport arithmétique en ajoutant la raison ou différence au petit terme, ce qui le rendra égal au plus grand; ou en retranchant cette raison du plus grand, qui deviendra égal au plus petit; ainsi, dans le rapport 5.3, si j'ajoute 2 au conséquent, ou si je retranche ce nombre de l'antécédent, les deux termes seront égaux.

Mais pour rendre égaux entre eux les deux termes d'un rapport géométrique, il faut toujours diviser l'antécédent par la raison, pour le rendre égal à son conséquent, ou multiplier le conséquent par la raison, pour le rendre égal à son antécédent, ce qui revient à la preuve de la Multiplication et de la Division.

Pour rendre égaux les deux termes 15 : 5, dont la raison est 3, je rendrai le conséquent 5 égal à l'antécédent, en le multipliant par 3; et réciproquement je rendrai l'antécédent 15 égal à son conséquent, en le divisant par le même nombre 3.

DES PROPORTIONS.

Une *Proportion* est l'égalité de deux rapports; et comme chaque rapport a deux termes, il s'ensuit qu'il y a quatre termes dans toute Proportion.

Le premier et le dernier terme d'une Proportion, sont l'*antécédent du premier rapport* et le *conséquent du second*, et s'appellent *les extrêmes*. Le second et le troisième terme sont le *conséquent du premier rapport* et l'*antécédent du second*, et s'appellent *les moyens*.

Comme il y a deux sortes de Rapports, il y a aussi deux sortes de Proportions : ainsi si les deux rapports sont arithmétiques, la Proportion s'appelle *arithmétique*. Elle s'appelle *géométrique*, si les rapports sont géométriques.

Les deux rapports d'une Proportion arithmétique sont séparés par deux points (:), et ceux d'une Proportion géométrique sont séparés par quatre points (::) qui ont la même signification.

Exemple d'une Proportion arithmétique : 7 *est à* 3, *comme* 9 *est à* 5; j'écris cette proportion ainsi :

7 . 3 : 9 . 5; dont la raison est 4.

Exemple d'une Proportion géométrique : 9 *est à* 3, *comme* 6 *est à* 2; j'écris ainsi cette dernière Proportion :

9 : 3 : : 6 : 2, dont la raison est 3.

On peut multiplier ou diviser les antécédens d'une Proportion géométrique, par un même nombre; il y aura toujours proportion.

On aura également proportion, si on multiplie ou si on divise les conséquens des deux rapports, par un même nombre.

Dans le premier cas, si on multiplie les antécédens, chacun d'eux contiendra son conséquent autant de fois plus, et chaque raison sera rendue autant de fois plus grande.

Ainsi dans cette Proportion : 9 : 3 : : 6 : 2; dont la raison est 3;

En multipliant les antécédens par 4 j'aurai : 36 : 3 : : 24 : 2; dont la raison est 12, produit de 3 multiplié par 4.

Donc en multipliant les antécédens par un même nombre, on multiplie également les raisons.

Il en sera de même si l'on divise les antécédens par un même nombre, ou enfin si on suit les mêmes principes à l'égard des conséquens; c'est-à-dire qu'il y aura toujours proportion.

J'ai dit qu'on pouvait multiplier ou diviser les deux termes d'un rapport géométrique, sans changer la raison; de même, dans une proportion géométrique, on pourra multiplier ou diviser les deux premiers termes, ou les deux derniers, chacun par un même nombre, sans changer la proportion, puisque les rapports sont toujours les mêmes.

Dans cette proportion 9 : 3 : : 6 : 2, la raison est 3; si je multiplie les deux premiers termes par 4, j'aurai : 36 : 12 : : 6 : 2, et la raison sera toujours 3.

Dans cette autre, 24 : 6 : : 16 : 4; la raison est 4; si je divise les deux premiers termes par 2, j'aurai : 12 : 3 : : 16 : 4, la raison sera toujours 4.

Dans toute proportion géométrique, le *produit des extrêmes est toujours égal au produit des moyens :* ainsi, dans cette proportion : 24 : 6 : : 16 : 4,

24 × 4 (ou 24 *multiplié par* 4), donnent 96 pour produit des extrêmes.

6 × 16 (ou 6 *multiplié par* 16), donnent 96 pour produit des moyens, égal au produit des extrêmes.

Ainsi, en connaissant le produit des extrêmes, on connaît celui des moyens; et, par la même raison, lorsqu'on connaît le produit des moyens, on connaît celui des extrêmes.

Si l'on demande le quatrième terme d'une proportion, dont les trois premiers termes seulement soient connus, on tirera le produit des moyens, qui sera en même temps celui des extrêmes; et en divisant ce produit, par le premier terme qui est l'extrême connu, on aura pour quotient le quatrième terme cherché. Exemple :

12 : 3 : : 16 : $x = 4$ (égale 4) terme inconnu ou cherché.

3 × 16 donne, pour produit des moyens, 48 qui doit être aussi celui des extrêmes; 48 divisé par 12, extrême connu, le quotient est 4, quatrième terme cherché; donc $x = 4$.

Si l'on cherchait un des termes moyens d'une proportion, dont l'autre moyen ainsi que les extrêmes soient connus, on tirerait le produit des extrêmes, et on diviserait par le moyen connu. Exemple :

$$8 : 2 :: x : 3.$$

8×3 donne pour produit des extrêmes 24, qui doit être aussi celui des moyens; 24 divisé par 2, moyen connu, le quotient est 12, qui est le moyen cherché, et l'on aura la proportion $8 : 2 :: x = 12 : 3.$

DE LA RÈGLE DE TROIS.

La Règle de trois consiste à trouver le quatrième terme inconnu, d'une proportion géométrique dont on connaît les trois autres termes : on voit dès-lors qu'il ne s'agit que de l'application des principes que je viens d'établir; mais la difficulté est de bien poser cette règle.

Pour bien poser la règle de trois, il faut considérer, 1°. que les trois quantités connues doivent toujours, avec l'inconnue que l'on cherche, composer deux rapports égaux; 2°. que des trois quantités connues il y en a toujours deux de même espèce, et une de l'espèce de l'inconnue.

D'où suit que l'inconnue peut être considérée comme le conséquent du second rapport de la proportion à établir, lorsque les deux termes connus, qui sont de même espèce, formeront le premier rapport de cette proportion.

Le seul énoncé de la question doit faire distinguer, dans les trois quantités connues, celle qui est de même espèce que l'inconnue, pour en faire l'antécédent du second rapport; et, de cette inconnue, représentée par x, en faire le conséquent.

On jugera, par la même raison, que le premier rapport de la proportion se composera des deux quantités connues, qui sont d'une même espèce, et placées de manière à rendre ce premier rapport égal au second. Exemple :

9 kilogrammes d'indigo coûtant 171 fr., on veut savoir ce que coûteraient 45 kilogrammes de même marchandise?

Il est évident que, dans cette question, 9 kilogrammes et 45 kilogrammes sont les deux quantités connues d'une même espèce, et formeront les deux termes du premier rapport; et que 171 fr., troisième quantité connue, est de même espèce que celle cherchée.

Il est aussi évident que l'inconnue, qui fait le quatrième terme cherché de la proportion, doit être plus grande que la quantité connue de même espèce; il faut donc, pour que le premier rapport soit égal au second, que l'antécédent de ce premier rapport soit le plus petit des deux termes, et son conséquent le plus grand. Je poserai donc ainsi la proportion :

$$9 : 45 :: 171 : x = 855.$$

Si au contraire on demandait le produit de 9 kilogrammes d'indigo, d'après celui de 45 kilogrammes coûtant 855 fr., je poserais ainsi la proportion :

$$45 : 9 :: 855 : x = 171.$$

La règle de trois est *directe* ou *inverse*; elle est encore *simple* ou *composée*.

Lorsqu'il n'y a que quatre quantités d'indiquées dans la question, la règle de trois est dite *simple*. Elle s'appelle *composée*, lorsque le rapport de la quantité inconnue à celle connue de même espèce, se trouve déterminée par plusieurs rapports *simples*; mais la règle de trois composée se ramène toujours à une règle de trois simple.

La règle de trois, dont je viens de donner l'exemple, est une règle de trois *simple*, puisqu'elle ne contient que deux rapports simples, ou quatre quantités comparées deux à deux.

La règle de trois est *directe* si les antécédens de chaque rapport expriment des quantités variables qui croissent ou décroissent dans la même raison, et si les termes de la proportion se trouvent naturellement disposés de manière que l'inconnu en soit le quatrième.

L'exemple précédent est celui d'une règle de trois *directe*.

La règle de trois est *inverse* quand les antécédens de chaque rapport croissent ou décroissent en raison opposée; et, dans ce cas, c'est le troisième terme de la proportion qui est l'inconnu.

Mais je viens de démontrer qu'on peut toujours réduire la règle de trois à une proportion directe, en mettant l'inconnu au quatrième terme et en renversant les deux termes du premier rapport. Exemple :

Huit ouvriers ont fait un ouvrage en 15 jours : on demande combien il faudra d'ouvriers pour faire le même ouvrage en 5 jours.

Il est évident que dans cet exemple les quantités connues de même espèce, 15 jours et 5 jours, décroissent en raison inverse du nombre des hommes, puisqu'il faudra plus d'hommes pour moins de jours. Ainsi, au lieu d'écrire :

$15 : 5 :: x : 8$, je renverserai les deux rapports et je dirai :

$5 : 15 :: 8 : x = 24$, nombre d'ouvriers nécessaire pour faire le même ouvrage en 5 jours.

DE LA RÈGLE CONJOINTE.

La Règle conjointe se nomme ainsi parce qu'elle réunit plusieurs règles de trois, qu'on résout toutes par une seule opération, pour en tirer le résultat.

Il ne s'agit en effet que d'appliquer les principes que je viens d'établir, à la règle conjointe, qui se résume à une règle de trois simple, et dont la principale difficulté est de la bien poser.

La règle conjointe est une *proportion composée* proprement dite, dont le premier rapport se compose de plusieurs autres rapports simples.

Pour bien poser la règle conjointe, il faut écrire, les uns sous les autres et dans une colonne à gauche, tous les antécédens des divers rapports simples, pour en former, en les multipliant successivement les uns par les autres, un seul produit qui devient l'antécédent du premier rapport, et le *diviseur dans l'opération*.

On écrit de même les uns sous les autres, dans une colonne à droite, les conséquens des rapports simples, qu'on réduit également, par la Multiplication, à un seul produit qui forme le conséquent du premier rapport.

Le troisième terme, ou antécédent du second rapport, est la quantité dont on cherche la valeur, lequel troisième terme, multiplié par le conséquent du premier rapport, donne pour produit le *dividende de l'opération.*

Enfin, le quatrième terme cherché, ou conséquent du second rapport, est le *quotient* de la division à laquelle se résume la règle conjointe.

Mais en posant la règle conjointe, il faut observer quatre choses :

1°. Que le premier antécédent, *simple* ou *partiel*, soit de même espèce que le nombre connu dont on cherche la valeur.

2°. Que chaque conséquent simple soit la valeur relative et connue de son antécédent.

3°. Que chaque antécédent simple soit de même espèce que le conséquent qui précède immédiatement.

4°. Et enfin, que le dernier conséquent simple soit de même espèce que la quantité cherchée.

Comme le troisième terme ou antécédent du second rapport doit être multiplié par le conséquent du premier rapport, qui est lui-même le produit des conséquens simples multipliés les uns par les autres, il s'ensuit qu'on peut mettre ce troisième terme dans la colonne des conséquens simples du premier rapport, puisque c'est le dernier produit des multiplications qui devient le dividende de l'opération, et qu'enfin le quotient de la division en est le résultat, et le quatrième terme cherché de la proportion.

Exemple : Un négociant doit à Londres 350 livres sterlings, qu'il veut payer en argent de France : on demande quelle somme il aura à débourser de cette dernière monnaie, le change étant à 32 deniers sterlings pour 3 francs ?

En procédant par la règle de trois ordinaire, cette question en présente deux à résoudre.

1re. *Règle.*	1 lst.	:	240 dst.	: :	350 lst.	:	x	=	84000 dst.
2e. *Règle.*	32 dst.	:	84000 dst.	: :	3 fr.	:	x	=	7875 francs.

La réponse à la question est 7875 francs, quatrième terme cherché de la seconde règle de trois.

Je trouve le même résultat par la règle conjointe, en la posant ainsi :

$$\left.\begin{array}{ll} 1 & \text{lst.} \\ 32 & \text{dst.} \end{array}\right\} : \left\{\begin{array}{ll} 240 & \text{dst.} \\ 3 & \text{fr.} \end{array}\right. : : 350 \text{ lst.} : x \text{ fr.}$$

$$32 \quad : \quad 720 \quad : : 350 : x = 7875 \text{ francs.}$$

Le nombre 32, produit des antécédens simples, forme l'antécédent du premier rapport de la proportion, et le *diviseur de l'opération.*

Le nombre 720, produit des conséquens simples, forme le conséquent du premier rapport.

Le nombre 350, dont on cherche la valeur, est l'antécédent du second rapport.

Ce nombre, multiplié par 720, conséquent du premier rapport, donne pour produit 252000, qui est le *dividende de l'opération.*

x, quatrième terme cherché, conséquent du second rapport = 7875 francs, quotient de de 252000, divisé par 32.

1 et 32 sont les antécédens des deux premiers rapports simples.

240 et 3 sont les conséquens, à multiplier l'un par l'autre, de ces mêmes rapports simples.

On a vu qu'on pouvait multiplier ou diviser, chacun par un même nombre, les deux termes d'une division, sans rien changer au quotient.

Par conséquent qu'on pouvait multiplier ou diviser les deux termes d'un rapport géométrique chacun par un même nombre, sans changer la raison; puisque les deux termes d'un rapport représentent ceux d'une division, et que la raison en est le quotient.

On a vu encore qu'on pouvait multiplier ou diviser les antécédens d'une proportion géométrique, chacun par un même nombre, sans troubler la proportion.

Enfin, je viens d'établir que, dans une règle conjointe, le troisième terme de la proportion pouvait être rangé dans la colonne des conséquens simples, par le produit desquels il doit être multiplié.

Il résulte de ces observations que la règle conjointe peut se simplifier et se réduire considérablement.

Reprenant donc l'exemple précédent, je poserai ainsi la règle conjointe, en commençant par le second rapport de la proportion :

	x		:	~~350~~	lst.	(d. p. 2.)
	1	lst.	:	~~240~~	dst.	(d. p. 16)
(d. par 2.)	~~32~~	dst.	:	3	fr.	
(d. p. 16.)	~~16~~			175		
	1			15		
				875		
				175		
				2625	prod. de 175, m. p. 15.	
				3		
			$x =$	7875	fr., quantité cherchée.	

Dans l'opération ainsi posée, je réduis 32 des antécédens et 350 des conséquens, en les divisant chacun par 2; j'efface ces deux nombres, et j'écris 16 sous les antécédens et 175 sous les conséquens.

Je réduis ensuite 16 des antécédens et 240 des conséquens, en les divisant chacun par 16; et, effaçant ces deux nombres, j'écris 1 sous les antécédens et 15 sous les conséquens.

Il ne reste aux antécédens que l'unité, qui n'est ni diviseur ni multiplicateur.

Il reste aux conséquens les trois nombres 175, 15 et 3; lesquels multipliés les uns par les autres, donnent sans division 7875 francs, quantité cherchée.

AUTRE EXEMPLE.

On veut convertir 5400 piastres d'Espagne en florins courans de Hollande, le change étant à 93 3/4 deniers de gros de Hollande pour 1 ducat d'Espagne.

Puor entendre cette question, il faut savoir que le florin courant d'Hollande vaut 40 deniers de gros; que la piastre d'Espagne vaut 272 maravédis; que le ducat vaut 375 maravédis.

Ceci posé, si je procède par autant de règles de trois qu'il s'en trouve dans la conversion à faire, j'en aurai quatre :

La 1re.	1 ptre.	:	272 mdis.	: :	5400 ptres.	: x =	1468800 mdis.
La 2e.	375 mdis.	:	1 dat.	: :	1468800 mdis.	: x =	3916 4/5 dats.
La 3e.	1 dct.	:	93 3/4 dgs.	: :	3916 4/5 dats.	: x =	367200 dgs.
La 4e.	40 dgs.	:	1 fl. c.	: :	367200 dgs.	: x =	9180. fl. c.

Réduisant l'opération, comme dans le premier Exemple, par la règle conjointe, j'écris :

	1 ptre.		272 mdis.		
	375 mdis.	:	1 dat.		
(m. p. 4.).	~~1~~ dat.		~~93 3/4~~ dgs.	(m. p. 4, fraction.)	
	40 dgs.		1 fl. c.	: : 5400 ptres.	: x.

4
160
m. p. 375
800
1120
480
Diviseur. 60000

375
m. p. 272
750
2625
750
102000
m. p. 5400 troisième terme de la proportion.
40800000
510000
Dividende. 55080/0000 | 6/0000 diviseur.
10 | 9180 fl. c., quotient et 4e. terme cherché.
48
0

Dans cette règle ainsi posée, j'ai d'abord multiplié 93 3/4 des conséquens simples par 4, dénominateur de la fraction ; pour la faire disparaître (ce qu'il faut toujours faire lorsqu'il s'en trouve) j'ai écrit 375, produit de cette multiplication, sous les conséquens simples, et effacé 93 3/4 ; j'ai multiplié, par le même nombre 4, son antécédent 1 que j'ai effacé, et j'ai écrit 4 sous les antécédens simples.

J'ai multiplié les antécédens simples 4, 40 et 375 les uns par les autres, ce qui a produit 60000 pour antécédent principal du premier rapport et *diviseur de l'opération.*

J'ai également multiplié les conséquens simples 375 et 272 l'un par l'autre, ce qui a produit 102000 pour conséquent principal du premier rapport.

Enfin, j'ai multiplié ce second terme de la proportion par 5400, troisième terme et antécédent du second rapport, ce qui a produit 550800000 pour *dividende de l'opération.*

Plaçant ensuite les deux termes de la division suivant les règles ordinaires, j'ai d'abord tranché quatre zéros à chacun d'eux, ce qui a réduit l'opération à 55080, à diviser par 6, et donné pour quotient 9180 fl. c., quatrième terme cherché de la proportion.

En donnant cet Exemple ainsi détaillé, j'ai eu pour objet d'en rendre la démonstration plus sensible.

Je vais actuellement réduire ce second exemple de la même manière que le précédent.

		x	: :	5400	p^{tres}.	(div. p. 10.)
	1	p^{tre}.	:	272	m^{dis}.	(div. p. 4.)
	* 375	mar^{dis}.	:	1	duc.	
(m. p. 4.)	1	duc.	:	93 3/4	d^{gs}.	(m. p. 4, fraction.)
(d. p. 10 et p. 4.)	40	dgs.	:	1	fl. c.	
(d. p. 4.)	4			375 *		
	1			68	(d. p. 4.)	
				17		
				3780		
				540		
				9180	fl. c., quantité cherchée.	

Réduisant d'abord 93 3/4 en entiers, en le multipliant par 4 dénominateur de la fraction, je porte 375 sous les conséquens, et 4 sous les antécédens, pour maintenir le rapport, j'efface 1 des antécédens et 93 3/4 des conséquens.

J'efface ensuite 375 des antécédens et le même nombre 375 des conséquens.

Je prends le 10e. de 40 des antécédens et de 5400 des conséquens, en retranchant un zéro de chacun, et il reste 4 et 540.

Je prends le 1/4 de 4 des antécédens et de 272 des conséquens; j'efface ces deux nombres, et j'écris 68 sous les conséquens.

Enfin, je prends encore le 1/4 de 4 que j'efface des antécédens, et de 68 que j'efface également des conséquens, et j'écris 17 sous ces derniers.

Ces réductions faites, il ne reste aux antécédens que l'unité qui ne divise point.

Aux conséquens il reste 17 et 540, qui, multipliés l'un par l'autre, donnent 9180 florins courans, terme cherché.

Ces deux Exemples, présentés sous leurs différens points de vue, doivent suffire, avec les principes que j'ai posés précédemment, pour guider sûrement dans toute règle conjointe.

Si l'on veut avoir la preuve de la règle conjointe, il ne s'agit que de renverser la question et les termes de la proportion, et le résultat de la division reproduira l'antécédent du second rapport de l'opération principale. Exemple :

	x		: :	9180	fl. c^s.	
	1	fl. c.	:	40	d^{gs}.	(d. p. 4.)
(m. p. 4.)	93 3/4	d^{gs}.	:	1	d^{at}.	(m. p. 4.)
	1	d^{at}.	:	375	m^{dis}.	
(d. p. 4.)	272	m^{dis}.	:	1	p^{tre}.	
	375			4	(d. p. 4.)	
(d. p. 4.)	68			10		
Diviseur.	17	Dividende.		91800	17 diviseur.	
				.68	5400 p^{tres}. quotient.	
				.0		

Comme dans l'opération principale, j'ai réduit 93 3/4 en 375, effacé le premier de ces nombres et posé le dernier sous les antécédens, et 4 sous les conséquens.

J'ai effacé 375 des antécédens et le même nombre des conséquens.

J'ai pris le 1/4 de 272 des antécédens et de 40 des conséquens, et effaçant ces deux nombres, j'ai écrit 68 sous les antécédens et 10 sous les conséquens.

J'ai encore pris le 1/4 de 68 des antécédens et de 4 des conséquens, et effaçant ces deux nombres, j'ai écrit 17 sous les antécédens.

Il me reste aux antécédens 17 pour diviseur, et aux conséquens 9180 et 10, lesquels multipliés l'un par l'autre, donnent 91800 pour produit; ce dernier nombre, divisé par 17, reproduit au quotient 5400 piastres, troisième terme de l'opération principale que j'éprouve, et qui est par-là démontrée juste.

DE LA RÈGLE DE SOCIÉTÉ.

La règle de société se nomme ainsi, parce que son objet le plus fréquent est de partager entre des associés le bénéfice ou la perte résultant de leur association.

Il n'y a aucunes difficultés s'il n'y a que deux associés à mises égales et pour le même temps, aussi la règle n'est-elle utile que lorsqu'il y a des intérêts différens à régler.

DE LA RÈGLE DE SOCIÉTÉ SIMPLE.

La règle de société est dite *simple* lorsque les mises des associés, quoique différentes, sont pour le même temps. Exemple :

Trois associés ont fait une entreprise dans laquelle ils ont versé 25,000 francs; savoir : le premier, 12000 francs; le second, 8000 francs, et le dernier 5000 francs; ils ont fait en commun, un bénéfice de 18000 fr. On demande quelle est la part de chacun dans ce bénéfice?

On peut établir les proportions suivantes :

25000 : 18000 : :	12000	:	8640
	8000	:	5760
	5000	:	3600
Preuve.	25000		18000

Dans cette proportion, il faut opérer par autant de règles de trois qu'il y a d'associés, pour avoir les trois derniers termes, qui sont la part de chacun, et dont la réunion représente le total du gain à partager.

DE LA RÈGLE DE SOCIÉTÉ COMPOSÉE.

La règle de société est dite *composée* lorsque les temps et les mises sont différens; mais on peut ramener la règle composée à la règle simple, en multipliant chaque mise par le temps qu'elle a été dans la société, et la mise totale par le temps que la société a duré.

Un marchand a mis 6000 francs dans une entreprise; trois mois après, un second marchand a versé 8000 francs dans la même entreprise; six mois après l'entrée du second, un troisième associé y a versé 12000 francs; la société a gagné 10000 francs et a duré dix-huit mois. On demande la part de chaque associé dans le bénéfice.

Je considère la mise du premier associé comme 18 fois 6000 pendant un mois.

Celle du second comme 15 fois 8000 pendant le même temps.

Et enfin celle du troisième comme 9 fois 12000 pour le même temps.

Et je pose ainsi les proportions :

$$34000 = 336000 : 10000 :: \left\{ \begin{array}{l} 6000 \times 18 = 108000 : 3214,\ 28^{c}.\frac{4}{7} \\ 8000 \times 15 = 120000 : 3571,\ 42\ \frac{6}{7} \\ 12000 \times 9 = 108000 : 3214,\ 28\ \frac{4}{7} \end{array} \right.$$

Preuve. . . . . 336000 10000, —

DE LA RÈGLE D'INTÉRÊT ET D'ESCOMPTE.

L'intérêt est le profit que l'on retire de l'argent qu'on a prêté ; il se calcule ordinairement sur le nombre 100, et pour la durée de l'année.

Il en est de même de l'escompte ; mais la différence est qu'on ne perçoit l'intérêt qu'après le temps couru et que l'escompte se prélève par avance, en raison du temps à courir.

Puisque la somme de l'intérêt ou de l'escompte doit être en raison du temps à courir et du capital prêté, il s'ensuit qu'on peut la reconnaître par la règle de proportion.

Soit à trouver, par exemple, l'intérêt ou l'escompte de 4000 francs pendant un an, à raison de 6 p. % par an ; on peut poser la proportion ainsi :

$$100 : 6 :: 4000 : x = 240;$$ ou, en joignant l'intérêt au capital.

$$100 : 106 :: 4000 : x = 4240$$

Il est des méthodes plus simples de tirer l'intérêt, surtout lorsqu'on a à opérer sur un grand nombre de sommes en compte courant. J'en ai déjà donné quelques Exemples pages 84 à 87 de ce Traité.

Pour faire un compte d'intérêts et lorsqu'on veut avoir de suite le produit de chaque somme, on compte ordinairement par mois de trente jours et par 1/2, 1/3, 1/5 et 1/6e. de mois.

Mais en tout état de cause, et quel que soit le taux de l'intérêt, on peut multiplier la somme par le nombre de jours, et diviser le produit suivant le taux de l'intérêt.

Pour connaître le diviseur dont on doit faire usage, il n'est besoin que de savoir combien il faut de jours, au taux convenu, pour que 100 produise l'unité entière. Par exemple, à 6 p. % par an, il faut 60 jours ou deux mois pour que 100 francs produisent 1 franc ; mais comme ce nombre 60 serait 100 fois trop faible, on le met en proportion avec le quotient cherché, en y ajoutant deux zéros. Ainsi :

A 3 p. % par an, le diviseur sera	12000
4 p. % par an.	9000
5 p. % par an.	7200
6 p. % par an.	6000
9 p. % par an.	4000
12 p. % par an.	3000

Il est facile de trouver, par cette méthode, les autres diviseurs pour toute espèce de nombres.

On doit plusieurs sommes à des termes différens, dont on veut connaître le terme moyen pour les payer sans intérêt de part ni d'autre. EXEMPLE :

Soient dues à partir du 1er. janvier les sommes suivantes :

4000 F.	au 10 mars,	70 jours,	280000
3000	au 25 *idem*,	85	255000
1500	au 1er. avril,	90	135000
2400	au 15 *idem*,	105	252000
10900	diviseur.		922000 dividende; 84 quotient.

C'est-à-dire que le 84e. jour ou le 25 mars est le terme moyen où l'on doit payer la totalité des sommes dues.

On multiplie chaque somme par le nombre de jours à courir, et on divise la totalité des produits par le total des sommes dues, le quotient est le nombre de jours cherché.

DE LA RÈGLE D'ALLIAGE.

La règle d'alliage consiste à trouver le prix moyen du mélange de plusieurs matières de différens prix. EXEMPLE :

On demande le prix moyen du mélange suivant :

15 marcs à 42 F.	= 630 F.	2604 dividende.	55 diviseur.
12 marcs à 46	= 552		$47,34\frac{6}{11}$
18 marcs à 49	= 882		
10 marcs à 54	= 540		
55			

Le quotient ou prix moyen de chaque marc d'argent ainsi mélangé est de 47, 34 6/11.

Dans cet Exemple, on a multiplié chaque espèce par son prix et divisé la totalité des produits par le total des marcs.

DE LA RÈGLE DE FAUSSE POSITION.

La règle de fausse position consiste à partager un nombre donné, proportionnellement aux parties d'un autre nombre supposé arbitrairement. Cette règle ne diffère de la règle de société qu'en ce que les nombres qui font la base de la proportion sont supposés, et que dans la règle de société ils sont donnés. EXEMPLE :

On veut partager une somme de 6438 francs entre quatre personnes, de manière que la première ait la moitié de ce qu'auront les trois autres ensemble; que la seconde ait le double de la troisième, et enfin que la troisième ait autant que la dernière, et moitié en sus.

Il ne s'agit que de supposer un nombre qui contienne ces parties proportionnelles.

Dans la question posée, ce nombre est 33; je suppose la part du quatrième à 4; celle du troisième à 6, et celle du second à 12, ce qui fait 22 pour les trois, dont la moitié est 11 pour la part du premier; en conséquence, je pose les proportions ainsi :

33 : 6438 : :	4 : x =	780, 36 4/11
	6 : x =	1170, 54 6/11
	12 : x =	2341, 09 1/11
	11 : x =	2146, »
Preuve. . . .	33	6438, »

EXEMPLE D'UNE RÈGLE DE DEUX FAUSSES POSITIONS.

On veut partager 44759 fr. entre trois personnes, de manière que la première ait les 2/3 de ce qu'auront les deux autres ensemble, plus 754 fr.; que la seconde ait les 3/5es. du surplus, et en outre, 423 fr., on demande la part de chacun ?

Il est évident que, sans les 754 fr. à prélever par la première, les 423 fr. à prélever par la seconde, et les 2/3 de ces 423 fr., c'est-à-dire 282 à joindre en outre à la part de la première, la somme principale serait partagée en parties proportionnelles.

En conséquence, sur la somme de 44759 fr., déduisant les trois autres 423, 282 et 754, qui forment ensemble 1459, il ne reste que 43300 fr., sur quoi j'établis les proportions, en supposant la part du dernier à 6; celle du second à 9, et celle du premier à 10, ou 25 pour les trois.

25 : {43300 / 1459} 44759 ::	6	:	x	=		. . . . .		10392
	9	:	x	=		15588		
					Plus	423		16011
								26403
	10	:	x	=		17320		
					Plus	282		
						17602		
					Plus	754		18356
Preuve	25							44759

TABLEAU
DE LA BOURSE DE PARIS,
ET
CHANGES ÉTRANGERS.

Observation. Paris étant la Place régulatrice du Système dans ce Traité de Changes, Parités et Arbitrages, j'ai cru devoir présenter d'abord sous un même point de vue les principales Places de banque avec lesquelles Paris correspond, la division de leurs monnaies, la manière dont on y tient les écritures, le cours de leur change avec Paris, soit qu'elles lui donnent ou en reçoivent l'incertain pour le certain, et ce que j'appelle le fixe, c'est-à-dire le multiplicateur, qui est le résultat de la combinaison du cours certain avec l'incertain, pour simplifier les opérations ; enfin la manière d'opérer entre Paris et chacune de ces places correspondantes avec les changes respectifs entre elles, pour autant qu'ils sont connus.

A la suite de ce Tableau se trouveront les opérations et retours entre ces mêmes Places et Paris, servant de preuves les unes aux autres.

ANCIENNES MONNAIES DE FRANCE.			MONNAIES NOUVELLES.		
Le double-Louis d'or de 48 livres, réduit à	47 fr.	20 cent.	La pièce d'or de 40 francs	40 fr.	» cent.
Le Louis simple de 24 livres, réduit à	23	55	Celle de 20 francs	20	»
L'ancien écu de 6 livres, réduit à	5	80	La pièce d'argent de cinq francs, ou	5	»
Celui de 3 livres, réduit à	2	75	Celle de deux francs, ou	2	»
La pièce de 1 livre 4 sols, réduite à	1	»	Le franc ou unité monétaire, ou	1	»
Celle de 12 sols, réduite à	»	50	Les subdivisions sont les pièces de 50 et 25 centimes, ou 1/2 et 1/4 de franc.		
Celle de 6 sols, réduite à	»	25	Les écritures se tenaient en liv., sols et den., et se tiennent actuellement en francs et cent.		
Nota. La livre tournois se divisait en 20 sols ; le sol en 12 deniers.			*Nota.* 80 francs répondent à 81 livres tournois ancienne monnaie.		

PLACES.	MONNAIES DE CHANGE ET ÉCRITURES.	CHANGENT AVEC LES PLACES SUIVANTES.	AVEC PARIS L'INCERTAIN.	AVEC PARIS POUR LE CERTAIN.	FIXE ou Multiplicateur.	MANIÈRE D'OPÉRER.	OBSERVATIONS.
AMSTERDAM.	La livre de gros vaut 6 florins, ou 20 sols de gros, ou 240 d. de gros. Le sol de gros vaut 6 sols communs, ou 12 deniers de gros. Le florin vaut 20 sols communs, ou 3 sols 1/3 de gros, ou 40 deniers de gros. Le sol commun vaut 16 pennings, ou 2 d. de gros. Le rixdale 2 1/2 florins, ou 100 ddg. L'agio du courant au banco est de 4 à 5 p. °/₀ environ ; c'est-à-dire que 100 florins courans valent 104 à 105 fl. b°. Les écritures s'y tiennent en florins, sols et pennings courans.	Donne ou reçoit plus ou moins. HAMBOURG. 33 s. cour. p^{r}. 2 m. b°. LONDRES. 34 s. g. b°. 1 lst. MADRID et CAD. 96 ddg. 1 duc. b°. GÊNES. 85 dito. 1 p^{es}.h.b°. LIVOURNE. 89 dito. 1 piastre. MILAN. 55 s. cour. 1 flor. b°. BALE. 144 liv. 100 fl. d. *Idem.* 151 liv. 100 fl. b°. LISBONNE. 45 ddg. 1 creusade. NAPLES. 50 grains. 1 fl. c. FRANCFORT. 142 r^{les} fl^{ers}. 100 r^{les} b°. AUGSBOURG. 109 rix^{les}. 100 dito. VIENNE. 140 rix^{les}. 100 dito. PÉTERSBOURG. 42 s. cour. 1 rouble. GENÈVE. 90 ddg. 3 liv. c^{tes}. SAINT-GALL. 60 cr^{ers}. 1 fl. c. VENISE. 92 ddg. 1 duc. b°.	56 ddg. b°.	3 francs.	120	Multipliez les florins par le fixe 120, et diviser le produit par le cours. L'inverse pour les retours. *Nota.* Paris doit prendre au plus haut cours sur Amsterdam, et placer au plus bas. Il en est de même toutes les fois que Paris donne le certain.	Le fixe 120 est le produit de la valeur du florin, ou 40 ddg. multipliés par 3 francs, cours certain. (*Voyez* après ce Tableau, les opérations entre Paris et Amsterdam, aux *Changes Directs.*)
HAMBOURG.	La rixdale vaut 3 marcs lubs b°. Le daelder vaut 2 marcs dito. Le marc lubs b°. vaut 16 sols lubs, ou 32 deniers de gros b°., ou 2 2/3 sols de gros. Le sol lubs vaut 12 deniers lubs, ou 2 deniers de gros. Le sol de gros vaut 6 sols lubs, ou 12 deniers de gros. L'agio du banco au courant est de 25 à 28 p. °/₀ environ ; c'est-à-dire qu'à 25 p. °/₀, le marc lubs b°. vaut 20 sols lubs courans au lieu de 16. Les écritures s'y tiennent en marcs, sols et deniers lubs courans.	LONDRES. 32 s. dg. b°. 1 lst. MADRID et CAD. 88 ddg. d°. 1 duc. b°. GÊNES. 45 s. h. b°. 1 m. b°. LIVOURNE. 86 ddg. 1 piastre. MILAN. 146 s. cour. 1 r^{le}. b°. BALE. 128 liv. 100 m. b°. LISBONNE. 42 ddg. 400 rés. NAPLES. 45 grains. 1 m. b°. FRANCFORT. 148 rix^{les}. 100 r^{les}. b°. AUGSBOURG. 115 rix^{les}. 100 d°. VIENNE. 150 rix^{les}. 100 d°. PÉTERSBOURG. 36 s. lubs b°. 1 rouble. GENÈVE. 89 ddg. 3 liv. c^{tes}. VENISE. 80 d°. 1 duc. b°.	Au grand cours, 188 liv. t^{s}. Au petit cours, 25 s. lubs b°.	100 m. b°. 3 liv. t^{s}.	100 48	Au grand cours multipliez les marcs banco par le cours, et divisez le produit par 100. L'inverse pour le retour. Au petit cours multipliez les marcs de banque par le fixe 48, et divisez le produit par le cours. L'inverse pour le retour.	Lorsque le certain se trouve être l'unité, ou 10. ou 100., l'opération est simple, et il n'y a point de multiplicateur à chercher. Le fixe 48 est le produit de la valeur du marc ou 16 sols lubs multipliés par 3 livres cours certain.

PLACES.	MONNAIES DE CHANGE ET ÉCRITURES.	CHANGENT AVEC LES PLACES SUIVANTES.	Donne ou reçoit plus ou moins.		AVEC PARIS L'INCERTAIN.	POUR LE CERTAIN.	FIXE ou Multiplicateur.	MANIÈRE D'OPÉRER.	OBSERVATIONS.
LONDRES.	La livre sterling vaut 20 schellings, ou 240 deniers sterlings. Le schelling ou sol sterling vaut 12 deniers sterlings. Les écritures s'y tiennent en livres, sols et deniers sterlings.	Madrid et Cad. Gênes. Livourne. Milan. Bale. Lisbonne. Naples. Francfort. Augsbourg. Vienne. Pétersbourg. Genève. Venise.	39 dst. 48 d°. 52 d°. 30 liv. c^{les}. 15 liv. 62 dst. 44 d°. 136 bats. 8 1/2 fl. c. 9 fl. c. 42 dst. 52 d°. 50 d°.	p^{r}. 1 piastre. 1 p. h. b°. 1 piastre. 1 lst. 1 d°. 1000 rés. 1 ducat. 1 lst. 1 d°. 1 d°. 1 rouble. 3 liv. c^{tes}. 1 duc. b°.	Cours de Paris, 24 liv. t^{s}. Cours de Lond., 30 d. sterl.	1 lst. 3 liv. t^{s}.	1 720	Au cours de Paris, on multiplie les livres sterlings par le cours, sans division. Au cours de Londres, on multiplie les livres sterlings par le fixe 720 liv. t^{s}., et l'on divise le produit par le cours.	Le fixe 720 est le produit de la valeur de la livre sterling, ou 240 deniers multipliés par 3 liv., cours certain, ce qui donne 720.
MADRID ET CADIX.	La pistole vaut 4 piastres de change, ou 32 réaux de Plate, ou 1088 m^{dis}. Le ducat vaut 11 1/34 réaux de Plate, ou 375 maravédis. Le réal de Plate vaut 34 maravédis, ou 16 quartos. *Nota.* 17 réaux de Plate valent 32 réaux de veillon. Les écritures s'y tiennent en réaux et quartos de Plate.	Gênes. Livourne. Lisbonne. Naples. Augsbourg. Genève.	658 mar^{dis}. 144 piastres. 2400 rés. 88 grains. 201 fl. c. 45 s. cour.	10^{l} 14^{s} h.b° 100 p^{tres}. 1 pistole. 1 piastre. 100 duc. 1 piastre.	14 liv. 18 s. t^{s}. 77 s. t^{s}.	1 pistole. 1 piastre.	1 1 r. de v. 1024.	Multipliez les pistoles par le cours, sans division. Multipliez les piastres par le cours, et divisez le produit par 20, ce qui donne des liv. tournois. Pour opérer en réaux de veillon, multipliez les réaux de veillon par 17. Plus le produit par le cours, et divisez ce dernier produit par 1024.	Le fixe 1024 est le produit de 32 réaux de veillon, multiplié par 32 réaux de Plate. On suit en Banque la proportion de la pistole au ducat par 9 à 10, au lieu de 1088 à 375.
GÊNES.	La piastre vaut 115 sols hors banque. On divise en Banque la piastre en 20 sols, et le sol en 12 deniers. Les écritures s'y tiennent en livres, sols et deniers hors banque.	Livourne. Milan. Bale. Lisbonne. Naples. Augsbourg. Genève. Saint-Gall. Venise.	125 s. h. b°. 13 1/2 p. °/$_{o}$ p^{te}. 63 s. 750 rés. 102 s. h. b°. 62 s. h. b°. 96 écus. 21 cz^{ers}. ct^{s}. 95 m^{dis}. b°.	1 piastre. 80 liv. h. b°. 1 p^{tre}. h. b°. 1 p^{tre}. d°. 1 ducat. 1 fl. c. 100 p. h. b°. 1 l. h. b°. 4 liv. b°.	92 sols de franc.	1 p^{tre}. h. banq.	1	Multipliez les piastres par le cours, et prenez le 20e. du produit, ce qui donne des francs.	
LIVOURNE.	La piastre vaut 8 réaux. On divise en Banque la piastre en 20 sols, et le sol en 12 deniers. Les écritures s'y tiennent en piastres, sols et deniers.	Milan. Bale. Lisbonne. Naples. Augsbourg. Vienne. Genève. Saint-Gall. Venise.	128 s. ct^{s}. 70 s. 810 rés. 125 ducats. 200 fl. c. 56 s. 102 écus. 118 cz^{ers}. 102 ducats.	1 piastre. 1 d°. 1 d°. 100 d°. 100 d°. 1 fl. c. 100 piast. 1 d°. 100 d°.	102 sols de franc.	1 piastre.	1	Multipliez les piastres par le cours, et prenez le 20e. du produit, ce qui donne des francs.	

PLACES.	MONNAIES DE CHANGE ET ÉCRITURES.	CHANGENT AVEC LES PLACES SUIVANTES.	AVEC PARIS L'INCERTAIN.	AVEC PARIS POUR LE CERTAIN.	FIXE ou Multiplicateur.	MANIÈRE D'OPÉRER.	OBSERVATIONS.
MILAN.	La livre cour. vaut 20 sols courans. Le sol vaut 12 deniers courans. L'écu de Banque vaut 117 sols b^{o}. 106 sols banco valent 150 sols courans. Les écritures s'y tiennent en livres, sols et deniers courans.	Donne ou reçoit plus ou moins. BALE. . . . . . . 51 liv. p^{r}. 100 l. c^{tes}. AUGSBOURG. . . . 67 sols cour. 1 fl. c. GENÈVE. . . . . 100 éc. g^{ns}. 100 éc. b^{o}. SAINT-GALL. . . 18 cz^{ers}. 1 l. cour. VENISE. . . . . 84 s. cour. 1 duc. c^{t}. *Nota.* Pour les changes avec les six places précédentes, voyez ces mêmes places.	7 liv. 15 s. cour.	6 francs.	6	Multipliez les livres courantes par 6, et divisez le produit par le cours.	
BALE.	La livre vaut 20 sols, ou 36 creutzers. Le sol vaut 12 deniers. la rixdale vaut 3 liv., ou 108 cz^{ers}. le florin vaut 60 cz^{ers}., ou 15 batz. le creutzer vaut 5 pennings. le batz vaut 4 creutzers. Les écritures s'y tiennent en livres, sols et deniers.	AMSTERDAM. . . 144 l. de Bâle. 100 fl. c. *Idem.* . . . . . . 151 l. *id.* 100 fl. b^{o}. FRANCFORT. . . . 98 fl. de Bâle. 100 fl. c. AUGSBOURG. . . 171 l. *id.* 100 fl. c. GENÈVE. . . . . 100 écus. 100 rix^{les}. HAMBOURG. . . . 128 l. Bâle. 100 m. b^{o}. LONDRES. . . . . 15 liv. *id.* 1 lst. *Nota.* Pour les autres places, voir ci-dessus.	1/2 p. °/$_{o}$ de p^{te}. Et 2 l. de Bâle.	100 liv. t^{s}. p. 3 liv. t^{s}.	100	Ajoutez aux livres de Bâle le 1/2 p. °/$_{o}$ que Paris perd; plus moitié du total pour avoir les livres t^{s}. en raison de 2 liv. de Bâle pour 3 liv. t^{s}., ou de 24 creutzers pour 1 liv. t^{s}.	
LISBONNE.	La creusade vaut 400 rés. Les écritures s'y tiennent en creusades et rés.	AMSTERDAM. . . 45 ddg. b^{o}. 1 creusade. HAMBOURG. . . . 42 dito. 1 dito. LONDRES. . . . . 62 dst. 1000 rés. MADRID et CAD. 2400 rés. 1 p^{le}. de ch. GÊNES. . . . . . 750 *id.* 1 p^{tre}. b. b^{o}. LIVOURNE. . . . 810 *id.* 1 piastre. NAPLES. . . . . 650 *id.* 1 ducat. VENISE. . . . . 810 *id.* 1 duc. b^{o}. GENÈVE. . . . . 750 *id.* 3 liv. c^{tes}.	480 rés.	3 francs.	1200	Multipliez les creusades par le fixe 1200 et divisez le produit par le cours. Multipliez les rés par 3 fr., et divisez de même le produit par le cours.	Le fixe 1200 est le produit de la valeur de la creusade, ou 400 rés multipliés par 3 francs.
NAPLES.	Le ducat vaut 100 grains. Les écritures s'y tiennent en ducats et grains.	AMSTERDAM. . . 50 grains. 1 fl. c. HAMBOURG. . . 45 *id.* 1 m. b^{o}. LONDRES. . . . . 44 dst. 1 ducat. MADRID et CAD. 88 grains. 1 piastre. GÊNES. . . . . . 102 s. b. b^{o}. 1 ducat. LIVOURNE. . . . 125 ducats. 100 piast. VIENNE. . . . . 56 grains. 1 fl. c. VENISE. . . . . 118 ducats. 100 d. b^{o}.	84 sols de franc.	1 ducat.	1	Multipliez les ducats par le cours, et prenez le 20e. du produit, ce qui donne des francs.	
FRANCFORT s. L. M.	La rixdale vaut 90 creutzers, ou 22 1/2 batz, ou 1 1/2 florin. Le florin vaut 60 cz^{ers}., ou 15 batz. Le cz^{er}. vaut 4 pennins ou 8 hellers. Le batz vaut 4 creutzers. Les écritures s'y tiennent en florins et creutzers courans.	AMSTERDAM. . . 138 r^{les}. ff^{en}. 100 r^{les}. b^{o}. HAMBOURG. . . . 146 dito. 100 dito. LONDRES. . . . . 133 batz. 1 lst. BALE. . . . . . . 99 flor. ff^{ort}. 100 fl. c. GENÈVE. . . . . 129 rix^{les}. d^{o}. 100 écus. AUGSBOURG. . . 101 flor. d^{o}. 100 fl. c. VIENNE. . . . . 101 rix^{les}. d^{o}. 100 rix^{les}.	75 rixdales. 95 p. °/$_{o}$. Et 11 fl. c.	300 francs. p. 24 fr.	300 24	Multipliez les rixdales par 300 fr., et divisez le produit par le cours. A 95 p. °/$_{o}$, déduisez 5 p. °/$_{o}$ des florins d'Empire; multipliez le reste par 24, et divisez le produit par 11.	

BOURSE DE PARIS.

PLACES.	MONNAIES DE CHANGE ET ÉCRITURES.	CHANGENT AVEC LES PLACES SUIVANTES.	AVEC PARIS L'INCERTAIN.	AVEC PARIS POUR LE CERTAIN.	FIXE ou Multiplicateur.	MANIÈRE D'OPÉRER.	OBSERVATIONS.
AUGSBOURG.	La rixdale vaut 90 creutzers, ou 1 1/2 florin. Le florin vaut 60 creutzers. Le creutzer vaut 8 hellers. 100 rixdales b°. valent 127 rixdales courantes. Les écritures s'y tiennent en florins et creutzers courans.	Donne ou reçoit plus ou moins. AMSTERDAM. . . 109 r. b°. aug. p^{r}. 100 r^{les}. b°. HAMBOURG. . . . 115 dito. 100 dito. LONDRES. . . . . 8 1/2 fl. c. d°. 1 lst. MADRID et CAD. 202 fl. c. d°. 100 d. b°. GÊNES. . . . . . 62 s. h. b°. 1 fl. c. LIVOURNE. . . . 200 fl. c. 100 piast. MILAN. . . . . . 67 s. cour. 1 fl. c. FRANCFORT. . . 99 r^{les}. c^{tes}. aug. 100 r. c^{tes}. GENÈVE. . . . . 130 dito. 100 éc. ct^{s}. VENISE. . . . . 102 r^{les}. b°. 100 d. b°.	52 sols de franc.	1 florin courant.	1	Multipliez les florins courans par le cours, et prenez le 20e. du produit, ce qui donne des francs.	
VIENNE.	La rixdale vaut 90 creutzers, ou 1 1/2 florin. Le florin vaut 60 creutzers. Le creutzer vaut 8 hellers. Écritures comme à Augsbourg.	Les cours des changes à Vienne se règlent comme celui d'Augsbourg ; mais avec différence d'environ 20 p. °/$_{o}$ de perte, résultant des cours des effets publics.	42 sols de franc.	1 florin courant.	1	Même opération que sur Augsbourg.	
PÉTERSBOURG.	Le rouble vaut 100 copecks ou sols. Les écritures s'y tiennent en roubles et sols.	AMSTERDAM. . . 42 s. ct^{s}. 1 rouble. HAMBOURG. . . . 36 s. lubs b°. 1 dito. LONDRES. . . . . 42 dst. 1 dito. Point de change ouvert avec les autres places.	66 sols de franc.	1 rouble.	1	Multipliez les roubles par le cours, et prenez le 20e. du produit, ce qui donne des francs.	
GENÈVE.	La livre vaut 20 sols. Le sol vaut 12 deniers. Les écritures s'y tiennent en livres, sols et deniers courans.	AMSTERDAM. . . 90 ddg. b°. 3 liv. c^{tes}. HAMBOURG. . . 89 dito. 3 dito. LONDRES. . . . . 52 dst. 3 dito. MADRID et CAD. 45 s. cour. 1 piastre. GÊNES. . . . . . 96 écus. 100 p. h. b°. LIVOURNE. . . . 102 dito. 100 piast. LISBONNE. . . . 750 rés. 3 liv. c^{tes}. MILAN. . . . . . 100 éc. g^{es}. 100 éc. b°. FRANCFORT. . . 129 r^{les}. 100 éc. ct^{s}. AUGSBOURG. . . 130 dito. 100 dito.	160 francs.	100 liv. cour.	160	Multipliez les livres courantes par le cours, et divisez le produit p. 100.	
SAINT-GALL.	Le florin vaut 60 creutzers. Le creutzer vaut 8 hellers. Les écritures s'y tiennent en florins et creutzers courans.	AMSTERDAM. . . 60 cz. ct^{s}. 1 fl. c. HAMBOURG. . . . 58 dito. 1 m. b°. LONDRES. . . . . 10 fl. c. 1 lst. GÊNES. . . . . . 21 cz. ct^{s}. 1 liv. h. b°. LIVOURNE. . . . 118 dito. 1 piastre. MILAN. . . . . . 18 dito. 1 liv. c^{te}.	4 p. °/$_{o}$ de bén^{ce}. Et 72 creutzers.	p. 3 liv. t^{s}.	72	Ajoutez les 4 p. °/$_{o}$ aux livres tournois ; multipliez le produit par 72 florins, et divisez le total par 180.	Le diviseur 180 est le produit de 60 cz^{ers}, multipliés par 3 livres.

PLACES.	MONNAIES DE CHANGE ET ÉCRITURES.	CHANGENT AVEC LES PLACES SUIVANTES.	AVEC PARIS		FIXE ou Multiplicateur.	MANIÈRE D'OPÉRER.	OBSERVATIONS.
			L'INCERTAIN.	POUR LE CERTAIN.			
VENISE.	Le ducat banco vaut 24 gros, ou 9 liv. 12 sols courans. Le ducat courant se divise aussi en 24 gros, et vaut 6 liv. 4 sols cour. Le ducat se divise aussi en 224 marchétis. La liv. y vaut 20 sols, et le sol 12 den. Les écritures s'y tiennent en ducats et gros banco.	Donne ou reçoit plus ou moins. AMSTERDAM. . . 92 ddg. 1 duc. b°. HAMBOURG. . . . 80 dito. 1 dito. LONDRES. . . . . 50 dst. 1 dito. GÊNES. . . . . . 95 m^{ls}. b°. 4 liv. b°. LIVOURNE. . . . 102 ducats. 100 piast. MILAN. . . . . . 84 s. cour. 1 duc. c^{t}. LISBONNE. . . . 810 rés. 1 duc. b°. NAPLES. . . . . 118 ducats. 100 dito. AUGSBOURG. . . 102 rix^{les}. b°. 100 dito.	60 ducats b°.	300 francs.	300	Multipliez les ducats par le fixe 300, et divisez le produit par le cours.	
PLACES SECONDAIRES. ANVERS, BRUXELLES, GAND, *Et autres Places de la Belgique.*	Le florin courant vaut 20 patars, ou 3 1/3 sols de gros, ou 40 ddg; le patar ou sol commun vaut 16 pennins ou 2 ddg; la liv. de gros 20 sols ddg ou 240 ddg; le sol de gros ou escalin 6 patars ou ddg; le denier de gros 8 pennins. On y tient les écritures en florins, patars et pennins.	(*Voyez* Amsterdam.) Le change entre ces places et Amsterdam s'opère avec agio de 1/2 p. %, plus ou moins.				Ces places opèrent comme Amsterdam, et changent en florins, patars, sols et deniers de gros; le tout argent de change; donc 6 florins équivalent à 7 florins argent courant.	
BERLIN et LEIPSICK.	La rixdale vaut 24 gros. Le gros vaut 12 pennings. Le florin de Leipsick vaut 16 gros. Les écritures s'y tiennent en rixdales, gros et pennings.	AMSTERDAM. . . 44 s. cour. 1 rix^{le}. HAMBOURG. . . . 42 s. lubs b°. 1 dito. LONDRES. . . . 49 dst. 1 dito. FRANCFORT. . . 113 cz. ct^{s}. 1 dito. VIENNE. . . . . 113 dito. 1 dito.	78 rixdales.	300 francs.	300	Multipliez les rixdales par le fixe 300, et divisez le produit par le cours.	
BARCELONE.	La livre catalane vaut 20 sols catalans, ou 240 deniers. Le sol vaut 12 deniers. Le réal ardit vaut 2 sols. Le réal catalan vaut 3 sols. Le réal de plate vaut 3 sols 6 deniers, ou 34 maravédis. La piastre de change vaut 28 sols, ou 8 réaux, ou 272 maravédis. La pistole de change vaut 5 liv. 12 sols, ou 32 réaux de plate, ou 1088 maravédis. Le ducat de change vaut 38 sols 7 deniers 4/17 catalans, ou 375 mar^{dis}. Les écritures s'y tiennent en livres, sols et deniers catalans.	(*Voyez* Madrid.)	15 liv. 4 s. t^{s}.	1 pistole de 5 l. 12 s. cat.	1	Pour convertir les livres catalanes en francs, opérez par règle conjointe, en multipliant les livres catalanes par le cours, et le produit par 80. Divisez ensuite par le produit de la pistole de 5 livres 12 sols catalans, multiplié lui-même par 81.	

BOURSE DE PARIS.

PLACES.	MONNAIES DE CHANGE ET ÉCRITURES.	CHANGENT AVEC LES PLACES SUIVANTES.	Donne ou reçoit plus ou moins.		AVEC PARIS L'INCERTAIN.	POUR LE CERTAIN.	FIXE ou Multiplicateur.	MANIÈRE D'OPÉRER.	OBSERVATIONS.
COPENHAGUE.	La rixdale vaut 6 marcs danois, ou 3 marcs lubs, ou 96 sols danois, ou 48 sols lubs; le marc vaut 16 sols danois, ou 8 sols lubs; le sol vaut 12 den. danois, ou 6 deniers lubs. On compte aussi par marcs et sols lubs, qui valent le double des marcs et sols danois; ainsi, le marc lubs vaut 32 sols danois; le sol lubs vaut 2 sols danois. Les écritures s'y tiennent en rix., sols et den.	Amsterdam. . . Hambourg. . . Londres. . . .	118 r^{les}. d^{es}. 123 dito. 5 dito.	100 r^{les}. 100 r^{les}. 1 lst.	20 s. ct^{s}. danois.	1 franc.	1	Multipliez les rixdales par 96 sols danois, valeur de la rixdale, et divisez le produit par le cours.	
CONSTANTINOPLE.	La piastre vaut 40 paras, ou 120 aspres. Le para vaut 3 aspres. Les écritures s'y tiennent en piastres et aspres.	Amsterdam. . . Londres. . . . . Livourne. . . . Naples. . . . . Vienne.	43 paras. 11 piastres. 68 paras. 56 dito. 53 dito.	1 fl. c. 1 lst. 1 piastre. 1 ducat. 1 fl. c.	150 piastres.	300 francs.	300	Multipliez les piastres par le fixe 300, et divisez le produit par le cours.	On ne compte la piastre sur les livres que pour 100 aspres.
ROME.	L'écu romain vaut 10 jules ou 100 bajocs. Le sequin romain vaut 2 écus et 5 bajocs, ou 205 bajocs. Les écritures s'y tiennent en écus monnaie et bajocs.	Amsterdam. . . Madrid et Cad. Gênes. . . . . . Livourne. . . . Lisbonne. . . . Milan. . . . . . Naples. . . . . Venise.	40 bajocs. 560 mar^{dis}. 131 s. h. b^{o}. 100 bajocs. 1200 rés. 80 éc. r^{ns}. b^{o}. 125 ducats. 61 éc. r^{ns}. b^{o}.	1 fl. b^{o}. 1 écu b^{o}. 1 écu c^{t}. 1 piastre. 1 écu b^{o}. 100 éc. b^{o}. 100 éc. c^{ts}. 100 d. b^{o}.	515 centimes.	1 écu monnaie.	1	Multipliez les écus par le cours, et prenez le 100e. du produit à cause des centimes, pour les réduire en francs. Ou multipliez par cent, et divisez le prod^{t}. par le cours.	
STOCKHOLM.	Le rixdaler species vaut 48 schillings species, et le schilling species vaut 12 deniers species. Les écritures s'y tiennent en rixd., schil. et den. sp^{es}., et l'on change en rixdal. et schil.	Amsterdam. . . Hambourg. . . Londres. . . . . Lisbonne. . . . Livourne. . . .	44 schil. 48 d^{o}. 4 r^{les}. spec. 21 schil. 41 d^{o}.	1 rix^{le}. b^{o}. 1 d^{o}. d^{o}. 1 lst. 400 rés. 1 piastre.	25 schil. spec.	3 francs.	144	Multipliez les rixdalers par 144, et divisez le produit par le cours.	Le fixe 144 est le produit de 48 schillings species, multiplié par 3 francs.
TURIN.	La livre vaut 20 sols. Le sol vaut 12 deniers. Le thaler 24 batz, ou 1 1/2 florin. Les écritures s'y tiennent en livres, sols et deniers.	Amsterdam. . . Londres. . . . . Gênes. . . . . . Livourne. . . . Milan. . . . . . Augsbourg. . . Rome. . . . . . Venise.	37 sols. 19 liv. 13 liv. h. b^{o}. 82 s. 95 s. 44 s. 89 s. 82 s.	1 fl. b^{o}. 1 lst. 9 liv. 1 piastre. 7 liv. m^{les}. 1 flor. b^{o}. 1 écu m^{e}. 1 duc. b^{o}.	50 s. de Piémont.	3 francs.	60	Multipliez les livres de Piémont par 60 sols de fr., et divisez le produit par le cours.	
ZURICH.	Le florin vaut 60 creutzers. Le creutzer vaut 8 hellers. Les écritures s'y tiennent en florins et creutzers courans.	Amsterdam. . . Francfort. . . Genève. . . . Milan. . . . . . Augsbourg. . .	66 r^{les}. c^{tes}. 93 fl. c. 69 fl. c. 139 cz^{ers}. 112 fl. c. dez.	100 th. dez. 100 fl. b^{o}. 100 liv. c^{tes}. 7 liv. c^{tes}. 100 fl. aug.	50 s. de franc.	1 flor. cour.	1	Multipliez les florins courans par le cours, et prenez le 20e. du produit, ce qui donne des francs. Ou multipliez par 20, et divisez par le cours.	L'agio du banco au comptant est de 1 1/2 p. % environ.
ÉTATS-UNIS.	Le pund vaut 20 schellings. Le dollar vaut 6 schellings. Le schelling vaut 12 pences. Les écritures s'y tiennent en punds, schellings et pences.				5 schellings.	5 francs.	30	Multipliez les dollars par le fixe 30, et divisez le produit par le cours.	Le fixe 30 est le produit de 6 schellings, valeur du dollar multiplié par 5 francs.

CHANGES DIRECTS.

PARIS sur AMSTERDAM.

MONNAIES DE CHANGE D'AMSTERDAM.

La livre de gros vaut 20 sols de gros, ou 240 deniers de gros, ou 6 florins.
Le sol de gros vaut 6 sols courans, ou 12 deniers de gros.
Le florin vaut 20 sols courans, ou 40 deniers de gros, ou 3 1/3 sols de gros.
Le sol courant vaut 16 pennings, ou 2 deniers de gros.
La rixdale vaut 2 1/2 florins courans, ou 100 deniers de gros.

L'agio du courant au banco est de 4 à 5 p. °/₀, c'est-à-dire que 100 florins banco valent 104 à 105 florins courans. On tient les écritures à Amsterdam en florins courans, sols et pennings.

Le change de Paris sur Amsterdam roulant sur 56 deniers gros b°., plus ou moins, pour 3 francs; il est évident que Paris donne le certain pour l'incertain qu'il reçoit en monnaie de banque d'Amsterdam. D'où il résulte que Paris doit prendre sur Amsterdam au cours le plus haut et placer au plus bas.

Pour convertir les florins en francs, il faut les multiplier par le fixe 120, et diviser le produit par le cours.

L'inverse pour le retour; c'est-à-dire pour convertir les francs en florins, il faut les multiplier par le cours, et diviser le produit par le fixe 120. (*Voyez* Bourse de Paris.)

On veut convertir flor. c. 1500, 14 s. 14 p. en francs, au change de 54 1/4 ddg. b°. pour 3 fr.

OPÉRATION.

fl. c.	1500	14 s. 14 p.	
m. p.	120		
	180000		
p. 10 s.	60		
p. 4 s.	24		
p. 8 p.	3		
p. 4 p.	1	50	
p. 2 p.	»	75	
	180089	25	54 1/4
m. p.		4	4 fract.
	720357	»	217 diviseur.
	693		3319 61
	425		
	2087		
	1340		
	380		
	163		

RETOUR.

F.	3319 61 163/217	
m. p.	54 1/4	
	1327844	
	1659805	
p. 1/4	82990 1/4	
p. 163/217	40 3/4	
	18008/925 (*)	
1/12	1500	fl. c.
	8925	reste.
m. p.	20 s.	
	178/500	
1/12	14 s.	
	10500	reste.
m. p.	16 p.	
	168/000	
1/12	14 p.	

(*) Produit à diviser par 120 ou par 12 en retranchant le zéro; pour cela, tranchez les trois derniers chiffres du produit, dont les deux premiers représentent les centimes, et le troisième répond au zéro retranché du diviseur, ce qui, sur le premier produit divisé par 12, donne les florins; le reste, multiplié par 20 et divisé par 12, donne les sols; enfin le reste des sols, multiplié par 16 et divisé par 12, donne les pennings.

PARIS sur HAMBOURG.

MONNAIES DE CHANGE D'HAMBOURG.

Le marc de banque vaut 16 sols lubs b°., ou 32 deniers de gros, ou 2 2/3 sols de gros.
Le sol de gros vaut 6 sols lubs b°., ou 12 deniers de gros.
Le sol lubs vaut 12 deniers lubs, ou 2 deniers de gros.
Le daelder vaut 2 marcs de banque.
Le rixdaler vaut 3 marcs de banque.

L'agio du banco au courant est de 25 à 28 p. °/₀ environ, c'est-à-dire, qu'à 25 p. °/₀ d'agio, le marc b°. vaut 20 sols lubs courans, au lieu de 16 sols.

Les écritures se tiennent à Hambourg en marcs, sols et deniers lubs courans.

Le change de Paris sur Hambourg roulant sur 188 livres tournois, plus ou moins, pour 100 marcs b°. *grand cours;* ou sur 25 sols lubs b°., plus ou moins, pour 3 livres tournois, *petit cours* (*).

Il en résulte qu'*au grand cours* Paris donne l'incertain pour le certain qu'il reçoit en monnaie d'Hambourg, et qu'*au petit cours,* au contraire, il donne le certain pour l'incertain.

Dans le premier cas, Paris prenant sur Hambourg, doit le faire au plus bas, et placer au plus haut.

Au second cas, il doit faire l'inverse et opérer comme sur Amsterdam.

Pour opérer sur Hambourg, au grand cours, il faut multiplier les marcs de banque par le cours, et diviser le produit par 100, c'est-à-dire trancher les deux derniers chiffres du produit, que l'on réduit en sols et deniers tournois.

L'inverse pour le retour, c'est-à-dire multiplier les livres tournois par 100 marcs b°., diviser le produit par le cours; mais si le cours est en fraction, 1/2, 1/4 ou 1/8, on fait disparaître la fraction en multipliant par 200, 400 ou 800, pour simplifier l'opération, vu que ledit cours doit se réduire à sa fraction, comme étant diviseur.

On veut convertir 2050 m^cs^. 11 s. 10 d. b°. en liv. t^s^., au change de 189 1/2 p. 100 m. b°.

OPÉRATION AU GRAND COURS.

m. b°.	2050	11 s.	10 d.	
m. p.	189 1/2			
	18450			
	16400			
	2050			
p. la 1/2	1025			
p. 8 s. lubs.	94	15		
p. 2	23	13	9	
p. 1	11	16	10	1/2
p. 6 d.	5	18	5	1/4
p. 3	2	19	2	5/8
p. 1	»	19	8	7/8
	3886/15	3	»	1/4
	20			
	3/03			
	12			
	36 d.			
	4 fraction.			
	145/400 ou 29/80			

RETOUR.

£	3886	3 s. » d. 29/80	à 189 1/2
m. p.	200		
	777200		
p. 2 s.	20		
p. 1	10		
faux prod. d'un d^r^.	» ~~13~~ ~~4~~		189 1/2
p. 29/80	» 4 10		2 fract.
	777230 4 10		379 divr.
	1923		2050 . 11 . 10
	280		
m. p.	16 s. lubs.		réd. des 29/80 en d^rs^.
	4484		
	694		13 4
	315		12
m. p.	12 d. lubs.		160 { 80 / 2
	3790		m. p. 29
	00		58 d.
			ou 4 s. 10 d.

(*) On observera que je donne le cours de Paris tantôt en francs, tantôt en livres tournois; ce n'est pas par inattention, mais en raison de l'usage encore existant de quelques Places de banque. Dans le cas où la Place sur laquelle

PARIS sur HAMBOURG.

Pour opérer sur Hambourg au petit cours, il faut multiplier les marcs de banque par le fixe 48, et diviser le produit par le cours.

L'inverse pour le retour.

On veut réduire 1025 m. 5 s. 6 d. lubs b°. en liv. tourn., au change de 24 3/4 sols lubs b°. pour 3 liv. tournois.

OPÉRATION AU PETIT COURS.

```
          1025   5   6   à   24 3/4
            48                4   fraction.
          ------            ----
          8200               99   diviseur.
          4100
p. 4 s.      12
p. 1          3
p. 6 d.       1  10
          ------------
         49216  10
             4  fr.on
          ------------
        196866  »  »  { 99
          978         { 1988  10  10 10/11
          876
          846
           54
m. p.      20
          ----
          1080
            99
m. p.       12
          ----
          1080
            90/99 ou 10/11
```

RETOUR.

```
£         1988  10 s.  10 d. 10/11  à  24 3/4
m. p.       24 3/4
          ------
          7952
         3976
p. 1/2     994
p. 1/4     497
p. 10 s.    12   6 s. lubs.
p. 1         1   3   9  3/5    faux produit.
p. 6 d.      »   9  10  4/5
p. 3         »   4  11  2/5
p. 1         »   1   7  4/5
p. 10/11     »   1   6
          ------------
         49216   8   »     { 48
           121             { 1025  5  6
           256
            16
m. p.       16
          ----
           264
            24
m. p.       12
          ----
           288
             0
```

Pour avoir le produit de 10/11 de denier, prenez sur 1 s. 7 d. 4/5, prod. d'un den.

```
qui donne   19 d. 4/5
le 11e. ou   1 d. 4/5
m. p.       10
prod.       18 d.
ou 1 s. 6 d. pr. les 10/11.
```

---

on opère, change en livres tournois, si l'on veut avoir la réduction du produit en francs, on peut dans la même opération poser la proportion de 80 fr. à 81 liv. tourn., différence de 1 et 1/4 p. °/o.

PARIS sur LONDRES.

MONNAIES DE CHANGE DE LONDRES.

La livre sterling vaut 20 schelings, ou sols sterlings, ou 240 deniers sterlings.

Le scheling, ou sol sterling, vaut 12 deniers sterlings.

Les écritures se tiennent à Londres en livres, sols et deniers sterlings.

Le change roulant sur 24 livres tournois, plus ou moins, pour une livre sterling, *cours de Paris*, ou sur 30 derniers sterlings, plus ou moins, pour 3 livres tournois, *cours de Londres*.

Pour opérer sur Londres au cours de Paris, multipliez les livres sterlings par le cours sans division.

Pour le retour, divisez les livres tournois par le cours.

On veut convertir 152 liv. 18 s. 9 d. sterlings en liv. tours., au change de 23 liv. 19 s. 9 d. tournois pour une liv. sterling.

OPÉRATION AU COURS DE PARIS.

Liv. st.	152	18 s.	9 d.	
m. p.	23	19	9	
	456			
	304			
p. 10 s. ts. du mteur.	76			
p. 5	38			
p. 4	30	8		
p. 8 d.	5	1	4	
p. 1 d.	»	12	8	
p. 10 s. st. du mde.	11	19	10	1/2
p. 5	5	19	11	1/4
p. 2	2	7	11	7/10
p. 1	1	3	11	17/20
p. 6 d.	»	11	11	37/40
p. 3	»	5	11	77/80
£	3668	11	9	3/16

Pour faire plus facilement l'addition, réduisez toutes les fractions au dénominateur de la plus petite, c'est-à-dire en 80mes. ainsi la 1/2 vaudra 40/80; le 1/4, 20; les 7/10, 56 et ainsi de suite, ce qui réduira les fractions à 335/80, ou 4 3/16.

RETOUR.

£	3668 11 s. 9 d. $\frac{3}{16}$	à 23 l. 19 s. 9 d.
m. p.	240 drs.	
	146720	
	7336	
	141 pour 11 s. 9 d.	
	880461	
	16 fract.	
	14087379	92112 (*)
	487617	152 18 9 drs. sterl.
	270579	
	86355	
m. p.	20 s.	
	1727100	
	805980	
	69084	
m. p.	12 d.	
	829008	
	0	

(*) Le diviseur 92112 est le produit de 23 liv. 19 s. 9 d., réduit en deniers et multiplié ensuite par 16, fraction.

PARIS sur LONDRES.

Pour opérer sur Londres à son cours, il faut multiplier les livres sterlings par le fixe 720, et diviser le produit par le cours.

L'inverse pour le retour.

On veut convertir 109 livres 9 sols 10 deniers sterlings au change de 31 1/2 deniers sterlings, pour 3 livres tournois.

OPÉRATION AU COURS DE LONDRES.

```
Liv. st.   109   9 s.  10 d.   à 31 1/2
m. p.      720                    2 fract.
          ----                  -------
          2180                   63 div.
          763
p. 5 s.    180
p. 4       144
p. 6 d.     18
p. 3         9
p. 1         3
         -----
         78834
m. p.        2  fract.
        ------
        157668 { 63
          316  {-------------
          168  { 2502  13  4
           42
m. p.      20
         -----
          840
          210
           21
m. p.      12
         -----
          252
            0
```

RETOUR.

```
Liv. ts. 2502   13 s.  4 d.   à 31 1/2
m. p.      31  1/2
        -----------
         2502
        7506
p. 1/2   1251
p. 10 s.   15  15
p. 2        3   3
p. 1        1  11  6
p. 4. d.       10  6
        ---------------
        78834   »  »  { 720
         6834         {-------------------
          354         { 109  9  10 d. st.
m. p.      20
        -------
         7080
          600
m. p.      12
        -------
         7200
            0
```

PARIS sur MADRID et CADIX.

MONNAIES DE CHANGE D'ESPAGNE.

La pistole vaut 4 piastres, ou 32 réaux de plate, ou 1088 maravédis.
La piastre vaut 8 réaux de plate, ou 272 maravédis.
Le ducat vaut 11 1/34 réaux de plate ou 375 maravédis.
Le réal de plate vaut 34 maravédis, ou 16 quartos.
Dix-sept réaux de plate valent 32 réaux de veillon.
Le réal de veillon vaut 34 maravédis de veillon.

Pour abréger les opérations en banque, on prend 29 à 10 pour la proportion de la pistole au ducat au lieu de 1088 à 375 maravédis.
Les écritures se tiennent en réaux et quartos de plate.
Le change roule à l'effectif sur 14 liv. 18 s. tournois, plus ou moins, pour 1 pistole de change.
Pour opérer en pistoles, multipliez par le cours sans division, le produit donne les livres tournois.

On veut convertir 415 pistoles 18 réaux 20 maravédis en liv. ts., au change de 15 l. 6 s. 6 d. pour une pistole.

OPÉRATION EN PISTOLES.

Ples.	415	18 rx.	20 mis.	à 15 l. 6 s. 6 d.
	15	6	6	
	2075			
	415			
p. 5 s.	103	15		
p. 1	20	15		
p. 6 d.	10	7	6	
p. 16 rx.	7	13	3	
p. 2	»	19	1	7/8
p. 17 mdis.	»	4	9	15/32
p. 3	»	»	10	77/544
£	6368	15	6	$\frac{264}{544}$ ou $\frac{33}{68}$

RETOUR.

£ 6368 15 s. 6 d. $\frac{33}{68}$	à 15 l. 6 s. 6 d.
240	240
254720	3600
12736	78 p. 6 s. 6 d.
186	3678
1528506	68 fract.
68 frac.	29424
12228048	22068
9171036	250104 div.
33	
103938441	250104 divr.
389684	415 18 rx. 20 mdis.
1395801	
145281	
32 rx.	
290562	
435843	
4648992	
2147952	
147120	
34 mdis.	
588480	
441360	
5002080	
00	

PARIS sur MADRID et CADIX.

Pour opérer en piastres, dont le cours roule sur 77 s. tournois, multipliez par le cours et prenez le 20e. du produit. L'inverse pour le retour.

On veut convertir 1015 piastres en livres tournois, au change 76 sols 1/4 pour 1 piastre.

OPÉRATION EN PIASTRES.

Pres. 1015 à 76 1/4
m. p. 76 1/4
6090
7105
p. 1/4 253 3/4
7739/3 3/4
1/20 £ 3869 13 s. 9 d.

RETOUR.

Liv. 3869 13 s. 9 d. à 76 1/4
m. p. 80 — 4
309520 — 305
55
309575 { 305 divr. / 1015 pres.
467
1525
0

Pour opérer en réaux de veillon, multipliez par 17 réaux de plate, plus le produit par le cours, et divisez le dernier produit par 1024. L'inverse pour le retour.

On veut convertir 30775 réaux 10 marav. de veillon en liv. tours. au change de 16 l. 1 s. 6 d. tournois pour une piastre.

OPÉRATION EN RÉAUX DE VEILLON.

Rx. von. 30775 10 mdis. à 16 l. 1 s. 6 d.
m. p. 17 rx. de plate.
215425
30775
p. 10 mdis. von. 5
523180
m. p. 16 1 6
8370880
p. 1 s. 26159
p. 6. d. 13079 10
8410118 10 { 1024 divr. / 8213 » 1 536/1024
2181
1331
3078 ou 67/128
6
20
130
12
1560
536/1024 ou 67/128

RETOUR.

Liv. 8213 » s. 1 d. 67/128 à 16 l. 1 s. 6 d.
1024
32852
16426
82130
f. pr. 1 s. 51 1/3
p. 1 d. 4 4/15
p. 67/128 2 7/30
8410118 1/2
240
336404720
16820236
120
2018428440 { 65586 divr. / 30775 10 mdis. von.
508484
493824
347220
19290
34
77160
57870
655860
00

240
16 1 s. 6 d.
3840
18
3858
17
27006
3858
65586

PARIS sur GÊNES et LIVOURNE.

MONNAIES DE CHANGE.

La piastre hors banque de Gênes vaut 115 sous courans, ou 5 livres 15 sols courans.

La piastre de Livourne vaut 8 réaux.

En banque, les piastres se divisent en 20 sols, et le sol en 12 deniers.

Les écritures se tiennent à Gênes en livres, sols et deniers hors banco.

Les écritures se tiennent à Livourne en piastres, sous et deniers.

Le change sur Gênes roule sur 92 sols de franc plus ou moins, pour une piastre hors banque.

Le change sur Livourne roule sur 102 sols de fr., plus ou moins, pour une piastre de 8 réaux.

Pour opérer sur Gênes et Livourne, multipliez les piastres de part et d'autre par le cours; le 20e. du produit donne des francs.

L'inverse pour les retours.

On veut convertir 950 piastres 11 sols 9 deniers hors banco, en francs, au change de 91 1/2 sols de francs pour 1 piastre hors banque.

OPÉRATION SUR GÊNES.

Pres.	950 l	11 s	9 d	à 91 1/2
m. p.	91 1/2			
	950			
	8550			
p. la 1/2	475			
p. 10 s.	45	9 d		
p. 1	4	6	36/40	
p. » 6 d	2	3	18/40	
p. » 3	1	1	29/40	
	8697/8	9	3/40	
1/20	4348	18	9 d.	3/40

OBSERVATION. Je n'ai pas donné d'opération sur les deux Places, quoiqu'elles donnent une valeur relative différente, parce que la division et la manière d'opérer sont les mêmes.

RETOUR.

	4348 l 18 s 9 d 3/40		à 91 1/2
m. p.	240		12
	173920		1098
	8696		40
	225		43920
	1043745		
	40		
	41749803	43920 divr.	
	222180	950 11 9	
	25803		
	20		
	516060		
	76860		
	32940		
	12		
	395280		

PARIS sur MILAN.

MONNAIES DE CHANGE.

La livre courante vaut 20 sols, et le sol 12 deniers courans.

L'écu de banque vaut 117 sols banco.

106 sols banco valent 150 sols courans.

Les écritures se tiennent en livres, sols et deniers courans.

Le change roule sur 7 livres 15 sous courans, plus ou moins, pour 6 francs.

Pour opérer sur Milan, multipliez les livres courantes par 6 francs, et divisez le produit par le cours. L'inverse pour le retour.

On veut convertir £ 3425 17 s. 6 den. courans, en francs, au change de 7 liv. 18 s. 9 den. pour 6 francs.

OPÉRATION.

Liv. c^tes.	3425	17	6	à 7^l 18^s 9^d
m. p.	6			240
	20550			7 18 9
p. 10 s.	3			1680
p. 5	1	10		225
2 1/2	»	15		1905
	20555	5		
	240			
	822200			
	41110			
	60			
	4933260			1905 divr.
	11232			2589 12 9 9/127
	17076			
	18360			
	1215			
	20			
	24300			
	5250			
	1440			
	12			
	17280			
	135/1905 ou 9/127			

RETOUR.

F.	2589	12	9	9/127	à 7^l 18^s 9^d
m. p.	7	18	9		
	18123				
p. 10^s	1294	10			
5	647	5			
2	258	18			
1	129	9			
6^d	64	14	6		
3	32	7	3		
10^s	3	19	4	1/2	
2	»	15	10	1/2	
6^d	»	3	11	5/8	
3	»	1	11	13/16	
f. prod. ~~1~~	»	»	~~7~~	~~15/16~~	
9/127	»	»	»	9/16	
	20555	5	»		
1/6	3425	17	6		c^s. de Milan.

PARIS sur BALE.

MONNAIES DE CHANGE.

La livre vaut 20 sols, ou 36 creutzers.

Le sol vaut 12 deniers.

La rixdale vaut 60 creutzers, ou 15 batz.

Le creutzer vaut 5 pennins.

Le batz vaut 4 creutzers.

On y tient les écritures en livres, sols et deniers.

Le change roulant sur 1/2 pour % de perte aux livres tournois, et 2 livres de Bâle pour 3 livres tournois, ou 24 creutzers pour 1 livre tournois.

Pour opérer sur Bâle, on ajoute aux livres de Bâle 1/2 pour % que Paris perd, plus moitié du total, et le produit donne les livres tournois. L'inverse pour le retour.

On veut convertir 3000 liv. de Bâle à 1/2 p. % de bénéfice sur Paris.

OPÉRATION.				RETOUR.		
Liv.	3000			Liv. t^s.	4522	10 s.
1/2 p. 100	15			déduire 1/3	1507	10
	3015			reste.	3015	»
1/2	1507	10	à ajouter.	1/2 p. %	15	» p. la perte.
Liv. t^s.	4522	10			3000 l. de Bâle.	

PARIS SUR NAPLES.

MONNAIES DE CHANGE.

Le ducat vaut 100 grains.

On y tient les écritures en ducats et grains.

Le change roule sur 84 sols de franc, plus ou moins, pour 1 ducat.

Pour opérer sur Naples, multipliez les ducats et grains par le cours, le 20e. du produit donne des francs.

L'inverse pour le retour.

On veut convertir 5340 ducats 50 grains en francs, au change de 86 1/2 sols de franc pour 1 ducat.

OPÉRATION.

ducats.	5340 50 grains à 86 1/2
m. p.	86 1/2
	3204300
	4272400
	267025
	46195/325
1/20	23097 13 s. 3 d.
ou	23097 66 $\frac{1}{400}$

RETOUR.

F.	23097 13 s. 3 d.	à 86 1/2
m. p.	240	12
	923880	1038
	46194	
	159	
	5543439	1038 divr.
	3534	5340 duc. 50 gr.
	4203	
	51900	
	000	

PARIS sur LISBONNE.

MONNAIES DE CHANGE.

La creusade vaut 400 rés.

On y tient les écritures en creusades et rés.

Le change roule sur 480 rés, plus ou moins, pour 3 francs.

Le fixe multiplicateur des creusades est 1200.

Pour convertir les creusades en francs, multipliez par le fixe 1200 et divisez le produit par le cours.

L'inverse pour le retour.

On veut convertir 1550 creusades en francs, au change de 475 rés pour 3 francs.

OPÉRATION EN CREUSADES.

```
crdes.   1550   à 475 rés.
m. p.    1200
       ———————
       1860000 { 475 diviseur.
        4350   { 3915 78 c. 18/19
          750
         2750
          3750
           4250
            450/475 ou 18/19
```

RETOUR.

```
F.        3915 78 c. 18/19 à 475
m. p.          475
          ———————————
          1957890
         2741046
        1566312
p. 18/19       450
        ———————————
        18600/0000
1/12    1550  cdes.
```

On a tranché quatre zéros du dividende pour réduire le diviseur 1200 à 12, et les centimes en francs.

Pour convertir les rés en francs, multipliez par 3 francs, et divisez le produit par le cours.

L'inverse pour le retour.

On veut convertir 125000 rés en francs, au change de 480 rés pour 3 francs.

OPÉRATIONS EN RÉS.

```
R.     125000
m. p.       3
      ————————
      375000 { 480
       3900  { 781 25 c.
        600
        1200
         2400
           00
```

RETOUR.

```
F.    781 25 c. à 480 r. p. 3 fr.
          480
      ————————
      6250000
     312500
     ————————
     375000/00
1/3  125000 rés, ou divon. par 300 cs.
```

PARIS sur FRANCFORT S. M.

MONNAIES DE CHANGE.

La rixdale vaut 90 creutzers, ou 22 1/2 batz, ou 1 1/2 florins.

Le florin vaut 60 creutzers, ou 15 batz.

Le batz vaut 4 creutzers.

Le creutzer vaut 4 pennings, ou 8 hellers.

Les écritures se tiennent en florins et creutzers courans.

Le change roule sur 75 rixdales, plus ou moins, pour 300 francs, avec 5 p. °/o de perte aux florins d'Empire, et 11 florins pour 24 francs.

Pour opérer les rixdales en francs, multipliez par 300 francs et divisez le produit par le cours. L'inverse pour le retour.

On veut convertir 1048 rixdales 60 creutzers en francs, au change de 74 3/4 p. 300 francs.

OPÉRATION EN RIXDALES.

Rix^les.	1048 60 c^rs.	
m. p.	300	
	314400	
p. 60 c^rs.	200	
	314600	74 3/4
	4	4 fract.
	1258400	299 divis^r.
	624	4208 69 c.
	2600	
	2080	
	2860	
	169/299	

RETOUR.

F.	4208 69 c. 169/299	à 74 3/4
m. p.	74 3/4	
	1683476	
	2946083	
p. 1/2	210434 1/2	
p. 1/4	105217 1/4	
p. 169/299	42 1/4	
	3146/0000	
1/3	1048 60 c^rs.	

On a tranché quatre zéros du produit pour les réduire en francs, et le diviseur 300 à 1/3.

PARIS sur FRANCFORT S. M.

Pour convertir les florins en francs au change des rixdales, multipliez par 200 et divisez le produit par le cours. L'inverse pour le retour.

On veut convertir 2450 fl. 35 c^rs^. en francs, au change de 75 rixdales 1/2 pour 300 fr.

OPÉRATION EN FLORINS

fl. c. 2450 35 c^rs^.
m. p. 200 (*)
490000
p. 30 c^rs^. 100
p. 5 16/66 2/3
490116/66 2/3 — 75 1/2
m. p. 2 — 2 fract.
980233/33 1/3 — 151 divr.
742 — 6491 61 67/453
1383
243
923
173
22
3
67/3 ou 67/453 en triplant le divr.

RETOUR.

F. 6491 61 c. 67/453 à 75 1/2
m. p. 75 1/2
3245805
4544127
324580 1/2
p. 67/453 11 1/6 ou 1/6 de 67
4901/1666 2/3
1/2 fl. 2450 35 c^rs^. cours.

11666 2/3
m. p. 60 c^rs^.
699960
p. 2/3 40
70/0000
dont 1/2 35 c^rs^.

Pour convertir les florins à 5 p. % de perte, on soustrait les 5 p. % des florins dont le reste se multiplie par 24 francs, et le produit se divise par 11 florins.

L'inverse pour le retour.

On veut convertir 1500 florins courans à 5 p. % de perte.

OPÉRATION EN FLORINS à 5 p. %.

fl. c. 1500 à 5 p. % de perte.
75 perte à déduire.
1425 fl. c.
m. p. 24
5700
2850
34200 — 11 div.
12 — 3109 09 c. 1/11
100
100
1/11

RETOUR.

F. 3109 09 1/11 à 5 p. %
m. p. 11
34200 — 24 div.
102 — 1425
60 — 75 ou 1/19 p. la perte.
120 — 1500 fl. c.

(*) La différence de la rixdale au flor. cour. étant de 3 à 2, le multiplicateur n'est plus que 200 lorsqu'il s'agit d'opérer en florins.

PARIS sur AUGSBOURG et VIENNE.

MONNAIES DE CHANGE.

La rixdale vaut 1 1/2 florin, ou 90 creutzers.
Le florin vaut 60 creutzers.
Le creutzer vaut 8 hellers.
100 rixdales banco d'Augsbourg valent 127 rixdales courantes.

Les écritures se tiennent en florins et creutzers courans.
Le change roule sur Augsbourg à 52 sols de franc, plus ou moins, pour 1 florin courant.
Le change roule sur Vienne à 42 sols de franc, plus ou moins, pour 1 florin courant.
Pour opérer sur Augsbourg ou Vienne, multipliez les florins courans par le cours, le 20e. du produit donne des francs. L'inverse pour les retours.

On veut convertir 1870 fl. cs. 36 creutzers d'Augsbourg en francs, au change de 51 1/4 pour 1 florin courant.

OPÉRATION SUR AUGSBOURG.

fl. c.	1870 36 czers. à 51 1/4
m. p.	51 1/4
	1870
	9350
p. 1/4	467 1/2
p. 30 czers.	25 5/8
p. 6 do.	5 1/8
	9586/8 1/4
1/20 f.	4793 8s. 3d. ou 41 ces. 1/4

RETOUR.

F.	4793 8s 3d	à 51 1/4
denr.	240	12
	191720	615
	9586	
	99	
	1150419	615 divr.
	5354	1870 36 czers.
	4341	
	369	
	60 czers.	
	22140	
	3690	
	00	

On veut convertir 965 fl. 26 crs. 1/2 de Vienne en fr., au change de 41 1/2 s. de f. p. 1 fl. c.

OPÉRATION SUR VIENNE.

fl. c.	965 26 cers. 1/2 à 41 1/2
m. p.	41 1/2
	965
	3860
p. 1/2	482 6
p. 20 czers.	13 10
p. 5	3 5 1/2
p. 1	» 8 3/10
1/2	» 4 3/20
	4006/5 9 19/20
1/20 f.	2003 5 9 19/20

RETOUR.

F.	2003 5 9 19/20	à 41 1/2
denr.	240	12
	80120	498
	4006	
	69 19/20	
	480789 19/20	498 divr.
	3258	965 26 1/2 czers.
	2709	
	219	
	60	
	13140	
p. 19/20	57	
	13197	
	3237	
	249/498 ou 1/2	

PARIS sur GENÈVE.

MONNAIES DE CHANGE.

La livre vaut 20 sols et le sol 12 deniers.

On y tient les écritures en livres, sols et deniers courans.

Le change roule sur 60 francs, plus ou moins, pour 100 livres courantes de Genève.

Pour opérer sur Genève, multipliez les livres courantes par le cours et divisez le produit par 100, c'est-à-dire tranchez les deux derniers chiffres du produit, qui deviennent des centimes.

L'inverse pour le retour, c'est-à-dire multipliez par 100 et divisez par le cours.

On veut convertir £ 2140 14 sols 8 deniers de Genève en francs, au change de 159 1/4 pour 100 livres courantes.

OPÉRATION.

Liv. c^tes.	2140 14 s. 8 d.	à 159 1/4
	159 1/4	
	19260	
	10700	
	2140	
p. 1/4	535	
p. 10 s.	79 62 1/2	
p. 4	31 85	
p. » 8 d.	5 30 5/6	
d. p. 100	f. 3409/11 78 1/3	ou 235/300 ou 47/60

Observation sur le Retour.

Si on opère sur le reste 78 1/3, qui représente des dix millièmes, au lieu de multiplier par 4, fraction du diviseur, on multipliera par 400, mais alors il faut trancher les deux derniers chiffres du dividende, ne les rejoindre qu'aux restes et ne diviser que le surplus.

Si on opère sur la fraction réduite à 47/60, la marche sera plus simple. J'ai donné l'une et l'autre preuve pour exercer.

RETOUR.

	F. 3409 11 $\frac{47}{60}$	à 159 1/4
	400	4
	136364400	637 divr.
p. 78 1/3	313 1/3	
	1363647/13 1/3	637 divr.
	896	2140 14 s 8 d cs.
	2594	
	467 13 1/3	
	20	
	9342/66 2/3	
	2972	
	424 66 2/3	
	12	
	5096/00	
	000	

On peut encore faire l'opération ainsi :

	3409 11 47/60	à 159 1/4
m. p.	4	4 fraction.
	1363647 8/60	637 diviseur.
	896	2140 14 8
	2594	
	467	
	20	
	9342 40/60 ou 2/3	
	2972	
	424	
	12	
	5096	
	000	

PARIS sur PÉTERSBOURG.

MONNAIES DE CHANGE.

Le rouble vaut 100 copecks ou sols.

On y tient les écritures en roubles et sols.

Le change roule sur 66 sols de franc, plus ou moins, pour 1 rouble.

Pour opérer sur Pétersbourg, multipliez les roubles par le cours, le 20e. du produit donne des francs.

L'inverse pour le retour.

On veut convertir 3050 roubles en francs, au change de 65 1/2 pour 1 rouble.

OPÉRATION.

Rbles.		3050 à 65 1/2
m. p.		65 1/2
		15250
		18300
p. 1/2		1525
		19977/5
1/20	f.	9988 15 s.

RETOUR.

F.	9988 15 s.	à 65 1/2 (*)
m. p.	40	2
	399520	131
p. 15 s.	30	
	399550	131 divr.
	655	3050 roubles.
	000	

(*) Multipliez les francs par 40, au lieu de 20, pour mettre le dividende en rapport avec le diviseur multiplié par 2, fraction, en ajoutant par conséquent 30 pour les 15 sols.

PARIS sur SAINT-GALL.

MONNAIES DE CHANGE.

Le florin vaut 60 creutzers.

Le creutzer vaut 8 hellers.

On y tient les écritures en florins et creutzers courans.

Le change roule sur 4 pour °/₀ de bénéfice aux livres tournois et 3 livres tournois pour 72 creutzers, ou 180 liv. tourns. pour 72 florins courans.

Pour opérer sur Saint-Gall, ajoutez les 4 pour °/₀ aux livres tournois, multipliez le produit par 72 florins, et divisez par le fixe 180.

L'inverse pour le retour, c'est-à-dire, déduire 4 pour °/₀ des florins multipliés; le reste par 180 liv.; divisez le produit par 72.

On veut convertir 2050 liv. tournois en florins de Saint-Gall, à 4 pour °/₀ de bénéfice.

OPÉRATION.

```
£        2050    à 4 p. °/₀ bce. sur S.-Gall.
4 p. °/₀   82    à ajouter.
         ----
         2132
m. p.      72
         ----
         4264
        14924
        ------
       15350/4 { 18/0 divr.
         95    { 852 fl. 48 czers.
         50
        144
          6/0 czrs.
        ----
        864
        144
         00
```

Pour abréger l'opération, on a tranché le dernier chiffre du dividende et le zéro du diviseur; l'on a ensuite rapporté ce chiffre retranché au reste de l'opération. Enfin, pour multiplier en creutzers, on a encore retranché le zéro de 60.

RETOUR.

```
fl. c.     852 48
4 p. °/₀    32 48   à déduire (*)
          -------
           820
m. p.      180
          ------
        147600 { 72 divr.
          3600 { 2050 liv. tourns.
            00
```

(*) Pour la valeur de 82 liv. tourns., proportion de 180 fr. à 72 flor. cs.

PARIS sur VENISE.

MONNAIES DE CHANGE.

Le ducat de banque vaut 24 gros, ou 9 livres 12 sols courans.

Le ducat courant se divise aussi en 24 gros, et vaut 6 livres 4 sols courans.

La livre vaut 20 sols et le sol 12 deniers.

On y tient les écritures en ducats et gros banco et en ducats et gros courans.

Le change roule sur 60 ducats banco, plus ou moins, pour 300 francs.

On veut convertir 2500 ducats banco en francs, au change de 59 3/4 ducats banco pour 300 francs.

OPÉRATION.

ducats 2500 à 59 3/4
m. p. 300 4 fract.
750000 239 div^r.
4
3000000 | 239
610 | 12552 30 c^es.
1320
1250
550
7200
30/239

RETOUR.

F. 12552 30 30/239
m. p. 59 3/4
11297070
6276150
p. 1/2 627615
p. 1/4 313807 1/2
p. 30/239 7 1/2
7500/0000
p. 1/3 2500 ducats.

On a tranché 4 zéros pour diviser une fois par 100 et une fois par 300.

PLACES SECONDAIRES.

PARIS SUR ANVERS, BRUXELLES, GAND ET AUTRES PLACES DE LA BELGIQUE.

Ces places opèrent comme celle d'Amsterdam, et changent en florins, patars, sols et deniers de gros; le tout argent de change, dont 6 florins équivalent à 7 florins courans.

Le florin courant vaut 20 patars, ou 3 1/3 sols de gros, ou 40 deniers de gros.

Le patar ou sol commun vaut 16 pennins, ou 2 deniers de gros.

La livre de gros vaut 20 sols de gros, ou 240 deniers de gros.

Le sol de gros ou escalin vaut 6 patars, ou 12 deniers de gros.

Le denier de gros vaut 8 pennins.

Le change avec Amsterdam s'opère avec agio de 1/2 p. °/o, plus ou moins.

On y tient les écritures en florins, patars et pennins.

PARIS sur BARCELONE.

MONNAIES DE CHANGE.

La livre catalane vaut 20 sols catalans, ou 240 deniers

Le sol vaut 12 deniers.

Le réal ardit vaut 2 sols.

Le réal catalan vaut 3 sols.

Le réal de plate vaut 3 sols 6 deniers ou 34 maravédis.

La piastre de change vaut 28 sols ou 8 réaux de plate, ou 272 maravédis.

La pistole de change vaut 5 livres 12 sols, ou 32 réaux de plate, ou 1088 maravédis.

La pistole d'or vaut 7 livres, ou 40 réaux de plate, ou 1360 maravédis.

Le ducat de change vaut 38 sous 7 deniers 4/17 catalans, ou 375 maravédis.

On y tient les écritures en livres, sols et deniers catalans.

Le change roule sur 15 livres 4 sols tournois, plus ou moins, pour 1 pistole de 5 livres 12 sols catalans.

On veut convertir 1310 livres 13 sols catalans en francs, au change de 15 livres 5 sols tournois pour 1 pistole de 5 livres 12 sols catalans.

OPÉRATION.

F. x	: :	1310 l. 13 s. cats.
5 12 s.	:	15 5 ts.
81	:	80 fr.
112		20
20		305
28		20
7		5
567 divr.		1525
		1310 13 s.
		15250
		4575
		1525
p. 10 s.		762 50
p. 2		152 50
p. 1		76 25
		1998741 25 { 567 / 3525 11 c.
		2977
		1424
		2901
		6625
		955
		388/567

RETOUR.

£ x	: :	3525 11 c. fr.
80	:	81 l. tours.
15 l. 5 s.	:	5 l. 12 s. catals.
305		20
20		112
10		14
3050		81
		14
		112
		1134
		352511
		1410044
		1057533
		352511
		352511
p. 388/567		776
		399748/250 { 305/0 / 13 10 l. 13 s. cat.
		947
		324
		198250
		20
		3965/000
		915
		000

PARIS sur BERLIN et LÉIPSICK.

MONNAIES DE CHANGE.

La rixdale vaut 24 gros.

Le gros vaut 12 penings.

Le florin de Léipsick vaut 16 gros.

On y tient les écritures en rixdales, gros et penings.

Le change roule sur 78 rixdales plus ou moins pour 300 francs.

On veut convertir 625 rixdales en francs, au change de 77 1/2 rixdales pour 300 francs.

OPÉRATION.

Rles.	625	77 1/2
m. p.	300	2 fract.
	187500	155 divr.
	2	
	375000	155 divr.
	650	2419 35 c.
	300	
	1450	
	550	
	850	
	75/155	

RETOUR.

F.	2419 35 c.
m. p.	77 1/2
	1693545
	1693545
p. 1/2	120967 1/2
p. 75/155	37 1/2
	1875/0000
1/3	625 rixdales.

PARIS sur COPENHAGUE.

MONNAIES DE CHANGE.

La rixdale vaut 6 marcs danois, ou 3 marcs lubs.

Le marc vaut 16 sols danois, ou 8 sols lubs. Par conséquent la rixdale vaut 96 sols danois, ou 48 sols lubs.

Le sol vaut 12 deniers danois ou 6 deniers lubs.

On compte aussi par marcs et sols lubs, qui valent le double des marcs et sols danois. Ainsi le marc lubs vaut 32 sols danois.

Le sol lubs vaut 2 sols danois.

On y tient les écritures en rixdales, sols et deniers.

Le change roule sur 20 sols courans danois, plus ou moins, pour 1 franc.

On veut convertir 920 rixdales en francs, au change de 21 1/4 sols courans pour 1 franc.

OPÉRATION.			RETOUR.		
R[les].	920	21 1/4	F.	4156 23	
m. p.	96 s.	4 fract.	m. p.	21 1/4	
	5520	85		415623	
	8280			831246	
	88320		p. 1/4	103905 3/4	
	4		p. 9/17	11 1/4	
	353280	85 div[r].		88320/00	96
	132	4156 23 c.		192	920 rixdales.
	478			000	
	530				
	200				
	300				
	45/85 ou 9/17				

PARIS sur CONSTANTINOPLE.

MONNAIES DE CHANGE.

La piastre vaut 40 paras, ou 120 aspres.

Le para vaut 3 aspres.

On y tient les écritures en piastres et aspres, dont on ne compte la piastre, sur les livres, que pour 100 aspres.

Le change roule sur 150 piastres, plus ou moins, pour 300 francs.

On veut convertir 855 piastres en francs, au change de 151 1/2 piastres pour 300 francs.

OPÉRATION.

Pres. 855 à 151 1/2
m. p. 300 — 2 fract.
256500 — 303 divr.
2
513000 { 303
2100 — 1693 06
2820
930
2100
282/303
ou 94/101

RETOUR.

F. 1693 06
m. p. 151 1/2
169306
846530
169306
p. 1/2 84653
p. 94/101 141
2565/0000
1/3 855 piastres.

PARIS sur ROME.

MONNAIES DE CHANGE.

L'écu monnaie vaut 10 jules ou 100 bajocs.

Le sequin romain vaut 2 écus et 5 bajocs, ou 205 bajocs.

On y tient les écritures en écus monnaie et bajocs.

Le change roule sur 515 centimes, plus ou moins, pour 1 écu monnaie.

On veut convertir 1185 écus en francs, au change de 530 c. pour 1 écu.

OPÉRATION.		RETOUR.		
Ecus m^{naie}.	1185	F.	6280 5/0	53/0
m. p.	530 c.		98	1185 écus rom.
	35550		450	
	5925		265	
	6280/50 c.		00	

PARIS sur STOCKHOLM.

ANCIENNES MONNAIES DE CHANGE.

Le daler de cuivre de 4 marcs, ou 32 sols.
Le marc de cuivre de 8 sols.
Le daler d'argent 3 dalers de cuivre.
On tenait les écritures en dalers et sols de cuivre.

MONNAIES ACTUELLES DE CHANGE.

Le rixdaler species de 48 schillings species.
Le schilling species de 12 deniers species.
Les écritures se tiennent en rixdalers, schillings et deniers species.
On change en rixdalers et schillings.
3 dalers de cuivre, ancienne monnaie, répondent à 16 schillings species, monnaie actuelle.

On veut convertir 1150 rixdalers 36 schillings en francs, au change de 25 1/2 schillings species pour 3 francs.

OPÉRATION.

```
Rlers.           1150 36 schil.        à F. 25 1/2
m. p.             144                        2 fr.
                 ─────                  ──────────
                 4600                      51 divr.
                 4600
                 1150
p. 24 schil.       72
p. 12              36
                ──────
                165708
m. p.                2
                ──────
                331416  { 51 div.
                  254   { ─────────
                   501  { 6498 35
                   426
                    180
                     270
                      15/51 ou 5/17
```

RETOUR.

```
F.          6498 35 5/17
m. p.             25 1/2
         ─────────────────
          32491 75
         129967 0
p. 1/2     3249 17 1/2
p. 5/17           7 1/2
         ─────────────────
         165708 00  { 144
            217     { ──────────────────
             730    { 1150 r. 36 schil.
             108
m. p.         48 schil.
         ──────
             864
            432
         ──────
            5184
             864
             000
```

PARIS sur TURIN.

MONNAIES DE CHANGE.

La livre vaut 20 sols, et le sol 12 deniers.

On y tient les écritures en livres, sols et deniers.

Le change roulant sur 50 sols de Piémont pour 3 francs.

On veut convertir 4850 francs en livres de Piémont au change de 49 1/4 sols de Piémont pour 3 fr.

OPÉRATION.

F.	4850	
m. p.	49 1/4 s.	
	43650	
	19400	
p. 1/4	1212 1/2	
	238862 1/2	60 div.
	588	3981 l. » s. 10 d.
	486	
	62	
	2 1/2	
	20	
	50	
m. p.	12	
	600 ds.	

RETOUR.

£	3981 » s. 10 d.	
	60	
	238860	
p. 6 d.	1 1/2	
p. 3	» 3/4	
p. 1	» 1/4	
	238862 1/2	49 1/4
m. p.	4	4 fract.
	955450	197 divr.
	1674	4850 fr.
	985	
	000	

PARIS sur ZURICH.

MONNNAIES DE CHANGE.

Le florin vaut 60 creutzers.

Le creutzer vaut 8 hellers.

On tient à Zurich les écritures en florins et creutzers courans.

Le change roulant sur 50 sols de francs, plus ou moins, pour 1 florin courant.

L'agio du banco au courant est de 1 et 1/2 pour °/o environ.

On veut convertir 1755 florins en francs, au change de 49 1/2 sols de francs pour 1 florin courant.

OPÉRATION.		RETOUR.		
fl. c.	1755	F.	4343 62 1/2	à 49 1/2
m. p.	49 1/2 s	m. p.	20	2 fract.
	15795		8687250	99 divr.
	7020		2	
p. 1/2	877 1/2		173745/00	99
	8687/2 1/2		747	1755 fl. c.
1/20 F.	4343 12 s. 1/2 ou 62 c. 1/2		544	
			495	
			00	

PARIS sur les ETATS-UNIS.

MONNAIES DE CHANGE.

Le pund vaut 20 schellings.

Le dollar vaut 6 schellings.

Le schelling vaut 12 pences.

On y tient les écritures en punds, schellings et pences.

Le change roulant sur 5 schellings, plus ou moins, pour 5 francs.

On veut convertir 1225 dollars en francs, au change de 5 1/2 schellings pour 5 francs.

OPÉRATION.

Dollars	1225	à 5 1/2	
m. p.	30	2 fract.	
	36750	11 divr.	
	2		
	73500	11	
	75	6681 81 c.	
	90		
	20		
	90		
	20		
	9/11		

RETOUR.

F.	6681 81 9/11
m. p.	5 1/2
	3340905
p. 1/2	334090 1/2
p. 9/11	4 1/2
	3675/000
1/3	1225 dollars.

CHANGES

DES PLACES ÉTRANGÈRES ENTRE ELLES.

AMSTERDAM sur HAMBOURG.

Le change roulant sur 33 sols communs, plus ou moins, pour 1 daelder, valeur de 2 marcs de banque.

Le fixe multiplicateur des florins courans est 40, produit de 20 sols communs, valeur du florin, multipliés par 2 marcs de banque.

Pour convertir les florins courans en marcs de banque, multipliez par le fixe 40 et divisez le produit par le cours.

L'inverse pour le retour ; c'est-à-dire multipliez les marcs de banque par le cours, et divisez le produit par le fixe 40.

On veut convertir 909 m^{cs}. 1 s. 6 d. b^{o}. en flor. c^{s}. d'Amsterdam, au change de 33 1/4. s. pour 2 m^{cs}. b^{o}.

OPÉRATION.

m. b°.	909 1 s. 6 d.	à 33 1/4
m. p.	33 1/4	
	2727	
	2727	
p. 1/4	227 5 s.	
p. 1 s.	2 1 9 pen.	
p. » 6 d.	1 » 12 1/2	
	30227 7 5 1/2	{ 40
	222	{ 755 13 10 p.
	227	et 15/16 p.
	27	
m. p.	20	
	547	
	147	
	27	
m. p.	16 p.	
	167	
	27.	
	437	
	37 1/2	
m. p.	2 fract.	
	75/80 ou 15/16	

RETOUR.

fl. c^{s}.	755	13 s.	10 p. 15/16		à 33 1/4
m. p.	40				4
	30200	s.	p.		133
p. 10 s.	20				
p. 2	4				
p. 1	2				
p. 8 p.	1				
p. 2	»	4			
f. pr. 1	»	2			
p. 8/16	»	1			
p. 4/16	»	»	6		
p. 3/16	»	»	4 1/2		
	30227	5	10 1/2		
			4		
	120909	7	6	{ 133 div.	
	1209			{ 909 1 s. 6 d.	
	12			lubs b°.	
m. p.	16				
	199				
	66				
	12				
	798				

AMSTERDAM et HAMBOURG sur LONDRES.

Ces deux places changent de la même manière avec Londres.

Le change roulant sur 34 sols de gros, plus ou moins, pour 1 livre sterling.

Le fixe multiplicateur des florins courans d'Amsterdam est 10, produit de 3 1/3 sols de gros, valeur du florin, multipliés par la fraction 1/3.

Pour convertir les florins courans en livres sterlings, multipliez par le fixe 10, et divisez le produit par le cours triplé à cause de la fraction.

Le fixe multiplicateur des marcs de banque d'Hambourg est 8, produit de 2 2/3 sols de gros, valeur du marc de banque, multipliés de même par la fraction 2/3.

Pour convertir les marcs de banque en livres sterlings, multipliez par le fixe 8 et divisez de même le produit par le cours triplé.

L'inverse de part et d'autre pour les retours.

On veut convertir 152 l. 17 s. 9 d. st. en florins d'Amsterdam, au change de 33 1/3 sols de gros pour 1 livre sterling.

OPÉRATION SUR AMSTERDAM.			RETOUR.		
l. st.	152 17 9	à 33 1/3 sur Amst.	fl. c^s.	1528 17 8	à 33 4 s/Lond.
	100	3		10	3
	15200	100		15280	100
p. 10 s.	50		p. 10 s.	5	
p. 5	25		p. 5	2 10	
p. 2	10		p. 2 8 p.	1 5	
p. 6 d.	2 10		Lst.	152/88 15	div. p. 100
p. 3	1 5			20	
fl. c^s.	1528/8 15	div. p. 10	s.	17/75	
m. p.	20			12	
s.	17/5		d.	9/00	
m. p.	16				
p.	8/0				

SUR HAMBOURG.			RETOUR.		
m. b^o.	512 13	à 34 1/3 sur Lond.	L. st.	39 16 7 $\frac{23}{103}$	à 34 1/3 s/Hamb.
m. p.	8	3 fract.		103	
	4096	103 div.		927	
p. 8 s. lubs	4			390	
p. 4	2		p. 10 s.	51 8	
p. 1	» 10		p. 5	25 12	
	4102 10	103	p. 1 p.	5 2 4 4/5	
	1012	39 16 7 $\frac{23}{103}$ dst.	p. 6 d.	2 9 2 2/5	
	85		p. 1	» 6 10 2/5	
	20		p. 23/103	» 1 6 2/5	
	1710			4102 8	
	680		1/8	512 13 s. lubs b^o.	ou div. par 8
	62				
	12				
	744				
	23				

AMSTERDAM et HAMBOURG sur MADRID et CADIX.

Le change roulant sur 96 deniers de gros banco d'Amsterdam, plus ou moins, pour 1 ducat, valeur de 375 maravédis.

Pour convertir les piastres en florins courans, le fixe est 15000, produit de 375 maravédis, valeur du ducat, multipliés par 40 deniers de gros, valeur du florin.

Pour convertir les piastres en marcs banco d'Hambourg, le fixe est 12000, produit de même de 375 maravédis, multipliés par 32 deniers de gros, valeur du marc banco.

Pour convertir les piastres en florins courans, multipliez par 272, ensuite le produit par le cours, et divisez le total par le fixe 15000.

Pour convertir les piastres en marcs de banque, faites les mêmes multiplications et divisez le produit par le fixe 12000.

L'inverse pour les retours.

On veut convertir 5400 piastres en florins courans d'Amsterdam, au change de 93 3/4 deniers de gros banco pour 1 ducat.

OPÉRATION SUR AMSTERDAM.

Pres.	5400	à 93 3/4 sur Amst.
m. p.	272	
	1088	
	1360	
	1468800	
	93 3/4	
	4406400	
	13219200	
p. 1/2	734400	
p. 1/4	367200	
	137700/000	15/000
	27	9180 fl. c.
	120	
	00	

Voyez cette opération réduite par la règle conjointe, pages 259 et 260.

RETOUR.

fl. c.	9180	à 93 3/4 sur Madrid.
	40	
	367200	
	375	
	1836000	
	2570400	
	1101600	
	1377000/00	255/00 (*)
	1020	5400 pres.
	0000	

NOTA. En multipliant par 40 et ensuite par 375, c'est multiplier par 15000, puisque 375 multipliés par 40 donnent ce nombre. Donc, en multipliant par 15000, on aurait abrégé l'opération.

(*) Diviseur, produit de 272 maravédis, multiplié par le change 93 3/4.

HAMBOURG sur MADRID et CADIX.

On veut convertir 3250 piastres en m/b°., au change de 92 1/2 ddg^{s}. banco pour 1 ducat.

OPÉRATION SUR HAMBOURG.

```
p^tres.        3250
m. p.           272
           --------
               6500
              22750
              6500
           --------
             884000
                 92 1/2
           --------
            1768000
            7956000
p. 1/2       442000
           --------
           81770/000  { 12/000
            97        { 6814 m. 2 s. 8 d. b°.
             17
             50
              2
m. p.        16
           ----
             32
             8
             12 d
           ----
             96
             0
```

RETOUR.

```
m. b°.      6814  2 s. 8 d.
m. p.         32
          ---------
           13628
          20442
p. 2 s.        4
p. 8 d.        1 1/3
          ---------
          218053 1/3
             375
          ---------
          1090265
         1526371
         654159
p. 1/3       125
          ---------
         8177000/0  { 2516/0 (*)
          62900     { 3250 p^tres.
          125800
           00000
```

Même observation qu'à la précédente opération; 375 multipliés par 32 donnant 12000, il s'ensuit que le fixe indiqué abrège l'opération.

(*) Diviseur produit de 272 maravédis multipliés par le change 92 1/2.

OBSERVATION.

Je n'ai donné qu'un petit nombre d'opérations entre les places étrangères, parce qu'il eût fallu les multiplier à l'infini sans aucune utilité, puisque leurs changes respectifs n'ont besoin d'être indiqués que pour les arbitrages, ce qui fait l'objet du Traité suivant des Parités et Arbitrages.

Comme dans cette partie je ferai un usage fréquent et presque exclusif de la règle conjointe, ceux à qui elle n'est pas familière pourront recourir à l'instruction que j'ai donnée à cet égard dans l'Arithmétique raisonnée qui précède les changes, pages 259 et suivantes.

LILLE sur AMSTERDAM.

Le change roulant entre Lille et Amsterdam sur 168 francs, plus ou moins, pour 81 florins courans de Hollande.

On veut convertir 1075 fl. cs. 14 s. d'Amsterdam, en francs, au cours de 167 1/2.

OPÉRATION.

fl. cs.	1075 14 s.	
m. p.	167 1/2	cours.
	7525	
	6450	
	1075	
p. 1/2	537 50	
p. 10 s.	83 75	
p. 4	33 50	
	180179 75	81
	181	2224 44 c. 11/81
	197	
	359	
	357	
	335	
	11/81	

RETOUR.

F.	2224 44 11/81	
m. p.	81	
	2224 55	fract. comprise.
	177955 2	
	180179 75	167 1/2
	2	2 fract.
	360359 50	335 divr.
	2535	1075 fl. 14 s. cs.
	1909	
	234 50	
	20	
	4690/00	
	1340	
	00	

OBSERVATION.

Lille change avec Anvers, Bruxelles, Gand et autres Places, de la même manière, sauf le change plus bas, c'est-à-dire que Lille donne 148 fr., plus ou moins, pour 81 florins courans d'Anvers, etc.; du reste l'opération est la même.

Lille change d'ailleurs avec Paris et autres Places, comme les autres villes de France.

DES PARITÉS ET ARBITRAGES.

PARITÉS DE PARIS SUR AMSTERDAM.

On demande les parités de Paris sur Amsterdam par les Places suivantes :

	PARIS.		AMSTERDAM.		PARITÉS En den. de gs. bo. pr. 3 francs.
AMSTERDAM.	54 3/4 ddg.	p. 3 francs.	53 1/2 ddg.	p. 3 francs.	
HAMBOURG. .	190 liv. ts. . .	100 m. bo.	34 s. cts. d'Am.	2 m. bo.	54 3/8
LONDRES. . .	24 l. 1 s. 3 d. .	1 lst.	35 s. 7 ddg. . .	1 lst.	53 7/8
MADRID. . .	14 l. 13 s. 9 d.	1 ple.	91 1/2 ddg. .	1 ducat.	54 7/8
CADIX. . . .	14 l. 8 s. 9 d. .	1 ple.	91 ddg. . . .	1 ducat.	55 5/8
LIVOURNE. .	100 3/4 s. d. f.	1 piastre.	91 ddg. . . .	1 piastre.	54 3/16
GÊNES. . . .	91 s. de fr. . .	1 piastre.	84 ddg. . . .	1 piastre.	55 3/8
LISBONNE. .	445 rés. . . .	3 francs.	47 1/2 ddg. .	400 rés.	52 3/4

On opère les parités par toutes ces Places, sur le certain, pour trouver l'incertain.

OPÉRATIONS.

PAR HAMBOURG.

ddgs. x	: :	3	francs.
80	:	81	liv. ts.
190	:	100	marcs bo.
2	:	34	s. cs.
1	:	2	ddgs.

4/76 ; 17 × 567 = ...

4	17
76	567
	81
	1377
	3
	4131 { 76
	331 { 54 3/8
	27

RETOUR.

Fr. x	: :	54 3/8 ou $\frac{27}{76}$	ddgs.
2	:	1	s. commun.
34	:	2	m. bo.
100	:	190	liv. ts.
81	:	80	fr.

17	4
567	76
81	54 $\frac{27}{76}$
1377	304
	380
	27
	4131 { 1377
	0000 { 3 francs.

PARITÉS DE PARIS SUR AMSTERDAM.

PAR LONDRES.

ddgs. x : : 3 fr.
80 : 81 liv. ts.
24 1 3 : 35 s. 7 ddgs.
1 s. : 12 ddgs.

320 — 427 p. 35 s. 7 m. p. 12
160 — 243 p. 81 m. p. 3
4 — 1281
1 — 1708
1925 — 854

103761 { 1925
7511 { 53 7/8
1736

RETOUR.

F. x : : 53 7/8 ou $\frac{1736}{1925}$ dg.
12 : 1 s. de gs.
35 s 7 d : 24 1 3 d.
81 : 80

3 — 20
243 — 480
35 7 — 1 1/4 p. 1 s. 3 d.
1215 — 481 1/4
729 — 4
121 1/2 — 1925
20 1/4 — 53 $\frac{1736}{1925}$
8646 3/4 — 5775
4 — 9625
34587 — 1736

103761 { 34587
00000 { 3 fr.

PAR MADRID.

ddgs. x : : 3 fr.
80 : 81 liv. ts.
14 13 9 : 1088 mdis.
375 : 91 1/2 ddgs.

2 — 183
10 — 29
20 — 1647
80 — 366
1600 — 5307
14 13 9 — 243
22400 — 15921
800 — 21228
160 — 10614
80 — 12896/01 { 235/00
60 — 1146 { 54 7/8
23500 — 206 01

RETOUR.

F. x : : 54 7/8 ou $\frac{20601}{23500}$ ddgs.
91 1/2 : 375 mdis.
1088 : 14 13 9 d. ts.
81 : 80 fr.

183 — 2
29 — 10
1647 — 20
366 — 80
5307 — 1600
81 — 14 13 9
5307 — 22400
42456 — 800
429867 — 160
80
60
23500
54 $\frac{20601}{23500}$
94000
117500
20601 { 429867
1289601 { 3 fr.

PARITÉS DE PARIS SUR AMSTERDAM.

PAR CADIX.

ddg. x	: :	3	francs.
80	:	81	liv. t[s].
14 8 3	:	~~1088~~	m[dis].
~~375~~	:	91	den. de g[s].

```
   10            29
  800           819
  14 8 3        182
11200          2639
  200           243   ou 81 m. p. 3
   80          7917
   40         10556
   10          5278
11530        64127/7 { 1153/0
              6477   { 55 5/8
               712 7
```

RETOUR.

F. x	: :	55 5/8 ou $\frac{7127}{11530}$	
91	:	~~375~~	m[dis].
~~1088~~	:	14 l. 8 s. 3 d.	
81	:	80	francs.

```
    29           10
   729          800
   162          14 8 3
  2349        11200
    91          200
  2349           80
 21141           50
213759        11530
                 55 7127/11530
              57650
              57650
               7127
             641277 { 213759
                 00 { 3 francs.
```

PAR LIVOURNE.

ddg. x	: :	3	francs.
1	:	20	sols.
~~100~~ 3/4	:	91	ddg.

```
403              4
               364
                60   ou 20 m. p. 3
             21840 { 403
              1690 { 54 3/16
                78
```

RETOUR.

F. x	: :	54 3/16 ou 78/403	
91	:	~~100~~ 3/4	sols de franc.
20	:	1	franc.

```
    4            403
   80             54 78/403
   91           1612
   80           2015
  720             78
 7280          2184/0 { 728/0
                  00  { 3 francs.
```

PARITÉS DE PARIS SUR AMSTERDAM.

PAR GÈNES.

ddg. x : : 3 francs.
1 : 20 sols.
91 : 84 ddg.

60 ou 20 m. p. 3

5040 { 91
490 { 55 3/8
35

RETOUR.

F. x : : 55 3/8 ou 35/91 d.
84 : 91 sols de franc.
20 : 1 franc.

1680 | 55
495
35

504/0 { 168/0
00 { 3 francs.

PAR LISBONNE.

ddg. x : : 3 francs.
3 : 445 rés.
400 : 47 1/2 den. de g^s.

2 | 93
80 | 19
16 | 89
32 | 171
152

1691 { 32
91 { 52 3/4
27

RETOUR.

F. x : : 52 3/4 ou 27/32 ddg^s.
47 1/2 : 400 rés.
445 : 3 francs.

93 | 2
89 | 80
19 | 16
801 | 32
89 | 3
1691 | 96
52 27/32
192
480
81

5073 { 1691
00 { 3 francs.

D'où il résulte que Cadix offre plus d'avantage à Paris, pour faire des remises à Amsterdam.

On prendrait des pistoles à 14 livres 8 sols 9 deniers, que l'on remettrait à Amsterdam à 91 deniers de gros ; ce qui établirait 55 5/8, cours plus avantageux que par les autres Places.

Au contraire, pour tirer, Lisbonne offre plus d'avantage.

Paris tirerait sur Lisbonne à 445 et rembourserait sur Amsterdam à 47 1/2.

Ou Paris ordonnerait à Amsterdam de remettre pour S/C à Lisbonne à 47 1/2, et en faire retour sur Paris à 445 ; ce qui établira 52 3/4.

PARITÉS DE PARIS SUR HAMBOURG.

Trouver les parités de Paris sur Hambourg par les cours suivans :

	PARIS.		HAMBOURG.		PARITÉS. En liv. ts. p. 100 m. bo.	En sols lubs p. 3 liv. ts.
HAMBOURG. .	190 l. 3/4 ts.	p. 100 m. b.	24 3/8 s. l. bo.	p. 3 liv. ts.		
AMSTERDAM.	54 1/2 ddg. .	3 fr.	35 s. cts. . . .	2 m. bo.	195 1/16	24 5/8
LONDRES. . .	24 l. 1 s. 6 d.	1 lst.	33 s. 4 ddg. .	1 lst.	192 9/16	24 7/8
MADRID. . .	14 l. 15 s. . .	1 ple.	84 ddg. . . .	1 ducat.	193 3/4	24 3/4
CADIX. . . .	14 l. 9 s. 6 d.	1 ple.	83 ddg. . . .	1 ducat.	192 3/8	24 15/16
GÊNES. . . .	92 1/4 s. de f.	1 ptre.	77 1/2 ddg. .	1 ptre.	192 13/16	24 7/8
LIVOURNE. .	100 3/4 s. d. f.	1 ptre.	84 1/2 ddg. .	1 ptre.	193 1/8	24 13/16
LISBONNE. .	445 rés.	3 fr.	44 1/2 ddg. .	400 rés.	196 5/16	24 7/16

OPÉRATIONS AU GRAND COURS.

PAR AMSTERDAM.

Liv. ts. x : : ~~100~~ m. bo.
2 : 35 s. cts.
1 : ~~2~~ ddg.
~~54~~ ~~1/2~~ : 3 francs.
~~80~~ : 81 liv. ts.

109 ~~2~~
4 5
~~2~~ 405
218 105 35 m. p. 3
2025
4050
42525 { 218 / 195 1/16
2072
1105
15

RETOUR.

x : : 195 1/16 ou $\frac{15}{218}$
81 : ~~80~~ francs.
3 : ~~54~~ ~~1/2~~ ddg.
~~2~~ : 1 sol commun.
~~35~~ : ~~2~~ m. bo.

~~2~~ 109
7 ~~16~~
21 8
81 872
21 195 $\frac{15}{218}$
168 4360
1701 7848
872
60 p. $\frac{15}{218}$
170100 { 1701 / 100 m. bo.
00

PARITÉS DE PARIS SUR HAMBOURG.

Opérations au grand cours.

PAR LONDRES.

Liv. ts. *x* : : ~~100~~ m. bo.
~~3~~ : 8 sols de gros.
~~33~~s. ~~4~~ : 24 l. 1 s. 6 d.

~~100~~ ~~3~~
192
» 2/5
» 1/5
192 3/5 ou 9/16

RETOUR.

m. bo. *x* : : ~~192~~ ~~3/5~~ liv.
24 1 6 : ~~33~~s ~~4~~ ddg.
8 : ~~3~~ m. bo.

~~3~~ 100 m. bo.
192
» 2/5
» 1/5
~~192~~ ~~3/5~~

PAR MADRID.

Liv. ts. *x* : : 100 m. bo.
1 : ~~32~~ ddgs.
~~84~~ : ~~375~~ mdis.
~~1088~~ : 14 l. 15 s. ts.

29 10
21 8
29 8000 (*)
58 14 15
609 112000
6000
118000 | 609
5710 | 193 3/4
2290
463

(*) Produit de 10 multiplié par 8 et par 100.

RETOUR.

m. bo. *x* : : 193 3/4 ou $\frac{463}{609}$
14 15 : ~~1088~~ mdis.
~~375~~ : ~~84~~ ddgs.
~~32~~ : 1 m/bo.

10 29
8 21
80 29
14 15 58
320 609
80 193 $\frac{463}{609}$
60 1827
1180 5481
609
463
118000 | 1180
00 | 100 m. bo.

PARITÉS DE PARIS SUR HAMBOURG.

Opérations au grand cours.

PAR CADIX.

```
Liv. ts. x    :  :   100   m. bo.
   1          :       32   ddgs.
  83          :      ~~375~~  mdis.
 ~~1088~~     :     14 9 6 d
-----------------------------------
  29               1000  (*)
-----               32
 747             -------
 166              32000
-----             14 9 6
 2407            -------
                 448000
                   8000
                   6400
                    800
                 -------
                 463200 { 2407
                  22250 { -------
                   5870 {  192 3/8
                   1056
```

(*) Produit de 10 multiplié par 100.

RETOUR.

```
m. bo. x    :  :   192 3/8 ou 1056/2407 liv. ts.
  14 9 6    :     ~~1088~~  mdis.
 ~~375~~    :        83   ddg.
  32        :         1   m. bo.
-----------------------------------
  10                 29
 -----              -----
  320                747
  14 9 6             166
 -------            -----
  4480               2407
    80               192 1056/2407
    64              -------
     8               4814
 -------            21663
  4632              2407
                    1056
                   -------
                   463200 { 4632
                       00 { -------
                            100 m. bo.
```

PAR GÊNES.

```
Liv. ts. x    :  :   ~~100~~   m. bo.
   1          :      ~~32~~    ddgs.
  ~~77~~ 1/2  :      ~~92~~  ~~1~~/~~4~~ s. d. fr
  ~~20~~      :         1    franc
  ~~80~~      :        81    liv. ts.
-----------------------------------
  ~~4~~               369
  155                 ~~2~~
  ~~2~~               ~~16~~
  ~~5~~               ~~5~~
                    -------
                      369
                     2952
                    -------
                    29889 { 155
                     1438 { -------
                      439 { 192 13/16
                      129
```

RETOUR.

```
m.bo. x      :  :   192 13/16 ou 129/155
   81        :      ~~80~~  francs.
    1        :       20   sous.
 ~~91~~ ~~1~~/~~4~~  :  ~~77~~ ~~1~~/~~2~~ ddg.
  ~~32~~     :        1   m. bo.
-----------------------------------
  369                 ~~4~~
   ~~2~~              155
  ~~16~~               ~~2~~
 ------                5
  369               -------
 2952                 775
 ------                20
 29889              -------
                    15500
                    192 129/155
                   -------
                    31000
                   139500
                    15500
      p. 129/155    12900
                  ---------
                  2988900 { 29889
                       00 { -------
                            100 m. bo.
```

PARITÉS DE PARIS SUR HAMBOURG.

Opérations au grand cours.

PAR LIVOURNE.

```
Liv. ts. x        : :   ~~100~~  m. bo.
      1           :     ~~32~~   den. de gs.
   ~~84~~ ~~1/2~~ :    ~~100~~ ~~3/4~~ sols de franc.
     ~~20~~       :       1      franc.
     ~~80~~       :      81      liv. ts.
   ----------------------------------
    169                 ~~2~~
      4                403
      ~~2~~            ~~16~~
      ~~5~~            ~~20~~
                       -----
                       403
                      3224
                      -----
                     32643 { 169
                      1574 { ---------
                       533   193 1/8
                        26
```

RETOUR.

```
m. bo. x          : :   193  1/8 ou 26/169 liv. ts.
    81            :     ~~80~~   francs.
     1            :      20      sols.
 ~~100~~ ~~3/4~~  :     ~~84~~ ~~1/2~~ ddg.
   ~~32~~         :       1      m. bo.
 ------------------------------------
   403                   ~~4~~
   ~~2~~                169
  ~~16~~                ~~2~~
 -------                  5
   403                 -----
  3224                  845
 -------                 20
 32643                 -----
                        16900
                        193 26/169
                       -------
                        50700
                       152100
                       16900
             p. 26/169   2600
                       --------
                       3264300 { 32643
                            00 { ---------
                                 100 m. bo.
```

PARITÉS DE PARITÉS DE PARIS SUR HAMBOURG.

Opérations au grand cours.

PAR LISBONNE.

Liv. t^s. x	: :	100	m. b^o.
1	:	32	den. de g^s.
44 1/2	:	400	rés.
445	:	3	francs.
80	:	81	liv. t^s.

89 × 2; 10 × 50; 89 × 10

801
712
7921

2
200
32
6400
243 p. 81 m. p. 3
19200
25600
12800
1555200 { 7921
76310 { 196 5/16
50210
2684

RETOUR.

m. b^o. x	: :	196	5/16 $\frac{2684}{7921}$
81	:	80	francs.
3	:	445	rés.
400	:	44	1/2 den. de g^s.
32	:	1	m. b^o.

2
5
10
32
320
243
960
1280
640
77760

89
4005
3560
39605
196 $\frac{2684}{7921}$
237630
356445
39605
13420 p. $\frac{2684}{7921}$
7776000 { 77760
00 { 100 m. b^o.

D'où l'on voit que le cours direct est le plus bas et par conséquent le plus avantageux pour remettre.

Mais pour tirer, Lisbonne est le plus avantageux.

Donc Paris tirerait sur Lisbonne à 445 et se rembourserait sur Hambourg à 44 1/2.

Ou Paris ordonnerait à Hambourg de remettre pour S/C à Lisbonne à 44 1/2, qui en ferait retour sur Paris à 445; ce qui établira 196 5/16.

Nota. Il en est de même pour les autres Places; c'est-à-dire si on donne le certain, on doit agir comme sur Amsterdam. Et si on donne l'incertain, comme sur Hambourg.

PARITÉS DE PARIS SUR HAMBOURG.

Opérations au petit cours.

PAR AMSTERDAM.

s. l.	x	: :	3 liv. ts.
	~~195 1/16~~	:	100 m. bo.
	1	:	16 sols lubs.

3121 16

96
16

256
300

76800 { 3121
14380 { 24 5/8
1896

RETOUR.

liv. ts.	x	: :	24 $\frac{1896}{3121}$ s. lubs.
	16	:	1 m. bo.
	100	:	~~195 1/16~~ liv. ts.

16 3121
25600 24

12484
6242
1896 fon.

768/00 { 256/00
0 { 3 liv. ts.

PAR LONDRES.

s. l.	x	: :	3 liv. ts.
	~~192 9/16~~	:	100 m. bo.
	1	:	16 sols lubs.

3081 16

25600
3

76800 { 3081
15180 { 24 7/8
2856

RETOUR.

3081
24 $\frac{2686}{3081}$

12324
6162
2856

768/00 { 256/00
0 { 3 liv. ts.

PAR MADRID.

193 3/4 : 4800 (*)
4 4

775 19200 { 775
3700 { 24 3/4
600

(*) 4800 produit de 100 m. b°. multipliés comme dans la précédente opération, par 3 et par 16.

RETOUR.

775
24 $\frac{600}{775}$

3100
1550
600

192/00 { 64/00 (*)
0 { 3 liv. ts.

(*) Diviseur, produit de 100 m. b°. multipliés par 16 s. lubs et par 4, fraction du change.

PARITÉS DE PARIS SUR HAMBOURG.

Opérations au petit cours.

PAR CADIX.

192 3/8 : 4800 rés.
8 — 8
1539 — 38400 { 1539
7620 { 24 15/16
1464

RETOUR.

1539
24 $\frac{1464}{1539}$
6156
3078
1464
384/00 { 128/00
0 { 3 liv. ts.

PAR GÊNES.

192 13/16 : 4800
16 — 16
3085 — 76800 { 3085
15100 { 24 7/8
2760

RETOUR.

3085
24 $\frac{2760}{3085}$
12340
6170
2760
768/00 { 256/00
0 { 3 liv. ts.

PAR LIVOURNE.

193 1/8 : 4800
8 — 8
1545 — 38400 { 1545
7500 { 24 13/16
1320

RETOUR.

1545
24 $\frac{1320}{1545}$
6180
3090
1320
384/00 { 128/00
0 { 3 liv. ts.

PAR LISBONNE.

196 5/16 : 4800
16 — 16
3141 — 76800 { 3141
13980 { 24 7/16
1416

RETOUR.

3141
24 $\frac{1416}{3141}$
12564
6282
1416
768/00 { 256/00
0 { 3 liv. ts.

PARITÉS DE PARIS SUR LONDRES.

Paris veut tirer sur Londres et demande la voie la plus avantageuse.

	PARIS.		LONDRES.		PARITÉS. En liv. ts. p. 1 liv. st.	PARITÉS. En den. st. p. 3 l. ts.
LONDRES. . .	24 l. 9 s. ts. .	p. 1 lst.	31 1/4 dst.. .	p. 3 l. ts.		
AMSTERDAM.	54 1/4 ddg. .	3 fr.	36 s. 4 ddg. .	1 lst.	24l 8s 2d	29 1/2
HAMBOURG. .	189 1/2 l. ts..	100 m.b.	35 s. 2 ddg. .	1 lst.	24 19 9	28 7/8
MADRID. . .	14 l. 16 s. ts..	1 ple.	39 1/8 dst.. .	1 ptre.	22 13 11	31 3/4
GÊNES. . . .	92 3/4 s. de f.	1 ptre.	47 dst.. . . .	1 ptre.	23 19 6	30 »
LIVOURNE. .	102 1/2 s.d.f.	1 ptre.	49 dst.. . . .	1 ptre.	25 8 3	28 1/3
GENÈVE. . .	159 1/2 fr.. .	100 l.ctes.	50 dst.. . . .	3 l. ctes.	23 5 1	30 15/16
LISBONNE. .	470 rés. . . .	3 fr.	64 dst.. . . .	1000 rs.	24 4 8	29 5/8

OPÉRATIONS AU COURS DE PARIS.

PAR AMSTERDAM.

Liv. ts. x	: :	1	lst.
1	:	36	s. 4 ddg.
1	:	12	ddg.
54 1/4	:	3	francs.
80	:	81	liv. ts.

```
217          4
  3        109
 20          3
  5        ---
----       327
1085        81
           ---
           327
          2616
          -----
          26487  { 1085
           4787  { -----------------
            447  { 24 l. 8 s. 2 d.
             20
          -----
           8940
            260
             12
          -----
           3120
            950   ou 190/217
```

RETOUR.

Lst. x	: :	24	l. 8 s. 2 d. 190/217
81	:	80	francs.
3	:	54 1/4	ddg.
12	:	1	sdg.
36 4	:	1	lst.

```
   4                217
 109                  3
   3                 20
 ---                  5
 327               ----
  81               1085
 ---
 327            24 8 2 190/217
2616            --------
-----           4340
26487           2170
                 271 1/4
                 108 1/2
                  54 1/4
                   9 1/24
faux prod.         4 25/48
p. 190/217         3 23/24
                -------
                26487    { 26487
                    0    { -------
                         { 1 lst.
```

PARITÉS DE PARIS SUR LONDRES.

Opérations au grand cours.

PAR HAMBOURG.

Liv. t^s. x	: :	1	lst.
1	:	33	s. 2 ddg.
8	:	3	m. b^o.
100	:	189	1/2 l. t^s.

2	379
8	211
2	379
400	379
8	758
3200	79969 { 3200 / 24 19 9
	15969
	3169
	20
	63380
	31380
	2580
	12
	30960
	2160 ou 27/40

RETOUR.

Lst. x	: :	24	l. 19 s. 9 d. 27/40
189 1/2	:	100	m. b^o.
3	:	8	sdg.
33 2	:	1	lst.

379	2
211	8
379	2
379	3200
758	24 19 9 27/40
79969	12800
	6400
	1600
	800
	640
	80
	40
	13 1/3 faux prod.
	9 p. 27/40
	79969 { 79969 / 1 lst.
	0

PARITÉS DE PARIS SUR LONDRES.

Opérations au Cours de Paris.

PAR MADRID.

Liv. ts. x : : 1 lst.
1 : 240 dst.
39 1/8 : 1 ptre.
4 : 14 l. 16 s.

313 | 8
2
480
14 16
6720
240
120
24
7104 { 313 / 22 13 11
844
218
20
4360
1230
291
12
3492
362
49

RETOUR.

Lst. x : : 22 13 11 49/313
14 16 : 4 ptres.
1 : 39 1/8 dst.
240 : 1 lst.

8 | 313
2 | 22 13 11 49/313
480 | 626
14 16 | 626
6720 | 156 1/2
240 | 31 3/10
120 | 15 13/20
24 | 7 33/40
7104 | 3 73/80
0 | 2 73/120
f. prod. 1 73/240
p. 49/313 » 49/240
7104 { 7104 / 1 lst.
0

NOTA. Le diviseur et le dividende étant égaux, donnent l'unité pour quotient.

Pour faire l'addition des fractions, on les a réduites toutes au dénominateur de la plus petite.

PARITÉS DE PARIS SUR LONDRES.

Opérations au Cours de Paris.

PAR GÊNES.

Liv. ts. x	: :	1 lst.
1	:	~~240~~ dst.
47	:	~~92~~ ~~3/4~~ s.
~~20~~	:	1 fr.
80	:	81 liv. ts.

~~4~~ — 371
3760 — ~~80~~
3

1113
81

1113
8904

9015/3 { 376/0 — 23 19 6
1495
367 3
20

7346/0
3586
202
12

2424
168 ou 21/47

RETOUR.

Liv. st. x	: :	23 19 s. 6 d. 21/47
81	:	80 francs.
1	:	~~20~~ s.
~~92~~ ~~3/4~~	:	47 dst.
~~240~~	:	1 lst.

371 — ~~4~~
~~80~~ — 560
3 — 320

1113 — 3760
81 — 23 19 6 21/47

1113 — 11280
8904 — 7520
90153 — 1880
940
752
94
faux produit ~~15~~ ~~2~~/~~3~~
p. 21/47 7

90153 { 90153 — 1 lst.
0

PARITÉS DE PARIS SUR LONDRES.

Opérations au Cours de Paris.

PAR LIVOURNE.

```
Liv. ts. x   : :      1   lst.
   1         :      240   dst.
  49         :      102   1/2 s.
  20         :        1   fr.
  80         :       81   liv. ts.
--------------------------------
   2               205
  --               ---
  40                 3
  49               615
  ---               81
  360              615
  160             4920
  ----            -------
  1960            4981/5 { 196/0
                  1061   { 25 l. 8 s. 3 d.
                   81 5
                    2/0
                  ----
                  1630
                    62
                    12
                  ----
                   744
                   156 ou 39/49
```

RETOUR.

```
Lst.  x      : :     25 l. 8 s. 3 d. 39/49
  81         :       80  fr.
   1         :       20  s.
 102 1/2     :       49  dst.
 240         :        1  lst.
-------------------------------
 205                  2
  12                 40
   6               1960
   3                 25 l. 8 s. 3 d. 39/49
 615               9800
  81               3920
 615                490
4920                196
49815                98
                     24 1/2
           faux prod. 8 1/6
           p. 39/49   6 1/2
                  49815 » { 49815
                      0   { 1 lst.
```

PARITÉS DE PARIS SUR LONDRES.

Opérations au Cours de Paris.

PAR GENÈVE.

Liv. t^s. x	: :	1	lst.
1	:	240	dst.
50	:	3	liv. c^{tes}.
100	:	159	1/2 fr.
80	:	81	liv. t^s.

2
10000

319
3
957
81
957
7656
77517
3
23/2551 | 10000
20 | 23 5 1 d.
5/1020
12
1/2240 ou 28/125

RETOUR.

Liv. st. x	: :	23 l. 5 s. 1 d. 28/125	
81	:	80	francs.
159 1/2	:	100	liv. c^{tes}.
3	:	50	dst.
240		1	lst.

319
3
957
3
2871
81
2871
22968
232551

2
10000
23 5 1 28/125
230000
2500
500
41 2/3
p. 28/125 9 1/3
232551 » | 232551
0 | 1 lst.

PARITÉS DE PARIS SUR LONDRES.

Opérations au Cours de Paris.

PAR LISBONNE.

Liv. t^{s}. x	: :	1	lst.
1	:	240	dst.
64	:	1000	rés.
470	:	3	francs.
80	:	81	liv. t^{s}.

```
448           3
256     (*) 72900  { 3008
----        12740  { 24 4 8
3008          708
               20
            -----
            14160
             2128
               12
            -----
            25536
             1472 ou 23/47
```

(*) 72900 produit de 81 multiplié deux fois par 3 et une fois par 100.

RETOUR.

Liv. st. x	: :	24 l. 4 s. 8 d. 23/47	
81	:	80	francs.
3	:	470	rés.
1000	:	64	dst.
240	:	1	lst.

```
  3            188
-----          282
 900          -----
  81           3008
-----          24 4 8 23/47
72900         -------------
               12032
               6016
                601 3/5
                100 4/15
faux produit.    12 8/15
p. 23/47          6 2/1
              -------------
               72900  »  { 72900
                   0     { 1 lst.
```

D'où il résulte que Livourne offre plus d'avantage pour tirer, vu que Paris donne l'incertain à Londres, et, dans ce cas, la hausse est avantageuse.

Donc Paris tirerait sur Livourne à 102 1/2, en le remboursant par Londres à 49.

Ou Paris ordonnerait à Londres de remettre pour S/C à Livourne à 49, qui en ferait retour sur Paris à 102 1/2.

PARITÉS DE PARIS SUR LONDRES.

Opérations au Cours de Londres.

PAR AMSTERDAM.

dst. x : : 3 l. ts.
24 8 2 : 240 dst.

240
24 8 2
960
480
98
5858

240
9600
480
57600
3
172800 | 5858
55640 | 29 1/2 dst.
2918

RETOUR.

Liv. ts. x : : 29 $\frac{2918}{5858}$ dst.
240 : 24 8 2

116
58
p. 5 s. 7 1/4
p. 2 1/2 3 5/8
p. » 6 d. » 29/40
p. » 2 » 29/120
f. prod. p. » 1 » 29/240
p. la fr. 12 76/480
720 »
1/240 3 ts. ou div. par 240.

PAR HAMBOURG.

dst. x : : 3 liv. ts.
24 19 9 : 240 dst.

240
24 19 9
960
480
237
5997

240
57600
3
172800 | 5997
52860 | 28 7/8 dst.
4884

RETOUR.

5997
28 $\frac{4884}{5997}$
47976
11994
4884
1728/00 | 576/00
0 | 3 liv. ts.

PAR MADRID.

240
22 13 11 : 172800 | 5447
5280 9390 | 31 3/4
167 3943
5447

RETOUR.

5447
31 $\frac{3943}{5447}$
5447
16341
3943
1728/00 | 576/00
0 | 3 liv. ts.

PARITÉS DE PARIS SUR LONDRES.

Opérations au Cours de Londres.

PAR GÊNES.

240
23 19 6 : 172800 { 5754
720 — 180 { 30 dst.
480
234
5754

RETOUR.

5754
30 180/5754
172620
180
1728/00 { 576/00
0 { 3 liv. ts.

PAR LIVOURNE.

240
25 8 3 : 172800 { 6099
1200 — 50820 { 28 1/3 dst.
480 — 2028
99
6099

RETOUR.

6099
28 2028/6099
48792
12198
2028
1728/00 { 576/00
0 { 3 liv. ts.

PAR GENÈVE.

240
23 5 1 : 172800 { 5581
270 — 5370 { 30 15/16 dst.
480
61
5581

RETOUR.

5581
30 5370/5581
167430
5370
1728/00 { 576/00
0 { 3 l. ts.

PAR LISBONNE.

240
24 4 8 : 172800 { 5816
960 — 56480 { 29 5/8
480 — 4136
56
5816

RETOUR.

5816
29 4136/5816
52344
11632
4136
1728/00 { 576/00
0 { 3 l. ts.

PARITÉS DE PARIS SUR MADRID.

On demande les parités de Paris sur Madrid par les Places suivantes :

	PARIS.		MADRID.		PARITÉS En liv. tours. pr. 1 ple.
MADRID. . .	14 l. 12 s. ts. . p. 1 pistole.		14 l. 14 s. . . p. 1 pistole.		
HAMBOURG. .	190 l. ts. . . .	100 m. bo.	89 1/2 ddg. . .	1 ducat.	15 8 2
AMSTERDAM.	55 1/4 ddg. . .	3 francs.	91 1/4 ddg. . .	1 ducat.	14 l. 10 s. 11 d.
LONDRES. . .	24 l. 13 s. . .	1 lst.	39 dst.	1 piastre.	16 » 5
LIVOURNE. .	101 1/4 s. d. f.	1 piastre.	142 piastres. .	100 piastres.	14 8 9
GÊNES. . . .	91 1/2 s. de fr.	1 piastre.	650 mardis. . .	10 l. 14 s. h. bo.	14 8 6
GENÈVE. . .	159 3/4 fr. . .	100 liv. cour.	43 s. cour. . .	1 piastre.	13 18 2
LISBONNE. .	460 rés. . . .	3 francs.	2400 rés. . . .	1 pistole.	15 16 11

OPÉRATIONS.

PAR HAMBOURG.

Liv. ts. x	: :	1088	maravédis.
373	:	89	1/2 ddgs.
32	:	1	m. bo.
100	:	190	liv. ts.

10 — 29
2 — 179
6400 — 19
261
29
551
179
4959
3857
551
986/29 { 64/00
346 { 15 8 2
2629
20
525/80
13 80
12
165/60
3760 ou 47/80

RETOUR.

ples. x	: :	15	l. 8 s. 2 d.
19/0	:	100	m. bo.
1	:	32	den. de gs.
89 1/2	:	373	maravédis.
1088	:	1	pistole.

29 — 10
179 — 2
1611 — 6400
358 — 15 8 2 47/80
5191 — 96000
19 — 1600
46719 — 640
5191 — 320
98629 — 53 1/3
f. pr. 26 2/3
p. 47/80 15 2/3
98629 » { 98629
0 { 1 pistole.

PARITÉS DE PARIS SUR MADRID.

PAR AMSTERDAM.

Liv. ts. x	: :	1	pistole.
1	:	1088	maravédis.
373	:	91 1/4	ddgs.
55 1/4	:	3	francs.
80	:	81	liv. ts.

4	363
221	4
10	29
6	73
35360	87
	203
	2117
	243 ou 81 m. p. 3
	6351
	8468
	4234
	514431 { 35360
	16083 { 14 10 11
	19391
	20
	387820
	34220
	12
	410640
	57040
	21680 ou $\frac{271}{442}$

RETOUR.

ples. x	: :	14 l. 10 s. 11 d.	
81	:	80	francs.
3	:	55 1/4	den. de gs.
91 1/4	:	373	maravédis.
1088	:	1	pistole.

29	10
4	221
363	4
73	16
87	35360
203	14 10 11 $\frac{271}{442}$
2117	141440
243	35360
6351	17680
8468	884
4234	442
514431	294 2/3
faux prod.	147 1/3
p. $\frac{271}{442}$	90 1/3
	514431 » { 514431
	0 { 1 ple.

PARITÉS DE PARIS SUR MADRID.

PAR LONDRES.

Liv. ts. x	: :	4 piastres.
1	:	39 dst.
240	:	24 l. 13 s. ts.
60		13
20		72
		24
		6 1/2
		1 3/10
		» 13/20
		32/0 9/20
1/2		16 l. 0 s. 5 d. 2/5

RETOUR.

Ples. x	: :	16 l. 0 s. 5 d. 2/5
24 13	:	240 dst.
39	:	1 piastre.
4	:	1 pistole.
13		80
72		20
24		320
6 1/2		» 1/3
1 3/10		» 1/12
» 13/20		» 1/60
		» 1/60
320 9/20		320 9/20

Le diviseur et le dividende étant égaux donnent pour quotient l'unité de l'espèce cherchée, c'est-à-dire 1 pistole.

PAR LIVOURNE.

Liv. ts. x	: :	4 piastres.
142	:	100 piastres. de Liv.
1	:	101 1/4 s. de fr.
20	:	1 franc.
80	:	81 liv. ts.
4		405
4		81
4		5
64		405
568		4
852		1620
9088		81
		1620
		12960
		131220 { 9088
		40340 { 14 8 9
		3988
		20
		79760
		7056
		12
		84672
		2880 ou 5/13

RETOUR.

Ples. x	: :	14 l. 8 s. 9 d.
81	:	80 francs.
1	:	20 sols.
101 1/4	:	1 piastre.
100	:	142 piastres.
4	:	1 pistole.
405		4
5		11360
2025		14 8 9 5/13
81		159040
2025		2840
16200		1136
164025		568
		284
		142
		15 p. 5/13
		164025 { 164025
		0 { 1 pistole.

PARITÉS DE PARIS SUR MADRID.

PAR GÊNES.

```
Liv. ts. x  : :  1088  maravédis.
650         :    10 14 s. h. bo.
3 13        :    91 1/2 s. de fr.
20          :    1  franc.
80          :    81 liv. ts.
-------------------------------
2                183
115              20
10               107
10               136
23000            642
650              321
115              107
138              14552
14950000         183
                 43656
                 116416
                 14552
                 2663016
                 81
                 2663016
                 21304128
                 21570/4296  { 1495/0000
                 6620        { 14l 8s 6d
                 6404296
                 20
                 128085920
                 8485920
                 12
                 101831040
                 12131040 ou 151638/186875
```

RETOUR.

```
Ples. x   : :  14  liv. 8 s. 6 d.
81        :    80  francs.
1         :    20  sols.
91 1/2    :    3 13 s. h. bo.
10 14     :    650 maravédis.
1088      :    1   pistole.
-------------------------------
183            2
136            10
20             115
2              10
107            1150
952            650
1360           57500
14552          6900
183            747500
43656          20
116416         14950000
14552               14 8 6
2663016        209300000
81             3737500
2663016        1495000
21304128       747500
215704296      373750
               50546 151638/186875
               215704296
prod. 1 ple.
```

PARITÉS DE PARIS SUR MADRID.

PAR GENÈVE.

Liv. ts. x	: :	4	piastres.
1	:	43	sols cts.
20	:	1	liv. ctes.
100	:	159 3/4	francs.
80	:	81	liv. ts.

4 | 639
160000 | 5112

51759
43

155277
207036

2225637 { 160000
1/16 13 liv. { 13 l. 18 s. 2 d.
145637
20

2912740
1/16 18 s
32740
12

392880
1/16 2 d
72880 ou $\frac{911}{2000}$

RETOUR.

Ples. x	: :	13	l. 18 s. 2 d.
81	:	80	francs.
159 3/4	:	100	liv. ctes.
1	:	20	sols.
43	:	1	piastre.
4	:	1	pistole.

639 | 4
5112 | 160000

51759 | 13 18 2 $\frac{911}{2000}$
43

155277 | 2080000
207036 | 80000

2225637 | 40600
16000
8000
1333 1/3
p. $\frac{911}{2000}$ 303 2/3

2225637 » { 2225637
0 { 1 piastre.

PARITÉS DE PARIS SUR MADRID.

PAR LISBONNE.

Liv. ts. x	: :	2400	rés.
460	:	3	francs.
80	:	81	liv. ts.

30

729 { 46 / 15 16 11

269

39

20

780

320

44

12

528

68

22 ou 11/23

RETOUR.

Ples. x	: :	15 l. 16 s. 11 d.	
81	:	80	francs.
3	:	460	rés.
2400	:	1	pistole.

12	23
3	2
729	46

15 16 11 11/23

230

46

23

11 1/2

2 3/10

1 3/20

» 23/40

» 23/60

faux prod. » 23/120

» 11/120

729 » { 729 / 1 pistole.

PARITÉS DE PARIS SUR GÊNES.

On demande les parités de Paris sur Gênes par les places suivantes :

	PARIS.		GÊNES.		PARITÉS En sols de fr. p. 1 ptre. h. bo.
GÊNES. . . .	92 1/2 s. de fr. p.	1 piastre.	92 s. de fr. . . p.	1 piastre.	
AMSTERDAM.	54 1/2 ddg. .	3 francs.	87 1/2 ddg. .	1 piastre.	96 5/16
HAMBOURG. .	189 1/2 l. ts. .	100 m. bo.	45 s. h. bo. . .	1 m. bo.	95 5/8
LONDRES. . .	24 l. 1 s. 3 d. .	1 lst.	47 dst.	1 piastre.	93 1/16
MADRID. . .	14 l. 13 s. 6 d.	1 ple.	658 mardis. . .	10l 14s h. bo.	94 3/16
CADIX. . . .	14 l. 8 s. 9 d. .	1 ple.	658 mardis. . .	10l 14s h. bo.	92 5/8
LIVOURNE. .	102 1/4 s. de f.	1 piastre.	125 1/4 s. h. bo.	1 piastre.	93 7/8
LISBONNE. .	475 rés. . . .	3 fr.	720 rés. . . .	1 piastre.	90 15/16
MILAN. . . .	7 l. 18 s. 6 d. cts.	6 fr.	13 1/2 p. % pe.	80 l. h. bo.	94 1/8

OPÉRATIONS.

PAR AMSTERDAM.

s. de f. x	: :	1	pre. h. bo.
1	:	~~87~~ ~~1/2~~	ddg.
~~54~~ ~~1/2~~	:	3	francs.
1	:	20	sols.
109		175	
		60	
		10500	{ 109
		690	{ 96 5/16
		36	

RETOUR.

pre. h. bo. x	: :	96 5/16	sols.
20	:	1	franc.
3	:	~~54~~ ~~1/2~~	ddg.
~~87~~ ~~1/2~~	:	1	p. h. bo.
175		~~2~~	
~~2~~		109	
60		96 36/109	
10500		654	
		981	
		36	
		10500	{ 10500
		00	{ 1 p. h. bo.

PARITÉS DE PARIS SUR GÊNES.

PAR HAMBOURG.

s. de f. x	: :	~~113~~ sols h. b°.
~~43~~	:	1 m. b°.
~~100~~	:	~~189~~ ~~1/2~~ liv. ts.
81	:	~~80~~ francs.
1	:	~~20~~ sols.

2	379
~~5~~	4
9	23
18	4
81	1516
18	92 ou 23 m. p. 4
144	3032
1458	13644
	139472 (1458 / 95 5/8)
	8252
	962

RETOUR.

p. h. b°. x	: :	95 5/8 sols.
~~20~~	:	1 franc.
~~80~~	:	81 liv. ts.
~~189~~ ~~1/2~~	:	~~100~~ m. b°.
1	:	~~43~~ sols h. b°.
~~113~~	:	1 piastre.

379	~~2~~
~~10~~	~~10~~
8	9
23	729
184	95 481/729
379	3645
1656	6561
1288	481
552	69736 (69736 / 1 p. h. b°.)
69736	0

PAR LONDRES.

sols de f. x	: :	47 dst.
~~240~~	:	24 l. 1 s. 3 d.
81	:	80 fr.
1	:	20 s.

~~12~~	20
3	940
243	24 1 3
	3760
	1880
	47
	11 3/4
	22618 3/4 (243 / 93 1/6)
	748
	19
	4 frac.
	79/972

RETOUR.

P. h/b°. x	: :	93 1/16 s.
20	:	1 fr.
~~80~~	:	81 liv. ts.
24 1 3	:	~~240~~ dst.
47	:	1 pre.

940	3
24 1 3	243
3760	93 79/972
1880	729
47	2187
11 3/4	19 3/4
22618 3/4	22618 3/4

Le diviseur et le dividende étant égaux donnent pour quotient l'unité cherchée, c'est-à-dire 1 piastre.

PARITÉS DE PARIS SUR GÊNES.

PAR MADRID.

sols de f. x	: :	5 3/4 h/bo.
10 14s	:	658 mdis.
1088	:	14 13 s. 6 d.
81	:	80 fr.
1	:	20 s.

4	23
107	10
136	5
68	10
856	329
642	164500
7276	23
81	493500
7276	329000
58208	3783500
589356	14 13 6
	15134000
	3783500
	1891750
	378350
	189175
	94587 1/2
	55522862 1/2 { 589356 / 94 3/16
	2480822
	123398
	2
	246797 — 1178712

RETOUR.

p. h/bo. x	: :	94 3/16 s.
20	:	1 fr.
80	:	81 liv. ts.
14 13 6	:	1088 mdis.
658	:	10 l. 14 s. h/bo.
5 3/4	:	1 pre.

23	4
10	107
329	344
5	136
20	68
10	34
5	17
5	749
125	107
329	1819
1125	81
250	1819
375	14552
41125	147339
23	94 246797/1178712
123375	589356
82250	1326051
945875	30849 5/8
14 13 6	13880715 5/8
3783500	
945875	
472937 1/2	
94587 1/2	
47293 3/4	
23646 7/8	
13880715 5/8	

prod. 1 pre. h.bo.

PARITÉS DE PARIS SUR GÊNES.

PAR CADIX.

Sols de f. x	: :	5 l. 13 s. h/bº.	
10 14 s.	:	658	m^dis.
1088	:	14 l. 8 s. 9 d	
81	:	80	francs.
1	:	20	sous.

```
20            115
136            10
 68           329
-----        -----
648          3290
486           115
-----        -----
5508        16450
10 14s       3290
-----        3290
55080        -----
2790        378350
1101 3/5       14 8 9
-----        -----
58971 3/5   1513400
    5        378350
-----         94587 1/2
294858        37835
    8         18917 1/2
-----          9458 3/4
2358864        4729 3/8
             -----
             5462428 1/8
                   8
             -----
             43699425
                   5
             -----
             218497125 { 2358864
             6200365   { 92 5/8
             1482637
```

RETOUR.

Pre. h/bº. x	: :	92	5/8
20	:	1	franc.
80	:	81	liv. tourn.
14 8 9	:	1088	m^dis.
658	:	10 l. 14 s. h/bº.	
5 13	:	1	piastre.

```
10            107
115            20
10              2
10            136
329            68
5              34
5              17
-----        -----
25            749
1645          107
658          -----
-----         1819
8225            81
115          -----
-----         1819
41125        14552
8225         -----
8225         147339
-----          92 1482637/2358864
945875       -----
14 8 9       294678
-----        1326051
3783500       100882 5/16
945875       -----
236468 3/4   13656070 5/16
94587 1/2
47293 3/4
23646 7/8
11823 7/16
-----
13656070 5/16       prod. 1 piastre.
```

PARITÉS DE PARIS SUR GÊNES.

PAR LIVOURNE.

Sols de f. x : : 115 s. h/bo.
~~123 1/4~~ : ~~102 1/4~~ s. fr.

501 | 409
1035
4600
47035 { 501 / 93 7/8
1945
442

RETOUR.

Pre. h/bo. x : : 93 7/8
~~102 1/4~~ : ~~123 1/4~~ s. h/bo.
115 : 1 piastre.

409 | 501
1035 | 93 442/501
4600 | 1503
47035 | 4509
442
47035 { 47035 / 1 pre. h. bo.
0

PAR LISBONNE.

s. de f. x : : 720 rés.
475 : 60 sols de fr.

43200 { 475 / 90 15/16
450

RETOUR.

p. h. bo. x : : 90 15/16 sols.
60 : 475 rés.
720 : 1 piastre.

43200 | 42750
450 reste de l'opon.
43200 1 piastre.

PAR MILAN.

s. de f. x : : ~~51~~ ~~13~~ s. h. bo.
~~80~~ : ~~86~~ ~~1/2~~ liv. ctes.
7 18 6 : ~~120~~ s. de fr.

~~2~~ | 173
~~20~~ | ~~113~~
16 | ~~6~~
112 | 3
8 | 23
4 | 69
2 4/5 | 1557
126 4/5 | 1038
5 | 11937
634 | 5
59685 { 634 / 94 1/8
2625
89

RETOUR.

p. h. bo. x : : 94 1/8 sols.
~~120~~ : 7 l. 18 s. 6 d.
~~86~~ ~~1/2~~ : ~~80~~ liv. h. bo.
~~5~~ ~~13~~ : 1 piastre.

~~113~~ | ~~20~~
173 | ~~2~~
~~6~~ | 16
3 | 7 18 6
23 | 112
69 | 8
1557 | 4
1038 | 2 4/5
11937 | 126 4/5
5 | 5
59685 | 634
94 89/634
2536
5706
89
59685 1 piastre.

PARITÉS DE PARIS SUR LIVOURNE.

On demande les parités de Paris sur Livourne par les Places suivantes :

	PARIS.		LIVOURNE.		PARITÉS En sols de fr. p. 1 p^{tre}.
LIVOURNE. .	103 1/2 s. de f. p. 1 piastre.		102 3/4 s. de f. p. 1 piastre.		
AMSTERDAM.	54 5/8 ddg. .	3 francs.	91 1/2 ddg. . .	1 piastre.	100 1/2
HAMBOURG. .	189 1/4 liv. .	100 m. b^{o}.	90 ddg. . . .	1 piastre.	105 1/8
LONDRES. . .	24 l. 17 s. 6 d.	1 lst.	53 dst.	1 piastre.	108 1/2
MADRID. . .	14 l. 15 s. 6 d.	1 pistole.	144 piastres. .	100 p^{tres}.	105 1/16
CADIX. . . .	14 l. 13 s. . .	1 pistole.	144 piastres. .	100 p^{tres}.	104 3/16
GENÈVE. . .	160 fr.	100 liv. ct^{es}.	109 écus. . .	100 p^{tres}.	104 5/8
LISBONNE. . .	455 rés. . . .	3 francs.	750 rés. . . .	1 piastre.	98 7/8

OPÉRATIONS.

PAR AMSTERDAM.

s. de f. x	: :	1	piastre.
1	:	91	1/2 ddg.
54 5/8	:	3	francs.
1	:	20	sols.

2 | 183
437 | 8
 | 4
 | 732
 | 60

43920 ÷ 437 = 100 1/2 (reste 220)

RETOUR.

p^{tre}. x	: :	100	1/2 sols.
20	:	1	franc.
3	:	54	5/8 ddg.
91 1/2	:	1	piastre.

183 | 2
8 | 437
4 | 100 $\frac{220}{437}$
732 | 43700
60 | 220
43920 | 43920 1 piastre.

PARITÉS DE PARIS SUR LIVOURNE.

PAR HAMBOURG.

S. de f. x	: :	90	den. de gs.
32	:	1	m. bo.
100	:	189 1/4	liv. ts.
81	:	80	francs.
1	:	20	sols.

4	757	
5	5	
8	4	
27	30	
9	10	
72	7570	72
	370	105 1/8
	10	ou 5/36

RETOUR.

Ptres. x	: :	105	1/8 sols.
20	:	1	franc.
80	:	81	liv. ts.
189 1/4	:	100	m. bo.
1	:	32	den. de gs.
90	:	1	piastre.

757	4
16	5
4	8
68130	648
	105 5/36
	3240
	6480
	90
	68130 1 piastre.

PAR LONDRES.

Sols de fr. x	:	53	dst.
240	:	24	l. 17 s. 6 d.
81	:	80	fr.
1	:	20	s.

12	20	
3	1060	
243	24 17 6	
	4240	
	2120	
	530	
	265	
	132 1/2	
	26367 1/2	243
	2067	108 1/2
	123	
	2 fract.	
	247/486	

RETOUR.

Pre. x	: :	108	1/2 sols.
20	:	1	fr.
80	:	81	liv. ts.
24 17 6	:	240	dst.
53	:	1	piastre.

1060	3
24 17 6	243
4240	108 $\frac{247}{486}$
2120	1944
530	2430
265	123 1/2
132 1/2	
26367 1/2	26367 1/2 1 pre.

PARITÉS DE PARIS SUR LIVOURNE.

PAR MADRID.

Sols de fr. x	: :	1 piastre.
100	:	144 piastres.
4	:	14 liv. 15 s. 6 d.
81	:	80 francs.
1	:	20 sols.
5		16
27		36
9		12
		4
		64
		14 15 6
		256
		64
		32
		16
		1 3/5
		945 3/5
	1/9	105 1/16

RETOUR.

Pre. x	: :	105 1/16
20	:	1 franc.
80	:	81 liv. tourns.
14 15 6	:	4 piastres.
144	:	100 piastres.
16		5
36		27
12		735
192		210
14 15 6		1 4/5 p 1/16
768		2836 4/5
192		
96		produit 1 piastre.
48		
4 4/5		
2836 4/5		

PAR CADIX.

Sols de fr. x	: :	1 piastre.
100	:	144 piastres.
4	:	14 l. 13 s.
81	:	80 francs.
1	:	20 sols.
5		4
27		4
9		48
		16
		64
		14 13 s.
		256
		64
		32
		6 2/5
		3 1/5
		937 3/5
1/9		104 3/16

RETOUR.

Pres. x	: :	104 3/16 s.
20	:	1 franc.
80	:	81 liv. ts.
14 13	:	4 piastres.
144	:	100 piastres.
16		5
4		27
48		9
16		936
64		1 3/5 p. 8/45
14 13		937 3/5
256		
64		
32		
6 2/5		
3 1/5		
937 3/5 — 1 piastre.		

PARITÉS DE PARIS SUR LIVOURNE.

PAR GENÈVE.

Sols de fr. x	: :	1	piastre.
~~100~~	:	109	écus.
1	:	3	liv. coures.
~~100~~	:	~~180~~	francs.
1	:	~~20~~	sols.
5		8	
5		24	
25		436	
		218	
		2616	25
		116	104 5/8
		16	

RETOUR.

Pres. x	: :	104 5/8 s. ou $\frac{16}{25}$	
~~20~~	:	1	franc.
~~180~~	:	~~100~~	liv. ces.
3	:	1	écu.
109	:	~~100~~	piastres.
8		5	
24		5	
436		25	
218		520	
2616		208	
		16 p. $\frac{16}{25}$	
		2616 — 1 piastre.	

PAR LISBONNE.

Sols de fr. x	: :	~~750~~	rés.
455	:	60	sols fr.
91		150	
		9000	91
		810	98 7/8
		82	

RETOUR.

Pres. x	: :	98 7/8 s. ou $\frac{82}{91}$	
60	:	455	rés.
750	:	1	piastre.
45000		3640	
		4095	
		410 p. $\frac{82}{91}$	
		45000 — 1 pre.	

PARITÉS DE PARIS SUR LISBONNE.

Paris veut remettre sur Lisbonne et demande son avantage par les cours suivans :

	PARIS.		LISBONNE.		PARITÉS
LISBONNE. .	445 rés. . . . p. 3 francs.		460 rés. . . . p. 3 francs.		En rés p. 3 fr.
AMSTERDAM.	55 1/8 ddg. .	3 francs.	43 ddg. . . .	400 rés.	512
HAMBOURG. .	190 liv. . . .	100 m. b°.	45 ddg.. . . .	400 rés.	454
LONDRES. . .	24 liv. 13 s. .	1 lst.	65 dst.	1000 rés.	455
MADRID. . .	14 liv. 12 s. .	1 pistole.	2410 rés.. . .	1 pistole.	504
GÊNES. . . .	93 sols de fr. .	1 piastre.	630 rés. . . .	1 piastre.	406
LIVOURNE. .	103 sols de fr.	1 piastre.	760 rés. . . .	1 piastre.	442
GENÈVE. . .	160 francs.. .	100 liv. ctes.	750 rés. . . .	3 liv. ctes.	468

OPÉRATIONS.

PAR AMSTERDAM.

```
rés. x   : :   3   francs.
3        :     55  1/8 ddg.
43       :     400 rés.
---------------------------
8              441
---            400
344         --------
            176400 { 344
               440 { ----
               960 { 512
               272 ou 34/43
```

RETOUR.

```
fr. x     : :   512  rés.
400        :     43   den. de gs.
55 1/8     :     3    francs.
--------------------------------
441              8
50               1536
147              2048
-----            34  p. 34/43
7350          --------
              2205/0 { 735/0
                     { -------
                     { 3 francs.
```

PARITÉS DE PARIS SUR LISBONNE.

PAR HAMBOURG.

Rés. x	: :	3	francs.
80	:	81	liv. t^{s}.
190	:	100	m. b^{o}.
1	:	32	ddg^{s}.
45	:	400	rés.

1   5
15   27
3   270
32
540
810
8640 { 19 / 454
104
90
14

RETOUR.

Fr. x	: :	454 $\frac{14}{19}$	rés.
400	:	45	den. de g^{s}.
32	:	1	m. b^{o}.
100	:	190	liv. t^{s}.
81	:	80	francs.

5   1
9   5
2880   4086
454
p. $\frac{14}{19}$ 14
864/0 { 288/0 / 3 francs.
0

PAR LONDRES.

Rés. x	: :	3	francs.
80	:	81	liv. t^{s}.
24 13	:	240	dst.
65	:	1000	rés.

13   200
72   243 ou 81 m. p. 3
24   48600
6 1/2   3
1 3/10   145800
» 13/20   20
320 9/20   2916000 { 6409 / 454
20   35240
6409   31950
6314

RETOUR.

Fr. x	: :	454	rés.
1000	:	65	dst.
240	:	24 l. 13 s.	
81	:	80	fr.

3   13
200   72
48600   24
20   6 1/2
972000   1 3/10
» 13/20
320 9/20
20
6409
454 $\frac{6314}{6409}$
25636
32045
25636
6314
2916/000 { 972/000 / 3 fr.
0

PARITÉS DE PARIS SUR LISBONNE.

PAR MADRID.

```
Rés x      : :      3    francs.
  8ø       :       81    liv. tourn.
 14 12     :     241ø    rés.
--------------------------------
 112             243
   4             ---
   » 4/5         723
 -------         964
 116 4/5         482
   5             -----
 -------         58563
 584                 5
                 ------- 
                 292815 { 584
                    815 { ----
                    231 { 501.
```

RETOUR.

```
Francs x   : :     501  rés.
  241ø     :        14  l. 12 s.
   81      :        8ø  francs.
--------------------------------
  241               112
 1928                 4
 -----                » 4/5
 19521              -------
     5              116 4/5
 -----                5
 97605              -------
                    584
                    501 231/584
                    -------
                    584
                  29200
                    231
                  -------
                 292815 { 97605
                      o { ------
                          3 fr.
```

PAR GÊNES.

```
Rés x      : :      3̸    francs.
   1       :       20    sous.
  93̸       :      630    rés.
--------------------------------
 31             12600 { 31
                  200 { ----
                   14 { 406
```

RETOUR.

```
Francs x   : :     406  rés.
  630      :        93  sols.
   20      :         1  franc.
--------------------------------
 12600             1218
                   3654
       p. 14/31      42
                 --------
                 378/00 { 126/00
                      o { -------
                          3 francs.
```

PAR LIVOURNE.

```
Rés x      : :      60   sols de franc.
 103       :       760   rés.
--------------------------------
                45600 { 103
                  440 { ----
                  280 { 442
                   74
```

RETOUR.

```
F. x       : :     442  rés.
 760       :       103  sols de franc.
  20       :         1  franc.
--------------------------------
 15200            1326
                  4420
                    74
                 --------
                 456/00 { 152/00
                      o { -------
                          3 francs.
```

PARITÉS DE PARIS SUR LISBONNE.

PAR GENÈVE.

Rés. *x*	: :	3	francs.
160	:	100	liv. ct[es].
3	:	750	rés.

7500 | 16
110 | 468
140
12 ou 3/4

RETOUR.

F. *x*	: :	468	rés. 3/4
750	:	3	liv. ct[es].
100	:	160	francs.

7500 — 48
3744
1872
p. 3/4 — 36
225/00 | 75/00
0 | 3 francs.

D'où l'on voit qu'Amsterdam offre plus d'avantage pour remettre, vu que Paris donne le certain à Lisbonne, et, qu'en ce cas, la hausse est avantageuse.

Donc Paris prendrait à 55 1/8 sur Amsterdam, qui remettrait sur Lisbonne à 43; ce qui établirait 512 rés pour 3 francs, cours plus avantageux que par les autres Places.

PARITÉS DE PARIS SUR GENÊVE

Par les Places suivantes.

	PARIS.		GENÈVE.		PARITÉS En francs p. 100 l. ctes.
GENÈVE. . .	159 1/4 fr.. .	p. 100 liv. ctes.	159 fr.	p. 100 liv. ctes.	
AMSTERDAM.	55 1/8 ddg. .	3 francs.	90 ddg. . . .	3 liv. ctes.	163 1/4
HAMBOURG. .	189 3/4 liv.. .	100 m. bo.	89 ddg. . . .	3 liv. ctes.	173 3/8
LONDRES. . .	23 liv. 18 s. .	1 lst.	50 dst.	3 liv. ctes.	163 7/8
MADRID. . .	14 l. 14 s. 9 d.	1 pistole.	44 s. cts. . . .	1 piastre.	165 3/8
GÊNES. . . .	92 s. de fr. . .	1 piastre.	95 écus. . . .	100 ptres.	161 3/8
LISBONNE. .	455 rés. . . .	3 francs.	780 rés. . . .	3 liv. ctes.	171 3/8

OPÉRATIONS.

PAR AMSTERDAM.

F. x : : 100 liv. ctes.
3 : 90 den. de gs.
55 1/8 : 3 francs.

441 | 8

72000 { 441 / 163 1/4 fr.
2790
1440
117/441

RETOUR.

L. ctes. x : : $163\frac{117}{441}$
3 : 55 1/8 den.
90 : 3 liv. ctes.

8 | 441
720 | 163 $\frac{117}{441}$

1323
2646
441
117

72000 { 720 / 100 liv. ctes.
00

PARITÉS DE PARIS SUR GENÈVE.

PAR HAMBOURG.

F. x	: :	~~100~~	liv. ctes.
~~3~~	:	89	den. de gs.
~~32~~	:	1	m. bo.
~~100~~	:	~~189~~	~~3/4~~ liv. ts.
81	:	~~80~~	francs.

4	~~759~~
4	~~10~~
16	2530
81	89
1296	22770
	20240
	225170 { 1296 / 173 3/4
	9557
	4850
	962/1296

RETOUR.

L. ctes. x	: :	173 $\frac{962}{1296}$	
~~80~~	:	81	liv. ts.
~~189~~ ~~3/4~~	:	~~100~~	m. bo.
1	:	~~32~~	den. de gs.
89	:	~~3~~	liv. ctes.

~~759~~	4
~~10~~	4
253	10
2277	160
2024	81
22517	12960
	173 $\frac{962}{1296}$
	38880
	90720
	12960
	9620
	2251700 { 22517 / 100 liv. ctes.
	00

PAR LONDRES.

F.. x	: :	~~100~~	liv. ctes.
3	:	50	dst.
~~240~~	:	~~23~~ l. ~~18~~ s.	
81	:	~~80~~	francs.

~~10~~	239
3	10
9	2390
729	50
	119500 { 729 / 163 7/8
	4660
	2860
	673/729

RETOUR.

L. ctes. x	: :	163 $\frac{673}{729}$	
~~80~~	:	81	liv.
~~23~~. ~~18~~ s	:	~~240~~	dst.
~~50~~	:	3	liv. ctes.

239	~~10~~
5	3
1195	9
	81
	729
	163 $\frac{673}{729}$
	2187
	4374
	729
	673
	119500 { 1195 / 100 liv. ctes.
	00

PARITÉS DE PARIS SUR GENÈVE.

PAR MADRID.

F. x	: :	100	liv. ctes.
1	:	20	sols.
44	:	1	piastre.
4	:	14 l 14 s 9 d	
81	:	80	francs.

240 — 240
3 — 14 14 9
243 — 960
44 — 240
972 — 177
972 — 3537
10692 — 5

1768500 { 10692 → 165 3/8
69930
57780
4320

RETOUR.

L. ctes. x	: :	165 $\frac{4320}{10692}$	
80	:	81	liv.
14 14 9	:	4	pres.
1	:	44	s. cours.
20	:	1	liv. cte.

3537 — 240
5 — 3
17685 — 132
81
10692
165 $\frac{4320}{10692}$
53460
64152
10692
4320
1768500 { 17685 → 100 liv. ctes.
00

PAR GÊNES.

F. x	: :	100	liv. ctes.
3	:	1	écu.
95	:	100	piastres.
1	:	92	sols de fr.
20	:	1	fr.

19 — 5
3
57 — 9200 { 57 → 161 3/8
350
80
23/57

RETOUR.

L. ctes. x	: :	161 $\frac{23}{57}$	
1	:	20	sols.
92	:	1	piastre.
100	:	95	écus.
1	:	3	liv. ctes.

5 — 19
57
161 $\frac{23}{57}$
1127
805
23
9200 { 92 → 100 liv. ctes.
00

PARITÉS DE PARIS SUR GENÈVE.

PAR LISBONNE.

F. x	: :	100	liv. ctes.
3	:	780	rés.
455	:	3	francs.

91	15600 650 130 39	91 ——— 171 3/8

RETOUR.

L. ctes. x	: :	171 $\frac{39}{91}$	
3	:	455	rés.
780	:	3	liv. ctes.

156	91 171 ——— 171 1539 39 ——— 15600 00	156 ——— 100 liv. ctes.

Paris donnant l'incertain à Genève, doit tirer au plus haut cours et remettre au plus bas. Par conséquent, dans l'espèce, il convient remettre directement, puisque le cours est plus bas que par les autres Places.

Mais pour tirer, Hambourg présente le plus grand avantage. En conséquence on donnerait ordre à Hambourg de tirer sur Genève à 89, et de faire remise sur Paris à 189 3/4; ce qui produirait 173 3/8 francs, que Paris recevrait pour 100 liv. courantes, au lieu de 159 1/4; avantage de 13 p. % environ.

QUESTIONS DIVERSES.

RÈGLES GÉNÉRALES POUR TIRER OU REMETTRE DE PLACE EN PLACE.

Lorsqu'on est sur une Place qui donne le certain pour l'incertain, on doit remettre au plus haut cours, et tirer au plus bas, puisqu'en effet on reçoit, pour la remise, l'incertain pour le certain, et que lorsqu'on tire on donne l'incertain pour le certain.

Si, au contraire, la Place sur laquelle on est donne l'incertain pour le certain, on doit faire l'inverse dans l'un et l'autre cas, c'est-à-dire remettre au plus bas du cours, et tirer au plus haut.

AGIOS, FRAIS ET COMMISSION DE BANQUE.

Lorsqu'on veut comprendre les frais de commission et agio de banque dans le résultat de l'opération même, il faut les faire entrer dans les proportions.

Par exemple, si ces frais et agio s'évaluent à 1 p. %, dans le cas d'une remise par la Place qui donne le certain, on établit cette proportion dans l'opération ainsi : 100=99.

Et, au contraire, dans le cas d'une traite, ainsi : 99=100.

Mais si la Place sur laquelle on est donne l'incertain, il faut, dans chacun de ces deux cas, poser les proportions à l'inverse.

APPLICATIONS.

PARIS ET AMSTERDAM PAR LISBONNE.

TRAITE.

Paris a à tirer sur Amsterdam, au cours de 56 1/2 ddgs. bo. pour 3 fr.

Le change d'Amsterdam sur Lisbonne est à 43 ddgs. bo. pour 400 rés.

Le change de Lisbonne sur Paris est à 480 rés pour 3 fr., et 1 p. % d'agio.

On demande si la voie directe est avantageuse?

Dans ce cas il faut opérer sur le certain pour trouver l'incertain par la voie de Lisbonne, en laissant de côté le cours du change direct, comme l'inconnu de l'opération, en observant que la dernière proportion doit être en la monnaie de change cherchée, ainsi que nous l'avons établi précédemment pour la règle conjointe.

OPÉRATION.

Incertain.		Certain.	
ddg^s. x	: :	3	fr.
3	:	480	rés.
400	:	43	ddg^s.
99	:	100	
33		120	
		40	
		1720	{ 33
		70	{ 52 1/8
		4	

RETOUR.

Francs. x	: :	52 4/33	ddg^s.
43	:	400	rés.
480	:	3	fr.
100	:	99	agio.
120		468	
40		468	
1720		12	
		516/0	{ 172/0
		0	{ 3 francs.

Donc la voie de Lisbonne est plus avantageuse que la voie directe pour tirer, puisque Paris ne donnerait par cette voie que 52 1/8 ddg^s. pour 3 fr., au lieu de 56 1/2 par la voie directe; avantage d'environ 8 p. °/o.

En conséquence, dans la question posée, Paris ordonnerait à Amsterdam de remettre pour son compte, à Lisbonne, à 43 deniers de gros pour 400 rés, pour en faire le retour à Paris à 480 rés pour 3 francs.

PARIS ET HAMBOURG PAR GÊNES.

REMISE.

Paris a à remettre à Hambourg, au change de 25 1/4 sols lubs banco pour 3 liv. tournois.

Le change d'Hambourg sur Gênes est à 41 s. h. b°. pour 1 marc lubs banco.

Le change de Gênes sur Paris est à 93 s. de franc pour 1 piastre h. b°.

On demande si la voie directe est avantageuse. Opérez en ce cas comme dans le précédent.

OPÉRATION.

Incertain.			Certain.
Sols lubs. x	: :	3	liv. tours.
81	:	80	francs.
1	:	20	sols.
93	:	115	s. h. b°.
41	:	16	sols lubs.

```
   31              690
   41              115
  123             1840
 1271               20
   81            36800
 1271               80
10168          2944000  { 102951
102951          884980  { 28 5/8
                 61372
```

RETOUR.

Liv. t^s. x	: :	28 5/8 s. lubs ou $\frac{61372}{102951}$
16	:	41 s. h. b°.
115	:	93 s. de franc.
20	:	1 franc.
80	:	81 liv. tournois.

```
   1600          93
    115         744
 184000        7533
     16          41
2944000        7533
              30132
             308853
                 28
            2470824
             617706
             184116 (*)
           8832/000 { 2944/000
                 00 { 3 liv. tourn.
```

(*) Pour $\frac{61372}{102951}$ fraction triplée, attendu que le multiplicande 308853 est trois fois aussi grand que 102951.

Donc la voie de Gênes est plus avantageuse que la voie directe pour remettre, puisque Paris recevrait, par cette voie, 28 5/8 sols lubs banco pour 3 liv. tournois, au lieu de 25 1/4 par la voie directe, avantage d'environ 12 à 13 pour °/₀.

En conséquence, dans ce second cas, Paris ordonnera à Gênes de remettre à Hambourg à 41 s. h. banco pour 1 marc lubs, et de prendre son remboursement sur Paris à 93 sols de francs pour 1 piastre h. banco.

PARIS ET AMSTERDAM PAR HAMBOURG.

REMISE.

Paris a à remettre à Amsterdam au change de 57 1/4 deniers de gros banco pour 3 francs.
Le change d'Hambourg sur Amsterdam est à 38 sols courans pour 2 marcs lubs banco.
Le change d'Hambourg sur Paris est à 188 livres tournois pour 100 marcs lubs banco.
On demande la voie la plus avantageuse pour remettre.

OPÉRATION.

Incertain.			Certain.
Ddgs. x	:	3	francs.
~~80~~	:	81	liv. tourns.
~~188~~	:	~~100~~	m. bo.
~~2~~	:	~~38~~	s. cours.
1	:	~~2~~	ddgs.
4		5	
94		19	
376		95	
		760	
		7695	
		3	
		23085	376
		525	61 3/8
		149	

RETOUR.

Fr. x	:	61 3/8 ou $\frac{149}{376}$	ddg. bo.
~~2~~	:	1	sol commun.
~~38~~	:	~~2~~	m. bo.
~~100~~	:	~~188~~	liv. tournois.
81	:	~~80~~	francs.
5		4	
19		94	
95		376	
81		61	
95		376	
760		2256	
7695		149	pour $\frac{149}{376}$.
		23085	7695
		00	3 francs.

Donc, la voie d'Hambourg est plus avantageuse que la voie directe pour remettre, Paris recevant par cette voie 61 3/8 deniers de gros pour 3 francs, au lieu de 57 1/4 par la voie directe: avantage, 8 pour °/o environ.

En conséquence, Paris doit prendre sur Hambourg à 188 livres tournois pour 100 marcs lubs banco pour remettre à Amsterdam à 38 sols courans pour 2 marcs lubs banco.

PARIS ET AMSTERDAM PAR HAMBOURG.

TRAITE.

Paris peut tirer sur Amsterdam à 57 deniers de gros banco pour 3 francs.

Le change d'Hambourg sur Amsterdam est à 39 sols courans pour 2 marcs lubs banco.

Celui d'Hambourg sur Paris à 189 livres tournois pour 100 marcs lubs banco.

On demande quel est l'avantage sur 100 francs pour Paris en tirant sur Amsterdam, avec ordre de prendre son remboursement sur Hambourg, et en remettant directement à Hambourg d'après les changes cotés.

Faites l'opération sur 100 francs : l'inconnu qui doit être de même monnaie, sera la différence cherchée.

OPÉRATION.

F. x	: :	100	francs.
3	:	57	den. de g^s.
2	:	1	sol commun.
39	:	2	marcs banco.
100	:	189	liv. t^s.
81	:	80	francs.

13	19
27	63
9	21
117	7
	133
	80
	10640 { 117
	110 { 90 15/16

RETOUR.

F. x	: :	90 $\frac{15}{16}$ ou $\frac{110}{117}$	
80	:	81	liv. t^s.
189	:	100	m. b^o.
2	:	39	sols communs.
1	:	2	den. de g^s.
57	:	3	francs.

4	5
19	27
63	9
21	3
7	15
133	39
4	135
532	45
	585
	90 $\frac{110}{117}$
	52650
p. $\frac{110}{117}$	550
	53200 { 532
	00 { 100 francs.

Paris, par cette opération, se procure sur Amsterdam une valeur de 100 francs, qu'il ne rembourse, par la voie d'Hambourg, que par 90 francs 15/16. Avantage, environ 9 p. %.

PARIS ET MADRID PAR AMSTERDAM.

REMISE.

Paris a tiré sur Amsterdam à 57 1/2 ddg^{s}. b^{o}. pour 3 francs, en lui ordonnant de prendre son remboursement sur Madrid au change de 100 ddg^{s}. b^{o}. pour 1 ducat.

On demande à quel change Paris doit faire remise à Madrid sans désavantage.

OPÉRATION.

Incertain.		Certain.
Liv. t^{s}. x	: :	1 p^{le}.
1	:	1088 m^{dis}.
375	:	100 ddg^{s}.
57 1/2	:	3 fr.
80	:	81 liv. t^{s}.

10	29
115	2
4	5
2	729
23	162
460	2349
	3

7047 { 460 / 15^{l} 6 4^{d}.

2447

147

20

2940

180

12

2160

320 ou 16/23

RETOUR.

P^{le}. x	: :	15^{l} 6^{s} 4^{d} 16/23
81	:	80 fr.
3	:	57 1/2 ddg^{s}.
100	:	375 m^{dis}.
1088	:	1 pistole.

2	115
29	10
3	4
87	460
81	15 6 4 16/23
87	6900
696	115
7047	23
	7 2/3
p. 1^{d} f. prod.	1 11/12
p. 16/23	1 1/3

7047 { 7047 / 1 p^{le}.

0

Il résulte que pour remettre à Madrid sans désavantage, Paris doit le faire au change de 15 liv. 6 s. 4 d. t^{s}. p. 1 pistole de change.

En d'autres termes, que la parité entre Paris et Madrid par Amsterdam est 15 liv. 6 s. 4 d.

PARIS ET LIVOURNE PAR HAMBOURG.

REMISE.

Hambourg a tiré pour compte de Paris sur Livourne, au change de 87 deniers de gros banco pour 1 piastre.

Le change de Paris sur Hambourg est à 190 livres tournois pour 100 marcs banco.

On demande à quel cours Paris doit remettre à Livourne.

OPÉRATION.

Incertain.		Certain.	
s. de fr. x	: :	1	piastre.
1	:	~~87~~	den. de g^s.
~~32~~	:	1	m. b^o.
~~100~~	:	~~190~~	liv. t^s.
~~81~~	:	~~80~~	francs.
1	:	~~20~~	sols.
4		5	
27		29	
		145	
		19	
		1305	
		145	
		2755	{ 27
		1	{ 102 s. 1/27

RETOUR.

P^{tre}. x	: :	102 1/27	sols.
~~20~~	:	1	franc.
~~80~~	:	~~81~~	liv. t^s.
~~190~~	:	~~100~~	m. b^o.
1	:	~~32~~	den. de g^s.
~~87~~	:	1	piastre.
5		4	
29		27	
145		715	
19		204	
1305		2755	{ 2755
145		0	{ 1 piastre.
2755			

Il en résulte que Paris doit remettre à Livourne à 102 sols de franc environ pour 1 piastre.

Ou que la parité du change entre Paris et Livourne, par Hambourg, est 102 sols de franc ou 510 centimes.

PARIS SUR MADRID PAR LONDRES ET HAMBOURG.

CIRCULATION.

Le change de Paris sur Madrid est à 15 livres tournois pour 1 pistole.

Celui de Madrid sur Londres à 40 deniers sterlings pour 1 piastre de 8 réaux de plate.

Celui de Londres sur Hambourg à 36 sols de gros banco pour 1 livre sterling.

Enfin, celui d'Hambourg sur Paris à 25 sols lubs banco pour 3 livres tournois.

Paris prenant sur Madrid et remettant à Londres, en lui ordonnant de remettre à Hambourg pour faire le retour sur Paris.

On demande, d'après les changes cotés, s'il y a avantage.

OPÉRATION.

Liv. ts. x	: :	100	liv. ts.
15	:	4	piastres.
1	:	40	den. sterl.
240	:	36	sols de gs.
1	:	6	sols lubs.
25	:	3	liv. ts.
4 / 5		4	
		144	
		4	
		576	
	div. par 5	115 1/5	

RETOUR.

Liv. ts. x	: :	115	1/5
3	:	25	sols lubs.
6	:	1	sol de gs.
36	:	240	den. stèrl.
40	:	1	piastre.
4	:	15	liv. ts.
144		6	
		5	
		576	
		25	
		2880	
		1152	
		14400	144
		00	100 liv. ts.

Par cette circulation, Paris se procure une valeur de 115 livres 4 sols pour 100 livres tournois seulement qu'il paie, sauf les frais de circulation, etc.

PARIS ET LONDRES PAR HAMBOURG OU AMSTERDAM.

REMISE.

Le change de Londres sur Paris est à 31 1/4 deniers sterlings pour 3 livres tournois.

Celui de Paris sur Hambourg à 187 liv. tournois pour 100 marcs lubs b°.

Celui de Paris sur Amsterdam à 55 3/4 deniers de gros banco pour 5 francs.

Celui d'Hambourg sur Londres à 31 sols de gros pour 1 liv. sterling.

Celui d'Amsterdam sur Londres à 32 sols de gros banco pour 1 liv. sterling.

Paris doit à Londres et peut remettre de 3 manières :

1°. Directement; 2°. par Hambourg ; 3°. par Amsterdam.

OPÉRATION.

PAR HAMBOURG.

Incertain.		Certain.	
dst. x	:	~~3~~	liv. t^s.
187	:	100	m. b°.
~~3~~	:	8	s. de gros.
31	:	240	dst.
187		192000	5797
561		18090	33 dst. cours.
5797		699	

PAR AMSTERDAM.

dst. x	:	~~3~~	liv. t^s.
81	:	~~80~~	fr.
~~3~~	:	~~55~~ 3/4	ddg^s.
~~12~~	:	1	sdg^s.
~~32~~	:	~~240~~	dst.
~~2~~		~~20~~	
4		5	
324		10	
		223	
		11150	324
		1430	34 dst.
		134	

Il résulte de la comparaison des deux opérations ci-dessus que la voie d'Amsterdam est plus avantageuse pour Paris que celle d'Hambourg, puisque par cette dernière Paris ne paierait que 33 dst. pour 3 liv. tourn^s., et que pour la même somme de 3 liv. tour^s. Paris paierait 34 dst. par Amsterdam.

En conséquence, Paris donnera à Londres l'ordre de tirer à 32 sdg^s. pour 1 lst. sur Amsterdam, qui à son tour se remboursera sur Paris à 55 3/4 ddg^s. b°. pour 3 francs, sauf les frais de commission, etc.

PARIS ET LONDRES PAR AMSTERDAM.

AUTRE REMISE.

Amsterdam a tiré pour compte de Paris sur Londres, au change de 35 sols de gros banco pour 1 livre sterling.

Le change de Paris sur Amsterdam est à 57 deniers de gros banco pour 3 francs.

On demande à quel cours Paris doit faire remise à Londres.

OPÉRATION.

Incertain.		Certain.	
Den. st. x	: :	~~3~~	liv. tourn^s.
~~81~~	:	80	francs.
~~3~~	:	~~57~~	deniers de gros.
~~12~~	:	1	sol de gros.
~~35~~	:	~~240~~	deniers sterl.
7		~~20~~	
27		4	
189		19	
		76	
		80	
		6080	189
		410	32 3/16
		32	

RETOUR.

Liv. t^s. x	: :	32 3/16 dst.	
~~240~~	:	~~35~~	sols de gros.
1	:	~~12~~	deniers de gros.
~~57~~	:	~~3~~	francs.
~~80~~	:	81	liv. tournois.
19		7	
20		567	
16		32 3/16	
320		1134	
19		1701	
2880		96	
320		1824/0	608/0
6080		0	3 liv. tourn.

Il en résulte que Paris doit remettre à Londres au change de 32 3/16 deniers sterlings pour 3 livres tournois.

Ou, ce qui est la même chose, que la parité entre Paris et Londres par Amsterdam est de 32 3/16 deniers sterlings.

AMSTERDAM ET HAMBOURG PAR PARIS.

Amsterdam tire sur Paris au change de 57 deniers de gros b°. pour 3 francs, avec ordre de se rembourser sur Hambourg au change de 189 livres tournois pour 100 marcs lubs banco.

On demande à quel cours Amsterdam pourra faire remise à Hambourg.

OPÉRATION.

Incertain.		Certain.	
s. coms. x	: :	2	m. b°.
100	:	189	liv. ts.
81	:	80	fr.
3	:	57	ddgs.
2	:	1	sol coms.
5		63	
27		4	
9		19	
3		21	
15		7	
		133	
		4	
		532	15
		82	35 7/15
		7	coté à 7/16.

RETOUR.

m. b°. x	: :	35 7/15	s. coms.
1	:	2	ddgs.
57	:	3	francs.
80	:	81	liv. ts.
189	:	100	m. b°.
4		5	
63		27	
21		9	
7		3	
19		15	
2		35 7/15	
38		75	
7		45	
266		7	
		532	266
		0	2 m. b°. certain du cours.

D'où il résulte que le change d'Amsterdam sur Hambourg est à 35 7/16 sols courans pour 2 marcs lubs banco.

MADRID ET PARIS PAR AMSTERDAM.

REMISE.

Madrid doit à Paris 3570 francs et remet à Amsterdam 688 ducats pour en faire le retour à Paris.

Le change d'Amsterdam sur Paris étant à 55 1/4 deniers de gros banco et 1 pour 100 d'agio.

On demande à quel cours la remise de Madrid est négociée à Amsterdam.

OPÉRATION.

Incertain.		Certain.	
ddg. x	: :	1	ducat.
688	:	357~~0~~	francs.
~~3~~	:	~~55~~ ~~1/4~~	den. de g^s.
10~~0~~	:	~~99~~	agio.

4 / 27520

221
33
663
663
7293
357
51051
36465
21879
2603601

2603601	27520
12680	94 5/8
16721	cours.

RETOUR.

ducats. x	: :	94	5/8 ou $\frac{16721}{27520}$ ddg.
~~55~~ ~~1/4~~	:	~~3~~	francs.
357~~0~~	:	668	ducats.
~~99~~	:	10~~0~~	agio.

221	4
33	27520
663	94 $\frac{16721}{27520}$
663	110080
7293	247680
357	16721
51051	2603601
36465	0
21879	
2603601	

2603601 / 1 ducat.

Il résulte que la remise de Madrid s'est faite à Amsterdam au change de 94 5/8 deniers de gros banco pour 1 ducat.

LILLE ET AMSTERDAM PAR HAMBOURG.

Lille a à tirer sur Amsterdam, le cours sur cette dernière Place étant à Lille, à 165 pour 81 florins courans.

Le cours d'Amsterdam sur Hambourg est à 36 1/4 pour 2 marcs banco, et celui d'Hambourg sur Lille à 25 1/8 pour 3 livres tournois, les frais supposés 1 pour 100.

Lille demande si le change direct lui est avantageux.

OPÉRATION.

F. x	: :	81	flor. cts.
1	:	20	sols cts.
36 1/4	:	2	marcs banco.
1	:	16	sols lubs.
25 1/8	:	3	liv. ts.
81	:	80	francs.
100	:	99	francs.

```
  145          4
  201          8
    3         16
   67       ----
 ----       1024
 1015         16
  870       ----
 ----       6144
 9715       1024
            -----
            16384
               99
           ------
           147456
          147456
         --------
          1622016 { 9715
            65051 { -------
            67616 { 166 7/8
             9326 reste.
```

RETOUR.

fl. c. x	: :	166 $\frac{9326}{9715}$	fr.
99	:	100	francs.
80	:	81	liv. ts.
3	:	25	1/8 sols lubs.
16	:	1	m. bo.
2	:	36	1/4 s. cts. d'Hol.
20	:	1	flor. cts.

```
     8          201
     4          145
    16            3
    11            9
  ----           67
  1024         -----
    11          603
  ----          145
  1024         -----
 1024           3015
 -----          2412
 11264          603
    16         ------
 -----          87435
 67584            166
11264          -------
------         524610
180224        524610
              87435
 p. 9326/9715  83934
             ---------
              14598144 { 180224
                180224 { ----------------
                     0 { 81 fl. c. d'Hol.
```

Ainsi, avantage par Hambourg. Lille ordonnera à Hambourg de tirer sur Amsterdam pour S/C à 36 1/4, et de lui faire le retour sur Lille à 25 1/8; par ce moyen, Lille recevra 166 francs 7/8 environ, au lieu de 165 francs pour 81 florins courans en traite directe.

LILLE ET ANVERS PAR PARIS.

Lille doit remettre à Anvers, le change sur cette dernière place étant à 152 1/2 pour 81 fr. courans, ancien change.

Le cours d'Anvers sur Paris est à 57 1/4, et celui de Paris sur Lille à 3/4 pour °/₀ de bénéfice, les frais ou agio supposés à 1 pour °/₀.

Convient-il à Lille de remettre directement ?

OPÉRATION.

F. x	: :	81	fl. c. d'Anvers.
7	:	6	fl. de change.
1	:	40	ddg^s.
57 1/4	:	3	francs.
99 1/4	:	100	fr. à Lille.
99	:	100	agio.

229
397
11
77
2779
2779
30569
229
275121
61138
61138
7000301

4
4
9
144 p. de 16 p. 9
720 p. de 40 p. 6 et p. 3
2880
1008
103680 m. 2 f. p. 100
1036800000
33676990
56757860
755452

$\frac{7000301}{148\ 1/8}$

RETOUR.

fl. c^s. x	: :	148 $\frac{755452}{7000301}$	fr.
100	:	99	fr.
100	:	99 1/4	fr.
3	:	57 1/4	ddg^s.
40	:	1	fl. de change.
6	:	7	fl. c^s.

4
4
2
1
32
40
1280
12800000

397
229
33
11
229
229
2519
397
17633
22671
7557
1000043
7
7000301
148
56002408
28001204
7000301
755452 f^{on}.
10368/00000
128
0

$\frac{.128/00000}{81 \text{ fl. c}^s\text{.}}$ d'Anvers.

Ainsi avantage par Paris; Lille remettra à Paris à 3/4 pour 100 et lui ordonnera de remettre à Anvers à 57 1/4; par ce moyen Lille ne paiera que 148 1/8, au lieu de 152 1/2 pour 81 courans d'Anvers, qu'il aurait fallu débourser pour la remise directe.

LILLE ET ANVERS PAR LONDRES.

Lille doit remettre à Anvers à 7/8 pour % de perte, le change d'Anvers sur Londres étant à 32 3/4 pour 3 francs, celui de Londres sur Lille à 29 7/8 den. st. pour 3 fr.

On demande si la remise directe est avantageuse.

OPÉRATION.

F. x	: :	100 7/8 fr. Lille.
3	:	29 7/8 den. st.
32 3/4	:	3 francs.
131		4
8		239
8		807
2		1673
16		19120
2096		192873 (÷ 2096 = 92)
		4233
		41

RETOUR.

F. x	: :	92 $\frac{41}{2096}$ fr.
3	:	32 3/4
29 7/8	:	3 fr.
239		8
4		131
		2
		262
		92 $\frac{41}{2096}$
		524
		2358
pr. la fraction.		5 1/8
		24109 1/8 (÷ 239 = 100 7/8)
		209
		8
		1673
		000

Avantage par Londres; donc Lille doit prendre sur Londres à 29 7/8 pour faire remettre à Anvers à 32 3/4, ce qui établira 92 fr., au lieu de fr. 100 7/8, que Lille donnera pour 100 fr., ce qui donne 8 pour % environ.

OPÉRATIONS SIMULÉES.

On veut trouver les cours de changes d'après lesquels ont été faites les opérations suivantes entre les Places y désignées.

OPÉRATIONS.				COURS
AMSTERDAM. . .	6000 fl. c^{s}.	p^{r}.	7200 m. b^{o}. d'Hambourg. . . .	33 1/3 sols com^{s}. p. 2 m. b^{o}.
Idem.	9180 fl. c^{s}.	»	5400 p^{res}. de Cadix.	93 3/4 ddg^{s}. b^{o}. » 1 ducat.
HAMBOURG. . . .	6500 m. b^{o}.	»	12398 15 s. t^{s}. de Paris	190 3/4 liv. t^{s}. . . » 100 m. b^{o}.
Idem.	6050 m. b^{o}.	»	479 16 s. st. de Londres . .	33 5/8 sdg^{s}. b^{o}. . » 1 lst.
Idem.	2316 4 s. b^{o}. . . .	»	1090 p^{res}. de Madrid.	93 3/4 ddg^{s}. b^{o}. . » 1 ducat.
Idem.	4060 m. b^{o}.	»	1945 rixdales de Francfort. .	143 3/4 r^{les} ffort. » 100 r^{les}. de H
LONDRES.	344 lst.	»	7740 liv. t^{s}. de Paris.	22 10^{s} ts . . . . » 1 lst.
Idem.	518 10 s. st.	»	5250 fl. c^{s}. d'Amsterdam . . .	33 3/4 sdg^{s}. b^{o}. . » 1 lst.
Idem.	555 lst.	»	2732 p^{res}. h. b^{o}. de Gênes . .	48 3/4 dst. . . . » 1 p^{re}. hb^{o}.
MADRID.	688 ducats.	»	3570 fr. de Paris.	15 4 8 d. t^{s}. . . » 1 p^{le}.
Idem.	2910 p^{res}.	»	454 13 st. de Londres. . . .	37 1/2 dst. . . . » 1 p^{re}.
GÊNES.	3210 p^{res}. h. b^{o}. . .	»	6981 15 s. fl. c^{s}. d'Amsterd. .	87 ddg^{s}. . . . . » 1 p^{re}.
Idem.	760 14^{s} p. h. b^{o}. .	»	2080 m. b^{o}. d'Hambourg. . .	87 1/2 ddg^{s}. b^{o}. » 1 p^{e}. hb^{o}.
FRANCFORT s. m.	4200 rixdales. . . .	»	7368 8^{s} d'Amsterdam c^{s}. .	142 1/2 r^{les} ffort. » 100 r^{les}.

On opère dans tous ces cas sur le certain pour trouver l'incertain.

EXEMPLE :

9180 florins courans d'Amsterdam produisant 5400 piastres de Cadix, on demande le cours du change entre ces deux Places.

OPÉRATION.

Incertain.		Certain.	
ddg^{s}. x	: :	1	ducat.
1	:	375	m^{dis}.
272	:	1	piastre.
5400	:	9180	flor. c^{s}.
1	:	40	ddg^{s}.
68		459	
17		153	
9		51	
3		17	
		2625	
		375	
		6375	68
		255	93 3/4
		51	

RETOUR.

Ducats x	: :	93 3/4	ddg^{s}.
40	:	1	fl. c^{t}.
9180	:	5400	piastres.
1	:	272	m^{dis}.
375	:	1	ducat.
4		375	
		68	
		17	
		918	918
			1 ducat.

D'où l'on voit que le cours est de 93 3/4 ddg^{s}. pour 1 ducat.

ORDRES EN BANQUE.

Paris ordonne à Cadix de tirer sur Amsterdam à 99 deniers de gros banco pour 1 ducat, et de lui en faire le retour sur Londres à 39 1/4 dst. pour 1 piastre.

A la réception de cet ordre, Cadix ne peut tirer sur Amsterdam qu'à 99 3/8 deniers de gros pour 1 ducat.

On demande à quel cours Cadix doit remettre sur Londres pour compenser la perte sur la traite ?

OPÉRATION.

Multipliez le cours varié de la traite par celui de la remise, et divisez le produit par le cours ordonné, ce qui donnera le cours de compensation de la remise.

PROPORTION.

$$99 : 39\ 1/4 :: 99\ 3/8 : x = 39\ 3/8 \text{ ou } 39\ 2/5.$$

OPÉRATION.	RÉSULTAT.
99 3/8 39 1/4 ——— 891 297 24 3/4 9 13/16 4 29/32 ——— 3900 15/32 | 99 930 | 39 12/32 ou 3/8 39 32 ——— 78 117 15 fract. ——— 1263 75	Cadix tirant à 99 3/8 sur Amsterdam, remettra sur Londres à 39 3/8, ce qui fait compensation.

AUTRE.

On ordonne à Paris de tirer sur Londres à 29 1/2.

Ou sur Hambourg à 187 1/4.

Ou sur Madrid à 14 livres 17 sols 6 deniers.

A la réception de cet ordre,

Londres est à 30 1/2.

Hambourg à 186.

Madrid à 14 15.

On demande quelle est la Place la plus avantageuse ?

OPÉRATION.

Pour connaître l'avantage à tant pour 100, multipliez chaque cours varié par 100, et divisez chaque produit par le cours ordonné.

PROPORTIONS.

Londres,	29 1/2	:	30 1/2	: :	100	:	x	=	103 $\frac{23}{59}$
Hambourg,	187 1/4	:	186	: :	100	:	x	=	99 $\frac{1}{3}$
Madrid,	14 17 6	:	14 15	: :	100	:	x	=	99 $\frac{1}{7}$

OPÉRATIONS.

LONDRES.		HAMBOURG.		MADRID.	
100		186		100	
30 1/2		100		14 15	
3050	29 1/2	18600	187 1/4	1475	14 17 6
2	2	4	4	240	240
6100	59 divr.	74400	749 divr.	59000	3360
200	103 1/3	6990	99 1/3	2950	210
23		249		354000	3570 divr.
				32700	99 1/7
				570	

D'où l'on voit que Paris doit tirer sur Londres, vu l'avantage de 4 pour 100 environ.

CIRCULATIONS.

Avantage de prendre sur Amsterdam par Londres, Madrid, Hambourg et Gênes.

Paris demande son avantage à prendre sur Amsterdam à 57 ddg[s]. pour 3 fr., pour faire remettre à Londres à 32 1/2 s. dg[s]. pour 1 lst. — Négocier à Londres sur Madrid à 38 dst. pour 8 réaux de plate. — Remettre de Madrid sur Hambourg à 98 ddg[s]. pour 1 ducat. — D'Hambourg à Londres à 34 s. dg[s]. pour 1 lst. — De Londres à Gênes à 48 dst. pour 1 piastre h. b°. — Retour de Gênes sur Paris à 93 s. de fr. pour 1 piastre h. b°. — Agio, 3 1/2 pour 100. Supposez 100 fr., monnaie de la Place, qui prend pour connaître l'avantage à tant pour 100, en les faisant circuler sur les Places désignées, et observant que la dernière égalité doit être de même monnaie.

OPÉRATION.

F. x	: :	100	francs.
3	:	57	ddg[s]. d'Holl.
12	:	1	sol dito.
32 1/2	:	240	dst.
38	:	8	réaux de plate
11 1/34	:	98	ddg[s]. d'Hamb.
12	:	1	sdg[s].
34	:	240	dst.
48	:	93	sols de fr.
20	:	1	franc.
103 1/2	:	100	agio.

```
  63        2
 373       34
 207        2
  19        3
   4        3
   2       20
  13        4
  73       31
  15       19
 195       49
  19        4
1755      196
 195       19
3705     1764
 207      196
25935    3724
74100      31
766935   3724
        11172
       115444
prod. de 4 p. 2        8
prod. m. p. 100   92355200 } 766935
                   1566170 } 120 fr.
                    323000
           323000/766935
        ou 64600/153627
```

D'où l'on voit un avantage de 20 p. °/₀.

RETOUR.

F. x	: :	120	francs.
1	:	20	sols.
93	:	48	dst.
240	:	34	sdg[s]. d'Hamb.
1	:	12	den. de g[s].
98	:	11	1/34 réaux.
8	:	38	dst.
240	:	32	1/2 sdg[s]. d'Hol.
1	:	12	den. de g[s].
57	:	3	francs.
100	:	103	1/2 agio.

```
  34      375
   2       63
   2      207
  12        3
  31       13
  48       69
  16       19
  19        6
   4        6
  49        3
   2        3
  98        9
  16      621
 588       13
  98     1863
1568      621
  31     8073
1568      375
4704    40365
4860800 56511
        24219
      3027375
          120   64600/153587
    363285000
    122795000
   4860800/00  { 48608/00
          000  { 100 fr.
```

Avantage de prendre sur Gênes par Hambourg, Cadix, Londres et Livourne, avec retour.

On demande s'il est avantageux de prendre sur Gênes à 92, pour remettre à Hambourg à 42 s. h. b°. — Hambourg à Cadix à 93 3/4. — Cadix à Londres à 40. — Londres à Livourne à 50 dst. pour 1 piastre. — Et Livourne à Paris 104.

Ce cas s'opère comme le précédent.

OPÉRATION.

F. x	: :	100	francs.
1	:	20	sols.
92	:	115	sols h. b°.
42	:	32	den. de g^s.
93 3/4	:	375	maravédis.
272	:	40	dst.
50	:	104	sols de fr.
20	:	1	franc.

375	4
5	8
34	16
17	2
21	4
23	416
63	115
42	2080
483	416
17	416
3381	47840
483	20
8211	956800 { 8211 / 116
	13570
	53590
	4324

RETOUR.

F. x	: :	116	francs.
1	:	20	sols.
104	:	50	dst.
40	:	272	maravédis.
375	:	93 3/4	den. de g^s.
32	:	42	sols h. b°.
115	:	92	sols de fr.
20	:	1	franc.

4	375
2	75
4	15
23	3
75	10
15	2
3	68
32	17
26	21
16	46
156	23
26	17
416	34
	357
	116
	2142
	357
	357
	188 $\frac{4324}{8211}$
	41600 { 416 / 100 fr.
	00

D'où résulte un avantage de 16 p. °/₀, non compris les commissions à déduire.

Avantage de prendre sur Hambourg par Gênes, Madrid et Amsterdam.

Paris demande s'il lui est avantageux de prendre sur Hambourg à 189 1/4, pour remettre à Gênes à 42 1/8. — Gênes à Madrid à 645 maravédis pour 10 liv. 14 s. h. b°. — Madrid à Amsterdam à 93 3/4. — Retour sur Paris à 54 1/4.

Deux et demi pour °/₀ de frais.

OPÉRATION.

Liv. ts. x	: :	100	liv. ts.
189 1/4	:	100	m. b°.
1	:	42	1/8 s. h. b°.
20	:	1	liv. cte.
10 14	:	645	maravédis.
375	:	93	3/4 ddgs.
54 1/4	:	3	francs.
80	:	81	liv. ts.
102 1/2	:	100	frais.

757 | 4
107 | 10
217 | 4
4 | 375
205 | 2
8 | 337
4 | 5
4 | 5
41 | 5
2 |

82
217
434
1736
17794
107
124558
177940
1903958
757
13327706
9519790
13327706
1441296206

25
1685
674
8425
243
25275
33700
16850
2047275
645
10236375
8189100
12283650
132049237500 { 1441296206
2332578960 { 91 liv. ts.
891282754

D'où résulte un bénéfice de 9 pour °/₀.

RETOUR.

Liv. ts. x	: :	91	liv. ts.
81	:	80	francs.
3	:	54	1/4 ddgs.
93 3/4	:	375	maravédis.
645	:	10	s. h. b°.
1	:	20	sols.
42 1/8	:	1	m. b°.
100	:	189	1/4 liv. ts.
100	:	102	1/2 frais.

375 | 4
337 | 8
10 | 107
4 | 757
2 | 205
4 | 217
129 | 2
5 | 2

645
337
4515
1935
1935
217365
243
652095
869460
434730
5281969500

41
4
164
2
328
217
2296
328
656
71176
757
498232
355880
498232
53880232
107
377161624
538802320
5765184824
91
5765184824
51886663416
3565131016
5281969500/00 { 5281969500/00
00 { 100 liv. ts.

891282754 / 1441296206

Avantage de prendre sur Hambourg par Londres, Gênes, Hambourg et Amsterdam.

Paris demande son avantage à prendre sur Hambourg à 189 1/2, pour remettre à Londres à 30 s. 4 ddg^s. — Londres à Hambourg à 31 s. 7 d. — Hambourg à Gênes à 77 ddg^s. pour 1 piastre h. b^o. — Gênes à Hambourg à 46 3/4 s. h. b^o. pour 1 m. b^o. — Hambourg à Amsterdam à 39 1/2. — Amsterdam à Paris à 56 3/4.

OPÉRATION.

Liv. t^s. x	: :	100	liv. t^s.
189 1/2	:	100	m. b^o.
3	:	8	sols de g^s.
30 4	:	31	s. 7 ddg^s.
1	:	12	den. de g^s.
77	:	115	sols h. b^o.
46 3/4	:	1	m. b^o.
2	:	39	1/2 s. ct^s.
1	:	2	den. de g^s.
56 3/4	:	3	francs.
80	:	81	liv. t^s.

379	2	
91	3	
12	379	
187	4	
2	79	
227	4	
4	5	
187	: 395	
1683	81	
17017	395	
227	3160	
119119	31995	
34034	32	prod. de 4 p. 8
34034	63990	
3862859	95985	
77	1023840	
27040013	115	
27040013	5119200	
297440143	1023840	
	1023840	
	117741600	
	3	
	353224800000	{ 297440143
	557846570	{ 118 liv. t^s.
	2604064270	
	224543126	

RETOUR.

Liv. t^s. x	: :	118	liv. t^s.
81	:	80	francs.
3	:	56	3/4 ddg^s.
2	:	1	sol commun.
39 1/2	:	2	m. b^o.
1	:	46	3/4 s. h. b^o.
115	:	77	den. de g^s.
12	:	1	sol de g^s.
31 7	:	30	s. 4 ddg^s.
8	:	3	m. b^o.
100	:	189	1/2 liv. t^s.

79	2	
379	12	
4	227	
4	187	
3	91	
2	379	
4	4	
10	10	
40	187	
79	1683	
360	17017	
280	227	
3160	119119	
115	34034	
15800	34034	
3160	3862859	
3160	77	
363400	27040013	
243	27040013	
1090200	297440143	
1453600	118	
726800	2379521144	
88306200	297440143	
4	297440143	
353224800	224543126	fract.
	353224800/00	{ 532248/00
	00	{ 100 liv. t^s.

D'où résulte un avantage de 18 p. °/₀ environ, sauf les commissions.

REMISE DE VENISE POUR COMPTE DE PARIS PAR DIFFÉRENTES PLACES.

Venise remet à Rome pr. cte. de Paris 2500 ducats de banque.	à 60 3/4 écus rom.	pour	100 ducats.
Rome fait passer la valeur à Milan.	à 77 1/3 écus rom.	»	100 écus de Milan.
Milan remet à Gênes.	à 12 3/4 p. °/o perte.	»	80 liv. h. b°.
Amsterdam tire sur Gênes.	à 87 1/2 ddgros	»	1 piastre h. b°.
Et remet le montant à Francfort en traites sur Londres. . .	à 35 1/2 sous dgros	»	1 liv. sterling.
Francfort négocie les traites sur Londres.	à 88 1/4 batz	»	1 liv. sterling.
Et remet la valeur à Paris.	à 79 1/2 rixdales	»	300 francs.
On suppose les frais de courtage et commission. . . .	à 4 1/2 p. °/o	»	

On demande quelle sera la remise en francs à Paris.

OPÉRATION.

Francs. *x*	:	2500	ducats.
100	:	60 3/4	écus romains.
77 1/3	:	100	écus de Milan.
1	:	117	sols h. b°.
108	:	150	sols courans.
20	:	1	liv. courante.
87 1/4	:	80	liv. h. b°.
5 3/4	:	87 1/2	ddgs.
12	:	1	sol de gros.
35 1/2	:	1	liv. sterling.
1	:	88 1/4	batz.
22 1/2	:	1	rixdale ffort.
79 1/2	:	300	francs.
104 1/2	:	100	pour les frais.

232	3
4	243
349	4
23	4
2	175
71	2
4	353
43	2
159	2
209	2
4	4
53	100
15	30
3	39
53	10
116	146360418750000000 divide.
58	

19406073652066 diviseur.

Quotient 7541 90 centimes.

Les réductions faites comme on le voit ci-dessus, il ne resté plus qu'à multiplier les uns par les autres les nombres qui restent tant des antécédens que des conséquens, pour en former les deux termes de la division, savoir aux antécédens les nombres 349 — 23 — 71 — 209 — 53 — 53 et 58, ce qui donne le diviseur.

La même opération répétée sur les conséquens 243 — 175 — 253 — 100 — 39 et 10, donne le dividende.

Le quotient de l'opération est enfin 7541, avec une fraction à ajouter dans le retour pour compléter la preuve.

RETOUR.

Ducats. *x*	:	7541	francs.
300	:	79 1/2	rixd. ffort.
1	:	22 1/2	batz.
88 1/4	:	1	liv. sterl.
1	:	35 1/2	s. dg. d'Ams.
1	:	12	ddgs.
87 1/2	:	5 3/4	liv. h. b°.
80	:	87 1/4	liv. coures.
1	:	20	sols courants.
150	:	108	sols h. b°.
117	:	1	écu de Milan.
100	:	77 1/3	écus rom.
60 3/4	:	100	ducats.
100	:	104 1/2	p. les frais.

353	4
175	2
243	4
2	159
2	43
2	71
4	23
4	349
3	232
2	209
4	4
100	15
30	5
39	53
dr. 585441675/00000	53
	116
	58

divide. 1462604187500/00000 compris la fraction de l'opération principale. — Quotient 2500 ducats.

Multipliez, comme à l'opération ci-contre, les antécédens les uns par les autres pour former le diviseur.

De même des conséquens pour le dividende.

Comme il ne se fait guère d'opérations si compliquées, et que celle-ci n'est qu'un exemple pour exercer, on n'y a pas ajouté les chiffres des multiplications (d'ailleurs faciles à faire), pour éviter la multiplicité des chiffres.

Au reste cette opération, uniquement pour modèle, donne, en résultat, un désavantage d'environ 40 p. °/o sur le change direct de Venise sur Paris.

AVANTAGE DE REMETTRE SUR AMSTERDAM OU SUR HAMBOURG.

Paris demande s'il est plus avantageux de remettre sur Amsterdam à 57 que sur Hambourg à 189, le cours entre Amsterdam et Hambourg étant à 35 sous courans pour 2 m. b°.

La connaissance du pair des changes suffirait pour résoudre cet avantage, en s'assurant que lorsqu'on est certain sur une Place, on doit remettre au plus haut, et si on est incertain, remettre au plus bas. Les deux opérations vont le prouver.

OPÉRATIONS.

PAR HAMBOURG.

Liv. t^s. x	: :	100	m. b°.
2	:	35	sols c^s.
1	:	2	ddg^s.
57	:	3	francs.
80	:	81	liv. t^s.

19 — 5
4 — 405
76 — 35
2025
1215
14175 { 76
657 { 186 1/2 cours.
495
39

RETOUR.

m. b°. x	: :	186 1/2	liv. t^s.
81	:	80	francs.
3	:	57	ddg^s.
2	:	1	s. commun.
35	:	2	m. b°.

7 — 16
567 — 19
144
16
304
186 39/76
1824
2432
304
156
56700 { 567
00 { 100 m. b°.

PAR AMSTERDAM.

Ddg^s. x	: :	3	francs.
80	:	81	liv. t^s.
189	:	100	m. b°.
2	:	35	sols courans.
1	:	2	ddg^s.

63 — 27
21 — 9
7 — 5
4 — 45
28 — 35
225
135
1575 { 28
175 { 56 1/4 cours.
7

RETOUR.

Francs. x	: :	56 1/4	ddgs.
2	:	1	sol commun.
35	:	2	mars b°.
100	:	189	liv. t^s.
81	:	80	francs.

7 — 16
77 — 63
9 — 21
3 — 7
300 — 896
4 p. 1/4
900 { 300
0 { 3 fract.

D'où il résulte qu'il est plus avantageux de remettre sur Amsterdam à 57 que sur Hambourg à 189, puisque la parité par Hambourg est 56 1/4, et que la parité par Amsterdam est 186 1/2.

AVANTAGE DE TIRER SUR AMSTERDAM OU SUR HAMBOURG.

Paris demande s'il est plus avantageux de tirer sur Amsterdam à 55 1/4, que sur Hambourg à 186 1/4, le cours entre Amsterdam et Hambourg étant à 33 1/4.

OPÉRATIONS.

HAMBOURG.

Liv. t^s. x	: :	100 m/b^o.
4	:	33 3/4 s. c^s.
1	:	4 ddg.
55 1/4	:	3 francs.
80	:	81 liv. tournois.

```
4          133
221        4
16         27
3536       567
           162
           2187
           300
           656100  | 3536
           30250   | 188 3/8
           29620
           1332
```

RETOUR.

m/b^o. x	: :	188 3/8 liv. t^s.
81	:	80 francs.
3	:	55 1/4 ddg^s.
4	:	1 s. commun.
33 3/4	:	4 m/b^o.

```
4          221
133        4
27         16
81         3536
81         188 1332/3536
81         28288
648        28288
6561       3536
           1332
           656100  | 6561
           00      | 100 m/b°.
```

PAR AMSTERDAM.

Ddg^s. x	: :	3 francs.
80	:	81 liv. tourn.
188 3/4	:	100 m/b^o.
4	:	33 3/4 s. c.
1	:	4 ddg^s.

```
4          133
747        4
16         27
249        27
83         189
48         54
128        72900  | 1328
1328       6500   | 54 7/8
           1188
```

RETOUR.

Francs. x	: :	54 7/8 ddgs.
4	:	1 s. commun.
33 3/4	:	4 m. b^o.
100	:	188 3/4 liv. t^s.
81	:	80 francs.

```
133        4
7          747
27         16
27         249
9          83
24300      1328
           54 1188/1328
           5312
           6640
           1188
           72900  | 24300
           00     | 3 francs.
```

Lorsqu'une Place donne le certain, elle doit tirer au plus bas du cours; ainsi la parité entre Amsterdam et Hambourg donnant 54 7/8, le cours de 55 1/4 présente du désavantage. Mais lorsqu'on donne l'incertain, il faut tirer au plus haut; ainsi la parité d'Hambourg sur Amsterdam étant de 188 3/8, le cours de 186 3/4 est plus avantageux pour tirer.

Du reste, pour tirer, 100 fl. à 55 1/4 donnent 219 liv. t^s., et 125 m. lubs b^o. (pair de 100 fl. c^s. à 186 1/4) donnent 233 liv. t^s, avantage évident.

TABLEAU DES MONNAIES EFFECTIVES,

COURANTES, ÉVALUÉES EN FRANCS.

PLACES.	ARGENT.	F.	C.	OR.	F.	C.
AMSTERDAM.	Daelder.	3	15	Ducat de 5, fl. 5 s. c.	11	03
	Florin de 20 s. ct^{s}. .	2	10	Rider de 14 fl. c. . .	29	70
	Rixdale.	5	22			
	Scheling.	»	61			
	Stuiver.	»	08			
HAMBOURG.	Pièce d'un marc. . .	1	52	Ducat.	10	97
	Rixthaler.	5	77			
LONDRES.	Crown.	6	21	Pièce de 5 guinées. .	124	65
	Scheling.	1	24	Guinée.	24	92
	Pièce de 4 pennings.	»	36	Demi-Guinée. . . .	12	46
	Penning.	»	09	Tiers de Guinée. . .	8	30
MADRID ET CADIX.	Piastre forte. . . .	5	44	Doublon, ou Quad^{le}.	80	67
	Ecu.	6	65	Double-Pistole. . .	40	»
	Pièce de Charles II. .	3	20	Pistole cornue. . .	19	93
	Réal.	»	64			
	Demi-Réal. . . .	»	32			
GÊNES ET LIVOURNE.	Double-Génovine. .	16	38	Pièce de 5 pistoles. .	101	66
	Quart de Génovine. .	1	62	Pièce de 4 pistoles. .	79	44
	Ecu.	4	27	Double-Génovine. .	84	17
	Géorgine.	1	14	Séquin.	11	81
	Mandonine. . . .	»	81			
	Pièce de billon. . .	»	27			
MILAN.	Ducaton.	6	82	Double-Pistole. . .	38	70
	Philippe.	5	83	Pistole.	19	35
	Quart de Philippe. .	1	46			
	Pièce de 10 s. de Mil.	»	77			
BALE.	Ecu.	4	85	Ducat.	10	46
	P^{ce}. de 7 s. 1/2 bâlois.	»	77			
	Pièce de 5 sols. . .	»	45			
	Pièce de 3 batz. . .	»	42			
	Pièce de 2 batz. . .	»	26			
	Batz.	»	13			

PLACES.	ARGENT.	F.	C.	OR.	F.	C.
LISBONNE.	Creusade neuve. . .	3	05	Pièce de 5 monnaies.	160	55
	Creusade de 480 rés.	2	85	Pièce de 12800 rés. .	85	60
	Pièce de 12 vintems.	1	52	Pièce de 6400 rés. .	42	80
	Teston.	»	72	Pièce de 3200 rés. .	21	40
	Demi-Teston. . . .	»	36	Pièce.	9	52
NAPLES.	Ducat.	4	44	Once.	25	20
	Demi-Ducat. . . .	2	22	Once à l'aig. et au sol. .	11	97
	Pièce de 12 carlins. .	5	»	Pièce de 4 ducats. .	17	62
	P^{ce}. de 13 carl^{s}. 2 gr.	5	65			
	Pièce de 26 grains. .	1	12			
	Pièce de 24 grains. .	»	97			
	Tarin.	»	87			
FRANCFORT.	Ecu de convention. .	4	80			
	Florin de conv^{on}. . .	2	25			
	Pièce de 30 creut^{ers}.	1	12			
	Pièce de 15 creut^{ers}.	»	56			
	Pièce de 24 creut^{ers}.	»	90			
	Pièce de 12 creut^{ers}.	»	45			
	Batz.	»	15			
AUGSBOURG ET VIENNE.	Ducaton.	6	63	Double-Souverain. .	66	94
	Couronne de l'Emp. et de la Reine. . .	5	63	Souverain. . . .	33	47
	Florin.	2	30	Demi-Souverain. . .	16	32
	Pièce de 15 creut^{ers}.	»	60			
	Pièce de 6 creutz^{ers}. .	»	24			
PÉTERSBOURG.	Rouble.	4	57	Imp^{le}. de 10 roubles.	47	05
	Demi-Rouble. . .	2	30	Ducat.	10	91
	Pièce de 24 copecks.	1	12	Pièce de 2 roubles. .	9	41
	Pièce de 5 copecks. .	»	20			
	Pièce de 4 copecks. .	»	17			
	Copeck.	»	04			
GENÈVE.	Ecu patagon. . . .	5	10	Pistole de 10 liv. ct^{es}.	17	02
	Pièce de 21 pet. sols.	»	78	Louis-Mirliton de 11 liv. 5 s. ct^{s}. . .	19	77
	Pièce de 9 deniers. .	»	06			
	Pièce de 3 deniers. .	»	02			
COPENHAGUE.	Rixdale.	6	20	Duc. de Christian VII, de 2 rixd. 3 marcs.	12	25
	Couron. de Frédéric.	5	75	Duc. cour. de 2 rixd.	10	90

PLACES.	ARGENT.	F.	C.	OR.	F.	C.
SAINT-GALL.	Ecu à l'ours.	5	37	Double-Ducat. . .	21	81
	Pièce.	1	44			
	Pièce de 30 creutz^ers^.	1	25			
	Pièce de 5 batz. . .	»	73			
	Batz.	»	12			
VENISE.	Ecu à la croix. . .	6	80	Ecu d'or de 264 liv.	144	85
	Justine.	5	05	Osella d'or. . . .	47	25
	Ducat d'argent. . .	4	40	Pistole, ou Doppia. .	20	85
	Osella d'argent. . .	2	15	Séquin.	12	05
				Ducat.	7	65
ANVERS, BRUXELLES, GAND, *Et autres Villes de Belgique.*	Ecu de liége. . . .	5	35	Souverain. . . .	33	45
	Ducaton.	6	60	Demi-Souverain. .	16	30
	Couronne de l'Emp. et de la Reine. . .	5	60	Florin d'or de Liége.	8	85
	Double-Escalin. . .	1	25			
	Florin.	1	80			
BERLIN ET LÉIPSICK.	Rixdale.	3	85	Double-Frédéric. .	38	75
	Demi-Rixdale. . .	1	83	Frédéric.	19	38
				Demi-Frédéric. . .	9	69
				Ducat.	11	85
BRUNSWICK.	Ecu.	5	65	Ducat de Wurtemb. .	25	»
	Florin.	2	90	Ducat de poids. . .	24	»
	Demi-Florin. . . .	1	45	Autre ducat. . . .	11	»
	P^ce^. de 6 mariengros.	»	70	Carolin.	23	85
	Pièce de 4 bons gros.	»	60	Charles de Brunsw. .	19	30
CONSTANTINOPLE.	Nisfié, ou 1/2 Séquin.	5	30	Séquin Foudroukly. .	11	50
	Alimichice.	5	20	Séquin Zérémaboub.	10	55
	Grouch, ou Piastre. .	3	55	Pièce de 3 Séquins Foudroukly. . .	35	65
	Zolatta.	2	65			
DRESDE.	Species taler. . . .	5	15	Auguste de 10 talers.	38	25
	Florin.	2	55	Demi-Auguste. . .	19	13
	Demi-Florin. . . .	1	28	Ducat de 2 talers 20 gros.	11	75
ROME.	Ecu romain. . . .	5	20	Double-Séquin. . .	22	40
	Teston.	1	50	Séquin.	11	60
				Double-Romaine. .	16	20

PLACES.	ARGENT.	F.	C.		OR.	F.	C.	
ÉTATS-UNIS.	Dollar de 6 schel. .	5	20		Pund de 20 schel. .	17	30	
	Scheling.	»	85					
FLORENCE.	Léopoldini. . . .	5	60		Rusposse.	33	25	
	Paul.	»	60		Séquin.	11	10	
MUNICH.	Gros écu de 2 florins 24 k.	5	20		Carolin.	26	05	
	Petit écu.	2	60		Max.	17	25	
	Pièce de 24 creut^{ers}.	»	90		Ducat.	11	25	
	Pièce de 12 creut^{ers}.	»	45					
STOCKHOLM.	Rixdale.	5	70		Ducat.	11	75	
	Plotte.	1	90					
	Double-Plotte. . .	3	80					
	Demi-Plotte. . . .	»	95					
TURIN.	Ecu de 6 livres de Piémont. . . .	7	55		Carlin de 5 pistoles. .	151	55	
					Demi-Carles. . . .	75	75	
					Pistole de 24 liv. . .	30	30	
VARSOVIE.	Rixdale.	4	85		Ducat.	11	70	
	Taler, ou Ecu. . .	3	65					
		L.	S.	D.		L.	S.	D.
COLONIES FRANÇAISES.	L'ancien écu de 6 liv.	10	15	»	Le Louis d'or de 24 l.	43	17	6
GUADELOUPE.	L'écu ancien de 3 liv.	5	7	6	Le Louis de 48 liv. .	87	15	»
	La pièce de 24 sols. .	2	»	»	La pièce de 40 fr. .	74	»	»
	La pièce de 12 sols. .	1	»	»	La pièce de 20 fr. .	37	»	»
	La pièce de 30 sols. .	2	17	6	Le quadruple. . . .	160	»	»
	La pièce de 15 sols. .	1	8	9	Le demi.	80	»	»
Une Ordonnance du Gouvernement de la Basse-Terre (Isle Guadeloupe), en date du 30 avril 1817, porte que le rapport entre l'argent colonial et l'argent de France, est fixé à 185 livres coloniales pour 100 francs; et qu'à compter du 1er. mai, les monnaies suivantes auront cours dans la Colonie et ses dépendances, pour la valeur ci-après fixée.	La pièce de 5 fr. . .	9	5	»	Le quart.	40	»	»
	La pièce de 2 fr. . .	3	15	11	Le huitième. . . .	20	»	»
	La pièce de 1 fr. . .	1	17	6	Le seizième. . . .	10	»	»
	La pièce de 50 cent. .	»	18	9	La moëde de 3 g. 54 g.	83	5	»
	La p^{re}. dite g^{de}. ent. .	10	»	»	Ordit à 22 liv. le g^{s}. .	22	5	»
	La demi-gourde. . .	5	»	»	Ordit à 20 liv. le g^{s}. .	20	5	»
	Le quart de gourde. .	2	10	»	La guinée.	49	10	»
	Le 8e. de gourde. .	1	5	»	NOTA. La monnaie de billon connue sous la dénomination de *noirs* et de *tempés*, continuera d'avoir cours comme par le passé, c'est-à-dire le noir pour 2 s. 6 d., et le tempé pour 3 s. 9 deniers.			
	Le 16e. de gourde. .	»	12	6				
	Le 5e. à effig. sans pil.	2	5	»				
	Le 5e. s. effig. ni pil. .	2	»	»				
	Le 10e. à effig. s. pil.	1	2	6				
	Le 10e. s. effig. ni pil.	1	»	»				
	Le 20e.	»	10	»				
	La gourde percée. .	9	»	»				

PLACES.	ARGENT.	L.	S.	D.	OR.	L.	S.	D.
COLONIES FRANÇAISES. MARTINIQUE.	La pièce de 5 f., pour 12 escalins ou. . .	9	»	»	La pièce de 40 fr., pr. 7 gdes. 5 escals. ou.	72	»	»
Une Ordonnance rendue par le gouverneur et l'intendant de la Martinique, le 12 avril 1817, porte que toutes les monnaies d'or et d'argent de France et de l'étranger, auront cours dans ladite Isle, pour la valeur fixée ci-après.	La piastre-gourde, pour 13 escals. ou.	9	15	»	La pièce de 20 f., pr. 3 gdes. 9 escals. ou.	36	»	»
	L'écu de 6 livs., pour 14 escalins ou. . .	10	10	»	Le louis de 24 l. pr. 4 gdes. 6 esc. 2 ns. ou.	42	15	»
	L'écu de 3 livres, pr. 7 escalins ou. . .	5	5	»	Le quadruple d'Espagne pr. 15 gdes. ou..	146	5	»
	Le double-franc, pr. 5 escalins ou. . .	3	15	»	Le demi-quadruple, pr. 7 gourdes 6 escalins, 3 noirs ou.	73	2	6
	Le franc, pour 2 escalins et demi ou.	1	17	6	Le quart de quadple. pr. 3 gourdes 9 escalins 4 noirs ou. .	36	10	»
	Le demi-franc, pour 1 escal. 1 tempé ou.	»	18	9	Le 8e. de quadruple, pr. 1 gourde 11 es. 2 noirs ou. . . .	18	5	»
	La demi-gourde, pr. 6 escal. et demi ou.	4	17	6	Le 16e. de quadruple, pr. 12 es. 1 nr. ou.	9	2	6
	Le quart de gourde, pr. 3 escs. 2 ns. ou.	2	10	»	La moëde de 3 gdes., 54 grains, pour 8 gourdes 4 esc. ou.	81	»	»
	Le 8e. de gourde, pr. 1 escal. 4 ns. ou. .	1	5	»	La guinée, pr. 4 gdes. 12 escalins ou . .	48	»	»
	Le 16e. de gourde, pr. 5 noirs. ou . .	»	12	6				
	Le 5e. de gourde, pr. 2 escals. 4 ns. ou .	2	»	»				
	Le 10e. de gourde, pr. 1 esc. 2 ns. ou.	1	»	»				
	Le 20e. de gourde, pour 4 noirs ou. .	»	10	»				

DES POIDS ET MESURES.

Les Lois des 1er. août 1793, 18 germinal an 3 (7 avril 1795), et 19 frimaire an 8 (10 décembre 1799), ont fixé les bases du nouveau système des poids et mesures de la France.

L'uniformité et la simplicité de ce système, établi sur le calcul décimal, en sont les premiers avantages qu'on ne peut s'empêcher de reconnaître. Je ne m'étendrai pas sur ce sujet, qui a été suffisamment développé dans une foule d'ouvrages destinés d'abord à en donner l'intelligence lors de l'introduction du système, et ensuite à en faciliter l'usage lorsque la loi l'a rendu obligatoire.

Je me bornerai donc ici aux élémens nécessaires pour l'intelligence des tableaux qui suivent, et qui ont pour objet la comparaison des anciennes mesures de quelques villes de France avec les nouvelles, et surtout le rapport de celles-ci avec les mesures des pays étrangers où notre système n'est point établi.

NOMENCLATURE ET OBJET DU SYSTÈME DES POIDS ET MESURES DE FRANCE.

Cette nomenclature se réduit à cinq dénominations principales représentant les *unités* de chaque espèce de mesure, et que l'on fait précéder de sept autres termes qui en font partie, lorsqu'on veut désigner les *multiples* ou *sous-multiples* décimaux de ces unités.

Les cinq unités principales sont :

Le Mètre, pour les mesures linéaires ou de longueur.
L'Are, pour les mesures agraires ou de superficie.
Le Stère, pour les mesures de densité ou solidité.
Le Litre, pour les mesures de contenance ou capacité.
Le Gramme, pour les mesures de pesanteur.

Les multiples décimaux sont :

Déca, qui signifie dix fois l'unité
Hecto, ———— cent fois.
Kilo, ———— mille fois.
Myria, ———— dix mille fois.

Les sous-multiples décimaux sont :

Déci, qui exprime le *dixième* de l'unité.
Centi, ———— le *centième.*
Milli, ———— le *millième.*

Chacune des cinq unités principales, précédée de l'un des multiples ou sous-multiples ci-dessus, exprime une mesure ou poids plus ou moins considérable dans l'usage, ce qui en produit quarante différens, qu'on peut rapporter à ceci :

DÉNOMINATIONS.		VALEURS EN DÉCIMALES.
MYRIA —	mètre are stère litre gramme	10000,
KILO —		1000,
HECTO —		100,
DÉCA —		10,
unité		1,
DÉCI —		0, 1
CENTI —		0, 01
MILLI —		0, 001

DES PRINCIPAUX RAPPORTS

ENTRE L'ANCIEN ET LE NOUVEAU SYSTÈME.

Le MÈTRE est le type et la base de toutes les autres mesures.

Il représente la dixmillionième partie du quart du méridien terrestre, c'est-à-dire de la distance qu'il y a du pôle à l'équateur.

La longueur du mètre répond à 3 pieds 11 lignes et 296 millièmes, ou 443 lignes trois dixièmes environ, ancienne mesure, et remplace l'aune qui était de 524 à 529 lignes.

Le CENTIARE est le mètre carré en superficie.

L'ARE est cent fois le mètre carré, et remplace l'ancienne perche carrée, qui était de 18 à 22 pieds environ, ancienne mesure.

L'HECTARE est cent fois l'are, ou dix mille mètres carrés, et remplace l'ancien arpent de cent perches et autres mesures anciennes analogues des différentes provinces de la France, qui variaient considérablement entr'elles. L'hectare équivaut à peu près à deux arpens, mesure des Eaux et Forêts.

Le STÈRE est le mètre cube en densité, et remplace ce qu'on appelait *la voie* ou *la corde* pour les bois de chauffage, et *la marque* pour les bois de charpente. Deux stères font un peu plus d'une voie, quatre stères un peu plus d'une corde, ancienne mesure pour le bois de chauffage ; un *décistère*, ou dixième de stère, vaut un peu moins d'une *marque* et un quart, ancienne mesure pour les bois de charpente, la *marque* supposée à trois cents chevilles.

Le KILOLITRE, ou mille litres, est encore le *mètre cube*, mais en contenance ou capacité, et répond à peu près à trois muids trois quarts de Paris, ancienne mesure.

L'HECTOLITRE, ou cent litres, répond à environ 107 pintes de Paris, ancienne mesure.

Le LITRE, *unité*, équivaut à peu près à une pinte et 7/100, ancienne mesure de Paris.

100 Myriagrammes, ou 1000 kilogrammes, représentent le poids d'un *mètre cube* d'eau distillée, et répondent, à très peu près, à 2043 livres, ancien poids de marc de Paris. C'est aujourd'hui ce qui forme le tonneau de mer.

Le myriagramme, ou 10 kilogrammes, ou 10,000 grammes, répond à peu près à 20 livres et demie poids de marc.

Le kilogramme, ou 1000 grammes, qu'on peut regarder dans l'usage comme unité principale, est la millième partie du mètre cube d'eau distillée, et équivaut à 2 livres 5 gros 35 grains 15 centièmes de grains, poids de marc ancien.

Par conséquent le *gramme*, unité du système métrique, est la millionième partie du mètre cube d'eau distillée.

DES POIDS ET MESURES USUELLES.

D'après un décret du 12 février 1812, et sur un arrêté du ministre, du 28 mars suivant, on a combiné les subdivisions des nouvelles mesures, de manière à les rapprocher des anciennes, qui étaient le plus usitées dans le petit détail, sans cependant s'écarter des bases du nouveau système.

De cette manière, on a composé ce qu'on appelle les *mesures usuelles*, qui sont :

La Toise nouvelle équivalant juste à 2 mètres;

Le Pied, à un tiers demètre, ou 33 décimètres 1/3.

L'Aune, à 1 mètre 2 décimètres, ou 12 décimètres, ou 120 centimètres.

Le Boisseau, au 8e. de l'hectolitre, ou 12 litres 1/2.

La Livre de poids, au 1/2 kilogramme ou 500 grammes.

Ces mesures se subdivisent comme les anciennes : la toise en pieds, le pied en pouces et lignes; l'aune en demi, tiers, quarts, sixièmes, huitièmes, douzièmes et seizièmes; le boisseau en demi, quarts, huitièmes, seizièmes et trente-deuxièmes; enfin la livre en demi, quarts, huitièmes, onces et gros.

Au reste, les Instructions officielles relatives à ces mesures usuelles, portent expressément que l'usage doit en être restreint au commerce de détail, aux seules opérations dont le peuple s'occupe pour ses besoins, qui n'exigent aucune écriture et ne laissent aucune trace; mais que dans le commerce en gros, dans toutes les transactions qui ne peuvent se constater que par des traités, marchés, factures ou autres écrits quelconques, les *mesures légales* doivent être seules employées, ainsi que dans tous les actes de l'administration publique.

Ce n'est aussi que comme renseignemens qu'on a détaillé ici les mesures usuelles, et pour les rapports qu'elles ont avec le système légal auquel on doit se conformer exclusivement.

OBSERVATIONS SUR LA FORMATION DES TABLES DE RAPPORT QUI SUIVENT.

Je n'ai compris dans ces Tables que les rapports relatifs aux poids, aux mesures de longueur pour les étoffes, et de capacité pour les grains et les liquides; le surplus n'étant point essentiel à l'objet de cet ouvrage.

La première Table contient le rapport des anciens poids et mesures des principales villes de France avec les nouveaux.

La seconde Table donne la comparaison des poids et mesures des principales villes de l'étranger avec le nouveau système métrique français.

Chacune de ces Tables contient quatre parties distinctes :

La première, relative aux mesures de pesanteur, contient deux colonnes, l'une desquelles indique le produit en kilogrammes du quintal ancien ou étranger; et l'autre colonne le produit de cent kilogrammes en poids ancien ou étranger.

La seconde partie, relative aux mesures d'aunage des étoffes, a aussi deux colonnes, dont la première indique la valeur, en mètres, de cent aunes anciennes ou mesures relatives de l'étranger; et la seconde, le produit de cent mètres en aunes anciennes ou étrangères.

Ces deux premières parties remplissent le *verso* de la page à gauche; sur le *recto* de celle à droite et en regard, se trouvent les deux autres parties, relatives, la première aux mesures de capacité pour les choses sèches, et la seconde aux mêmes mesures pour les liquides, toutes deux comparées sur le nombre de cent mesures anciennes ou étrangères, avec cent hectolitres, nouvelle mesure, et respectivement.

Dans ces deux Tables j'ai indiqué, autant qu'il m'a été possible, les diverses espèces de mesures en usage dans chaque ville, ainsi que leur réduction en entiers et fractions décimales, que j'ai portées jusqu'aux millièmes, en observant d'augmenter de l'unité le dernier chiffre de la fraction, lorsque la suivante excédait 5, en calculant jusqu'aux dix millièmes.

Ainsi, par exemple, 100 livres poids de marc de Paris, donnent en kilogrammes 48,951 grammes, et 100 kilogrammes donnent 204 livres et 286 millièmes de livre, poids de marc.

Il est évident que si l'on veut opérer sur une quantité décuple ou sous-décuple, il suffit d'avancer ou reculer la virgule dans l'un et l'autre des deux nombres comparés. De cette manière, 10 livres, poids de marc, donneront 4,895 grammes, et 10 kilogrammes donneront 20 livres et 429 millièmes de livre poids de marc.

Enfin, pour tous les nombres intermédiaires aux décimales, on peut faire la règle de proportion.

Je crois ces indications suffisantes pour l'usage des Tables qui suivent ce Traité; il ne me reste plus qu'à indiquer la source où j'ai puisé mes bases pour le plus grand nombre des mesures étrangères: C'est dans le nouveau *Samuel Ricard*, édition de l'an 7, en trois vol. in-4°. Après avoir comparé beaucoup d'autres auteurs sur cette partie, c'est lui que j'ai cru le plus exact à cet égard, et c'est d'après ses tableaux en grande partie que j'ai fait mes réductions en mesures décimales du nouveau système.

PREMIÈRE TABLE.

Du Rapport des anciens Poids et Aunages des principales villes de France avec le système métrique.

NOMS DES VILLES.	NOMS DES MESURES DE PESANTEUR.	VALEUR de 100 liv^{es}. en kilogr.	VALEUR de 100 kilog. en livres.	NOMS DES MESURES DE LONGUEUR.	VALEUR de 100 mes^{s}. de long^{r}. en mèt^{s}.	VALEUR de 100 mèt^{s}. en mes^{es}. de long^{r}.
ABBEVILLE.	livres.	» »	» »	aunes.	118 282	84 544
AMIENS.	livres.	» »	» »		» »	» »
AVIGNON.	livres.	39 390	253 872	cannes.	194 520	51 408
		» »	» »	aunes.	116 703	85 688
BORDEAUX.	livres.	49 114	203 607	aunes.	119 094	83 967
		» »	» »		» »	» »
BRUGES.	livres.	47 011	212 716	aunes.	69 426	144 038
		» »	» »	aunes, mes. de toilerie.	72 490	137 950
CALAIS.	livres, poids fort.	50 949	196 274	aunes.	118 192	83 608
	livres, poids faible.	42 089	337 592		» »	» »
CORSE.	livres.	34 411	290 605	palmi.	25 014	399 776
		» »	» »		» »	» »
DUNKERQUE.	livres.	43 606	229 326	aunes.	67 622	147 881
		» »	» »		» »	» »
LILLE.	livres, poids fort.	46 377	215 624	aunes.	68 930	145 075
	livres, poids faible.	42 914	233 024		» »	» »
LYON.	livres, poids de ville.	42 449	235 577	aunes.	117 402	85 177
	livres, poids de soie.	45 925	217 746		» »	» »
MARSEILLE.	livres.	40 139	249 334	cannes.	200 745	49 814
		» »	» »	aunes.	116 996	85 473
		» »	» »		» »	» »
MONTPELLIER.	livres.	40 672	245 869	cannes.	201 106	49 725
		» »	» »		» »	» »
		» »	» »		» »	» »
MORLAIX.	livres.	48 951	204 286	aunes.	134 702	74 238
		» »	» »		» »	» »
NANCY.	livres.	48 951	204 286		» »	» »
		» »	» »		» »	» »
NANTES.	livres.	48 951	204 286	aunes.	118 643	84 286
		» »	» »		» »	» »
PARIS.	liv^{res}., p^{s} de commerce.	48 951	204 286	aunes, mesure de soierie.	118 981	84 047
	livres, poids de médecine.	36 691	272 546	aunes, m^{re}. de lainage.	118 733	84 230
		» »	» »	aunes, mes^{re}. de toilerie.	118 192	84 608
ROUEN.	livres, poids de marc.	48 922	204 407	au., m^{re}. de lain^{e}. et toil.	118 544	84 357
	livres, poids de vicomté.	51 884	192 737	aunes, mes^{re}. de toilerie.	139 665	71 600
STRASBOURG.	livres poids fort.	48 922	204 407	ellen.	53 818	185 811
	livres, poids faible.	47 112	212 260	aunes, dites mes. de Fr...	118 913	84 095
TOULON.	livres.	42 881	233 203	cannes.	193 888	51 576
		» »	» »		» »	» »
TOULOUSE.	livres.	42 991	232 607	cannes.	182 024	54 938
VALENCIENNES.	livres.	46 997	212 780	aunes.	65 863	151 830

PREMIÈRE TABLE.

Du Rapport des anciennes Mesures de capacité des principales villes de France avec le système métrique.

NOMS DES VILLES.	NOMS DES MESURES DE CAPACITÉ pour les choses sèches.	VALEUR de 100 mes. de capa. en hect^{e}.	VALEUR de 100 hect. en mes^{es}. de capa.	NOMS DES MESURES DE CAPACITÉ pour les liquides.	VALEUR de 100 mes. de capa. en hect^{e}.	VALEUR de 100 hect. en mes^{e}. de capa.
ABBEVILLE.	setiers.	156 435	63 924	. . . . . .	» »	» »
AMIENS.	setiers.	33 487	298 623	. . . . . .	» »	» »
AVIGNON.	boisseaux.	93 849	106 554	. . . . . .	» »	» »
	. . . . . .	» »	» »	. . . . . .	» »	» »
BORDEAUX.	boisseaux.	80 240	124 626	barriques.	242 661	41 210
	. . . . . .	» »	» »	veltes.	7 583	1318 739
BRUGES.	hoeden.	169 842	58 879	. . . . . .	» »	» »
	. . . . . .	» »	» »	. . . . . .	» »	» »
CALAIS.	setiers.	169 458	59 011	. . . . . .	» »	» »
	. . . . . .	» »	» »	. . . . . .	» »	» »
CORSE.	staja.	100 462	99 362	. . . . . .	» »	» »
	bacini.	8 372	1194 458	. . . . . .	» »	» »
DUNKERQUE.	razières, mesures d'eau.	165 131	60 558	pots.	2 305	4338 395
	razières, mesure de terre.	146 769	68 134	. . . . . .	» »	» »
LILLE.	razières.	72 474	137 981	lots.	2 305	4338 395
	. . . . . .	» »	» »	. . . . . .	» »	» »
LYON.	ânées.	195 544	51 139	pot.	» 956	10460 251
	. . . . . .	» »	» »	ânées, mesure de vin.	84 128	118 866
MARSEILLE.	charges.	161 127	62 063	millerolcs, m. de vin et huil.	60 867	164 293
	. . . . . .	» »	» »	escand., mes. d'huile.	14 812	675 128
	. . . . . .	» »	» »	pots, mesure de vin.	1 011	9891 197
MONTPELLIER.	setiers.	52 151	191 751	setiers, mesure de vin.	34 438	290 377
	émines.	26 066	383 642	barals.	25 823	387 252
	. . . . . .	» »	» »	barals, mesure d'huile.	38 039	262 888
MORLAIX.	tonneaux.	1486 135	6 729	. . . . . .	» »	» »
	boisseaux.	53 991	185 217	. . . . . .	» »	» »
NANCY.	réales.	195 342	51 192	. . . . . .	» »	» »
	cartes.	48 835	204 771	. . . . . .	» »	» »
NANTES.	tonneaux.	246 867	40 507	poinçon de vin.	209 902	47 641
	setiers.	146 001	68 492	. . . . . .	» »	» »
PARIS.	muids.	1877 203	5 327	setiers.	7 644	1308 216
	setiers.	156 435	63 924	muids de vin.	286 865	34 860
	setiers, mesure d'avoine.	312 850	31 964	poinçons d'eau-de-vie.	183 944	54 364
ROUEN.	mines.	91 200	109 649	barriques	199 285	50 179
	boisseaux.	22 800	438 596	poinçons de vin.	296 390	33 739
STRASBOURG.	sesters, mesure de ville.	18 685	535 189	ohm.	46 995	212 789
	sesters, mes^{re}. de campag.	19 271	518 914	. . . . . .	» »	» »
TOULON.	charges.	469 265	21 310	millerolles.	65 114	153 577
	émines.	104 283	95 893	escandaux.	16 279	614 288
TOULOUSE.	setiers.	114 313	87 479	. . . . . .	» »	» »
VALENCIENNES.	nuythurs.	73 243	136 532	. . . . . .	» »	» »

DEUXIÈME TABLE.

Du Rapport des Poids et Mesures étrangers avec le système métrique français.

NOMS DES VILLES.	NOMS DES MESURES DE PESANTEUR.	VALEUR de 100 liv^es^. en kilog^r^.	VALEUR de 100 kilog. en liv^es^.	NOMS DES MESURES DE LONGUEUR.	VALEUR de 100 mes. en mètr^s^.	VALEUR de 100 mèt. en mes^s^.
AIX-LA-CHAPEL.	livres.	46 838	213 503	ellen.	66 765	149 779
ALICANTE.	livres grandes.	51 817	192 983	varas.	76 012	131 558
	livres petites.	34 545	289 477	. . . .	» »	» »
AMSTERDAM.	liv., poids de commerce.	49 364	202 577	ellen.	69 020	144 886
	liv., poids de troyes.	49 172	203 368	. . . .	» »	» »
	liv., poids d'apothicaire.	36 879	271 157	. . . .	» »	» »
	. . . .	» »	» »	. . . .	» »	» »
ANVERS.	livres.	47 011	212 716	aunes, mesure longue.	69 426	144 038
	. . . .	» »	» »	aunes, mesure courte.	68 434	146 126
AUGSBOURG.	livres grandes.	49 076	203 766	ellen, mesure longue.	60 945	164 082
	livres petites.	47 232	211 721	ellen, mesure courte.	59 231	168 831
BALE.	livres.	48 951	204 286	aunes.	117 876	84 835
	. . . .	» »	» »	ellen, mesure courte.	54 404	183 810
BARCELONNE.	livres	30 876	323 876	cannes.	157 123	63 644
BERGAME.	livres, poids fort.	81 451	122 773	bracci.	65 524	152 616
	livres, poids léger.	32 581	306 927	. . . .	» »	» »
BERLIN.	livres.	46 824	213 570	ellen.	66 675	149 981
BERNE.	livres.	52 231	191 457	ellen.	54 156	184 652
	. . . .	» »	» »	. . . .	» »	» »
BILBAO.	livres.	48 951	204 286	varas.	85 080	123 335
BOLOGNE, Italie.	livres.	36 192	276 304	bracci, mesure de soierie.	59 547	167 935
	. . . .	» »	» »	bracci, mes^re^. de lainage.	63 494	157 495
BRUXELLES.	livres.	47 011	212 716	aunes, mesure longue.	69 426	144 038
	. . . .	» »	» »	aunes, mesure courte.	68 434	146 126
BRÊME.	livres.	49 844	200 626	ellen.	57 833	172 912
BRESLAW.	livres.	40 500	246 914	ellen.	54 991	181 848
	. . . .	» »	» »	ellen, mesure de Silésie.	57 585	173 656
CADIX.	livres.	45 974	217 514	varas.	84 787	117 943
	. . . .	» »	» »	aunes, mes^e^. de Brabant.	69 426	144 038
CANDIE.	rotoles, poids fort.	52 615	190 060	piks	63 720	156 937
	rotoles, poids faible.	34 166	292 689	. . . .	» »	» »
COLOGNE.	livres.	46 771	213 808	ellen, mesure longue.	69 471	143 945
	. . . .	» »	» »	ellen, mesure courte.	57 404	174 204
CORFOU.	livres.	40 817	244 996	picks.	57 382	174 271
DANEMARCK.	livres.	49 955	200 180	allen.	62 763	159 330
	. . . .	» »	» »	. . . .	» »	» »
	. . . .	» »	» »	. . . .	» »	» »
DANTZICK.	livres.	43 515	229 806	ellen.	57 382	174 271

DEUXIÈME TABLE.

Du Rapport des Mesures de capacité de l'étranger avec le système métrique de France.

NOMS DES VILLES.	NOMS DES MESURES DE CAPACITÉ pour les choses sèches.	VALEUR de 100 mes. de capa. en hect.	VALEUR de 100 hect. en mes. de capa.	NOMS DES MESURES DE CAPACITÉ pour les liquides.	VALEUR de 100 mes. de capa. en hect.	VALEUR de 100 hect. en mes. de capa.
AIX-LA-CHAPEL.	fass.	24 407	409 718		» »	» »
ALICANTE.	caffises.	251 154	39 816		» »	» »
	barsellas.	20 929	477 806		» »	» »
AMSTERDAM.	last.	2975 021	3 361	aams de quatre ancres.	155 303	64 390
	mudden.	110 188	90 754	viertels.	7 401	1351 169
	sakken.	82 646	120 998	mingles.	1 213	8244 023
	scheepels.	27 542	363 082		» »	» »
ANVERS.	viertels.	78 602	127 223	stoopen.	2 609	3832 886
		» »	» »		» »	» »
AUGSBOURG.	schaff.	447 911	22 326		» »	» »
	metzen.	55 994	178 591		» »	» »
BALE.	sacs.	131 522	76 033	saum de 120 pots neufs.	152 876	65 413
		» »	» »	ohm de 32 pots vieux.	50 959	196 239
BARCELONNE.	quartras.	70 048	142 759	cargas.	154 494	64 727
BERGAME.	stajas.	21 112	473 664		» »	» »
		» »	» »		» »	» »
BERLIN.	scheffels.	52 657	189 908	oxhofts, ou barriques.	225 189	44 407
BERNE.	müt	161 369	61 970	saum.	172 370	58 0[illegible]5
	mess.	13 447	743 660	eimers.	42 080	237 643
BILBAO.	fanega.	58 259	171 647		» »	» »
BOLOGNE, Italie.	corbe.	75 225	132 935	corbes de 60 boccali.	75 225	132 935
		» »	» »		» »	» »
BRUXELLES.	sacs.	118 884	84 116		» »	» »
		» »	» »		» »	» »
BRÊME.	scheffels.	72 495	137 941	stübgen de 16 mengels.	3 235	3091 190
BRESLAW.	scheffels.	71 261	140 329	eimers de 80 quarts.	56 621	176 612
		» »	» »		» »	» »
CADIX.	fanegas.	58 259	171 647	arohas, mesure de vin.	16 056	622 820
		» »	» »	arobas, mesure d'huile.	12 537	797 639
CANDIE.	charges.	156 435	63 924	mistalis, mesure d'huile.	11 385	878 349
		» »	» »		» »	» »
COLOGNE.	malter.	165 252	60 514	ohm de 26 viertels.	158 720	63 004
		» »	» »	viertels de 16 pentges.	6 107	1637 465
CORFOU.	moggi.	101 857	98 177		» »	» »
DANEMARCK.	tonnen.	141 815	70 514	aam de 77 1/2 kannes	152 634	65 516
	skipp	21 657	461 744	anker de 38 potter 3/4.	38 158	262 068
	tonnen, mesure de sel.	173 320	57 697	stübgens de 15 poeles 1/2.	3 816	2620 682
DANTZICK.	scheffels	49 584	201 674	ahm de 110 stofs.	192 410	51 972

NOMS DES VILLES.	NOMS DES MESURES DE PESANTEUR.	VALEUR de 100 liv^{es}. en kilog^{r}.	VALEUR de 100 kilo. en liv^{res}.	NOMS DES MESURES DE LONGUEUR.	VALEUR de 100 mes. en mèt^{es}.	VALEUR de 100 mèt^{s}. en mes^{s}.
EDIMBOURG.	livres.	49 306	202 815	ells, vieille mesure.	94 508	105 811
	. . . . .	» »	» »	ells.	95 004	105 259
	. . . . .	» »	» »	. . . . .	» »	» »
FLORENCE.	livres.	34 968	285 976	cannes, mesure de lainag.	236 248	42 328
	. . . . .	» »	» »	cannes, mes. de soierie.	232 774	42 960
FRANCF.-s.-le-M.	livres, poids de quintal...	50 877	196 552	ellen.	53 953	185 347
	livres, poids de livre.	46 675	214 247	ellen, mes. de Brabant.	68 943	145 047
FRANCF.-s.-L'O..	livres.	46 819	213 589	ellen.	66 336	150 748
GÊNES.	rotoles, poids de douane..	53 460	187 055	cannes de 10 palmi et 1/2.	263 585	37 938
	rotoles, poids de caisse....	48 596	205 778	cannes de 10 palmi.	251 045	39 833
	rotoles, poids de cantaro.	47 650	209 864	cannes de 9 palmi	225 940	44 260
	liv., poids de ville fort.	34 286	291 664	bracci de 2 palmi 1/8.	58 577	170 715
	liv., poids de ville faible.	32 269	309 895	palmi, mesure ordinaire.	25 105	398 327
GENÈVE.	livres, poids fort.	55 040	181 686	aunes.	114 357	87 445
	livres, poids faible.	45 868	218 016	aunes, mes. de France.	118 981	84 047
HAMBOURG.	liv., poids de commerce..	48 430	206 484	ellen.	57 291	174 547
	liv., poids de Cologne.	46 771	213 808	ellen, mes. de Brabant.	68 943	145 047
	. . . . .	» »	» »	. . . . .	» »	» »
	. . . . .	» »	» »	. . . . .	» »	» »
KŒNIGSBERG.	livres, poids vieux.	37 998	263 172	ellen.	57 472	173 998
	liv., poids neuf de Berlin.	46 824	213 566	. . . . .	» »	» »
LÉIPSICK.	livres, poids de viande.	50 315	198 748	ellen.	56 524	176 916
	liv., poids de commerce..	46 656	214 335	. . . . .	» »	» »
	liv., poids de mines.	45 018	222 133	. . . . .	» »	» »
	liv., poids d'acier.	43 491	229 933	. . . . .	» »	» »
LISBONNE.	livres.	45 868	218 017	varas.	109 621	91 223
	. . . . .	» »	» »	covados.	67 712	147 684
	. . . . .	» »	» »	palmos, mesure longue.	22 571	443 046
	. . . . .	» »	» »	palmos, mesure courte.	21 924	456 121
LIVOURNE.	livres.	34 291	291 622	cannes, mes. de lainage.	236 248	42 328
	. . . . .	» »	» »	bracci.	59 051	169 345
	. . . . .	» »	» »	palmi.	29 525	338 696
	. . . . .	» »	» »	cannes, mes. de soierie.	232 774	42 960
	. . . . .	» »	» »	bracci.	58 194	171 839
	. . . . .	» »	» »	palmi.	29 097	343 678
LONDRES.	livres, avoir du poids.	45 350	220 507	yards.	91 463	109 334
	livres, poids du Roi.	68 024	147 007	ells, mes. de toileries.	114 335	87 462
	livres, poids de troyes.	37 273	268 291	godes, mes. de bayes, etc.	70 148	142 556
MADRID.	livres.	45 974	217 514	varas.	84 787	117 943
MAJORQUE.	livres.	41 998	238 107	. . . . .	» »	» »
MALTE.	livres	77 047	129 791	cannes.	224 090	44 625
MESSINE.	livres de 12 onces.	31 741	315 050	cannes.	193 618	51 648
	rotoles de 30 onces.	79 347	126 029	palmi.	24 202	413 189
	rotoles de 33 onces.	87 280	114 574	. . . . .	» »	» »
MILAN.	livres peso-sottile.	32 759	305 260	bracci, mes. de lainage.	67 622	147 881
	livres peso-grosso.	76 437	130 827	bracci, mes. de soierie.	53 637	186 438
MINORQUE.	livres, poids fort.	119 626	83 599	cannes.	160 055	62 479
	livres, poids faible.	39 876	250 777	. . . . .	» »	» »

NOMS DES VILLES.	NOMS DES MESURES DE CAPACITÉ pour les choses sèches.	VALEUR de 100 mes. de capa. en hect^e^.	VALEUR de 100 hect. en mes. de capa.	NOMS DES MESURES DE CAPACITÉ pour les liquides.	VALEUR de 100 mes. de capa. en hect^e^.	VALEUR de 100 hect. en mes. de capa.
EDIMBOURG.	quarters.	291 355	34 322	pintes.	1 729	5783 690
	firlots, mes. de froment.	36 743	272 161		» »	» »
	firlots, mes. d'orge.	53 608	186 539		» »	» »
FLORENCE.	staja.	24 145	414 164	cogni de 20 fiaschi.	405 445	24 664
		» »	» »	barili de 40 boccali.	40 545	246 642
FRANCF.-s.-le-M.	Malter.	110 087	90 837	ohm.	150 369	66 503
		» »	» »	viertels.	7 522	1329 434
FRANCF.-s.-l'OD.		» »	» »		» »	» »
GÊNES.	mines.	118 884	84 116	barili, mesure d'huile.	65 438	152 816
		» »	» »	barili, mesure de vin.	87 984	113 657
		» »	» »		» »	» »
		» »	» »		» »	» »
		» »	» »		» »	» »
GENÈVE.	coupes.	79 168	126 314	setiers.	24 418	409 534
		» »	» »		» »	» »
HAMBOURG.	last.	3222 535	3 103	tonnen d'huile de 64 kann.	118 095	84 678
	saecke.	214 836	46 547	ahms de vin, de 20 viert.	147 619	67 741
	scheffels.	107 418	93 094	ankers, de 10 stubgens.	36 904	270 973
	tonnen, mesure de sel.	191 095	52 330	eimers, de 32 quartiérs.	29 524	338 707
KŒNIGSBERG.	scheffels, mesure vieille.	49 584	201 678	stofs de 1, 1/4 maas.	1 466	6821 282
	scheffels, mesure neuve.	52 657	189 908	p^r^. les aut. mes. *V.* Dantz.	» »	» »
LEIPSICK.	scheffels.	141 673	70 585	fuder de vin.	386 639	25 864
		» »	» »	fass.	145 081	68 927
		» »	» »	eimers de 151, 1/5 kannen.	77 328	129 319
		» »	» »	ankres de 151, 1/5 nœssels.	38 664	258 649
LISBONNE.	alquières.	13 650	732 615	pipa de 52 alquieres.	452 158	22 116
	moyos.	818 980	12 210	baril de 208 canhadas.	301 438	33 174
		» »	» »	almude de 48 quartillos.	17 391	575 [illegible]
		» »	» »		» »	» »
LIVOURNE.	sacca.	72 414	138 095	baril d'huile, de 16 fiaschi.	34 296	291 579
	staja.	24 145	414 164	baril de vin, de 40 boccali	42 870	233 263
	staja.	17 633	567 118		» »	» »
	starelli.	8 817	1134 173		» »	» »
		» »	» »		» »	» »
		» »	» »		» »	» »
LONDRES.	quarters.	291 355	34 322	hogsheads de vin, etc.	243 348	41 093
	buschels, mesure de terre.	36 419	274 582	barrels.	121 674	82 187
	buschels, mesure de mer.	45 519	219 688	gallons.	3 862	2589 332
MADRID.		» »	» »		» »	» »
MAJORQUE.	quarteras.	68 511	145 962		» »	» »
MALTE.	salmes.	271 558	36 825		» »	» »
MESSINE.		» »	» »	salmes, mesure de vin.	88 106	113 500
		» »	» »	cafisi, mesure d'huile.	8 811	1134 996
		» »	» »		» »	» »
MILAN.	moggio.	141 067	70 888		» »	» »
		» »	» »		» »	» »
MINORQUE.		» »	» »	bottes de vins, de 16 bar.	513 794	19 464
		» »	» »	carga de 22 quartillos.	128 448	77 853

NOMS DES VILLES.	NOMS, DES MESURES DE PESANTEUR.	VALEUR de 100 liv.es en kilogr.	VALEUR de 100 kilog. en liv.res	NOMS DES MESURES DE LONGUEUR.	VALEUR de 100 mes. de long.r en mèt.es	VALEUR de 100 mèt. en mes.es de long.r
NAPLES.	livres.	32 077	311 750	cannes.	210 941	47 407
	rotoles.	93 902	106 494	palmes.	26 368	379 248
NORWÈGE.	livres.	49 883	200 469	allen.	62 763	159 330
NUREMBERG.	livres.	50 939	196 313	ellen.	65 953	151 623
		» »	» »		» »	» »
OSTENDE.	livres.	47 011	212 716	aunes.	69 923	143 014
PALERME.	livres.	31 741	315 050	cannes.	193 618	51 648
	rotili sottili.	79 347	126 029	palmi.	24 202	413 189
	rotili grossi.	87 280	114 574		» »	» »
PARME.	livres.	33 883	295 133	bracci.	54 652	182 976
PÉTERSBOURG.	livres	40 874	244 644	archines.	71 141	140 566
		» »	» »		» »	» »
POLOGNE.		» »	» »	ellen, mesure neuve.	61 690	162 101
PORTO.	livres.	43 025	232 423	covados.	66 404	150 593
PRAGUE.	livres.	51 333	194 806	ellen.	59 073	169 282
		» »	» »		» »	» »
		» »	» »		» »	» »
ROME.	livres.	34 598	289 034	cannes, mes. de toilerie.	208 956	47 857
		» »	» »	bracci, *idem.*	63 472	157 550
		» »	» »	cannes, mes. de march.	178 941	50 266
		» »	» »	bracci, *idem.*	84 787	117 943
		» »	» »	palmi.	24 879	401 945
		» »	» »	aunes, mes. ancienne.	59 547	167 935
SAINT-GALL.	livres, poids fort.	58 411	171 200	ellen, mes. de lainage.	61 600	162 338
	livres, poids faible.	46 473	215 179	ellen, mes. de toilerie.	80 163	124 746
SARAGOSSE.	livres.	31 141	321 120	cannes.	207 151	48 274
SARDAIGNE.	livres.	40 063	249 607	rasi.	54 878	182 222
		» »	» »	palmi.	25 104	398 343
SMYRNE.	okes.	125 724	79 539	piks.	66 900	149 477
	rotoles ou lordes.	56 676	176 753		» »	» »
SUÈDE.	livr., poids de victuailles.	42 488	235 361	ellen.	59 367	168 444
	livres, poids de mines.	37 561	266 234		» »	» »
	livres, poids des états.	35 774	279 533		» »	» »
	livres, poids de fer.	33 988	294 221		» »	» »
	livres, poids de médecine.	35 611	280 812		» »	» »
		» »	» »		» »	» »
SURATE.	seyras.	42 252	236 675	guesses.	68 795	145 359
		» »	» »	cabidos.	47 311	211 367
TRIPOLI de Barb.	rotoles.	50 824	196 757	piks.	55 239	181 031
		» »	» »		» »	» »
TUNIS.	rotoles.	49 594	201 637	piks, mesure de lainage.	67 284	148 624
		» »	» »	piks, mesure de soierie.	63 066	158 564
		» »	» »	piks, mesure de toilerie.	47 299	211 421
TURIN.	livres.	36 879	271 157	rasi.	60 314	165 799
		» »	» »		» »	» »
		» »	» »		» »	» »

NOMS DES VILLES.	NOMS DES MESURES DE CAPACITÉ pour les choses sèches.	VALEUR de 100 mes. de capa. en hect^e^.	VALEUR de 100 hect. en mes. de capa.	NOMS DES MESURES DE CAPACITÉ pour les liquides.	VALEUR de 100 mes. de capa. en hect^e^.	VALEUR de 100 hect. en mes. de capa.
NAPLES. . . .	carri.	1877 466	5 326	salme d'huile.	189 255	52 839
	tomoli.	52 152	191 747	barili de vin et eau-de-vie.	44 993	222 257
NORWÈGE. . . .	. . . .	» »	» »	. . . .	» »	» »
NUREMBERG. . .	summer.	339 220	29 479	viertels, mes. de cabaret.	2 144	4664 179
	. . . .	» »	» »	viertels, mes. à la jauge...	2 022	4945 598
OSTENDE. . . .	razières.	179 023	55 859	. . . .	» »	» »
PALERME. . . .	. . . .	» »	» »	. . . .	» »	» »
	. . . .	» »	» »	. . . .	» »	» »
	. . . .	» »	» »	. . . .	» »	» »
PARME.	. . . .	» »	» »	. . . .	» »	» »
PÉTERSBOURG. .	tzetwers.	198 820	50 297	. . . .	» »	» »
	czetwericks.	24 853	402 366	. . . .	» »	» »
POLOGNE. . . .	last.	3128 302	3 197	. . . .	» »	» »
PORTO.	alquières.	16 784	595 806	canhdas.	1 901	5260 389
PRAGUE. . . .	strichs.	96 235	103 912	fass de vin de 128 pintes..	248 485	40 244
	viertels.	24 064	415 559	eimers de 128 seidels. . .	62 121	160 976
	strichs, mesure du pays..	93 020	107 504	. . . .	» »	» »
ROME.	rubbi.	278 979	35 845	amphore, mes. ancienne.	27 704	360 959
	quartes.	69 745	143 379	bota de 288 boccali. . .	384 374	26 016
	modü, mesure ancienne..	9 221	1084 481	baril de 128 foglietti. . .	42 708	234 144
	. . . .	» »	» »	baril d'huile de 112 *idem.*	37 370	267 594
	. . . .	» »	» »	. . . .	» »	» »
	. . . .	» »	» »	. . . .	» »	» »
SAINT-GALL. . .	charges.	74 295	134 599	. . . .	» »	» »
	. . . .	» »	» »	. . . .	» »	» »
SARAGOSSE. . .	. . . .	» »	» »	. . . .	» »	» »
SARDAIGNE. . .	starelli.	49 968	200 128	. . . .	» »	» »
	. . . .	» »	» »	. . . .	» »	» »
SMYRNE. . . .	quillots.	35 792	279 392	. . . .	» »	» »
	. . . .	» »	» »	. . . .	» »	» »
SUÈDE.	tonnen.	149 358	66 953	eimer de 60 stoopen. . .	80 078	124 878
	tonnen, mesure de blé. .	168 043	59 509	anker de 15 kannas. . .	40 039	249 756
	tonnen, mes. de drèche.	177 365	56 381	. . . .	» »	» »
	tonnen, mes. de chaux. .	158 700	63 012	. . . .	» »	» »
	kappor, mes^re^. ordinaire.	4 671	2140 869	. . . .	» »	» »
	kanas.	2 669	3746 721	. . . .	» »	» »
SURATE. . . .	. . . .	» »	» »	. . . .	» »	» »
	. . . .	» »	» »	. . . .	» »	» »
TRIPOLI de Barb.	caffises.	333 092	30 022	matari d'huile.	22 992	434 934
	tibéri.	16 663	600 132	. . . .	» »	» »
TUNIS.	caffises.	365 022	27 396	matari, mesure d'huile. .	19 312	517 813
	. . . .	» »	» »	matari, mesure de vin. .	9 656	1035 626
	. . . .	» »	» »	. . . .	» »	» »
TURIN.	sacci.	117 185	85 335	carri, de 360 pintes. . .	353 376	28 298
	staja.	39 068	255 964	brentes de 72 boccales. .	35 338	282 980
	mines.	19 534	511 928	rubbes de 19 3/4 quart^s^. .	5 890	1697 880

NOMS DES VILLES.	NOMS DES MESURES DE PESANTEUR.	VALEUR de 100 liv^es. en kilog^r.	VALEUR de 100 kilog. en liv^es.	NOMS DES MESURES DE LONGUEUR.	VALEUR de 100 mes. en mètr^s.	VALEUR de 100 mèt. en mes^s.
VALENCE, Espag.	livres, poids fort. . . .	51 818	192 983	varas.	90 899	110 012
	livres, poids faible. . .	34 545	289 477	. . . .	» »	» »
	. . . .	» »	» »	. . . .	» »	» »
VENISE.	livres, poids fort. . . .	47 803	209 192	bracci, mes. de lainage..	66 675	149 981
	livres, poids faible. . .	30 252	330 556	bracci, mes. de soierie. .	62 750	159 263
VÉRONE.	livres, poids fort. . . .	49 700	201 207	bracci.	62 750	159 263
	livres, poids faible. . .	33 249	300 761	. . . .	» »	» »
VIENNE, Autric..	livres.	55 991	178 600	ellen.	77 704	128 694
	livres, poids de safran..	50 939	196 313	. . . .	» »	» »
ZURICH.	livres, poids fort. . . .	52 687	189 800	ellen.	59 998	166 672
	livres, poids faible. . .	46 833	213 524	. . . .	» »	» »

NOMS DES VILLES.	NOMS DES MESURES DE CAPACITÉ pour les choses sèches.	VALEUR de 100 mes. de capa. en hect.	VALEUR de 100 hect. en mes. de capa.	NOMS DES MESURES DE CAPACITÉ pour les liquides.	VALEUR de 100 mes. de capa. en hect.	VALEUR de 100 hect. en mes. de capa.
VALENCE, Espag.	caffises.	203 835	49 059	carga, mesure de vin. .	173 806	57 535
	barcellas.	16 986	588 720	carga, mesure d'huile. .	139 045	71 919
	. . . .	» »	» »	cantaros ou arobas. . .	11 587	863 036
VENISE.	staja.	82 626	121 027	migliajo d'huile, de 40 m.	643 860	15 531
	. . . .	» »	» »	bigoncie de vin, de 4 qu.	161 127	62 063
VÉRONE. . . .	minelli.	37 532	266 439	brente de vin.	73 809	135 485
	. . . .	» »	» »	basse.	4 613	2167 750
VIENNE, Autric..	muth.	2145 728	4 660	eimer de 70 kœpfen. . .	60 423	165 500
	metzen.	71 524	» »	viertels.	15 106	661 989
ZURICH. . . .	muttes.	84 325	118 589	saum de 96 mass. . . .	178 198	55 992
	viertels, mesure de sel. .	23 447	426 494	viertels de 16 idem. . .	29 766	335 952

USAGE DU TABLEAU DES DISTANCES
CI-CONTRE.

Pour connaître la distance de deux villes entre elles, prendre le carré qui se trouve à l'angle commun des deux villes.

EXEMPLES.

1°. Entre Gênes et Paris ———— 190 lieues.
2°. Entre Paris et Grasse ———— 190

Et ainsi de suite pour chacune des autres villes des deux parties du Tableau.

190 Paris.

Grasse.

Nota. J'ai employé dans ce Tableau les lieues géographiques, plus généralement connues en Europe, d'environ 2500 toises chacune, ancienne mesure.

2500 toises, ancienne mesure, répondent à 4872 mètres 59 centimètres.

Le kilomètre ou 1000 mètres répondent à 513 toises 5 pouces 4 lignes.

5 kilomètres ou 5000 mètres répondent à 2565 toises 2 pieds 2 pouces 8 lignes.

Enfin le myriamètre, environ deux lieues communes anciennes, répond exactement à 5130 toises 4 pieds 5 pouces 4 lignes.

Gênes.

Paris. 190

TABLEAU DES DISTANCES DES PRINCIPALES VILLES DE COMMERCE DE L'EUROPE ET DE LA FRANCE ENTRE ELLES.

215	170	190	150	20	190	200	150	450	430	280	260	140	80	100	60	285	180	130	440	140	260	90	335	160	90	60	250	200	160	480	200	190	190	420	50	180	100	70	140	160	ZURICH.
88	280	60	295	130	160	325	55	500	500	180	280	150	90	225	200	90	10	110	480	270	100	200	390	290	100	225	380	250	120	480	215	340	130	340	100	180	220	200	200	UTRECHT.
305	250	255	260	160	120	320	210	525	300	200	180	115	160	240	230	180	250	100	560	190	200	250	440	260	200	160	210	380	280	330	350	200	290	380	150	300	190	130	VIENNE en Autriche.
290	200	260	190	115	225	280	190	500	400	300	250	190	140	100	180	340	240	180	500	70	300	180	390	190	190	170	150	350	250	450	260	100	280	460	140	280	100	VENISE.
220	60	225	60	100	270	200	200	400	460	340	390	285	160	30	60	320	220	200	390	60	280	70	290	70	130	30	190	240	190	590	180	140	200	480	100	170	TURIN.
100	150	160	140	130	275	100	120	380	600	300	400	280	190	185	100	255	150	280	380	250	125	100	270	150	130	190	450	60	60	600	50	290	60	450	140	TOURS.
125	180	140	170	25	200	250	100	470	480	150	280	140	60	140	90	160	140	140	450	160	185	115	335	180	40	100	290	240	115	480	240	250	150	360	STRASBOURG.
300	600	300	530	440	280	460	380	800	580	160	140	290	340	500	475	150	300	290	850	520	290	490	655	520	380	450	570	530	355	160	500	530	430	STOCKHOLM.
35	200	130	190	150	240	130	70	410	600	290	390	250	130	160	140	180	130	250	400	260	90	140	290	210	100	200	360	100	30	580	140	300	ROUEN.
335	150	350	170	200	300	280	275	420	300	390	360	280	220	100	170	330	360	280	470	60	390	190	300	150	260	140	50	390	290	550	300	ROME.
150	150	220	140	210	340	40	190	330	600	370	480	360	225	180	150	310	200	300	280	215	200	120	200	160	170	200	460	50	110	700	LAROCHELLE.
500	650	500	625	480	300	720	460	900	540	230	225	360	420	560	550	370	380	370	880	600	570	600	800	650	500	500	700	650	540	PÉTERSBOURG.
40	180	100	160	100	220	160	60	400	500	250	300	240	125	190	100	190	80	200	355	230	100	100	290	180	80	160	350	130	PARIS.
115	230	200	200	200	340	90	190	380	650	370	440	350	250	220	160	380	180	340	300	250	145	180	250	240	200	520	520	LORIENT.
400	200	200	215	240	300	340	300	400	300	400	380	300	260	160	230	360	380	300	500	110	400	250	380	300	300	180	NAPLES.
190	90	235	100	100	250	200	160	400	400	290	280	200	140	30	80	365	200	170	385	50	240	90	300	100	130	MILAN.
75	200	100	160	35	160	240	50	450	510	220	300	160	50	150	100	170	100	150	650	180	150	100	230	210	METZ.
225	10	290	25	170	390	120	240	300	490	360	450	300	250	85	100	400	270	315	300	100	270	75	200	MARSEILLE.
285	220	365	200	300	480	170	330	140	700	500	600	465	400	290	280	480	370	480	120	310	300	250	MADRID.
148	70	210	50	90	300	115	170	360	500	325	400	240	170	90	30	260	200	250	350	130	200	LYON.
60	275	75	255	200	225	315	70	450	600	200	305	270	140	290	200	150	90	240	460	320	LONDRES.
265	105	275	115	160	290	220	220	430	410	380	415	215	170	35	100	370	260	270	450	LIVOURNE.
405	320	470	300	400	600	290	450	70	760	700	710	590	500	400	400	515	460	600	LISBONNE.
180	285	130	25	175	70	380	170	570	410	130	165	20	100	230	225	82	150	LEIPSICK.
75	265	15	240	130	180	250	40	475	550	190	170	160	100	210	180	100	LA HAYE.
176	370	92	260	200	72	400	122	500	400	120	190	115	106	325	235	HAMBOURG.
140	100	170	80	55	245	140	145	390	470	315	350	200	160	70	GENÈVE.
235	65	205	75	100	295	185	180	400	425	350	360	250	190	GÊNES.
112	230	105	215	60	140	300	70	500	475	185	265	115	FRANCFORT.
190	300	165	225	175	45	380	200	600	400	140	160	DRESDE.
290	440	300	425	275	100	525	260	750	480	100	DANTZICK.
230	340	125	370	285	105	430	225	620	500	COPENHAGUE.
550	430	550	435	510	400	660	500	800	CONSTANTINOPLE.
410	370	490	318	450	600	280	450	CADIX.
45	250	45	240	110	160	225	BRUXELLES.
140	140	255	100	210	440	BORDEAUX.
195	350	165	340	180	BERLIN.
136	160	150	140	BALE.
195	20	265	AVIGNON.
85	270	AMSTERDAM.
230	AIX en Provence.
ABBEVILLE.

																																					BESANÇ
																																					BLOIS.
																																				BREST.	120
																																			CALAIS.	160	100
																																		CAMBRAI.	35	170	90
																																	CHARTRES.	70	80	130	25
																																SAINT-CLAUDE.	110	130	180	220	100
																															CLERMONT.	60	90	140	170	180	65
																														DIEPPE.	140	150	45	130	75	140	210
																													DIJON.	115	60	35	80	100	135	190	75
																												DUNKERQUE.	135	40	150	155	80	30	10	160	100
																											SAINT-ETIENNE.	180	55	160	30	45	110	160	190	200	100
																										GRASSE.	80	250	130	240	100	90	190	240	260	280	170
																									GRENOBLE.	55	30	200	65	170	55	35	130	180	200	230	120
																								LE HAVRE.	170	230	150	70	120	25	130	150	40	65	55	100	60
																							LANGRES.	110	80	145	70	115	15	110	75	45	75	80	115	200	80
																						LILLE en Flandres.	90	65	180	230	195	20	110	45	150	140	70	15	25	160	95
																					LIMOGES.	150	100	115	90	140	65	150	85	120	35	90	75	140	160	140	55
																				LYON.	70	150	55	145	20	75	15	180	45	150	35	30	100	140	180	200	90
																			SAINT-MALO.	160	100	110	150	50	190	240	260	120	160	70	145	180	70	115	100	50	70
																		MONTPELLIER.	190	65	70	200	130	190	60	65	55	230	110	200	65	90	155	200	230	220	140
																	MOULINS.	90	130	40	45	130	55	110	65	120	40	140	40	110	25	90	75	110	140	170	50
																NANCY.	80	165	170	90	140	80	30	130	100	160	110	100	45	100	100	70	90	70	110	200	100
															NANTES.	150	100	160	40	140	70	140	140	75	160	200	140	150	140	100	100	165	60	140	140	65	55
														NARBONNE.	150	180	100	25	200	80	85	230	140	200	80	85	70	240	130	200	75	115	160	220	240	215	140
													NISMES.	35	160	155	80	15	200	60	90	210	115	190	50	55	45	220	100	200	60	85	160	200	220	220	130
												ORLÉANS.	130	145	70	90	50	140	80	85	60	80	65	55	120	170	90	100	65	60	65	90	20	70	100	130	15
											PARIS.	30	150	170	90	75	70	165	90	100	100	55	65	50	120	190	110	75	70	40	100	100	20	45	70	140	50
										PERPIGNAN.	175	160	45	15	160	200	115	30	200	100	100	240	50	200	100	100	85	250	150	240	90	140	180	230	250	220	150
									POITIERS.	140	75	45	120	120	45	140	60	120	75	95	30	140	100	85	120	170	90	150	100	100	60	130	140	110	35	120	100
								PUY-EN-VÉLAY.	85	70	130	95	35	55	140	130	50	40	160	30	60	170	90	160	40	75	15	195	70	150	30	55	120	170	190	200	100
							RENNES.	150	60	190	80	75	180	180	25	160	115	180	20	150	90	130	150	55	180	220	150	125	140	75	120	170	60	120	100	55	60
						REIMS.	120	130	110	200	35	55	165	185	130	40	80	170	130	100	120	45	50	75	130	180	115	60	60	60	105	100	60	35	70	170	80
					SÉDAN.	25	150	200	140	215	55	80	180	200	160	40	100	190	150	125	140	45	55	100	130	190	130	60	70	70	130	100	75	35	75	190	100
				SOISSONS.	35	15	100	140	100	200	25	50	170	190	120	55	85	180	110	115	115	40	60	60	140	190	130	55	70	50	110	100	45	25	55	150	70
			TOULON.	200	200	190	225	70	150	80	195	170	40	80	200	180	120	60	240	80	130	250	150	230	60	25	80	250	130	240	100	100	195	230	250	260	170
		TOULOUSE.	100	180	200	190	160	70	90	40	180	140	60	35	130	185	100	50	170	95	70	190	150	190	100	120	80	230	140	200	75	130	150	200	220	190	120
	TROYE en Champ.	150	170	35	45	30	120	60	95	40	40	45	140	160	120	45	55	145	120	80	100	70	25	85	100	155	85	90	35	75	75	65	50	60	90	170	60
VALENCIENNES.	60	200	220	30	35	35	130	170	140	255	45	80	200	210	140	70	115	200	120	140	150	15	80	70	170	220	150	30	90	50	140	130	70	10	40	170	90

FORMULES.

Les différentes espèces d'actes que l'on peut passer dans le commerce, et la variété que les circonstances peuvent ajouter dans chaque espèce sont tellement multipliées, qu'il serait aussi nuisible qu'inutile d'en donner des modèles. Je me bornerai donc à un petit nombre de formules d'actes d'un usage fréquent, et peu susceptibles de varier autrement que dans les noms, les sommes et les dates.

Modèle d'un Compte de Retour.

Compte de retour et frais à un effet, traite de N. . . . tirée de Marseille le 10 mai dernier, sur et acceptée N. . . . . de Rouen, payable audit lieu le premier de ce mois, à l'ordre de N. . . . , qui l'a passée à P. D. . . , à J. E. . . , à J. P. . . , à H. C. . . , à moi et à divers; ladite traite protestée faute de paiement à son échéance; savoir :

Capital	5000	»
Protêt et enregistrement	15	50
Commission de banque à 1/2 p. °/₀	25	»
Courtage et certificat 1/4 p. °/₀	12	50
Timbres et ports de lettres	7	75
Intérêts jusqu'au 10 courant 10 jours	8	33
	5069	08
Perte à la négociation à 1/2 p. °/₀	25	34
Total	5094	42

Total : cinq mille quatre-vingt quatorze fr. 42 cent., dont je prends mon remboursement sur M.... mon cédant à Lyon, en ma traite de ce jour à vue, à l'ordre de G.... *Rouen, le. . . . Signé*

CERTIFICAT.

Je soussigné(*) Agent de change commissionné près la Bourse de cette ville, certifie avoir négocié à M. . . . la traite ci-dessus mentionnée, à demi p. °/₀ de perte, cours du change de ce jour sur Lyon, et que celui sur Marseille est à 3/4 p. °/₀ de perte.

Rouen, ut suprà. *Signé*

RETRAITE.

Rouen, le *B. P.* 5094 fr. 42 c.

A vue, il vous plaira payer par cette seule de change à l'ordre de M. . . . , la somme de cinq mille quatre-vingt-quatorze fr. 42 c., valeur en remboursement d'une traite de M. . . . sur M. . . . , payable à Rouen, le 1er, de ce mois, protestée, en conformité du compte de retour ci-joint, et que passerez sans autre avis de

Votre serviteur, etc.

A M. N........, négociant,
à Lyon.

(*) A défaut d'Agent de change sur la place, on fait certifier par deux Commerçans.

Modèle d'un Connaissement.

N°s. 1 à 12

M

Je soussigné, P. , demeurant à maître du navire nommé du port de 200 tonneaux ou environ, étant de présent au port de M. , pour, du premier temps favorable, aller en droite route à , reconnais avoir reçu et chargé dans le bord de mondit navire, sous le franc-tillac d'icelui, de vous, M. 12 tonneaux de riz; le tout sec, bien conditionné, marqué et numéroté comme en marge, que je m'oblige porter et conduire dans mondit navire, sauf les périls et risques de la mer, audit lieu de et délivrer à M. ou à son ordre, en me payant pour mon fret la somme de 150 francs avec les avaries, selon les us et coutumes de la mer. Et pour ce tenir et accomplir, je m'oblige corps et biens avec mondit navire, fret et apparaux d'icelui.

En foi de quoi j'ai signé trois Connaissemens d'une même teneur, dont l'un accompli, les autres de nulle valeur.

Fait à ce

Modèle d'une Charte-Partie.

Entre les soussignés

M. B. négociant en cette ville, fréteur, d'une part; et P. L. maître du navire du port de 200 tonneaux ou environ, présentement devant cette ville, d'autre part; a été faite et conclue la Charte-Partie suivante; savoir :

Que le maître rendra au plutôt sondit vaisseau bien appareillé pour le voyage spécifié ci-après, lequel le fréteur fera charger incessamment de toutes sortes de marchandises et denrées jusqu'à son entière et convenable charge, parce que ledit vaisseau demeure entièrement à la disposition du fréteur: bien entendu que le maître ne sera point responsable du dégât des marchandises sujettes à se gâter. Le vaisseau étant ainsi chargé et expédié, le maître sera obligé de partir incessamment d'ici, et s'en aller en droite route à pour y faire sa décharge; auquel lieu le maître sera obligé de séjourner le terme de quinze jours ouvrables après son arrivée, pendant lequel temps on déchargera entièrement ledit vaisseau; et s'il est tenu davantage, les correspondans du fréteur seront obligés de payer audit maître vingt-cinq fr. chaque jour de retardement. Et après avoir fait la livraison de sa charge, les correspondans du fréteur, ou les receveurs des marchandises seront obligés de payer audit maître pour son fret de tout le voyage la somme de quinze cents fr.

Auxquelles conditions le présent affrétement a été conclu; pour l'accomplissement desquelles les contractans obligent spécialement, le fréteur la charge, et le maître son vaisseau, fret et apparaux d'icelui; et en outre ce que de raison.

Fait à *le*

Signé, etc., etc.

Nota. On passe aussi une Charte-Partie pardevant notaire, ou par l'entremise d'un courtier de commerce.

Modèle d'une Police d'Assurances.

AU NOM DE DIEU SOIT.

Nous soussignés, négocians en cette ville de......., reconnaissons avoir pris, à nos périls, risques et fortune, de vous, M......, ce acceptant, les sommes que chacun de nous aura signées, pour en supporter, pendant le voyage ci-après spécifié, les pertes et dommages qui pourront arriver sur les effets qui seront énoncés, pendant le cours d'icelui, aux clauses et conditions suivantes :

Article 1er. Toutes pertes et dommages provenant de tempête, naufrage, échouement, abordage fortuit, relâche et changemens forcés de voyage, de route ou de vaisseau, jet, feu, pillage, tous arrêts, ou captures de pirates, ou de sujets de puissances barbaresques, baratteries de patron, et généralement tous accidens et fortunes de mer, sont à nos risques.

Art. 2. Sont exceptés tous risques de guerre, hostilités, représailles, arrêts de Prince, ainsi que toutes confiscations pour cause de contrebande ou de commerce clandestin.

Art. 3. Dans le cas d'avaries communes, il ne sera payé que l'excédent de trois pour cent.

Art. 4. Dans le cas d'avaries particulières sur le navire, il ne sera payé que l'excédent de trois pour cent.

Art. 5. Les avaries communes et les avaries particulières sont réglées séparément, et retenues seront faites sur chaque espèce d'avarie.

Art. 6. Dans les comptes auxquels les avaries, soit particulières au navire, soit communes, donneront lieu, il ne sera admis que les objets remplaçant ceux brisés, rompus, coupés ou endommagés pendant le voyage assuré, et de tous les remplacemens de cette nature (les ancres exceptées), il sera déduit le tiers pour compenser la différence du neuf au vieux. (Ne seront pas néanmoins susceptibles de réduction les fournitures accessoires et la main-d'œuvre).

Art. 7. Les avaries, de quelque nature qu'elles soient, seront réglées suivant les lois françaises, soit qu'il en résulte avantage ou préjudice pour l'assuré.

Art. 8. Dans le cas d'avaries particulières sur les marchandises, il ne sera payé que l'excédent de

Trois pour cent sur les		Cinq pour cent sur les	Dix pour cent sur les		Quinze pr. cent sur les
Bœuf et lard salés.	Indigo.	Café } en sacs.	Alizari.	Potasse et Perlasse.	Bled en vrac.
Beurre.	Quercitron.	Cacao }	Alun.	Fleur de soufre.	Fruits.
Savon.	Noix de gale.	Epices de t. esp. }	Couperoses.	Chanvre.	Graine et grenailles.
Suif.	Coton.	Farine } en fûts.	Gommes.	Cuirs.	Salpêtre en fûts et en sacs.
Soufre.	Laines lavées.	Légumes secs }	Amidon.	Peaux.	
Cordages.	Thés.	Riz }	Anis.	Lins.	
Café } en fûts.	Epices de toutes espèces en fûts.	Sucres }	Bled } en sacs.	Livres.	
Cacao }	Et toutes marchses. sèches, non désig.	Rocou }	Farine }	Papiers.	
Cochenille.		Fromages en caisses.	Riz }	Poissons.	
		Soude.	Légumes secs }	Fruits secs.	
			Sucres }	Sumac.	
			Biscuits en fûts.	Tabac.	
			Café en vrac.		
			Cendre de varec ou de tabac.		

ART. 9. Les marchandises non-désignées ci-dessus, seront assimilées à celles avec lesquelles elles ont le plus de rapport.

ART. 10. En cas d'avaries sur les liquides et autres marchandises sujètes à coulage, il ne sera payé que l'excédent de 5 p. °/ₒ en sus du coulage ordinaire, qui n'est pas à notre charge.

ART. 11. Seront francs d'avaries les sels, fromages et salpêtres en vrac, les laines en suin, les glaces, verreries, porcelaines, les vins en bouteilles, et les marchandises fragiles et sujettes à la rouille, hors le cas d'échouement, s'il n'y a convention contraire.

ART. 12. En cas d'avaries particulières sur les navires faisant la pêche, outre la perte des câbles, ancres et ustensiles de pêche, résultant du mouillage des navires dont nous assureurs sommes exempts, il ne sera payé que l'excédent de six pour cent.

ART. 13. Les avaries ou les pertes seront remboursées mois après qu'elles seront justifiées. Dans le cas où la nouvelle de la perte précéderait l'arrivée des preuves, le remboursement en sera provisoirement effectué sous caution et sous la seule retenue de l'intérêt à six pour cent l'an, jusqu'au jour où elle serait justifiée.

ART. 14. Nous assureurs, serons exempts des frais de quarantaine, le cas échéant.

ART. 15. Les assureurs et assurés, chacun en ce qui les concerne, s'engagent à se conformer aux lois maritimes en ce qui n'y serait pas dérogé par la présente.

ART. 16. Les contestations entre les assureurs et les assurés, pour l'exécution de la présente police, seront jugées par deux arbitres nommés par chacun d'eux; lesquels arbitres, en cas de partage, choisiront un tiers-arbitre.

Lesquels risques nous avons pris sur bonnes ou mauvaises nouvelles (renonçant réciproquement à la lieue et demie par heure) de vous, Monsieur, faisant pour compte de qui il appartiendra, la somme de sur le corps, quille, agrès, apparaux, victuailles, mises hors, avances à l'équipage, généralement sur toutes les circonstances et dépendances du navire, que Dieu sauve, nommé capitaine ou tout autre à sa place, destiné pour venir de à avec faculté de toucher à

Ledit navire estimé, circonstances et dépendances comprises, à la somme de qu'il vaille plus ou moins, pour qu'il ne puisse être fait aucune répétition de part et d'autre, sous tel prétexte que ce soit, promettant vous dispenser, et vous dispensant, en cas de sinistre événement, de nous représenter d'autres pièces justificatives de la valeur dudit navire, que la présente police, pas même d'acte de propriété.

Les risques à courir du de ce mois que le navire était encore à ou récemment parti pour suivre et continuer sans interruption jusqu'à ce qu'il soit bien arrivé à où lesdits risques ne finiront que vingt-quatre heures après qu'il y sera bien amarré à bon sauvement.

Vous permettons de faire assurer l'entier capital, y compris le dixième, suivant l'estimation donnée, dérogeant de part et d'autre à toutes lois qui seraient contraires au plein effet de la présente police pour ladite somme de à pour cent de prime reçue en votre billet à pour les risques énoncés en la présente police.

Fait à *le*

La présente police a été par moi courtier d'assurances, soussigné, close et arrêtée à la somme de aux prix, clauses et conditions y énoncés. *Signé,*

Autre Modèle d'une Police d'Assurances.

AU NOM DE DIEU SOIT.

Nous soussignés, négocians en cette ville de reconnaissons avoir pris à nos périls, risques et fortune, de vous, Monsieur B. , négociant à M. , ce acceptant, les sommes que chacun de nous aura ci-dessous signées, pour en supporter, pendant le voyage ci-après spécifié, les pertes et dommages qui pourront arriver sur les effets qui y seront énoncés, pendant le cours d'icelui, aux clauses et conditions suivantes :

Article premier. Toutes pertes et dommages qui arriveront aux objets par nous assurés, soit par tempête, naufrage, échouement, abordage fortuit, changemens forcés de route, de voyage ou de vaisseau, par jet, feu, prise, pillage, arrêt par ordre de puissance étrangère, déclaration de guerre, représailles, et généralement par toutes autres fortunes de mer, seront à nos risques, sauf les exceptions qui pourront être ci-dessous convenues.

Art. 2. Nous assureurs déclarons vous garantir et indemniser des pertes et dommages qui pourront arriver aux objets par nous assurés, par les causes énoncées à l'article précédent, parce que vous, sieur assuré, serez tenu de nous payer la prime ou profit des risques de ladite assurance, suivant qu'elle sera ci-après convenue et arrêtée.

Art. 3. Il est convenu que s'il arrive perte ou avarie aux effets, navire ou marchandises sur lesquels nous courons, nous paierons, à vous sieur assuré, les sommes qui se trouveront être dues après la perte constatée ou l'avarie réglée, au même terme fixé pour le paiement de la prime.

Art. 4. Dans le cas d'avaries grosses et communes, tant sur le navire que sur les marchandises sèches ou liquides, nous ne paierons que l'excédent de 5 pour °/₀ sur navire français; nous assureurs étant exempts desdites avaries grosses et communes sur et dans tous navires de nation étrangère.

Art. 5. Dans le cas de pillage ou d'avaries particulières sur les matières d'or ou d'argent, nous ne paierons que l'excédent de 2 p. °/₀.

Art. 6. Dans le cas d'avaries particulières sur les laines et cotons, nous ne paierons que l'excédent de 4 pour °/₀, et sur les marchandises sèches que l'excédent de 3 pour °/₀.

Art. 7. Dans le cas d'avaries particulières sur les papiers, livres reliés ou brochés, lins, chanvres, tabacs, cendres de varec ou de tabac, alun, couperose, cuirs secs et verts, peaux, sumac, alizari, potasse, figues, raisins, gomme, anis, soude et farine en barils, nous ne paierons que l'excédent de 10 pour °/₀.

Art. 8. Dans le cas d'avaries particulières sur les grains, graines et grenailles en sacs, nous ne paierons que l'excédent de 10 pour °/₀; et sur les fruits, grains, graines et grenailles en vrac, et les farines en sacs, nous ne paierons que l'excédent de 20 pour °/₀. Les sels et salpêtres seront francs d'avaries.

Art. 9. S'il arrive des avaries particulières sur les cafés en sacs et en balles, nous ne paierons que l'excédent de 6 pour °/₀. Les cafés en fûts étant regardés comme marchandises sèches, ne seront sujets qu'à la retenue fixée pour icelles en l'article 6.

Art. 10. Dans le cas d'avaries particulières sur le corps, quille, etc., du navire, nous ne paierons que l'excédent de 5 pour °/₀.

Art. 11. Il est convenu qu'en cas d'avaries particulières sur les navires faisant les voyages de la pêche au grand banc, les bancs de Miquelon, ainsi que sur ceux faisant les voyages de la pêche à la côte de Terre-Neuve, outre la perte des câbles, ancres et ustensiles de pêche, résultant du mouillage des navires auxdits lieux, dont nous assureurs sommes exempts, nous ne paierons que l'excédent de 10 pour °/₀ des sommes assurées.

Art. 12. Il est aussi convenu qu'en cas d'avaries sur les liquides ou autres marchandises sujettes à coulage, même sur les sucres têtes ou terrés, outre le coulage ordinaire dont nous sommes exempts, nous ne paierons que l'excédent de 10 pour °/₀.

Art. 13. En cas d'avaries particulières sur les sucres bruts, outre le coulage ordinaire dont nous sommes exempts, nous ne paierons que l'excédent de 15 pour °/₀.

Art. 14. Les retenues énoncées dans les articles précédens seront faites sur la totalité des sommes assurées sur chaque espèce de marchandise.

Art. 15. Les avaries grosses et particulières ne pourront jamais être cumulées; elles seront réglées séparément, et les retenues faites sur chaque espèce d'avarie.

Art. 16. Dans le cas où le navire, pendant le cours de son voyage, serait forcé de relâcher dans un port quelconque pour s'y réparer, ou pour quelque cause que ce puisse être, les frais et dépenses que sa relâche occasionnera ne pourront être réglés qu'à la fin du voyage, parce que si le navire était pris ou perdu avant d'être de retour au port de sa destination, les avaries souffertes par le navire, ou autres objets assurés pendant le cours du voyage, ne seront plus à la charge des assureurs, qui ne pourront jamais rien payer au-delà des sommes assurées.

Art. 17. Il est convenu que pour constater la valeur des marchandises et denrées venant des Colonies, elle sera réglée par les comptes et factures de l'Amérique, y compris les frais de rabatage et commission d'usage à 5 pour °/₀, à raison de 25 pour °/₀ de perte, soit que le navire arrive en temps de paix, soit qu'il fasse son retour en temps de guerre, excepté néanmoins sur l'or et l'argent, dont la valeur est fixée en tous temps, soit en temps de paix, soit en temps de guerre à 33 1/3 pour °/₀ de perte; estimations convenues dès-à-présent pour l'effet des assurances que les retours rendent plus ou moins par la suite.

Art. 18. Il est aussi convenu que dans le cas où, pendant le cours du voyage, il surviendrait guerre de fait ou déclaration de guerre, hostilités ou représailles ordonnées ou approuvées par ou contre la Puissance sous le pavillon de laquelle la présente assurance est faite, il sera acquis aux assureurs une augmentation de prime à forfait de   pour °/₀, payable trois mois après l'arrivée du navire au port de sa destination, ou après la perte ou prise constatée, quand même le navire n'aurait couru ni pu courir aucuns risques réels de guerre, étant entendu qu'il suffit que le voyage et les risques qui font l'objet de la présente police, ne soient pas terminés le jour où surviendrait l'un desdits événemens ainsi prévus, pour donner lieu à cette clause qui est expresse et de rigueur, et sans laquelle la prime à forfait ci-dessus eût été plus élevée, sauf cependant le cas où le navire se trouverait, avant ces événemens, dans un port du continent de France où ils seraient connus, parce qu'alors le voyage y serait terminé de droit; et ce, si lesdits cas arrivent entre la France, l'Espagne et l'Angleterre, les Etats-Unis d'Amérique, la Hollande, le Portugal et la Russie, parce qu'à l'égard de toutes les autres Puissances, même les Barbaresques, la susdite augmentation sera

Art. 19. Il est convenu que dans le cas où l'assurance serait faite en prime liée sur un navire destiné pour les Indes Orientales ou Occidentales, il sera accordé au capitaine, soit en temps de paix, soit en temps de guerre mois de séjour, à compter du jour où il aura abordé dans un port de la Colonie pour faire la vente de sa cargaison, ses recouvremens, ses achats et chargement en retour, parce qu'à l'expiration de ce terme il sera payé aux assureurs une augmentation de prime de 1/2 pour °/o pour chaque mois de séjour en sus jusqu'au mois; après lequel temps les assureurs seront déchargés de tous risques tant sur ledit navire que sur les marchandises, et la prime leur sera acquise en proportion des risques qu'ils auront courus, c'est-à-dire les deux tiers de la prime liée, arrêtée par la police; plus celle à laquelle auront donné lieu les mois de séjour à l'endroit où il aura fait sa traite et négociation : le tout sans préjudice de la prime de guerre fixée par l'article précédent.

Art. 20. S'il arrive quelque contestation pour l'exécution des clauses de la présente police, elle sera réglée par deux négocians de la Place, qui seront nommés à cet effet; savoir : un par vous, sieur assuré, l'autre par nousdits assureurs; lesquels, avant de prendre connaissance de l'affaire qui sera soumise à leur jugement, s'adjoindront un tiers-arbitre, aussi négociant de la Place, lesquels prononceront à la pluralité des voix sur l'objet en contestation, nous obligeant de nous en rapporter au jugement par eux porté, à peine de 50 francs que le contredisant sera obligé de payer aux pauvres de l'Hôpital-général de C/V, avant aucun appel, pourvoi, ni répétition de deniers; et pour tout ce que dessus, nous promettons respectivement de suivre et exécuter les dispositions du Code de Commerce, livre II, et de nous conformer, tant aux dispositions de l'Ordonnance de la Marine de 1681, qu'à celles de la Déclaration du Roi du 17 août 1779, dans tous les points sur lesquels il n'aurait point été statué par le Code, excepté seulement les articles auxquels nous aurions volontairement dérogé par les clauses particulières de la présente police.

Déclarons, nousdits assureurs, que nous entendons être exempts des confiscations pour raison de tout commerce clandestin et illicite, ainsi que des risques résultant d'icelui. Lesquels risques nous avons pris sur bonnes ou *mauvaises* nouvelles (renonçant réciproquement à la lieue et demie pour heure), de vous, M. , faisant pour compte de qui il appartiendra; savoir :

Quinze mille francs sur moitié d'intérêt aux corps, quille, agrès, apparaux, armement, victuailles, mises hors, avance à l'équipage, et généralement sur toutes les circonstances et dépendances du navire, que Dieu sauve, nommé capitaine L. , ou tout autre à sa place, destiné pour aller de M. au H. , avec faculté de toucher à ou à

Et quinze mille cinq cents francs sur le fret à acquérir par ledit navire pour son chargement pour ledit lieu du H.

Ledit navire estimé réciproquement à la somme de trente mille francs, qu'il vaille plus ou moins, pour qu'il ne puisse être fait aucune répétition de part et d'autre, promettant vous dispenser et vous dispensant, au cas de sinistre événement, de nous représenter d'autres pièces justificatives de la valeur dudit navire, que la présente police; les risques à courir du ; que ledit navire était encore en ce port pour suivre et continuer sans interruption jusqu'à ce qu'il soit arrivé audit lieu du H. , où lesdits risques ne finiront que vingt-quatre heures après qu'il y sera bien ancré et amarré à bon sauvement.

Vous permettons de faire assurer l'entier capital, y compris le dixième, suivant l'estimation convenue en l'autre part, même le produit espéré du fret, dérogeant et renonçant, de part et d'autre, expressément et formellement, à tous articles des Ordonnances, Déclarations, Edits et Arrêtés qui seraient contraires au plein effet de la présente police pour lesdites deux sommes, formant ensemble celle de trente mille cinq cents francs à 3 pour °/o de prime reçue en votre billet à trois mois, pour les risques énoncés en l'article premier de l'imprimé d'autre part, excepté ceux résultans de déclaration de guerre, représailles et hostilités quelconques de la part de quelque Puissance maritime que ce soit, même des Etats Barbaresques, dont nous assureurs sommes exempts.

Fait à , *le* , *et ont signé.*

La présente police a été par moi , courtier d'assurances, soussigné, close et arrêtée à trente mille cinq cents francs, par les prix, clauses et conditions y énoncés. A M.

A , *le* Signé

Modèle d'un Contrat à la Grosse.

Je soussigné , demeurant à , propriétaire du bâtiment nommé , de , du port de tonneaux ou environ, commandé par le capitaine , à présent devant le port et havre de , pour, du premier temps convenable, venir au port et havre de , en droiture, confesse avoir reçu en argent comptant et effets sur Paris, de ma convenance, à la grosse aventure de la mer, de vous, M , la somme de , tant sur le corps, quille, agrès, apparaux et avitaillemens, que pour subvenir au paiement et acquittement des réparations, paiement d'ouvriers, droits et devoirs dus de mon bâtiment, ensemble les frais et avitailles, de laquelle somme ledit sieur court tous les risques et autres quelconques, en en exceptant les avaries simples, jusqu'à ce que ledit navire , commandé par ledit capitaine , de , soit arrivé et ait mouillé ses ancres audit lieu de ; ce qu'étant fait, je promets et m'oblige personnellement de payer audit sieur , ou à son ordre, la somme de , dans laquelle somme est compris le bénéfice de grosse, à raison de francs pour °/o à cause desdits risques, lui affectant et hypothéquant pour cet effet mon bâtiment, agrès, apparaux, le fret de son chargement et tous mes biens, tant meubles qu'immeubles, présens et à venir; et par exprès j'oblige ma personne, conformément à l'Ordonnance; et, en cas de perte totale, ou de prise jugée bonne, je serai quitte et déchargé du prêt à la grosse, suivant les us et coutumes de la mer. En foi de quoi j'ai signé, après lecture par moi faite, deux obligations d'une même teneur; l'une étant accomplie, l'autre demeurera de nulle valeur. Veux et entends en outre que la susdite obligation de grosse ait autant d'effet et valeur que si elle avait été passée devant notaire et en présence de témoins.

Fait à , *le* Signé

Autre Modèle d'un Contrat à la Grosse.

Je soussigné Pierre Lamotte, demeurant à M....., maître après Dieu du bâtiment nommé *le Lion d'Or*, du port de 200 tonneaux ou environ, à présent devant le port et havre de , pour, du premier temps convenable, aller au port et havre de , confesse avoir reçu en argent comptant, à la grosse aventure de la mer, de vous, M....., négociant en cette ville, la somme de *deux mille francs*, tant sur le corps, quille, agrès, apparaux et avitaillemens, que pour subvenir au paiement et acquittement des droits et devoirs dus de mon bâtiment, ensemble les frais et avitailles, de laquelle somme ledit sieur créancier court tous les risques de la mer et autres quelconques, jusqu'à ce que je sois arrivé et aie mouillé mes ancres audit lieu de ; ce qu'étant fait, je promets et m'oblige de payer, audit sieur créancier ou à son ordre, la somme de *trois mille francs*, dans laquelle somme est compris le bénéfice de grosse à raison de 50 pour %, à cause desdits risques, lui affectant et hypothéquant pour cet effet mon bâtiment, agrès, apparaux, fret et tous mes biens, tant meubles qu'immeubles, présens et à venir; et par exprès j'oblige ma personne, conformément à l'ordonnance; et en cas de perte totale ou de prise jugée bonne, je serai quitte et déchargé du paiement en principal et bénéfice; mais s'il se sauve quelque chose, il demeurera affecté au susdit prêt à la grosse, suivant les us et coutumes de la mer. En foi de quoi j'ai signé deux obligations d'une même teneur; et l'une étant accomplie, l'autre demeurera de nulle valeur. Veux et entends en outre que la susdite obligation de grosse ait autant d'effet et valeur que si elle avait été passée devant notaire et en présence des témoins.

Fait à , le Signé

TABLES

DE CONCORDANCE DES DEUX CALENDRIERS

GRÉGORIEN ET FRANÇAIS,

POUR QUARANTE-CINQ ANNÉES,

De 1793 *à* 1837, *ou de l'An* 2 *à l'An* 46.

AVERTISSEMENT SUR LA COMPOSITION ET L'USAGE DE CES TABLES.

L'UTILITÉ généralement reconnue des Tables de concordance des deux Calendriers, grégorien et français, et la nécessité de les consulter souvent, nécessité qui se fera sentir encore long-temps; enfin l'avantage de les avoir sous sa main dans un Ouvrage assez volumineux pour être toujours en évidence, m'ont déterminé à les insérer dans celui-ci.

Les lois qui ont institué le calendrier français, les circonstances qui l'ont fait adopter, celles qui ont déterminé sa suppression, les principes sur lesquels il avait été composé; tout cela tient à l'histoire, ou à la législation, ou enfin à la science des dates et des époques et à l'astronomie, et par conséquent sort de mon objet. Je n'ai dû prendre et considérer de cette institution passagère que ce qu'elle a d'utile à consulter sous le rapport des transactions civiles et commerciales.

Sous ce dernier rapport même il ne suffisait pas de donner les tables de la durée légale du calendrier français; il était encore utile, pour les actes passés dans cet intervalle, de pouvoir en comparer les échéances et jusqu'aux prescriptions qui peuvent courir encore trente ans au-delà de l'époque de la suppression de ce calendrier. Tel est le motif qui m'a fait embrasser un espace d'environ 45 ans.

Mais comme une concordance jour par jour serait inutilement volumineuse, j'ai cru pouvoir sans aucun désavantage la réduire au moins des trois quarts en ne calculant ces Tables que de cinq en cinq jours au plus; toutes fois en conservant les dates finales de chacun des mois des deux calendriers, de manière qu'il n'y a quelquefois qu'un, deux ou trois jours d'intervalle, et quelquefois il y a deux dates, ou plus, qui se suivent immédiatement. Par cette marche on reconnaît les mois du calendrier grégorien qui ont 28, 29, 30 et 31 jours, et les années bissextiles du nouveau calendrier, par la différence du nombre de jours complémentaires, qui sont tous indiqués à la fin de chaque année.

J'ai cru utile d'indiquer les jours de la semaine par une simple initiale; du reste les deux dates en lignes, la première du calendrier ancien, la seconde du nouveau, à côté de chacune, les noms des mois correspondans, et l'indication de la double année en tête des colonnes, suffisent pour faire trouver facilement la concordance de la date qu'on cherche.

Par cette abréviation, trois colonnes comprennent l'espace de deux années, et chaque page, renfermant six colonnes, contient, par-là même, quatre années du calendrier français.

D'après ce qui précède, il ne reste qu'une très-courte explication à donner pour faire trouver dans ces tables les dates intercalaires entre celles qui s'y trouvent portées; un seul exemple suffit pour cela.

On demande à quel jour du calendrier grégorien répond le 18 brumaire de l'an 4?

En cherchant dans la colonne où se trouve le mois de brumaire de l'an 4, on voit que le 14 de ce mois répond au jeudi 5 novembre; en suivant de mémoire la suite des jours de la semaine et des dates du mois de novembre, on trouve que le 18 brumaire répond au lundi 9 novembre.

Il serait au surplus difficile de se tromper dans un intervalle qui n'excède jamais 4 jours, et qui est souvent moindre de ce nombre.

Réciproquement, si l'on demande à quel jour du calendrier français répond le 12 avril 1796, il faut chercher, dans la colonne répondant à cette année, le mois d'avril, où l'on trouve que le *dimanche* 10 *avril* répond au 21 *germinal de l'an* 4; en suivant de mémoire la suite des jours, il est évident que le 12 avril est un mardi, et répond au 23 germinal an 4.

Enfin, si on ne trouve dans ces Tables les quatre premiers jours d'aucun mois, il devient facile de les reconnaître en suivant les exemples que je viens de citer, et en partant du dernier jour du mois immédiatement antérieur à celui qu'on cherche.

Pour distinguer le mardi du mercredi, qui ont tous deux l'*m* pour initiale, on a désigné le premier par une *M* majuscule, et le second par une *m* simple.

1793 à 1795. — An 2 et an 3.

D.	22	1793 Septembre.	1	An 2. Vendémiaire.
L.	23		2	
M.	24		3	
m.	25		4	
J.	26		5	
V.	27		6	
S.	28		7	
D.	29		8	
L.	30		9	
S.	5	Octobre.	14	
J.	10		19	
M.	15		24	
D.	20		29	
L.	21		30	
S.	26		5	Brumaire.
J.	31		10	
M.	5	Novembre.	15	
D.	10		20	
V.	15		25	
m.	20		30	
L.	25		5	Frimaire.
S.	30		10	
J.	5	Décembre.	15	
M.	10		20	
D.	15		25	
V.	20		30	
m.	25		5	Nivôse.
L.	30		10	
M.	31		11	
D.	5	1794. Janvier.	16	
V.	10		21	
m.	15		26	
D.	19		30	
V.	24		5	Pluviôse.
m.	29		10	
V.	31		12	
m.	5	Février.	17	
L.	10		22	
S.	15		27	
M.	18		30	
D.	23		5	Ventôse.
V.	28		10	
m.	5	Mars.	15	
L.	10		20	
S.	15		25	
J.	20		30	
M.	25		5	Germinal.
D.	30		10	
L.	31		11	
S.	5	Avril.	16	
J.	10		21	
M.	15		26	
S.	19		30	
J.	24		5	Floréal.
M.	29		10	
m.	30		11	
L	5	Mai	16	
S.	10		21	
J.	15		26	
L.	19		30	

S.	24	Mai.	5	Prairial.
J.	29		10	
S.	31		12	
J.	5	Juin.	17	
M.	10		22	
D.	15		27	
m.	18		30	
L.	23		5	Messidor.
S.	28		10	
L.	30		12	
S.	5	Juillet.	17	
J.	10		22	
M.	15		27	
V.	18		30	
m.	23		5	Thermidor.
L.	28		10	
J.	31		13	
M.	5	Août.	18	
D.	10		23	
V.	15		28	
D.	17		30	
V.	22		5	Fructidor.
m.	27		10	
D.	31		14	
V.	5	Septembre.	19	
m.	10		24	
L.	15		29	
M.	16		30	
m.	17		1	Complé.
J.	18		2	
V.	19		3	
S.	20		4	
D.	21		5	
V.	26		5	An 3. Vend.
M.	30		9	
D.	5	Octobre.	14	
V.	10		19	
m.	15		24	
L.	20		29	
M.	21		30	
D.	26		5	Brumaire.
V.	31		10	
m.	5	Novembre.	15	
L.	10		20	
S.	15		25	
J.	20		30	
M.	25		5	Frimaire.
D.	30		10	
V.	5	Décembre.	15	
m.	10		20	
L.	15		25	
S.	20		30	
J.	25		5	Nivôse.
M.	30		10	
m.	31		11	
L.	5	1795. Janv.	16	
S.	10		21	
J.	15		26	
L.	19		30	
S.	24		5	

J.	29		10	Pluviôse.
S.	31		12	
J.	5	Février.	17	
M.	10		22	
D.	15		27	
m.	18		30	
L.	23		5	Ventôse.
S.	28		10	
J.	5	Mars.	15	
M.	10		20	
D.	15		25	
V.	20		30	
m.	25		5	Germinal.
L.	30		10	
M.	31		11	
D.	5	Avril	16	
V.	10		21	
m.	15		26	
D.	19		30	
V.	24		5	Floréal.
m.	29		10	
J.	30		11	
M.	5	Mai.	16	
D.	10		21	
V.	15		26	
M.	19		30	
D.	24		5	Prairial.
V.	29		10	
D.	31		12	
V.	5	Juin.	17	
m.	10		22	
L.	15		27	
J.	18		30	
M.	23		5	Messidor.
D.	28		10	
M.	30		12	
D.	5	Juillet.	17	
V.	10		22	
m.	15		27	
S.	18		30	
J.	23		5	Thermidor.
M.	28		10	
V.	31		13	
m.	5	Août.	18	
L.	10		23	
S.	15		28	
L.	17		30	
S.	22		5	Fructidor.
J.	27		10	
L.	31		14	
S.	5	Septembre.	19	
J.	10		24	
M.	15		29	
m.	16		30	
J.	17		1	Complém.
V.	18		2	
S.	19		3	
D.	20		4	
L.	21		5	
M.	22		6	

1795 à 1797. — An 4 et an 5.

M.	23	1795. Septem.	1	An 4. Vendémiaire.
J.	24		2	
V.	25		3	
S.	26		4	
D.	27		5	
L.	28		6	
M.	29		7	
m.	30		8	
L.	5	Octobre.	13	
S.	10		18	
J.	15		23	
M.	20		28	
J.	22		30	
M.	27		5	Brumaire.
S.	31		9	
J.	5	Novembre.	14	
M.	10		19	
D.	15		24	
V.	20		29	
S.	21		30	
J.	26		5	Frimaire.
L.	30		9	
S.	5	Décembre.	14	
J.	10		19	
M.	15		24	
D.	20		29	
L.	21		30	
S.	26		5	Nivôse.
J.	31		10	
M.	5	1796. Janvier.	15	
D.	10		20	
V.	15		25	
m.	20		30	
L.	25		5	Pluviôse.
S.	30		10	
D.	31		11	
V.	5	Février.	16	
m.	10		21	
L.	15		26	
V.	19		30	
m.	24		5	Ventôse.
L.	29		10	
S.	5	Mars.	15	
J.	10		20	
M.	15		25	
D.	20		30	
V.	25		5	Germinal.
m.	30		10	
J.	31		11	
M.	5	Avril.	16	
D.	10		21	
V.	15		26	
M.	19		30	
D.	24		5	Floréal.
V.	29		10	
S.	30		11	
J.	5	Mai.	16	
M.	10		21	
D.	15		26	
J.	19		30	

M.	24	Mai.	5	Prairial.
D.	29		10	
M.	31		12	
D.	5	Juin.	17	
V.	10		22	
m.	15		27	
S.	18		30	
J.	23		5	Messidor.
M.	28		10	
J.	30		12	
M.	5	Juillet.	17	
D.	10		22	
V.	15		27	
L.	18		30	
S.	23		5	Thermidor,
J.	28		10	
D.	31		13	
V.	5	Août,	18	
m.	10		23	
L.	15		28	
m.	17		30	
L.	22		5	Fructidor.
S.	27		10	
m.	31		14	
L.	5	Septembre.	19	
S.	10		24	
J.	15		29	
V.	16		30	
S.	17		1	Complém.
D.	18		2	
L.	19		3	
M.	20		4	
m.	21		5	
L.	26		5	An 5. Vend.
V.	30		9	
m.	5	Octobre.	14	
L.	10		19	
S.	15		24	
J.	20		29	
V.	21		30	
m.	26		5	Brumaire.
L.	31		10	
S.	5	Novembre.	15	
J.	10		20	
M.	15		25	
D.	20		30	
V.	25		5	Frimaire.
m.	30		10	
L.	5	Décembre.	15	
S.	10		20	
J.	15		25	
M.	20		30	
D.	25		5	Nivôse.
V.	30		10	
S.	31		11	
J.	5	1797. Janv.	16	
M.	10		21	
D.	15		26	
J.	19		30	
M.	24		5	

D.	29		10	Pluviôse.
M.	31		12	
D.	5	Février.	17	
V.	10		22	
m.	15		27	
S.	18		30	
J.	23		5	Ventôse.
M.	28		10	
D.	5	Mars.	15	
V.	10		20	
m.	15		25	
L.	20		30	
S.	25		5	Germinal.
J.	30		10	
V.	31		11	
m.	5	Avril.	16	
L.	10		21	
S.	15		26	
m.	19		30	
L.	24		5	Floréal.
S.	29		10	
D.	30		11	
V.	5	Mai.	16	
m.	10		21	
L.	15		26	
V.	19		30	
m.	24		5	Prairial.
L.	29		10	
m.	31		12	
L.	5	Juin.	17	
S.	10		22	
J.	15		27	
D.	18		30	
V.	23		5	Messidor.
m.	28		10	
V.	30		12	
m.	5	Juillet.	17	
L.	10		22	
S.	15		27	
M.	18		30	
D.	23		5	Thermidor.
V.	28		10	
L.	31		13	
S.	5	Août.	18	
J.	10		23	
M.	15		28	
J.	17		30	
M.	22		5	Fructidor.
D.	27		10	
J.	31		14	
M.	5	Septembre.	19	
D.	10		24	
V.	15		29	
S.	16		30	
D.	17		1	Complém.
L.	18		2	
M.	19		3	
m.	20		4	
J.	21		5	

1797 à 1799. — An 6 et an 7.

V.	22	1797. Septembre.	1	An 6. Vendémiaire.
S.	23		2	
D.	24		3	
L.	25		4	
M.	26		5	
m.	27		6	
J.	28		7	
V.	29		8	
S.	30		9	
J.	5	Octobre.	14	
M.	10		19	
D.	15		24	
V.	20		29	
S.	21		30	
J.	26		5	Brumaire.
M.	31		10	
D.	5	Novembre.	15	
V.	10		20	
m.	15		25	
L.	20		30	
S.	25		5	Frimaire.
J.	30		10	
M.	5	Décembre.	15	
D.	10		20	
V.	15		25	
m.	20		30	
L.	25		5	Nivôse.
S.	30		10	
D.	31		11	
V.	5	1798. Janvier.	16	
m.	10		21	
L.	15		26	
V.	19		30	
m.	24		5	Pluviôse.
L.	29		10	
m.	31		12	
L.	5	Février.	17	
S.	10		22	
J.	15		27	
D.	18		30	
V.	23		5	Ventôse.
m.	28		10	
L.	5	Mars.	15	
S.	10		20	
J.	15		25	
M.	20		30	
D.	25		5	Germinal.
V.	30		10	
S.	31		11	
J.	5	Avril.	16	
M.	10		21	
D.	15		26	
J.	19		30	
M.	24		5	Floréal.
D.	29		10	
L.	30		11	
S.	5	Mai.	16	
J.	10		21	
M.	15		26	
S.	19		30	

J.	24	Mai.	5	Prairial.
M.	29		10	
J.	31		12	
M.	5	Juin.	17	
D.	10		22	
V.	15		27	
L.	18		30	
S.	23		5	Messidor.
J.	28		10	
S.	30		12	
J.	5	Juillet.	17	
M.	10		22	
D.	15		27	
m.	18		30	
L.	23		5	Thermidor.
S.	28		10	
M.	31		13	
D.	5	Août.	18	
V.	10		23	
m.	15		28	
V.	17		30	
m.	22		5	Fructidor.
L.	27		10	
V.	31		14	
m.	5	Septembre.	19	
L.	10		24	
S.	15		29	
D.	16		30	
L.	17		1	Compl.
M.	18		2	
m.	19		3	
J.	20		4	
V.	21		5	
m.	26		5	An 7. Vend.
D.	30		9	
V.	5	Octobre.	14	
m.	10		19	
L.	15		24	
S.	20		29	
D.	21		30	
V.	26		5	Brumaire.
m.	31		10	
L.	5	Novembre.	15	
S.	10		20	
J.	15		25	
M.	20		30	
D.	25		5	Frimaire.
V.	30		10	
m.	5	Décembre.	15	
L.	10		20	
S.	15		25	
J.	20		30	
M.	25		5	Nivôse.
D.	30		10	
L.	31		11	
S.	5	1799. Janv.	16	
J.	10		21	
M.	15		26	
S.	19		30	
J.	24		5	Pluv.

M.	29		10	Pluviôse.
J.	31		12	
M.	5	Février.	17	
D.	10		22	
V.	15		27	
L.	18		30	
S.	23		5	Ventôse.
J.	28		10	
M.	5	Mars.	15	
D.	10		20	
V.	15		25	
m.	20		30	
L.	25		5	Germinal.
S.	30		10	
D.	31		11	
V.	5	Avril.	16	
m.	10		21	
L.	15		26	
V.	19		30	
m.	24		5	Floréal.
L.	29		10	
M.	30		11	
D.	5	Mai.	16	
V.	10		21	
m.	15		26	
D.	19		30	
V.	24		5	Prairial.
m.	29		10	
V.	31		12	
m.	5	Juin.	17	
L.	10		22	
S.	15		27	
M.	18		30	
D.	23		5	Messidor.
V.	28		10	
D.	30		12	
V.	5	Juillet.	17	
m.	10		22	
L.	15		27	
J.	18		30	
M.	23		5	Thermidor.
D.	28		10	
m.	31		13	
L.	5	Août.	18	
S.	10		23	
J.	15		28	
S.	17		30	
J.	22		5	Fructidor.
M.	27		10	
S.	31		14	
J.	5	Septembre.	19	
M.	10		24	
D.	15		29	
L.	16		30	
M.	17		1	Complément.
m.	18		2	
J.	19		3	
V.	20		4	
S.	21		5	
D.	22		6	

1799 à 1801. — An 8 et an 9.

L.	23	1799. Septemb.	1	An 8. Vendémiaire.
M.	24		2	
m.	25		3	
J.	26		4	
V.	27		5	
S.	28		6	
D.	29		7	
L.	30		8	
S.	5	Octobre.	13	
J.	10		18	
M.	15		23	
D.	20		28	
M.	22		30	
D.	27		5	Brumaire.
J.	31		9	
M.	5	Novembre.	14	
D.	10		19	
V.	15		24	
m.	20		29	
J.	21		30	
M.	26		5	Frimaire.
S.	30		9	
J.	5	Décembre.	14	
M.	10		19	
D.	15		24	
V.	20		29	
S.	21		30	
J.	26		5	Nivôse.
M.	31		10	
D.	5	1800. Janv.	15	
V.	10		20	
m.	15		25	
L.	20		30	
S.	25		5	Pluviôse.
J.	30		10	
V.	31		11	
m.	5	Février.	16	
L.	10		21	
S.	15		26	
m.	19		30	
L.	24		5	Ventôse.
V.	28		9	
m.	5	Mars.	14	
L.	10		19	
S.	15		24	
J.	20		29	
V.	21		30	
m.	26		5	Germinal.
L.	31		10	
S.	5	Avril.	15	
J.	10		20	
M.	15		25	
D.	20		30	
V.	25		5	Floréal.
m.	30		10	
L.	5	Mai.	15	
S.	10		20	
J.	15		25	
M.	20		30	
D.	25		5	Prair.

V.	30		10	Prairial.
S.	31		11	
J.	5	Juin.	16	
M.	10		21	
D.	15		26	
J.	19		30	
M.	24		5	Messidor.
D.	29		10	
L.	30		11	
S.	5	Juillet.	16	
J.	10		21	
M.	15		26	
S.	19		30	
J.	24		5	Thermidor.
M.	29		10	
J.	31		12	
M.	5	Août.	17	
D.	10		22	
V.	15		27	
L.	18		30	
S.	23		5	Fructidor.
J.	28		10	
D.	31		13	
V.	5	Septembre.	18	
m.	10		23	
L.	15		28	
m.	17		30	
J.	18		1	Compl.
V.	19		2	
S.	20		3	
D.	21		4	
L.	22		5	
S.	27		5	An 9. Vend.
M.	30		8	
D.	5	Octobre.	13	
V.	10		18	
m.	15		23	
L.	20		28	
m.	22		30	
L.	27		5	Brumaire.
V.	31		9	
m.	5	Novembre.	14	
L.	10		19	
S.	15		24	
J.	20		29	
V.	21		30	
m.	26		5	Frimaire.
D.	30		9	
V.	5	Décembre.	14	
m.	10		19	
L.	15		24	
S.	20		29	
D.	21		30	
V.	26		5	Nivôse.
m.	31		10	
L.	5	1801. Janv.	15	
S.	10		20	
J.	15		25	
M.	20		30	
D.	25		5	Pluv.

V.	30		10	Pluviôse.
S.	31		11	
J.	5	Février.	16	
M.	10		21	
D.	15		26	
J.	19		30	
M.	24		5	Ventôse.
S.	28		9	
J.	5	Mars.	14	
M.	10		19	
D.	15		24	
V.	20		29	
S.	21		30	
J.	26		5	Germinal.
M.	31		10	
D.	5	Avril.	15	
V.	10		20	
m.	15		25	
L.	20		30	
S.	25		5	Floréal.
J.	30		10	
M.	5	Mai.	15	
D.	10		20	
V.	15		25	
m.	20		30	
L.	25		5	Prairial.
S.	30		10	
D.	31		11	
V.	5	Juin.	16	
m.	10		21	
L.	15		26	
V.	19		30	
m.	24		5	Messidor.
L.	29		10	
M.	30		11	
D	5	Juillet.	16	
V.	10		21	
m.	15		26	
D.	19		30	
V.	24		5	Thermidor.
m.	29		10	
V.	31		12	
m.	5	Août.	17	
L.	10		22	
S.	15		27	
M.	18		30	
D.	23		5	Fructidor.
V.	28		10	
L.	31		13	
S.	5	Septembre.	18	
J.	10		23	
M.	15		28	
J.	17		30	
V.	18		1	Complém.
S.	19		2	
D.	20		3	
L.	21		4	
M.	22		5	

1801 à 1803. — An 10 et an 11.

m.	23	1801. Sept.	1	An 10. Vendémiaire.
J.	24		2	
V.	25		3	
S.	26		4	
D.	27		5	
L.	28		6	
M.	29		7	
m.	30		8	
L.	5	Octobre.	13	
S.	10		18	
J.	15		23	
M.	20		28	
J.	22		30	
M.	27		5	Brumaire.
S.	31		9	
J.	5	Novembre.	14	
M.	10		19	
D.	15		24	
V.	20		29	
S.	21		30	
J.	26		5	Frimaire.
L.	30		9	
S.	5	Décembre.	14	
J.	10		19	
M.	15		24	
D.	20		29	
L.	21		30	
S.	26		5	Nivôse.
J.	31		10	
M.	5	1802. Janv.	15	
D.	10		20	
V.	15		25	
m.	20		30	
L.	25		5	Pluviôse.
S.	30		10	
D.	31		11	
V.	5	Février.	16	
m.	10		21	
L.	15		26	
V.	19		30	
m.	24		5	Ventôse.
D.	28		9	
V.	5	Mars.	14	
m.	10		19	
L.	15		24	
S.	20		29	
D.	21		30	
V.	26		5	Germinal.
m.	31		10	
L.	5	Avril.	15	
S.	10		20	
J.	15		25	
M.	20		30	
D.	25		5	Floréal.
V.	30		10	
m.	5	Mai.	15	
L.	10		20	
S.	15		25	
J.	20		30	

M.	25	Mai.	5	Prairial.
D.	30		10	
L.	31		11	
S.	5	Juin.	16	
J.	10		21	
M.	15		26	
S.	19		30	
J.	24		5	Messidor.
M.	29		10	
m.	30		11	
L.	5	Juillet.	16	
S.	10		21	
J.	15		26	
L.	19		30	
S.	24		5	Thermidor.
J.	29		10	
S.	31		12	
J.	5	Août.	17	
M.	10		22	
D.	15		27	
m.	18		30	
L.	23		5	Fructidor.
S.	28		10	
M.	31		13	
D.	5	Septembre.	18	
V.	10		23	
m.	15		28	
V.	17		30	
S.	18		1	Compl.
D.	19		2	
L.	20		3	
M.	21		4	
m.	22		5	
L.	27		5	An 11. Vend.
J.	30		8	
M.	5	Octobre.	13	
D.	10		18	
V.	15		23	
m.	20		28	
V.	22		30	
m.	27		5	Brumaire.
D.	31		9	
V.	5	Novembre.	14	
m.	10		19	
L.	15		24	
S.	20		29	
D.	21		30	
V.	26		5	Frimaire.
M.	30		9	
D.	5	Décembre.	14	
V.	10		19	
m.	15		24	
L.	20		29	
M.	21		30	
D.	26		5	Nivôse.
V.	31		10	
m.	5	1803. Janv.	15	
L.	10		20	
S.	15		25	
J.	20		30	

M.	25	Janv.	5	Pluviôse.
D.	30		10	
L.	31		11	
S.	5	Février.	16	
J.	10		21	
M.	15		26	
S.	19		30	
J.	24		5	Ventôse.
L.	28		9	
S.	5	Mars.	14	
J.	10		19	
M.	15		24	
D.	20		29	
L.	21		30	
S.	26		5	Germinal.
J.	31		10	
M.	5	Avril.	15	
D.	10		20	
V.	15		25	
m.	20		30	
L.	25		5	Floréal.
S.	30		10	
J.	5	Mai.	15	
M.	10		20	
D.	15		25	
V.	20		30	
m.	25		5	Prairial.
L.	30		10	
M.	31		11	
D.	5	Juin.	16	
V.	10		21	
m.	15		26	
D.	19		30	
V.	24		5	Messidor.
m.	29		10	
J.	30		11	
M.	5	Juillet.	16	
D.	10		21	
V.	15		26	
m.	19		30	
D.	24		5	Thermidor.
V.	29		10	
D.	31		12	
V.	5	Août.	17	
m.	10		22	
L.	15		27	
J.	18		30	
M.	23		5	Fructidor.
D.	28		10	
m.	31		13	
L.	5	Septembre.	18	
S.	10		23	
J.	15		28	
S.	17		30	
D.	18		1	Complém.
L.	19		2	
M.	20		3	
m.	21		4	
J.	22		5	
V.	23		6	

1803 à 1805. — An 12 et an 13.

S.	24	1803. Sept.	1	An 12. Vendémiaire.
D.	25		2	
L.	26		3	
M.	27		4	
m.	28		5	
J.	29		6	
V.	30		7	
m.	5	Octobre.	12	
L.	10		17	
S.	15		22	
J.	20		27	
D.	23		30	
V.	28		5	Brumaire.
L.	31		8	
S.	5	Novembre.	13	
J.	10		18	
M.	15		23	
D.	20		28	
M.	22		30	
D.	27		5	Frimaire.
m.	30		8	
L.	5	Décembre.	13	
S.	10		18	
J.	15		23	
M.	20		28	
J.	22		30	
M.	27		5	Nivôse.
S.	31		9	
J.	5	1804. Janv.	14	
M.	10		19	
D.	15		24	
V.	20		29	
S.	21		30	
J.	26		5	Pluviôse.
M.	31		10	
D.	5	Février.	15	
V.	10		20	
m.	15		25	
L.	20		30	
S.	25		5	Ventôse.
m.	29		9	
L.	5	Mars.	14	
S.	10		19	
J.	15		24	
M.	20		29	
m.	21		30	
L.	26		5	Germinal.
S.	31		10	
J.	5	Avril.	15	
M.	10		20	
D.	15		25	
V.	20		30	
m.	25		5	Floréal.
L.	30		10	
S.	5	Mai.	15	
J.	10		20	
M.	15		25	
D.	20		30	
V.	25		5	Prairial.
m.	30		10	

J.	31		11	Prairial.
M.	5	Juin.	16	
D.	10		21	
V.	15		26	
M.	19		30	
D.	24		5	Messidor.
V.	29		10	
S.	30		11	
J.	5	Juillet.	16	
M.	10		21	
D.	15		26	
J.	19		30	
M.	24		5	Thermidor.
D.	29		10	
M.	31		12	
D.	5	Août.	17	
V.	10		22	
m.	15		27	
S.	18		30	
J.	23		5	Fructidor.
M.	28		10	
V.	31		13	
m.	5	Septembre.	18	
L.	10		23	
S.	15		28	
L.	17		30	
M.	18		1	Compl.
m.	19		2	
J.	20		3	
V.	21		4	
S.	22		5	
J.	27		5	An 13. Vend.
D.	30		8	
V.	5	Octobre.	13	
m.	10		18	
L.	15		23	
S.	20		28	
L.	22		30	
S.	27		5	Brumaire.
m.	31		9	
L.	5	Novembre.	14	
S.	10		19	
J.	15		24	
M.	20		29	
m.	21		30	
L.	26		5	Frimaire.
V.	30		9	
m.	5	Décembre.	14	
L.	10		19	
S.	15		24	
J.	20		29	
V.	21		30	
m.	26		5	Nivôse.
L.	31		10	
S.	5	1805. Janvier.	15	
J.	10		20	
M.	15		25	
D.	20		30	
V.	25		5	Pluviôse.
m.	30		10	

J.	31		11	Pluviôse.
M.	5	Février.	16	
D.	10		21	
V.	15		26	
M.	19		30	
D.	24		5	Ventôse.
J.	28		9	
M.	5	Mars.	14	
D.	10		19	
V.	15		24	
m.	20		29	
J.	21		30	
M.	26		5	Germinal.
D.	31		10	
V.	5	Avril.	15	
m.	10		20	
L.	15		25	
S.	20		30	
J.	25		5	Floréal.
M.	30		10	
D.	5	Mai.	15	
V.	10		20	
m.	15		25	
L.	20		30	
S.	25		5	Prairial.
J.	30		10	
V.	31		11	
m.	5	Juin.	16	
L.	10		21	
S.	15		26	
m.	19		30	
L.	24		5	Messidor.
S.	29		10	
D.	30		11	
V.	5	Juillet.	16	
m.	10		21	
L.	15		26	
V.	19		30	
m.	24		5	Thermidor.
L.	29		10	
m.	31		12	
L.	5	Août.	17	
S.	10		22	
J.	15		27	
D.	18		30	
V.	23		5	Fructidor.
M.	28		10	
S.	31		13	
J.	5	Septembre.	18	
M.	10		23	
D.	15		28	
M.	17		30	
m.	18		1	Complém.
J.	19		2	
V.	20		3	
S.	21		4	
D.	22		5	

1805 à 1807. — An 14 et an 15.

L.	23	1805. Sept.	1	An 14. Vendémiaire.
M.	24		2	
m.	25		3	
J.	26		4	
V.	27		5	
S.	28		6	
D.	29		7	
L.	30		8	
S.	5	Octobre.	13	
J.	10		18	
M.	15		23	
D.	20		28	
M.	22		30	
D.	27		5	Brumaire.
J.	31		9	
M.	5	Novembre.	14	
D.	10		19	
V.	15		24	
m.	20		29	
J.	21		30	
M.	26		5	Frimaire.
S.	30		9	
J.	5	Décembre.	14	
M.	10		19	
D.	15		24	
V.	20		29	
S.	21		30	
J.	26		5	Nivôse.
M.	31		10	
D.	5	1806. Janv.	15	
V.	10		20	
m.	15		25	
L.	20		30	
S.	25		5	Pluviôse.
J.	30		10	
V.	31		11	
m.	5	Février.	16	
L.	10		21	
S.	15		26	
m.	19		30	
L.	24		5	Ventôse.
V.	28		9	
m.	5	Mars.	14	
L.	10		19	
S.	15		24	
J.	20		29	
V.	21		30	
m.	26		5	Germinal.
L.	31		10	
S.	5	Avril.	15	
J.	10		20	
M.	15		25	
D.	20		30	
V.	25		5	Floréal.
m.	30		10	
L.	5	Mai.	15	
S.	10		20	
J.	15		25	
M.	20		30	

D.	25	Mai.	5	Prairial.
V.	30		10	
S.	31		11	
J.	5	Juin.	16	
M.	10		21	
D.	15		26	
J.	19		30	
M.	24		5	Messidor.
D.	29		10	
L.	30		11	
S.	5	Juillet.	16	
J.	10		21	
M.	15		26	
S.	19		30	
J.	24		5	Thermidor.
M.	29		10	
J.	31		12	
M.	5	Août.	17	
D.	10		22	
V.	15		27	
L.	18		30	
S.	23		5	Fructidor.
J.	28		10	
D.	31		13	
V.	5	Septembre.	18	
m.	10		23	
L.	15		28	
m.	17		30	
J.	18		1	Compl.
V.	19		2	
S.	20		3	
D.	21		4	
L.	22		5	
S.	27		5	An 15. Vend.
M.	30		8	
D.	5	Octobre.	13	
V.	10		18	
m.	15		23	
L.	20		28	
m.	22		30	
L.	27		5	Brumaire.
V.	31		9	
m.	5	Novembre.	14	
L.	10		19	
S.	15		24	
J.	20		29	
V.	21		30	
m.	26		5	Frimaire.
D.	30		9	
V.	5	Décembre.	14	
m.	10		19	
L.	15		24	
S.	20		29	
D.	21		30	
V.	26		5	Nivôse.
m.	31		10	
L.	5	1807. Janv.	15	
S.	10		20	
J.	15		25	
M.	20		30	

D.	25	Janv.	5	Pluviôse.
V.	30		10	
S.	31		11	
J.	5	Février.	16	
M.	10		21	
D.	15		26	
J.	19		30	
M.	24		5	Ventôse.
S.	28		9	
J.	5	Mars.	14	
M.	10		19	
D.	15		24	
V.	20		29	
S.	21		30	
J.	26		5	Germinal.
M.	31		10	
D.	5	Avril.	15	
V.	10		20	
m.	15		25	
L.	20		30	
S.	25		5	Floréal.
J.	30		10	
M.	5	Mai.	15	
D.	10		20	
V.	15		25	
m.	20		30	
L.	25		5	Prairial.
S.	30		10	
D.	31		11	
V.	5	Juin.	16	
m.	10		21	
L.	15		26	
V.	19		30	
m.	24		5	Messidor.
L.	29		10	
M.	30		11	
D.	5	Juillet.	16	
V.	10		21	
m.	15		26	
D.	19		30	
V.	24		5	Thermidor.
m.	29		10	
V.	31		12	
m.	5	Août.	17	
L.	10		22	
S.	15		27	
M.	18		30	
D.	23		5	Fructidor.
V.	28		10	
L.	31		13	
S.	5	Septembre.	18	
J.	10		23	
M.	15		28	
J.	17		30	
V.	18		1	Complém.
S.	19		2	
D.	20		3	
L.	21		4	
M.	22		5	
m.	23		6	

1807 à 1809. — An 16 et an 17.

J.	24	1807. Sept.	1	An 16, Vendémiaire.
V.	25		2	
S.	26		3	
D.	27		4	
L.	28		5	
M.	29		6	
m.	30		7	
L.	5	Octobre.	12	
S.	10		17	
J.	15		22	
M.	20		27	
V.	23		30	
m.	28		5	Brumaire.
S.	31		8	
J.	5	Novembre.	13	
M.	10		18	
D.	15		23	
V.	20		28	
D.	22		30	
V.	27		5	Frimaire.
L.	30		8	
S.	5	Décembre.	13	
J.	10		18	
M.	15		23	
D.	20		28	
M.	22		30	
D.	27		5	Nivôse.
J.	31		9	
M.	5	1808. Janv.	14	
D.	10		19	
V.	15		24	
m.	20		29	
J.	21		30	
M.	26		5	Pluviôse.
D.	31		10	
V.	5	Février.	15	
m.	10		20	
L.	15		25	
S.	20		30	
J.	25		5	Ventôse.
L.	29		9	
S.	5	Mars.	14	
J.	10		19	
M.	15		24	
D.	20		29	
L.	21		30	
S.	26		5	Germinal.
J.	31		10	
M.	5	Avril.	15	
D.	10		20	
V.	15		25	
m.	20		30	
L.	25		5	Floréal.
S.	30		10	
J.	5	Mai.	15	
M.	10		20	
D.	15		25	
V.	20		30	

m.	25	Mai.	5	Prairial.
L.	30		10	
M.	31		11	
D.	5	Juin.	16	
V.	10		21	
m.	15		26	
D.	19		30	
V.	24		5	Messidor.
m.	29		10	
J.	30		11	
M.	5	Juillet.	16	
D.	10		21	
V.	15		26	
M.	19		30	
D.	24		5	Thermidor.
V.	29		10	
D.	31		12	
V.	5	Août.	17	
m.	10		22	
L.	15		27	
J.	18		30	
M.	23		5	Fructidor.
D.	28		10	
m.	31		13	
L.	5	Septembre.	18	
S.	10		23	
J.	15		28	
S.	17		30	
D.	18		1	Compl.
L.	19		2	
M.	20		3	
m.	21		4	
J.	22		5	
M.	27		5	An 17. Vend.
V.	30		8	
m.	5	Octobre.	13	
L.	10		18	
S.	15		23	
J.	20		28	
S.	22		30	
J.	27		5	Brumaire.
L.	31		9	
S.	5	Novembre.	14	
J.	10		19	
M.	15		24	
D.	20		29	
L.	21		30	
S.	26		5	Frimaire.
m.	30		9	
L.	5	Décembre.	14	
S.	10		19	
J.	15		24	
M.	20		29	
m.	21		30	
L.	26		5	Nivôse.
S.	31		10	
J.	5	Janvier.	15	
M.	10		20	
D.	15		25	
V.	20		30	

m.	25	Janv.	5	Pluviôse.
L.	30		10	
M.	31		11	
D.	5	Février.	16	
V.	10		21	
m.	15		26	
D.	19		30	
V.	24		5	Ventôse.
M.	28		9	
D.	5	Mars.	14	
V.	10		19	
m.	15		24	
L.	20		29	
M.	21		30	
D.	26		5	Germinal.
V.	31		10	
m.	5	Avril.	15	
L.	10		20	
S.	15		25	
J.	20		30	
M.	25		5	Floréal.
D.	30		10	
V.	5	Mai.	15	
m.	10		20	
L.	15		25	
S.	20		30	
J.	25		5	Prairial.
M.	30		10	
m.	31		11	
L.	5	Juin.	16	
S.	10		21	
J.	15		26	
L.	19		30	
S.	24		5	Messidor.
J.	29		10	
V.	30		11	
m.	5	Juillet.	16	
L.	10		21	
S.	15		26	
m.	19		30	
L.	24		5	Thermidor.
S.	29		10	
L.	31		12	
S.	5	Août.	17	
J.	10		22	
M.	15		27	
V.	18		30	
m.	23		5	Fructidor.
L.	28		10	
J.	31		13	
M.	5	Septembre.	18	
D.	10		23	
V.	15		28	
D.	17		30	
L.	18		1	Complém.
M.	19		2	
m.	20		3	
J.	21		4	
V.	22		5	

1809 à 1811. — An 18 et an 19.

S.	23	1809. Septemb.	1	An 18. Vendémiaire.
D.	24		2	
L.	25		3	
M.	26		4	
m.	27		5	
J.	28		6	
V.	29		7	
S.	30		8	
J.	5	Octobre.	13	
M.	10		18	
D.	15		23	
V.	20		28	
D.	22		30	
V.	27		5	Brumaire.
M.	31		9	
D.	5	Novembre.	14	
V.	10		19	
m.	15		24	
L.	20		29	
M.	21		30	
D.	26		5	Frimaire.
J.	30		9	
M.	5	Décembre.	14	
D.	10		19	
V.	15		24	
m.	20		29	
J.	21		30	
M.	26		5	Nivôse.
D.	31		10	
V.	5	1810. Janv.	15	
m.	10		20	
L.	15		25	
S.	20		30	
J.	25		5	Pluviôse.
M.	30		10	
m.	31		11	
L.	5	Février.	16	
S.	10		21	
J.	15		26	
L.	19		30	
S.	24		5	Ventôse.
m.	28		9	
L.	5	Mars.	14	
S.	10		19	
J.	15		24	
M.	20		29	
m.	21		30	
L.	26		5	Germinal.
S.	31		10	
J.	5	Avril.	15	
M.	10		20	
D.	15		25	
V.	20		30	
m.	25		5	Floréal.
L.	30		10	
S.	5	Mai.	15	
J.	10		20	
M.	15		25	
D.	20		30	

V.	25	Mai.	5	Prairial.
m.	30		10	
J.	31		11	
M.	5	Juin.	16	
D.	10		21	
V.	15		26	
M.	19		30	
D.	24		5	Messidor.
V.	29		10	
S.	30		11	
J.	5	Juillet.	16	
M.	10		21	
D.	15		26	
J.	19		30	
M.	24		5	Thermidor.
D.	29		10	
M.	31		12	
D.	5	Août.	17	
V.	10		22	
m.	15		27	
S.	18		30	
J.	23		5	Fructidor.
M.	28		10	
V.	31		13	
m.	5	Septembre.	18	
L.	10		23	
S.	15		28	
L.	17		30	
M.	18		1	Compl.
m.	19		2	
J.	20		3	
V.	21		4	
S.	22		5	
J.	27		5	An 19. Vend.
D.	30		8	
V.	5	Octobre.	13	
m.	10		18	
L.	15		23	
S.	20		28	
L.	22		30	
S.	27		5	Brumaire.
m.	31		9	
L.	5	Novembre.	14	
S.	10		19	
J.	15		24	
M.	20		29	
m.	21		30	
L.	26		5	Frimaire.
V.	30		9	
m.	5	Décembre.	14	
L.	10		19	
S.	15		24	
J.	20		29	
V.	21		30	
m.	26		5	Nivôse.
L.	31		10	
S.	5	1811. Janv.	15	
J.	10		20	
M.	15		25	
D.	20		30	

V.	25	Jan.	5	Pluviôse.
m.	30		10	
J.	31		11	
M.	5	Février.	16	
D.	10		21	
V.	15		26	
M.	19		30	
D.	24		5	Ventôse.
J.	28		9	
M.	5	Mars.	14	
D.	10		19	
V.	15		24	
m.	20		29	
J.	21		30	
M.	26		5	Germinal.
D.	31		10	
V.	5	Avril.	15	
m.	10		20	
L.	15		25	
S.	20		30	
J.	25		5	Floréal.
M.	30		10	
D.	5	Mai.	15	
V.	10		20	
m.	15		25	
L.	20		30	
S.	25		5	Prairial.
J.	30		10	
V.	31		11	
m.	5	Juin.	16	
L.	10		21	
S.	15		26	
m.	19		30	
L.	24		5	Messidor.
S.	29		10	
D.	30		11	
V.	5	Juillet.	16	
m.	10		21	
L.	15		26	
V.	19		30	
m.	24		5	Thermidor.
L.	29		10	
m.	31		12	
L.	5	Août.	17	
S.	10		22	
J.	15		27	
D.	18		30	
V.	23		5	Fructidor.
m.	28		10	
S.	31		13	
J.	5	Septembre.	18	
M.	10		23	
D.	15		28	
M.	17		30	
m.	18		1	Complém.
J.	19		2	
V.	20		3	
S.	21		4	
D.	22		5	

1811 à 1813. — An 20 et an 21.

L.	23	1811. Septemb.	1	An 20. Vendémiaire.
M.	24		2	
m.	25		3	
J.	26		4	
V.	27		5	
S.	28		6	
D.	29		7	
L.	30		8	
S.	5	Octobre.	13	
J.	10		18	
M.	15		23	
D.	20		28	
M.	22		30	
D.	27		5	Brumaire.
J.	31		9	
M.	5	Novembre.	14	
D.	10		19	
V.	15		24	
m.	20		29	
J.	21		30	
M.	26		5	Frimaire.
S.	30		9	
J.	5	Décembre.	14	
M.	10		19	
D.	15		24	
V.	20		29	
S.	21		30	
J.	26		5	Nivôse.
M.	31		10	
D.	5	1812. Janv.	15	
V.	10		20	
m.	15		25	
L.	20		30	
S.	25		5	Pluviôse.
J.	30		10	
V.	31		11	
m.	5	Février.	16	
L.	10		21	
S.	15		26	
m.	19		30	
L.	24		5	Ventôse.
S.	29		10	
J.	5	Mars.	15	
M.	10		20	
D.	15		25	
V.	20		30	
m.	25		5	Germinal.
L.	30		10	
M.	31		11	
D.	5	Avril.	16	
V.	10		21	
m.	15		26	
D.	19		30	
V.	24		5	Floréal.
m.	29		10	
J.	30		11	
M.	5	Mai.	16	
D.	10		21	
V.	15		26	
M.	19		30	

D.	24	Mai.	5	Prairial.
V.	29		10	
D.	31		12	
V.	5	Juin.	17	
m.	10		22	
L.	15		27	
J.	18		30	
M.	23		5	Messidor.
D.	28		10	
M.	30		12	
D.	5	Juillet.	17	
V.	10		22	
m.	15		27	
S.	18		30	
J.	23		5	Thermidor.
M.	28		10	
V.	31		13	
m.	5	Août.	18	
L.	10		23	
S.	15		28	
L.	17		30	
S.	22		5	Fructidor.
J.	27		10	
L.	31		14	
S.	5	Septembre.	19	
J.	10		24	
M.	15		29	
m.	16		30	
J.	17		1	Compl.
V.	18		2	
S.	19		3	
D.	20		4	
L.	21		5	
M.	22		6	
D.	27		5	An 21. Vend.
m.	30		8	
L.	5	Octobre.	13	
S.	10		18	
J.	15		23	
M.	20		28	
J.	22		30	
M.	27		5	Brumaire.
S.	31		9	
J.	5	Novembre.	14	
M.	10		19	
D.	15		24	
V.	20		29	
S.	21		30	
J.	26		5	Frimaire.
L.	30		9	
S.	5	Décembre.	14	
J.	10		19	
M.	15		24	
D.	20		29	
L.	21		30	
S.	26		5	Nivôse.
J.	31		10	
M.	5	1813. Janv.	15	
D.	10		20	
V.	15		25	

m.	20	Janv.	30	
L.	25		5	Pluviôse.
S.	30		10	
D.	31		11	
V.	5	Février.	16	
m.	10		21	
L.	15		26	
V.	19		30	
m.	24		5	Ventôse.
D.	28		9	
V.	5	Mars.	14	
m.	10		19	
L.	15		24	
S.	20		29	
D.	21		30	
V.	26		5	Germinal.
m.	31		10	
L.	5	Avril.	15	
S.	10		20	
J.	15		25	
M.	20		30	
D.	25		5	Floréal.
V.	30		10	
m.	5	Mai.	15	
L.	10		20	
S.	15		25	
J.	20		30	
M.	25		5	Prairial.
D.	30		10	
L.	31		11	
S.	5	Juin.	16	
J.	10		21	
M.	15		26	
S.	19		30	
J.	24		5	Messidor.
M.	29		10	
m.	30		11	
L.	5	Juillet.	16	
S.	10		21	
J.	15		26	
L.	19		30	
S.	24		5	Thermidor.
J.	29		10	
S.	31		12	
J.	5	Août.	17	
M.	10		22	
D.	15		27	
m.	18		30	
L.	23		5	Fructidor.
S.	28		10	
M.	31		13	
D.	5	Septembre.	18	
V.	10		23	
m.	15		28	
V.	17		30	
S.	18		1	Complém.
D.	19		2	
L.	20		3	
M.	21		4	
m.	22		5	

1813 à 1815. — An 22 et an 23.

Jour	Date	Mois	Jour rép.	Mois républicain
J.	23	1813. Septemb.	1	An 22. Vendémiaire.
V.	24		2	
S.	25		3	
D.	26		4	
L.	27		5	
M.	28		6	
m.	29		7	
J.	30		8	
M.	5	Octobre.	13	
D.	10		18	
V.	15		23	
m.	20		28	
V.	22		30	
m.	27		5	Brumaire.
D.	31		9	
V.	5	Novembre.	14	
m.	10		19	
L.	15		24	
S.	20		29	
D.	21		30	
V.	26		5	Frimaire.
M.	30		9	
D.	5	Décembre.	14	
V.	10		19	
m.	15		24	
L.	20		29	
M.	21		30	
D.	26		5	Nivôse.
V.	31		10	
m.	5	1814. Janv.	15	
L.	10		20	
S.	15		25	
J.	20		30	
M.	25		5	Pluviôse.
D.	30		10	
L.	31		11	
S.	5	Février.	16	
J.	10		21	
M.	15		26	
S.	19		30	
J.	24		5	Ventôse.
L.	28		9	
S.	5	Mars.	14	
J.	10		19	
M.	15		24	
D.	20		29	
L.	21		30	
S.	26		5	Germinal.
J.	31		10	
M.	5	Avril.	15	
D.	10		20	
V.	15		25	
m.	20		30	
L.	25		5	Floréal.
S.	30		10	
J.	5	Mai.	15	
M.	10		20	
D.	15		25	
V.	20		30	

Jour	Date	Mois	Jour rép.	Mois républicain
m.	25	Mai.	5	Prairial.
L.	30		10	
M.	31		11	
D.	5	Juin.	16	
V.	10		21	
m.	15		26	
D.	19		30	
V.	24		5	Messidor.
m.	29		10	
J.	30		11	
M.	5	Juillet.	16	
D.	10		21	
V.	15		26	
M.	19		30	
D.	24		5	Thermidor.
V.	29		10	
D.	31		12	
V.	5	Août.	17	
m.	10		22	
L.	15		27	
J.	18		30	
M.	23		5	Fructidor.
D.	28		10	
m.	31		13	
L.	5	Septembre.	18	
S.	10		23	
J.	15		28	
S.	17		30	
D.	18		1	Complém.
L.	19		2	
M.	20		3	
m.	21		4	
J.	22		5	
M.	27		5	An 23. Vendémiaire.
V.	30		8	
m.	5	Octobre.	13	
L.	10		18	
S.	15		23	
J.	20		28	
S.	22		30	
J.	27		5	Brumaire.
L.	31		9	
S.	5	Novembre.	14	
J.	10		19	
M.	15		24	
D.	20		29	
L.	21		30	
S.	26		5	Frimaire.
m.	30		9	
L.	5	Décembre.	14	
S.	10		19	
J.	15		24	
M.	20		29	
m.	21		30	
L.	26		5	Nivôse.
S.	31		10	
J.	5	1815. Janv.	15	
M.	10		20	
D.	15		25	
V.	20		30	

Jour	Date	Mois	Jour rép.	Mois républicain
m.	25	Jan.	5	Pluviôse.
L.	30		10	
M.	31		11	
D.	5	Février.	16	
V.	10		21	
m.	15		26	
D.	19		30	
V.	24		5	Ventôse.
M.	28		9	
D.	5	Mars.	14	
V.	10		19	
m.	15		24	
L.	20		29	
M.	21		30	
D.	26		5	Germinal.
V.	31		10	
m.	5	Avril.	15	
L.	10		20	
S.	15		25	
J.	20		30	
M.	21		5	Floréal.
D.	30		10	
V.	5	Mai.	15	
m.	10		20	
L.	15		25	
S.	20		30	
J.	25		5	Prairial.
M.	30		10	
m.	31		11	
L.	5	Juin.	16	
S.	10		21	
J.	15		26	
L.	19		30	
S.	24		5	Messidor.
J.	29		10	
V.	30		11	
m.	5	Juillet.	16	
L.	10		21	
S.	15		26	
m.	19		30	
L.	24		5	Thermidor.
S.	29		10	
L.	31		12	
S.	5	Août.	17	
J.	10		22	
M.	15		27	
V.	18		30	
m.	23		5	Fructidor.
L.	28		10	
J.	31		13	
M.	5	Septembre.	18	
D.	10		23	
V.	15		28	
D.	17		30	
L.	18		1	Complém.
M.	19		2	
m.	20		3	
J.	21		4	
V.	22		5	

1815 à 1817. — An 24 et an 25.

Jour	Date	Mois	Jour rép.	Mois républicain
S.	23	1815. Septemb.	1	An 24. Vendémiaire.
D.	24		2	
L.	25		3	
M.	26		4	
m.	27		5	
J.	27		6	
V.	29		7	
S.	30		8	
J.	5	Octobre.	13	
M.	10		18	
D.	15		23	
V.	20		28	
D.	22		30	
V.	27		5	Brumaire.
M.	31		9	
D.	5	Novembre.	14	
V.	10		19	
m.	15		24	
L.	20		29	
M.	21		30	
D.	26		5	Frimaire.
J.	30		9	
M.	5	Décembre.	14	
D.	10		19	
V.	15		24	
m.	20		29	
J.	21		30	
M.	26		5	Nivôse.
D.	31		10	
V.	5	1816. Janv.	15	
m.	10		20	
L.	15		25	
S.	20		30	
J.	25		5	Pluviôse.
M.	30		10	
m.	31		11	
L.	5	Février.	16	
S.	10		21	
J.	15		26	
L.	19		30	
S.	24		5	Ventôse.
J.	29		10	
M.	5	Mars.	15	
D.	10		20	
V.	15		25	
m.	20		30	
L.	25		5	Germinal.
S.	30		10	
D.	31		11	
V.	5	Avril.	16	
m.	10		21	
L.	15		26	
V.	19		30	
m.	24		5	Floréal.
L.	29		10	
M.	30		11	
D.	5	Mai.	16	
V.	10		21	
m.	15		26	
D.	19		30	

Jour	Date	Mois	Jour rép.	Mois républicain
V.	24	Mai.	5	Prairial.
m.	29		10	
V.	31		12	
m	5	Juin.	17	
L.	10		22	
S.	15		27	
M.	18		30	
D.	23		5	Messidor.
V.	28		10	
D.	30		12	
V.	5	Juillet.	17	
m.	10		22	
L.	15		27	
J.	18		30	
M.	23		5	Thermidor.
D.	28		10	
m.	31		13	
L.	5	Août.	18	
S.	10		23	
J.	15		28	
S.	17		30	
J.	22		5	Fructidor.
M.	27		10	
S.	31		14	
J.	5	Septembre.	19	
M.	10		24	
D.	15		29	
L.	16		30	
M.	17		1	Complém.
m.	18		2	
J.	19		3	
V.	20		4	
S.	21		5	
D.	22		6	
V.	27		5	An 25. Vend.
L.	30		8	
S.	5	Octobre.	13	
J.	10		18	
M.	15		23	
D.	20		28	
M.	22		30	
D.	27		5	Brumaire.
J.	31		9	
M.	5	Novembre.	14	
D.	10		19	
V.	15		24	
m.	20		29	
J.	21		30	
M.	26		5	Frimaire.
S.	30		9	
J.	5	Décembre.	14	
M.	10		19	
D.	15		24	
V.	20		29	
S.	21		30	
J.	26		5	Nivôse.
M.	31		10	
D.	5	1817. Janv.	15	
V.	10		20	
m.	15		25	

Jour	Date	Mois	Jour rép.	Mois républicain
L.	20	Janv.	30	
S.	25		5	Pluviôse.
J.	30		10	
V.	31		11	
m.	5	Février.	16	
L.	10		21	
S.	15		26	
m.	19		30	
L.	24		5	Ventôse.
V.	28		9	
m.	5	Mars.	14	
L.	10		19	
S.	15		24	
J.	20		29	
V.	21		30	
m.	26		5	Germinal.
L.	31		10	
S.	5	Avril.	15	
J.	10		20	
M.	15		25	
D.	20		30	
V.	25		5	Floréal.
m.	30		10	
L.	5	Mai.	15	
S.	10		20	
J.	15		25	
M.	20		30	
D.	25		5	Prairial.
V.	30		10	
S.	31		11	
J.	5	Juin.	16	
M.	10		21	
D.	15		26	
J.	19		30	
M.	24		5	Messidor.
D.	29		10	
L.	30		11	
S.	5	Juillet.	16	
J.	10		21	
M.	15		26	
S.	19		30	
J.	24		5	Thermidor.
M.	29		10	
J.	31		12	
M.	5	Août.	17	
D.	10		22	
V.	15		27	
L.	18		30	
S.	23		5	Fructidor.
J.	28		10	
D.	31		13	
V.	5	Septembre.	18	
m.	10		23	
L.	15		28	
m.	17		30	
J.	18		1	Complém.
V.	19		2	
S.	20		3	
D.	21		4	
L.	22		5	

1819 à 1821. — An 28 et an 29.

Pluviôse. 30 5 10 11 16 21 26 30 Ventôse. 5 9 14 19 24 29 30 Germinal. 5 10 15 20 25 30 Floréal. 5 10 15 20 25 30 Prairial. 5 10 11 16 21 26 30 Messidor. 5 10 11 16 21 26 30 Thermidor. 5 10 12 17 22 27 30 Fructidor. 5 10 13 18 23 28 30 Complém. 1 2 3 4 5

Janv. 20 25 30 31 Février. 5 10 15 19 24 28 Mars. 5 10 15 20 21 26 31 Avril. 5 10 15 20 25 30 Mai. 5 10 15 20 25 30 31 Juin. 5 10 15 19 24 29 30 Juillet. 5 10 15 19 24 29 31 Août. 5 10 15 18 23 28 31 Septembre. 5 10 15 17 18 19 20 21 22

S. J. M. m. L. S. J. L. S. m. L. S. J. M. m. L. S. J. M. D. V. m. L. S. J. M. D. V. m. J. M. D. V. M. D. V. S. J. M. D. J. M. D. M. D. V. m. S. J. M. V. m. L. S. L. M. m. J. V. S.

Prairial. 5 10 12 17 22 27 30 Messidor. 5 10 12 17 22 27 30 Thermidor. 5 10 13 18 23 28 30 Fructidor. 5 10 14 19 24 29 30 Complém. 1 2 3 4 5 6 An 29. Vend. 5 8 13 18 23 28 30 Brumaire. 5 9 14 19 24 29 30 Frimaire. 5 9 14 19 24 29 30 Nivôse. 5 10 15 20 25

Mai. 24 29 31 Juin. 5 10 15 18 23 28 30 Juillet. 5 10 15 18 23 28 31 Août. 5 10 15 17 22 27 31 Septembre. 5 10 15 16 17 18 19 20 21 22 27 30 Octobre. 5 10 15 20 22 27 31 Novembre. 5 10 15 20 21 26 30 Décembre. 5 10 15 20 21 26 31 1821. Janv. 5 10 15

m. L. m. L. S. J. D. V. m. V. m. L. S. M. D. V. L. S. J. M. J. M. D. J. M. D. V. S. D. L. M. m. J. V. m. S. J. M. D. V. D. V. M. D. V. m. L. M. D. J. M. D. V. m. J. M. D. V. m. L.

An 28. Vendémiaire. 1 2 3 4 5 6 7 8 13 18 23 28 30 Brumaire. 5 9 14 19 24 29 30 Frimaire. 5 9 14 19 24 29 30 Nivôse. 5 10 15 20 25 30 Pluviôse. 5 10 11 16 21 26 30 Ventôse. 5 10 15 20 25 30 Germinal. 5 10 11 16 21 26 30 Floréal. 5 10 11 16 21 26 30

1819. Septemb. 23 24 25 26 27 28 29 30 Octobre. 5 10 15 20 22 27 31 Novembre. 5 10 15 20 21 26 30 Décembre. 5 10 15 20 21 26 31 1820. Janv. 5 10 15 20 25 30 31 Février. 5 10 15 19 24 29 Mars. 5 10 15 20 25 30 31 Avril. 5 10 15 19 24 29 30 Mai. 5 10 15 19

J. V. S. D. L. M. m. J. m. D. V. m. V. m. D. V. m. L. S. D. V. M. D. V. m. L. S. J. M. D. L. S. J. M. S. J. M. D. V. m. L. S. J. V. m. L. S. m. L. S. D. V. m. L. V.

1817 à 1819. — An 26 et an 27.

Pluviôse. 5 10 11 16 21 26 30 Ventôse. 5 9 14 19 24 29 30 Germinal. 5 10 15 20 25 30 Floréal. 5 10 15 20 25 30 Prairial. 5 10 11 16 21 26 30 Messidor. 5 10 11 16 21 26 30 Thermidor. 5 10 12 17 22 27 30 Fructidor. 5 10 13 18 23 28 30 Complém. 1 2 3 4 5

Janv. 25 30 31 Février. 5 10 15 19 24 28 Mars. 5 10 15 20 21 26 31 Avril. 5 10 15 20 25 30 Mai. 5 10 15 20 25 30 31 Juin. 5 10 15 19 24 29 30 Juillet. 5 10 15 19 24 29 31 Août. 5 10 15 18 23 28 31 Septembre. 5 10 15 17 18 19 20 21 22

L. S. D. V. m. L. V. m. D. V. m. L. S. D. V. m. L. S. J. M. D. V. m. L. S. J. M. D. L. S. J. M. S. J. M. m. L. S. J. L. S. J. S. J. M. D. m. L. S. M. D. V. m. V. S. D. L. M. m.

Prairial. 5 10 11 16 21 26 30 Messidor. 5 10 11 16 21 26 30 Thermidor. 5 10 12 17 22 27 30 Fructidor. 5 10 13 18 23 28 30 Compl. 1 2 3 4 5 An 27. Vend. 5 8 13 18 23 28 30 Brumaire. 5 9 14 19 24 29 30 Frimaire. 5 9 14 19 24 29 30 Nivôse. 5 10 15 20 25 30

Mai. 25 30 31 Juin. 5 10 15 19 24 29 30 Juillet. 5 10 15 19 24 29 31 Août. 5 10 5 18 23 28 31 Septembre. 5 10 15 17 18 19 20 21 22 27 30 Octobre. 5 10 15 20 22 27 31 Novembre. 5 10 15 20 21 26 30 Décembre. 5 10 15 20 21 26 31 1819. Janv. 5 10 15 20

L. S. D. V. m. L. V. m. L. M. D. V. m. D. V. m. V. m. L. S. M. D. V. L. S. J. M. J. V. S. D. L. M. D. m. L. S. J. M. J. M. S. J. M. D. V. S. J. L. S. J. M. D. L. S. J. M. D. V. m.

An 26. Vendémiaire. 1 2 3 4 5 6 7 8 13 18 23 28 30 Brumaire. 5 9 14 19 24 29 30 Frimaire. 5 9 14 19 24 29 30 Nivôse. 5 10 15 20 25 30 Pluviôse. 5 10 11 16 21 26 30 Ventôse. 5 9 14 19 24 29 30 Germinal. 5 10 15 20 25 30 Floréal. 5 10 15 20 25 30

1817. Septemb. 23 24 25 26 27 28 29 30 Octobre. 5 10 15 20 22 27 31 Novembre. 5 10 15 20 21 26 30 Décembre. 5 10 15 20 21 26 31 1818. Janv. 5 10 15 20 25 30 31 Février. 5 10 15 19 24 28 Mars. 5 10 15 20 21 26 31 Avril. 5 10 15 20 25 30 Mai. 5 10 15 20

M. m. J. V. S. D. L. M. D. V. m. L. m. L. V. m. L. S. J. V. m. D. V. m. L. S. D. V. m. L. S. J. M. D. V. S. J. M. D. J. M. S. J. M. D. V. S. J. M. D. V. m. L. S. J. M. D. V. m.

1823 à 1825. An 32 et an 33.

30 Pluviôse. 5 10 11 16 21 26 30 Ventôse. 5 9 14 19 24 29 30 Germinal. 5 10 15 20 25 30 Floréal. 5 10 15 20 25 30 Prairial. 5 10 11 16 21 26 30 Messidor. 5 10 11 16 21 26 30 Thermidor. 5 10 12 17 22 27 30 Fructidor. 5 10 13 18 23 28 30 Complément. 1 2 3 4 5

Janv. 20 25 30 31 Février. 5 10 15 19 24 28 Mars. 5 10 15 20 21 26 31 Avril. 5 10 15 20 25 30 Mai. 5 10 15 20 25 30 31 Juin. 5 10 15 19 24 29 30 Juillet. 5 10 15 19 24 29 31 Août. 5 10 15 18 23 28 31 Septembre. 5 10 15 17 18 19 20 21 22

J. M. D. L. S. J. M. S. J. L. S. J. M. D. L. S. J. M. D. V. m. L. S. J. M. D. V. m. L. M. D. V. m. D. V. m. J. M. D. V. M. D. V. D. V. m. L. J. M. D. m. L. S. J. S. D. L. M. m. J.

Prairial. 5 10 12 17 22 27 30 Messidor. 5 10 12 17 22 27 30 Thermidor. 5 10 13 18 23 28 30 Fructidor. 5 10 14 19 24 29 30 Compl. 1 2 3 4 5 6 An 33. Vend. 5 8 13 18 23 28 30 Brumaire. 5 9 14 19 24 29 30 Frimaire. 5 9 14 19 24 29 30 Nivôse. 5 10 15 20 25

Mai. 24 29 31 Juin. 5 10 15 18 23 28 30 Juillet. 5 10 15 18 23 28 31 Août. 5 10 15 17 22 27 31 Septembre. 5 10 15 16 17 18 19 20 21 22 27 30 Octobre. 5 10 15 20 22 27 31 Novembre. 5 10 15 20 21 26 30 Décembre. 5 10 15 20 21 26 31 1825. Janv. 5 10 15

L. S. L. S. J. M. V. m. L. m. L. S. J. D. V. m. S. J. M. D. M. D. V. M. D. V. m. J. V. S. D. L. M. m. L. S. M. D. V. m. V. m. D. V. m. L. S. D. V. M. D. V. m. L. M. D. V. m. L. S.

An 32. Vendémiaire. 1 2 3 4 5 6 7 8 13 18 23 28 30 Brumaire. 5 9 14 19 24 29 30 Frimaire. 5 9 14 19 24 29 30 Nivôse. 5 10 15 20 25 30 Pluviôse. 5 10 11 16 21 26 30 Ventôse. 5 10 15 20 25 30 Germinal. 5 10 11 16 21 26 30 Floréal. 5 10 11 16 21 26 30

1823. Septemb. 23 24 25 26 27 28 29 30 Octobre. 5 10 15 20 22 27 31 Novembre. 5 10 15 20 21 26 30 Décembre. 5 10 15 20 21 26 31 1824. Janv. 5 10 15 20 25 30 31 Février. 5 10 15 19 24 29 Mars. 5 10 15 20 25 30 31 Avril. 5 10 15 19 24 29 30 Mai. 5 10 15 19

M. m. J. V. S. D. L. M. D. V. m. L. m. L. V. m. L. S. J. V. m. D. V. m. L. S. D. V. m. L. S. J. M. D. V. S. J. M. D. J. M. D. V. m. L. S. J. M. m. L. S. J. L. S. J. V. m. L. S. m.

1821 à 1823. — An 30 et an 31.

Pluviôse. 5 10 11 16 21 26 30 Ventôse. 5 9 14 19 24 29 30 Germinal. 5 10 15 20 25 30 Floréal. 5 10 15 20 25 30 Prairial. 5 10 11 16 21 26 30 Messidor. 5 10 11 16 21 26 30 Thermidor. 5 10 12 17 22 27 30 Fructidor. 5 10 13 18 23 28 30 Complém. 1 2 3 4 5

Janv. 25 30 31 Février. 5 10 15 19 24 28 Mars. 5 10 15 20 21 26 31 Avril. 5 10 15 20 25 30 Mai. 5 10 15 20 25 30 31 Juin. 5 10 15 19 24 29 30 Juillet. 5 10 15 19 24 29 31 Août. 5 10 15 18 23 28 31 Septembre. 5 10 15 17 18 19 20 21 22

S. J. V. m. L. S. m. L. V. m. L. S. J. V. m. L. S. J. M. D. V. m. L. S. J. M. D. V. S. J. M. D. J. M. D. L. S. J. M. S. J. M. J. M. D. V. L. S. J. D. V. m. L. m. J. V. S. D. L.

Prairial. 5 10 11 16 21 26 30 Messidor. 5 10 11 16 21 26 30 Thermidor. 5 10 12 17 22 27 30 Fructidor. 5 10 13 18 23 28 30 Compl. 1 2 3 4 5 An 31. Vend. 5 8 13 18 23 28 30 Brumaire. 5 9 14 19 24 29 30 Frimaire. 5 9 14 19 24 29 30 Nivôse. 5 10 15 20 25 30

Mai. 25 30 31 Juin. 5 10 15 19 24 29 30 Juillet. 5 10 15 19 24 29 31 Août. 5 10 15 18 23 28 31 Septembre. 5 10 15 17 18 19 20 21 22 27 30 Octobre. 5 10 15 20 22 27 31 Novembre. 5 10 15 20 21 26 30 Décembre. 5 10 15 20 21 26 31 1823. Janv. 5 10 15 20

S. J. V. m. L. S. m. L. S. D. V. m. L. V. m. L. m. L. S. J. D. V. m. S. J. M. D. M. m. J. V. S. D. V. L. S. J. M. D. M. D. J. M. D. V. m. J. M. S. J. M. D. V. S. J. M. D. V. m. L.

An 30. Vendémiaire. 1 2 3 4 5 6 7 8 13 18 23 28 30 Brumaire. 5 9 14 19 24 29 30 Frimaire. 5 9 14 19 24 29 30 Nivôse. 5 10 15 20 25 30 Pluviôse. 5 10 11 16 21 26 30 Ventôse. 5 9 14 19 24 29 30 Germinal. 5 10 15 20 25 30 Floréal. 5 10 15 20 25 30

1821. Septemb. 23 24 25 26 27 28 29 30 Octobre. 5 10 15 20 22 27 31 Novembre. 5 10 15 20 21 26 30 Décembre. 5 10 15 20 21 26 31 1822. Janv. 5 10 15 20 25 30 31 Février. 5 10 15 19 24 28 Mars. 5 10 15 20 21 26 31 Avril. 5 10 15 20 25 30 Mai. 5 10 15 20

D. L. M. m. J. V. S. D. V. m. L. S. L. S. m. L. S. J. M. m. L. V. m. L. S. J. V. m. L. S. J. M. D. V. m. J. M. D. V. M. D. J. M. D. V. m. J. M. D. V. m. L. S. J. M. D. V. m. L.

1825 à 1827. — An 34 et an 35.

Républicain	Grégorien	Jour
An 34. Vendémiaire. 1	1825. Septemb. 23	V.
2	24	S.
3	25	D.
4	26	L.
5	27	M.
6	28	m.
7	29	J.
8	30	V.
13	Octobre. 5	m.
18	10	L.
23	15	S.
28	20	J.
30	22	S.
Brumaire. 5	27	J.
9	31	L.
14	Novembre. 5	S.
19	10	J.
24	15	M.
29	20	D.
30	21	L.
Frimaire. 5	26	S.
9	30	m.
14	Décembre. 5	L.
19	10	S.
24	15	J.
29	20	M.
30	21	m.
Nivôse. 5	26	L.
10	31	S.
15	1826. Janv. 5	J.
20	10	M.
25	15	D.
30	20	V.
Pluviôse. 5	25	m.
10	30	L.
11	31	M.
16	Février. 5	D.
21	10	V.
26	15	m.
30	19	D.
Ventôse. 5	24	V.
9	28	M.
14	Mars. 5	D.
19	10	V.
24	15	m.
29	20	L.
30	21	M.
Germinal. 5	26	D.
10	31	V.
15	Avril. 5	m.
20	10	L.
25	15	S.
30	20	J.
Floréal. 5	25	M.
10	30	D.
15	Mai. 5	V.
20	10	m.
25	15	L.
30	20	S.

Républicain	Grégorien	Jour
Pluviôse. 5	Jan. 25	J.
10	30	M.
11	31	m.
16	Février. 5	L.
21	10	S.
26	15	J.
30	19	L.
Ventôse. 5	24	S.
9	28	m.
14	Mars. 5	L.
19	10	S.
24	15	J.
29	20	M.
30	21	m.
Germinal. 5	26	L.
10	31	S.
15	Avril. 5	J.
20	10	M.
25	15	D.
30	20	V.
Floréal. 5	25	m.
10	30	L.
15	Mai. 5	S.
20	10	J.
25	15	M.
30	20	D.
Prairial. 5	25	V.
10	30	m.
11	31	J.
16	Juin. 5	M.
21	10	D.
26	15	V.
30	19	M.
Messidor. 5	24	D.
10	29	V.
11	30	S.
16	Juillet. 5	J.
21	10	M.
26	15	D.
30	19	J.
Thermidor. 5	24	M.
10	29	D.
12	31	M.
17	Août. 5	D.
22	10	V.
27	15	m.
30	18	S.
Fructidor. 5	23	J.
10	28	M.
13	31	V.
18	Septembre. 5	m.
23	10	L.
28	15	S.
30	17	L.
Complém. 1	18	M.
2	19	m.
3	20	J.
4	21	V.
5	22	S.

Républicain	Grégorien	Jour
Prairial. 5	Mai. 25	J.
10	30	M.
11	31	m.
16	Juin. 5	L.
21	10	S.
26	15	J.
30	19	L.
Messidor. 5	24	S.
10	29	J.
11	30	V.
16	Juillet. 5	m.
21	10	L.
26	15	S.
30	19	m.
Thermidor. 5	24	L.
10	29	S.
13	31	L.
17	Août. 5	S.
22	10	J.
27	15	M.
30	18	V.
Fructidor. 5	23	m.
10	28	L.
13	31	J.
18	Septembre. 5	M.
23	10	D.
28	15	V.
30	17	D.
Compl. 1	18	L.
2	19	M.
3	20	m.
4	21	J.
5	22	V.
An 35. Vend. 5	27	m.
8	30	S.
13	Octobre. 5	J.
18	10	M.
23	15	D.
28	20	V.
30	22	D.
Brumaire. 5	27	V.
9	31	M.
14	Novembre. 5	D.
19	10	V.
24	15	m.
29	20	L.
30	21	M.
Frimaire. 5	26	D.
9	30	J.
14	Décembre. 5	M.
19	10	D.
24	15	V.
29	20	m.
30	21	J.
Nivôse. 5	26	M.
10	31	D.
15	1827. Janv. 5	V.
20	10	m.
25	15	L.
30	20	S.

1827 à 1829. — An 36 et an 37.

Républicain	Grégorien	Jour
An 36. Vendémiaire. 1	1827. Septemb. 23	D.
2	24	L.
3	25	M.
4	26	m.
5	27	J.
6	28	V.
7	29	S.
8	30	D.
13	Octobre. 5	V.
18	10	m.
23	15	L.
28	20	S.
30	22	L.
Brumaire. 5	27	S.
9	31	m.
14	Novembre. 5	L.
19	10	S.
24	15	J.
29	20	M.
30	21	m.
Frimaire. 5	26	L.
9	30	V.
14	Décembre. 5	m.
19	10	L.
24	15	S.
29	20	J.
30	21	V.
Nivôse. 5	26	m.
10	31	L.
15	1828. Janv. 5	S.
20	10	J.
25	15	M.
30	20	D.
Pluviôse. 5	25	V.
10	30	m.
11	31	J.
16	Février. 5	M.
21	10	D.
26	15	V.
30	19	M.
Ventôse. 5	24	D.
10	29	V.
15	Mars. 5	m.
20	10	L.
35	15	S.
30	20	J.
Germinal. 5	25	M.
10	30	D.
11	31	L.
16	Avril. 5	S.
21	10	J.
26	15	M.
30	19	S.
Floréal. 5	24	J.
10	29	M.
11	30	m.
16	Mai. 5	L.
21	10	S.
26	15	J.
30	19	L.

Républicain	Grégorien	Jour
Pluviôse. 30	Janv. 20	M.
5	25	D.
10	30	V.
11	31	S.
16	Février. 5	J.
21	10	M.
26	15	D.
30	19	J.
Ventôse. 5	24	M.
9	28	S.
14	Mars. 5	J.
19	10	M.
24	15	D.
29	20	V.
30	21	S.
Germinal. 5	26	J.
10	31	M.
15	Avril. 5	D.
20	10	V.
25	15	m.
30	20	L.
Floréal. 5	25	S.
10	30	J.
15	Mai. 5	M.
20	10	D.
25	15	V.
30	20	m.
Prairial. 5	25	L.
10	30	S.
11	31	D.
16	Juin. 5	V.
21	10	m.
26	15	L.
30	19	V.
Messidor. 5	24	m.
10	29	L.
11	30	M.
16	Juillet. 5	D.
21	10	V.
26	15	m.
30	19	D.
Thermidor. 5	24	V.
10	29	m.
12	31	V.
17	Août. 5	m.
22	10	L.
27	15	S.
30	18	M.
Fructidor. 5	23	D.
10	28	V.
13	31	L.
18	Septembre. 5	S.
23	10	J.
28	15	M.
30	17	J.
Complém. 1	18	V.
2	19	S.
3	20	D.
4	21	L.
5	22	M.

Républicain	Grégorien	Jour
Prairial. 5	Mai. 24	S.
10	29	J.
12	31	S.
17	Juin. 5	J.
22	10	M.
27	15	D.
30	18	m.
Messidor. 5	23	L.
10	28	S.
12	30	L.
17	Juillet. 5	S.
22	10	J.
27	15	M.
30	18	V.
Thermidor. 5	23	m.
10	28	L.
13	31	J.
18	Août. 5	M.
23	10	D.
28	15	V.
30	17	D.
Fructidor. 5	22	V.
10	27	m.
14	31	D.
19	Septembre. 5	V.
24	10	m.
29	15	L.
30	16	M.
Compl. 1	17	m.
2	18	J.
3	19	V.
4	20	S.
5	21	D.
6	22	L.
An 37. Vend. 5	27	S.
8	30	M.
13	Octobre. 5	D.
18	10	V.
23	15	m.
28	20	L.
30	22	m.
Brumaire. 5	27	L.
9	31	V.
14	Novembre. 5	m.
19	10	L.
24	15	S.
29	20	J.
30	21	V.
Frimaire. 5	26	m.
9	30	D.
14	Décembre. 5	V.
19	10	m.
24	15	L.
29	20	S.
30	21	D.
Nivôse. 5	26	V.
10	31	m.
15	1829. Janv. 5	L.
20	10	S.
25	15	J.

1831 à 1833. — An 40 et an 41.

Pluviôse. 30 5 10 11 16 21 26 30 Ventôse. 5 9 14 19 24 29 30 Germinal. 5 10 15 20 25 30 Floréal. 5 10 15 20 25 30 Prairial. 5 10 11 16 21 26 30 Messidor. 5 10 11 16 21 26 30 Thermidor. 5 10 12 17 22 27 30 Fructidor. 5 10 13 18 23 28 30 Complém. 1 2 3 4 5

Janv. 20 25 30 31 Février. 5 10 15 19 24 28 Mars. 5 10 15 20 21 26 31 Avril. 5 10 15 20 25 30 Mai. 5 10 15 20 25 30 31 Juin. 5 10 15 19 24 29 30 Juillet. 5 10 15 19 24 29 31 Août. 5 10 15 18 23 28 31 Septembre. 5 10 15 17 18 19 20 21 22

D. V. m. J. M. D. V. M. D. J. M. D. V. m. J. M. D. V. m. L. S. J. M. D. V. m. L. S. J. V. m. L. S. m. L. S. D. V. m. L. V. m. L. m. L. S. J. D. V. m. S. J. M. D. M. m. L. V. S. D.

Prairial. 5 10 12 17 22 27 30 Messidor. 5 10 12 17 22 27 30 Thermidor. 5 10 13 18 23 28 30 Fructidor. 5 10 14 19 24 29 30 Complém. 1 2 3 4 5 6 An 41. Vend. 5 8 13 18 23 28 30 Brumaire. 5 9 14 19 24 29 30 Frimaire. 5 9 14 19 24 29 30 Nivôse. 5 10 15 20 25

Mai. 24 29 31 Juin. 5 10 15 18 23 28 30 Juillet. 5 10 15 18 23 28 31 Août. 5 10 15 17 22 27 31 Septembre. 5 10 15 16 17 18 19 20 21 22 27 30 Octobre. 5 10 15 20 22 27 31 Novembre. 5 10 15 20 21 26 30 Décembre. 5 10 15 20 21 26 31 1833. Janv. 5 10 15

J. M. J. M. D. V. L. S. J. S. J. M. D. m. L. S. M. D. V. m. V. m. L. V. m. L. S. D. L. M. m. J. V. S. J. D. V. m. L. S. L. S. m. L. S. J. M. m. L. V. m. L. S. J. V. m. L. S. J. M.

An 40. Vendémiaire. 1 2 3 4 5 6 7 8 13 18 23 38 30 Brumaire. 5 9 14 19 24 29 30 Frimaire. 5 9 14 19 24 29 30 Nivôse. 5 10 15 20 25 30 Pluviôse. 5 10 11 16 21 26 30 Ventôse. 5 10 15 20 25 30 Germinal. 5 10 11 16 21 26 30 Floréal. 5 10 11 16 21 26 30

1831. Septemb. 23 24 25 26 27 28 29 30 Octobre. 5 10 15 20 22 27 31 Novembre. 5 10 15 20 21 26 30 Décembre. 5 10 15 20 21 26 31 1832. Janv. 5 10 15 20 25 30 31 Février. 5 10 15 19 24 29 Mars. 5 10 15 20 25 30 31 Avril. 5 10 15 19 24 29 30 Mai 5 10 15 19

V. S. D. L. M. m. J. V. m. L. S. J. S. J. L. S. J. M. D. L. S. m. L. S. J. M. m. L. S. J. M. D. V. m. L. M. D. V. m. D. V. m. L. S. J. M. D. V. S. J. M. D. J. M. D. L. S. J. M. S.

1829 à 1831. — An 38 et an 39.

Pluviôse. 5 10 11 16 21 26 30 Ventôse. 5 9 14 19 24 29 30 Germinal. 5 10 15 20 25 30 Floréal. 5 10 15 20 25 30 Prairial. 5 10 11 16 21 26 30 Messidor. 5 10 11 16 21 26 30 Thermidor. 5 10 12 17 22 27 30 Fructidor. 5 10 13 18 23 28 30 Complém. 1 2 3 4 5

Janv. 25 30 31 Février. 5 10 15 19 24 28 Mars. 5 10 15 20 21 26 31 Avril. 5 10 15 20 25 30 Mai. 5 10 15 20 25 30 31 Juin. 5 10 15 19 24 29 30 Juillet. 5 10 15 19 24 29 31 Août. 5 10 15 18 23 28 31 Septembre. 5 10 15 17 18 19 20 21 22

M. D. L. S. J. M. S. J. L. S. J. M. D. L. S. J. M. D. V. m. L. S. J. M. D. V. m. L. M. D. V. m. D. V. m. J. M. D. V. M. D. V. D. V. m. L. J. M. D. m. L. S. J. S. D. L. M. m. J.

Prairial. 5 10 11 16 21 26 30 Messidor. 5 10 11 16 21 26 30 Thermidor. 5 10 12 17 22 27 30 Fructidor. 5 10 13 18 23 28 30 Compl. 1 2 3 4 5 An 39, Vend. 5 8 13 18 23 28 30 Brumaire. 5 9 14 19 24 29 30 Frimaire. 5 9 14 19 24 29 30 Nivôse. 5 10 15 20 25 30

Mai. 25 30 31 Juin. 5 10 15 19 24 29 30 Juillet. 5 10 15 19 24 29 31 Août. 5 10 15 18 23 28 31 Septembre. 5 10 15 17 18 19 20 21 22 27 30 Octobre. 5 10 15 20 22 27 31 Novembre. 5 10 15 20 21 26 30 Décembre. 5 10 15 20 21 26 31 1831. Janv. 5 10 15 20

M. D. L. S. J. M. S. J. M. m. L. S. J. L. S. J. S. J. M. D. m. L. S. M. D. V. m. V. S. D. J. M. m. S. J. M. D. V. m. V. m. D. V. m. L. S. D. V. M. D. V. m. L. M. D. V. m. L. S. J.

An 38. Vendémiaire. 1 2 3 4 5 6 7 8 13 18 23 28 30 Brumaire. 5 9 14 19 24 29 30 Frimaire. 5 9 14 19 24 29 30 Nivôse. 5 10 15 20 25 30 Pluviôse. 5 10 11 16 21 26 30 Ventôse. 5 9 14 19 24 29 30 Germinal. 5 10 15 20 25 30 Floréal. 5 10 15 20 25 30

1829. Sept. 23 24 25 26 27 28 29 30 Octobre. 5 10 15 20 23 27 31 Novembre. 5 10 15 20 21 26 30 Décembre. 5 10 15 20 21 26 31 1830. Janv. 5 10 15 20 25 30 31 Février. 5 10 15 19 24 28 Mars. 5 10 15 20 21 26 31 Avril. 5 10 15 20 25 30 Mai. 5 10 15 20

m. J. V. S. D. L. M. m. L. S. J. M. J. M. S. J. M. D. V. S. J. L. S. J. M. D. L. S. J. M. D. V. m. L. S. D. V. m. L. V. m. D. V. m. L. S. D. V. m. L. S. J. M. D. V. m. L. S. J.

1833 à 1835. — An 42 et an 43.

An 42. Vendémiaire.	1	1833. Sept.	23	L.
	2		24	M.
	3		25	m.
	4		26	J.
	5		27	V.
	6		28	S.
	7		29	D.
	8		30	L.
	13	Octobre.	5	S.
	18		10	J.
	23		15	M.
	28		20	D.
	30		22	M.
Brumaire.	5		27	D.
	9		31	J.
	14	Novembre.	5	M.
	19		10	D.
	24		15	V.
	29		20	m.
	30		21	J.
Frimaire.	5		26	M.
	9		30	S.
	14	Décembre.	5	J.
	19		10	M.
	24		15	D.
	29		20	V.
	30		21	S.
Nivôse.	5		26	J.
	10		31	M.
	15	1834. Janv.	5	D.
	20		10	V.
	25		15	m.
	30		20	L.
Pluviôse.	5		25	S.
	10		30	J.
	11		31	V.
	16	Février.	5	m.
	21		10	L.
	26		15	S.
	30		19	m.
Ventôse.	5		24	L.
	9		28	V.
	14	Mars.	5	m.
	19		10	L.
	24		15	S.
	29		20	J.
	30		21	V.
Germinal.	5		26	m.
	10		31	L.
	15	Avril.	5	S.
	20		10	J.
	25		15	M.
	30		20	D.
Floréal.	5		25	V.
	10		30	m.
	15	Mai.	5	L.
	20		10	S.
	25		15	J.
	30		20	M.

Prairial.	5	Mai.	25	D.
	10		30	V.
	11		31	S.
	16	Juin.	5	J.
	21		10	M.
	26		15	D.
	30		19	J.
Messidor.	5		24	M.
	10		29	D.
	11		30	L.
	16	Juillet.	5	S.
	21		10	J.
	26		15	M.
	30		19	S.
Thermidor.	5		24	J.
	10		29	M.
	12		31	J.
	17	Août.	5	M.
	22		10	D.
	27		15	V.
	30		18	L.
Fructidor.	5		23	S.
	10		28	J.
	13		31	D.
	18	Septembre.	5	V.
	23		10	m.
	28		15	L.
	30		17	m.
Compl.	1		18	J.
	2		19	V.
	3		20	S.
	4		21	D.
	5		22	L.
An 44. Vend.	5		27	S.
	8		30	M.
	13	Octobre.	5	D.
	18		10	V.
	23		15	m.
	28		20	L.
	30		22	m.
Brumaire.	5		27	L.
	9		31	V.
	14	Novembre.	5	m.
	19		10	L.
	24		15	S.
	29		20	J.
	30		21	V.
Frimaire.	5		26	m.
	9		30	D.
	14	Décembre.	5	V.
	19		10	m.
	24		15	L.
	29		20	S.
	30		21	D.
Nivôse.	5		26	V.
	10		31	m.
	15	1835. Janv.	5	L.
	20		10	S.
	25		15	J.
	30		20	M.

Pluviôse.	5	Janv.	25	D.
	10		30	V.
	11		31	S.
	16	Février.	5	J.
	21		10	M.
	26		15	D.
	30		19	J.
Ventôse.	5		24	M.
	9		28	S.
	14	Mars.	5	J.
	19		10	M.
	24		15	D.
	29		20	V.
	30		21	S.
Germinal.	5		26	J.
	10		31	M.
	15	Avril.	5	D.
	20		10	V.
	25		15	m.
	30		20	L.
Floréal.	5		25	S.
	10		30	J.
	15	Mai.	5	M.
	20		10	D.
	25		15	V.
	30		20	m.
Prairial.	5		25	L.
	10		30	S.
	11		31	D.
	16	Juin.	5	V.
	21		10	m.
	26		15	L.
	30		19	V.
Messidor.	5		24	m.
	10		29	L.
	11		30	M.
	16	Juillet.	5	D.
	21		10	V.
	26		15	m.
	30		19	D.
Thermidor.	5		24	V.
	10		29	m.
	12		31	V.
	17	Août.	5	m.
	22		10	L.
	27		15	S.
	30		18	M.
Fructidor.	5		23	D.
	10		28	V.
	13		31	L.
	18	Septembre.	5	S.
	23		10	J.
	28		15	M.
	30		17	J.
Complém.	1		18	V.
	2		19	S.
	3		20	D.
	4		21	L.
	5		22	M.

1835 à 1837. — An 44 et an 45.

An 43. Vendémiaire.	1	1835. Sept.	23	m.
	2		24	J.
	3		25	V.
	4		26	S.
	5		27	D.
	6		28	L.
	7		29	M.
	8		30	m.
	13	Octobre.	5	L.
	18		10	S.
	23		15	J.
	28		20	M.
	30		22	J.
Brumaire.	5		27	M.
	9		31	S.
	14	Novembre.	5	J.
	19		10	M.
	24		15	D.
	29		20	V.
	30		21	S.
Frimaire.	5		26	J.
	9		30	L.
	14	Décembre.	5	S.
	19		10	J.
	24		15	M.
	29		20	D.
	30		21	L.
Nivôse.	5		26	L.
	10		31	J.
	15	1836. Janv.	5	M.
	20		10	D.
	25		15	V.
	30		20	m.
Pluviôse.	5		[illegible]	L.
	10		30	S.
	11		31	D.
	16	Février.	5	V.
	21		10	m.
	26		15	L.
	30		19	V.
Ventôse.	5		24	m.
	10		29	L.
	15	Mars.	5	S.
	29		10	J.
	25		15	M.
	30		20	D.
Germinal.	5		25	V.
	10		30	m.
	11		31	J.
	16	Avril.	5	M.
	21		10	D.
	26		15	V.
	30		19	M.
Floréal.	5		24	D.
	10		29	V.
	11		30	S.
	16	Mai.	5	J.
	21		10	M.
	26		15	D.
	30		19	J.

Prairial.	5	Mai.	24	M.
	10		29	D.
	12		31	M.
	17	Juin.	5	D.
	22		10	V.
	27		15	m.
	30		18	S.
Messidor.	5		23	J.
	10		28	M.
	12		30	J.
	17	Juillet.	5	M.
	22		10	D.
	27		15	V.
	30		18	L.
Thermidor.	5		23	S.
	10		28	J.
	13		31	D.
	18	Août.	5	V.
	23		10	m.
	28		15	L.
	30		17	m.
Fructidor.	5		22	L.
	10		27	S.
	14		31	m.
	19	Septembre.	5	L.
	24		10	S.
	29		15	J.
	30		16	V.
Compl.	1		17	S.
	2		18	D.
	3		19	L.
	4		20	M.
	5		21	m.
	6		22	J.
An 45. Vend.	5		27	M.
	8		30	V.
	13	Octobre.	5	m.
	18		10	L.
	23		15	S.
	28		20	J.
	30		22	S.
Brumaire.	5		27	J.
	9		31	L.
	14	Novembre.	5	S.
	19		10	J.
	24		15	M.
	29		20	D.
	30		21	L.
Frimaire.	5		26	S.
	9		30	m.
	14	Décembre.	5	L.
	19		10	S.
	24		15	J.
	29		20	M.
	30		21	m.
Nivôse.	5		26	L.
	10		31	S.
	15	1837. Janv.	5	J.
	20		10	M.
	25		15	D.

	30	Janv.	20	V.
Pluviôse.	5		25	m.
	10		30	L.
	11		31	M.
	16	Février.	5	D.
	21		10	V.
	26		15	m.
	30		19	D.
Ventôse.	5		24	V.
	9		28	M.
	14	Mars.	5	D.
	19		10	V.
	24		15	m.
	29		20	L.
	30		21	M.
Germinal.	5		26	D.
	10		31	V.
	15	Avril.	5	m.
	20		10	L.
	25		15	S.
	30		20	J.
Floréal.	5		25	M.
	10		30	D.
	15	Mai.	5	V.
	20		10	m.
	25		15	L.
	30		20	S.
Prairial.	5		25	J.
	10		30	M.
	11		31	m.
	16	Juin.	5	L.
	21		10	S.
	26		15	J.
	30		19	L.
Messidor.	5		24	S.
	10		29	J.
	11		30	V.
	16	Juillet.	5	m.
	21		10	L.
	26		15	S.
	30		19	m.
Thermidor.	5		24	L.
	10		29	S.
	12		31	L.
	17	Août.	5	S.
	22		10	J.
	27		15	M.
	30		18	V.
Fructidor.	5		23	m.
	10		28	L.
	13		31	J.
	18	Septembre.	5	M.
	23		10	D.
	28		15	V.
	30		17	D.
Complém.	1		18	L.
	2		19	M.
	3		20	m.
	4		21	J.
	5		22	V.

VOCABULAIRE

DES

PRINCIPAUX TERMES DE MARINE ET DE COMMERCE.

A.

AAM, mesure de liquides en usage à Amsterdam. L'aam contient 128 mingles. *Voyez* Poids et Mesures, page 387.

ABANDON. Cession de biens. *Voyez* Cession.

ABANDON. (*Douane.*) On peut faire par écrit l'abandon d'une marchandise à la Douane, pour éviter d'en payer le droit qui surpasserait ou égalerait sa valeur.

ABANDONNEMENT (Acte d'). C'est celui par lequel l'Assuré dénonce à l'Assureur la perte du vaisseau ou de la marchandise qui fait l'objet de l'assurance, avec déclaration qu'il les lui abandonne, et sommation d'en rembourser la valeur d'après la police.

ABORDAGE. Choc de deux vaisseaux par la force du vent ou par toute autre cause, d'où il résulte des avaries à la charge de l'assureur, ou du bâtiment qui les a causées, ou quelquefois même de celui qui les a éprouvées. *Voyez* les art. 350 et 407 du Code de Commerce.

ABORDER. Aller à l'abordage, approcher d'un vaisseau, et même y jeter les grapins pour y entrer et s'en emparer de vive force.

ABROGATION d'une loi. C'est son annulation ou son remplacement par une loi nouvelle, au moyen de laquelle l'ancienne cesse d'être obligatoire.

ABSTRAIT. *Voyez* Nombre.

ACCAPAREMENT. Se dit des achats simultanés que fait un commerçant d'une certaine marchandise pour la rendre plus rare et la vendre ensuite plus cher.

ACCEPTATION d'une lettre de change. C'est l'acte par lequel celui sur qui elle est tirée s'oblige à la payer. Pour la forme et les effets de l'acceptation, *voyez* les articles 118 à 127 du Code de Commerce.

ACCORDS. Ceux qui sont réputés actes de commerce. *Voyez* Code de Commerce, art. 633.

ACHATS *au comptant et à terme.* Comment ils se constatent, Code de Com. art. 74, 84 et 109. Quels sont ceux réputés actes de commerce, *ibid.*, art. 632.

ACQUIT de paiement. C'est la quittance qui constate le paiement.

ACQUIT A CAUTION. C'est l'acte par lequel l'expéditeur d'une marchandise s'engage, sous caution, à en payer les droits et même une amende, si cette marchandise est détournée de la destination indiquée, ou s'il ne constate pas qu'elle y est arrivée dans un délai déterminé.

ACTES translatifs de propriété à titre gratuit, sont nuls dans les dix jours qui précèdent l'ouverture de la faillite, ainsi que les engagemens contractés et les paiemens faits dans le même délai. Code de Comm., art. 444 et suivans.

Actes conservatoires des agens et syndics. *Ibid.*, art. 499. Actes réputés actes de commerce, *ibid.*, art. 632 et 633.

Actes de Société. *Voyez* Société.

ACTIF (*par opposition au passif.*) C'est la réunion des valeurs qui se trouvent dans la possession d'un commerçant, en immeubles, vaisseaux, meubles meublans, argent, billets et dettes actives, etc.

ACTION. En termes de Palais, ce qui constitue le droit de former une demande en justice; *Avoir action contre quelqu'un.* Se dit aussi de la demande même; *intenter une action*, former une demande en justice.

Action, en terme de Commerce, portion déterminée d'intérêts dans une entreprise ou dans une compagnie. L'action est ordinairement représentée par un extrait ou une expédition de l'acte principal d'association, qui fixe le nombre, les conditions et la valeur des actions. Code de Comm., art. 34, 35, 36 et 38.

ACTIONNAIRE. Celui qui possède une ou plusieurs actions.

ADDITION, première règle de l'arithmétique, p. 228.

ADJUGER. Terme de vente judiciaire, abandonner à un particulier l'objet mis en vente pour le prix qu'il offre. *Adjudication*, l'action d'adjuger; *Adjudicataire*, celui auquel on a adjugé.

ADMISSION de créance au passif d'une faillite. *Voyez* Vérification et affirmation.

AFFIRMATION de créance. Code de Comm., art. 507 et 513.

AFFRÉTEMENT. L'action d'affréter un navire ou bâtiment de mer. Se dit aussi du prix convenu pour le louage du vaisseau. L'affrétement est réputé acte de commerce. Code de Com., art. 633.

AFFRÉTER. Prendre un navire à fret, le louer au propriétaire ou patron par un prix convenu. *Affréteur*, celui qui prend le navire à louage. On entend par *fréter*, donner à louage ou à fret un vaisseau dont on est propriétaire ou consignataire, et par *fréteur*, le propriétaire ou patron. Code de Com., art. 273 et suiv.

AGENS intermédiaires pour les actes de commerce. Code de Com., art. 74. *Voyez* Agens de change, Courtiers.

AGENS DE CHANGE. Ceux qui constatent les opérations de banque entre les commerçans et banquiers; leurs fonctions et obligations. Code de Com., art. 73 et suiv.

AGENS D'UNE FAILLITE. Leurs fonctions. Code de Com., art. 462 et suivans.

AGIO. C'est, à Amsterdam, Hambourg et autres villes, la différence qu'on fait entre l'argent courant et l'argent de banque. Il se dit aussi de la différence du change entre les places de Commerce, et enfin il se dit encore, mais plus improprement, de l'intérêt ou de l'escompte.

AGIOTAGE. Ce mot se prend généralement en mauvaise part et s'entend d'un commerce usuraire ou illicite. Ce terme s'applique aussi aux spéculations et négociations des effets et papiers publics.

AGRÈS et APPARAUX, se dit de tout ce qui sert à l'équipement d'un vaisseau, les vergues, voiles, cordages, ancres, etc. Le mot *apparaux* semble exprimer plus particulièrement les voiles, vergues, et les cordages qui servent à les faire mouvoir.

ALIÉNATION, vente d'immeubles. Les mineurs ne peuvent aliéner, vendre ou hypothéquer leurs immeubles sans autorisation. Code de Commerce, art. 6. Les marchandes publiques, art. 7. Droits des syndics de l'union des créanciers pour l'aliénation des droits et actions et des immeubles d'un failli, formalités à prendre, art. 563, 564 et 565.

ALLÈGE. Petit bâtiment dont l'usage est de prendre une partie du chargement d'un plus gros navire, qui ne pourrait sans cela remonter une rivière.

AMARRAGE. Ancrage d'un bâtiment de mer, ou l'attache de ses agrès avec des cordages.

AMARRER, c'est attacher un navire avec ses cordages. On appelle Amarré, la corde destinée à cet usage. On dit qu'un vaisseau *a toutes ses amarres dehors*, lorsqu'il a mouillé toutes ses ancres.

AMIRAL. Chef de la marine d'un État.

AMIRAUTÉ. Juridiction sous l'autorité de l'Amiral.

AMURES. Trous pratiqués dans le bord d'un vaisseau pour y passer des cordes qui servent à tendre les voiles.

ANATOCISME. C'est l'accumulation successive des intérêts au capital pour en tirer de nouveaux intérêts, ou intérêts d'intérêts. L'anatocisme est une espèce d'usure, mais le terme d'*usure* n'exprime qu'un intérêt exigé au-delà du taux légal. L'usure et l'anatocisme sont également défendus par les lois.

ANCRAGE, est un droit qui se perçoit sur tout bâtiment étranger qui mouille l'ancre par relâche forcée ou en passant, sans rien débarquer ni faire aucun marché. Le droit d'ancrage n'est pas réputé avarie. *Voyez* Code de Comm., art. 406.

ANCRE. Instrument de navigation armé de pointes, qui, jeté en mer au bout d'un câble, sert à arrêter le vaisseau dans un lieu. Lorsque le capitaine se croit obligé d'abandonner ses ancres, il doit prendre l'avis des principaux de l'équipage. Code de Com., art. 410.

ANTIDATE. *Antidater*, c'est porter dans un acte une date antérieure à celle où on le fait. Il est défendu d'antidater les ordres au dos d'une lettre de change, *à peine de faux*. Code de Comm., art. 139. *Voyez* Ordre.

APPARAUX. *Voyez* Agrès.

APPAREILLER, *en terme de marine*, mettre à la voile. Disposer les voiles et les agrès d'un vaisseau pour le départ.

APPOINT. La somme qu'il faut en menue monnaie pour compléter un paiement.

APUREMENT d'un compte. Réglement définitif après examen.

ARBITRAGE, terme de pratique. Examen d'un différend, d'une contestation, par arbitres. *Soumettre une contestation à l'arbitrage*, nommer des arbitres pour l'examiner et la juger.

Arbitrage, terme de banque. Opération de calcul sur les cours de change de plusieurs places, afin de connaître celui qui présente le plus d'avantage pour tirer ou remettre. *Voyez* pages 306 et suivantes.

ARGENT A LA GROSSE. *Voyez* Grosse Aventure et Contrat a la Grosse.

ARITHMÉTIQUE. La science du calcul des nombres, p. 255 et suivantes.

ARMATEUR. Qui arme à ses frais un ou plusieurs vaisseaux de commerce.

ARRÊT DE PRINCE. *Voyez* Embargo.

ARRIMAGE. C'est l'ordre et l'arrangement des marchandises qui composent la cargaison d'un navire. Le bon arrimage consiste à placer ces marchandises dans le navire de manière à ce qu'il n'y ait pas de place perdue, et qu'elles soient le moins possible exposées aux avaries. Celles qui proviennent du vice de l'arrimage sont à la charge du capitaine.

ARTIMON, terme de marine. *Mât d'artimon*, l'arbre de poupe d'un vaisseau. Voile d'artimon, celle qui s'adapte au mât d'artimon.

ASSIENTO, ou Assiente, mot emprunté de l'espagnol, qui signifie ferme. On désignait en France par ce mot la Compagnie française de Guinée pour la fourniture des Noirs.

ASSIETTE. *Voyez* Estive.

ASSURANCE, *terme de commerce*. Traité par lequel, moyennant une certaine somme qu'on appelle *prime*, on s'engage à répondre des pertes qui peuvent avoir lieu en mer. Code de Commerce, articles 333 et suivans.

ASSURE. Celui dont on a assuré les marchandises contre les risques de mer.

ASSUREUR. Celui qui assure.

ATERMOIEMENT. Accommodement d'un débiteur avec ses créanciers pour les payer à certains termes convenus. *Voyez* Concordat.

AUXILIAIRES. *Voyez* Livres.

AVAL. Acte par lequel on garantit à un tiers le paiement d'un billet, d'une lettre de change. Code de Commerce, art. 141 et suivans.

AVARIES. Dommage qui arrive à un vaisseau ou à sa cargaison, par la tempête ou par toute autre cause. *Avaries simples*, *avaries grosses*, *avaries communes ou particulières*. Code de Commerce, art. 330 et suivans.

AVENTURE. *Voyez* Grosse.

AVITAILLEMENT. Approvisionnement de vivres pour un vaisseau. *Voyez* Victuailles.

AVIRONS. Sortes de rames.

AVOIR. *Voyez* Crédit.

B.

BAIE. Plage, rade ou golfe, où l'on met les vaisseaux à l'abri.

BAIES d'un vaisseau. Les ouvertures par lesquelles on communique de l'extérieur à l'intérieur, telles que les écoutilles, les sabords, les fenêtres, etc.

BALANCE (d'un compte). Le solde qui en résulte, l'excédent du débit sur le crédit ou du crédit sur le débit.

BALANCE (d'un grand livre). La réunion de toutes les balances des comptes qui y sont portées. *Voyez* pages 213, 214 et suivantes.

BALANCINES, ou Valancines. Terme de marine, espèces de cordages servant à la manœuvre des voiles et des vergues.

BALISES, ou Bouées. Espèces de tonneaux vides, ou mâts attachés avec des cordes au fond de la mer, et qui surnagent pour indiquer les écueils et les bancs de sable, afin que les navigateurs puissent les éviter.

BANCO. Terme de commerce, qui signifie banque.

BANQUE. Faire la banque, faire le commerce des lettres de change; *Banque* se dit aussi du lieu où ce commerce s'exerce.

BANQUEROUTE. Faire banqueroute, tromper ses créanciers légitimes par des pertes imaginaires, des suppositions de créanciers, par la soustraction d'une partie de l'actif ou de toute autre manière. *Voyez* Code de Commerce, articles 69, 438, 586 et suivans.

BARATTERIE DE PATRON. Fraude ou malversation d'un capitaine de navire dans ce qui a rapport à la quantité ou à la qualité des marchandises, ainsi qu'à son navire ou à sa route. L'assureur n'en est pas tenu; mais elle doit être prouvée. *Voyez* Code de Commerce, art. 353.

BARRIQUE. Espèce de gros tonneau.

BASTINGAGE. Espèce de matelas dont on se sert sur les vaisseaux pour se garantir des balles, et dont on garnit le bord du vaisseau.

BASTINGUE. Nom qu'on donne aux toiles matelassées dont on se sert sur les vaisseaux pour cacher à l'ennemi ce qui se fait sur le pont et parer les balles de fusil.

BARGE. Espèce de grande barque armée pour les descentes dans quelques provinces. On donne ce nom aux barques de pêcheurs.

BAU. Solive qui se place par le travers du vaisseau pour affermir le bordage et soutenir le tillac.

BÉNÉFICE. En terme de commerce, le gain qu'on fait sur un marché, sur une opération de commerce.

BÉNÉFICE *de division et discussion.* En terme de jurisprudence, celui qui est caution *simple* d'une obligation, peut exiger que le débiteur principal soit poursuivi et discuté dans ses propriétés avant la caution; mais si la caution est *solidaire*, elle ne peut opposer avec avantage le bénéfice de division et discussion, puisqu'elle peut être poursuivie simultanément avec le débiteur.

BILAN DE FAILLITE. Etat qui doit contenir la situation d'un failli en actif et passif, ainsi que ses pertes, bénéfices et endossemens.

BILAN DE VÉRIFICATION DES ÉCRITURES. *Voyez*-en le modèle pages 216 et 217.

BILAN DE SORTIE ET D'ENTRÉE. *V. ibid.*

BILLET. Obligation d'un individu en faveur d'un autre.

BILLET *à ordre, à domicile, au porteur, billet solidaire*, etc. Un billet peut être souscrit solidairement par deux ou plusieurs individus à l'ordre d'un tiers, et payable à un autre domicile que celui des confectionnaires. Il se transmet par la voie de l'endossement. Un billet au porteur peut être souscrit solidairement et à domicile à vue ou à terme; mais la simple tradition en transfère la propriété. Code de Commerce, art. 187 et 188. *Voyez* LETTRE DE CHANGE.

BILLON, proprement dit. Monnaie défectueuse et au-dessous du titre, ou falsifiée. Dans l'usage, c'est la monnaie courante de cuivre mélangée d'argent, et qui sert aux petits appoints.

BISCUIT. Pain préparé pour la provision des vaisseaux, et cuit plusieurs fois, pour qu'il ne se corrompe pas par l'humidité.

BODÉMERIE, BODOMERIE, ou BOMERIE, prêt à la grosse aventure. *Voyez* Contrat à la grosse.

BORD. En terme de marine, se dit du navire même. *Charger à bord.*

BORDAGE. C'est le revêtement en planches qui couvre le vaisseau au-dehors. *Voyez* SERRAGE.

BORDEREAU. Mémoire des diverses espèces dont se compose un paiement; ou Etat de situation d'une caisse; compte d'une négociation, d'un marché; résumé sommaire d'un état actif et passif. *Bordereau d'inscription hypothécaire*, état d'une créance et de ses accessoires à inscrire aux hypothèques.

BOSPHORE. Nom géographique d'un détroit, ou espèce de mer entre deux terres, et qui sert de communication entre deux mers.

BOSSEMAN. Officier de vaisseau qui a soin des cables, ancres et autres agrès.

BOUCAUT. Espèce de barrique servant aux marchandises sèches; boucaut de sucre, de café, etc.

BOUÉE. Baril vide cerclé en fer, que l'on attache avec un cable, et qu'on laisse flotter pour indiquer l'endroit où l'ancre est mouillée. *Voyez* BALISE.

BOULINES. Cordes amarrées de chaque côté des voiles pour les faire mouvoir.

BOURSE DE COMMERCE. Le lieu où les commerçans s'assemblent à certaines heures du jour pour traiter de leurs affaires. *Voyez* Code de Commerce, art. 71 et suivans.

BOUSSOLE, Compas de route, Cadran de mer. Instrument composé d'une espèce de boîte renfermant une aiguille frottée d'aimant, dont une des extrémités se tourne toujours vers le nord. Cet instrument sert à connaître la position du navire et à le diriger dans sa route.

BRAYER. C'est appliquer le brai et le goudron sur l'extérieur d'un navire.

BRANLES. *Voyez* Hamacs.

BRANLE-BAS. Commandement de détendre tous les hamacs pour les apporter sur le pont et garnir le bastingage.

BRICK. Espèce de bâtiment de mer.

BRIGANTIN. Espèce de galiotte sur la Méditerranée, armée pour la course, et qui va à voiles et à rames.

BRIS DE NAVIRE. *Voyez* Échouement, Naufrage.

BROUILLARD ou Brouillon, ou Main-courante, ce que c'est. *Voyez* pages 92 et suivantes.

BRULOT. Vieux bâtiment que l'on charge d'artifices et de matières combustibles, et qu'on accroche aux vaisseaux ennemis pour les incendier.

BRUT ou Ort. En terme de commerce, se dit du poids d'une marchandise qu'on pèse avec son enveloppe ou son emballage.

C.

CABESTAN. Sur un navire, c'est un gros rouleau qu'on fait tourner au moyen de barres qui le traversent et sur lequel se roule le cable auquel est attachée l'ancre, lorsqu'on veut la relever.

CABLES. Gros cordages d'un navire.

CABOTAGE (petit et grand.) Navigation le long des côtes.

CAISSE. Coffre en bois ou en fer, dans lequel on place l'argent monnayé. Tenir une caisse, c'est recevoir et payer. Livre de caisse où l'on écrit ce qu'on reçoit et ce qu'on paie. Compte de caisse, état de recette et dépense en espèces.

CALE. *Le fond de cale.* Le fond d'un navire, la partie la plus basse qui entre dans l'eau.

Cale. Est aussi une espèce de châtiment qu'on inflige aux matelots, et qui consiste à laisser tomber plusieurs fois le coupable dans l'eau au moyen d'une corde à laquelle il est attaché. Cale sèche, est lorsqu'on ne le fait tomber que jusqu'à la surface et sans qu'il soit mouillé.

CALFAT. Celui qui calfate un vaisseau. Se dit aussi de l'ouvrage du calfat. C'est encore l'instrument dont on se sert pour calfater. *Calfater*, c'est remplir les fentes d'un vaisseau avec de l'étoupe, de la poix et du goudron.

CALIORNE. Corde dont on se sert avec des poulies pour enlever de gros fardeaux.

CANCELLER, terme de pratique. Bâtonner, biffer ou barrer à traits de plume une écriture pour l'annuler.

CANOT, *petite Chaloupe.* C'est aussi de petits bateaux de sauvages, faits d'écorces d'arbres ou d'un tronc d'arbre creusé.

CAP. Pointe de terre élevée qui s'avance dans la mer.

CAP d'un navire, la proue. Avoir le cap à terre ou au large, c'est avoir la proue tournée du côté de la terre ou de la mer.

CAPITAINE. Celui qui commande un navire et qui donne les ordres à l'équipage.

CAPITAL. En terme de commerce, tout ce qui compose l'actif d'un commerçant, compensation faite du passif.

COMPTE DE CAPITAL. Compte principal qui résume les autres dans les livres à parties doubles. *Voyez* p. 57 et 123.

CAPRE. *Voyez* Corsaire.

CARÈNE, quille d'un vaisseau. Se dit aussi du radoub et calfatage d'un vaisseau.

CARÉNAGE. Lieu sur le rivage où l'on donne la carène aux vaisseaux.

CARGAISON. Chargement du navire, les marchandises qui le composent.

CARGUER les voiles. Les trousser et les accourcir par le moyen des manœuvres.

CARLINGUE, la plus longue et la plus grosse pièce de bois employée dans le fond de cale, qui double en quelque sorte la quille dans l'intérieur du vaisseau.

CAUTION, garantie. Se dit aussi du garant.

CESSATION de paiement. *Voyez* FAILLITE.

CESSION DE BIENS. Acte par lequel un débiteur abandonne judiciairement ou volontairement tout son avoir et tous ses droits à ses créanciers pour recouvrer sa liberté et éviter leurs poursuites. *Voyez* Code de Commerce, art. 566 à 575 inclusivement.

CHALOUPE. Petit bâtiment destiné au service et à la communication des vaisseaux.

CHAMBRE d'un navire, appartement du capitaine.

CHAMBRE D'ASSURANCES. Société de Commerçans pour l'assurance contre les risques maritimes.

CHAMBRE DE COMMERCE. Réunion de Commerçans désignés dans chaque ville commerçante pour former une espèce de conseil consultatif sur les questions qui intéressent le Commerce en général.

CHANCELLERIE, ou Consulat. Greffe d'un consulat marchand ou de marine.

CHAPEAU. En terme de mer, gratification qui s'accorde au capitaine au-delà du fret.

CHARGEMENT d'un navire, l'action de le charger. *Chargement à cueillette*, en prenant de divers particuliers. *Chargement en plein*, pour le compte d'un seul particulier.

CHARTE-PARTIE. Contrat d'affrétement d'un navire entre le fréteur et l'affréteur.

CHASSE. *Prendre chasse*, fuir. *Donner la chasse*, courir sur un navire.

CHASSER *sur ses ancres*. On dit aussi LABOURER *sur ses ancres*. Un navire chasse ou laboure sur ses ancres, lorsqu'ayant mouillé sur un mauvais fond, l'ancre ne mord pas le terrein et suit le mouvement du navire.

CHASSE-MARÉE. Voiturier qui apporte le poisson de mer. Se dit aussi d'un bateau pêcheur.

CHAT. Espèce de bâtiment de mer, qui n'a qu'un pont.

CHAVIRER. Tourner sens dessus dessous. On dit d'une chaloupe qui se renverse et s'enfonce, qu'elle *chavire*.

CHIROGRAPHAIRE. *Créancier chirographaire*, qui ne peut prouver ce qui lui est dû que par des écritures privées, et n'a point d'hypothèques sur les immeubles de son débiteur.

COLIS. Fardeau, balle, ballot, etc.

COLONIE. Réunion de personnes des deux sexes, qui partent d'un pays pour en aller habiter et peupler un autre. *Colonie*, se dit aussi du lieu même du nouvel établissement.

COMMANDITE. *Société en commandite*, celle où l'on ne fournit que des fonds sans avoir aucune gestion, et sans autre risque que jusqu'à concurrence des fonds versés ou promis. Commandite se dit aussi de la somme stipulée par le bailleur de fonds.

COMMANDITAIRE. Bailleur de fonds dans une société en commandite.

COMMANDITÉ. Le gérant d'une société en commandite, auquel on a fourni des fonds.

COMMERCE. *Faire le commerce*, acheter pour revendre plus cher.

COMMERCE de banque, de place en place, de manufacture, de commission, etc. *Voyez* ces mots.

COMMISSION. Faire le commerce de commission et vendre pour compte d'autrui, moyennant une rétribution de tant pour cent.

COMPAGNIE. En termes de commerce, réunion de personnes intéressées dans une entreprise commerciale.

COMPENSATION. Estimation par laquelle on acquitte deux dettes opposées, jusqu'à concurrence de la même valeur. Par exemple, Pierre a acheté de Paul une marchandise pour cent francs, et il lui en a vendu une autre par cent cinquante francs, il y a compensation jusqu'à concurrence de cent francs; Paul payant cinquante francs à Pierre, ils seront quittes l'un envers l'autre.

COMPROMIS. Acte par lequel deux ou plusieurs personnes conviennent de s'en rapporter à des arbitres sur quelques points de contestation.

COMPTANT, argent comptant. Acheter au comptant, c'est-à-dire, pour payer de suite.

COMPTE COURANT. Compte dans lequel on inscrit successivement *au débit* le montant de toutes les remises, ventes ou envois qu'on fait à son correspondant, et *au crédit* le montant de tout ce qu'on en reçoit.

COMPTE COURANT ET D'INTÉRÊTS. C'est le compte courant, auquel on ajoute deux colonnes pour y porter les intérêts des articles principaux. *Voyez le* Modèle d'un Compte courant et d'intérêts, p. 84 à 87.

COMPTE EN PARTICIPATION, *Compte à demi*, à

tiers, etc. *Voyez* SOCIÉTÉ et le Code de Commerce, art. 47 à 50.

CONCORDAT. Acte qui se passe entre un débiteur failli et ses créanciers, par lequel ceux-ci lui accordent une remise sur leurs créances, et des termes pour le surplus, à la différence de l'atermoiement, qui ne s'entend que d'un délai accordé pour payer en totalité. *Voyez* Code de Commerce, art. 519 et suiv., et 635.

CONCRET. *Voyez* NOMBRE.

CONJOINTE. Règle conjointe, p. 256 et suiv.

CONNAISSEMENT. Reconnaissance que donne le capitaine d'un navire des marchandises chargées à son bord, et sur laquelle on stipule le prix du transport. Le connaissement se fait par triple ou quadruple expédition : l'une, pour le capitaine, que signe le chargeur; des autres, signées du capitaine, l'une s'envoie à celui qui doit réclamer la marchandise, l'autre reste au chargeur.

CONSIGNATAIRE. Celui auquel on fait un dépôt. En termes de commerce, c'est le commissionnaire auquel on adresse des marchandises pour les vendre, ou un navire pour soigner la décharge de sa cargaison, la recette de son fret, et lui procurer un chargement de retour.

CONSIGNATION. Dépôt de marchandises aux mains d'un commissionnaire, pour les vendre pour le compte de l'envoyeur.

CONSUL. En termes de commerce, c'était autrefois le nom qu'on donnait aux juges composant le tribunal des marchands et commerçans, et qu'on appelle aujourd'hui *Tribunal de Commerce*.

On appelle aujourd'hui *Consuls*, les officiers envoyés par les souverains dans les ports et villes étrangères, et qui y sont accrédités pour juger les affaires de commerce entre les personnes de leur nation.

CONTRAINTE PAR CORPS. En termes de jurisprudence, acte en vertu duquel on peut contraindre un homme à payer, par l'arrestation de sa personne. Les Tribunaux de commerce peuvent prononcer la contrainte par corps, pour faits de commerce.

CONTRAT MOHATRA. Accord tacite ou exprimé de deux marchands, par lequel l'un vend à un tiers étranger des marchandises au-dessus de leur valeur, que l'autre rachète ensuite au-dessous de ce qu'elles valent; ce qui produit un gain illicite au vendeur et au dernier acheteur, au préjudice du tiers.

CONTRAT A LA GROSSE, ce que c'est. Compte d'argent à la grosse. Pages 121, 405 et 406. *Voyez* Code de Commerce, art. 311, 331 et 432.

CONTRAT D'ASSURANCE. *Voyez* Police d'Assurance.

CONTRAT D'UNION. Acte par lequel des créanciers s'unissent pour réaliser l'actif de leur débiteur, par le moyen d'un ou plusieurs d'entre eux, pour s'en faire ensuite la distribution au *marc le franc*, c'est-à-dire au prorata de la créance de chacun. *Voyez* Code de Commerce, art. 527 et suiv.

CONTREBANDE. Faire la contrebande, trafiquer de marchandises prohibées, ou introduire furtivement celles qui ne sont pas prohibées, pour frauder les droits du Gouvernement.

CONTREFAÇON. Imitation d'un ouvrage, d'une étoffe, etc., au préjudice des auteurs ou des propriétaires.

CONTRE-LETTRE. Acte secret par lequel on déroge plus ou moins à un acte authentique.

CONTRIBUTION. Réglement au marc le franc, soit des avaries d'un navire ou de sa cargaison, soit dans une faillite, du déficit de l'actif pour le paiement des créanciers.

COQ d'un vaisseau. C'est le cuisinier de l'équipage.

COQUE, faux pli à une corde trop torse. Se dit aussi improprement de la carcasse d'un vaisseau, couverte du bordage.

CORSAIRE. Navire armé en guerre pour courir sur les vaisseaux marchands des puissances ennemies et en faire prise.

CORVETTE. Petit bâtiment de guerre pour aller à la découverte ou porter des ordres.

COURCIVES. Espèce de demi-pont qu'on fait de l'avant à l'arrière, et de chaque côté, aux petits bâtimens qui ne sont pas pontés. On appelle aussi *Courcives* de simples pièces de bois qui font le tour du vaisseau en dedans, et lui servent de liaison.

COURSE *maritime*. Faire la course avec un bâtiment armé en guerre, pour prendre les corsaires ou vaisseaux marchands ennemis.

COURTIER. Intermédiaire entre le vendeur et

l'acheteur, qui constate leur marché, quantité, prix et conditions, etc. La loi les autorise dans le commerce. Code de Commerce, art. 73 à 89.

CRÉDIT. En terme de commerce, ce qu'on reçoit d'un individu, ce qu'il fournit ou paie en compte courant.

Le *Crédit*, dans un Grand Livre, se porte sur la page à droite, au *recto* du feuillet, en regard du débit.

CROUPIER. Celui qui avance de l'argent dans une affaire pour participer aux bénéfices de ceux qui la font. Ce mot se prend généralement en mauvaise part.

CUEILLETTE. En terme de commerce, *charger un navire à cueillette*, par petites parties, suivant le nombre des chargeurs qui se présentent, ou qu'on cherche pour compléter la cargaison. *Voyez* Code de Com., art. 291.

D.

DAGUE. Bout de corde dont le prévôt frappe les matelots qui se sont mal comportés. C'est aussi le nom d'une espèce de poignard.

DAMELOPRE. Sorte de bâtiment pour naviguer sur les canaux intérieurs de la Hollande.

DÉCONFITURE. Etat de désordre des affaires d'un débiteur dont l'actif est insuffisant pour couvrir le passif. La déconfiture est, dans le droit commun, ce qu'est la faillite dans le droit commercial. Le commerçant qui cesse ses paiemens est en état *de faillite* : le particulier non commerçant qui est en mauvaises affaires est en *déconfiture*.

DÉBIT. En terme de commerce, ce que doit un individu, ce qu'on lui fournit ou paie. En compte courant, le *Débit*, dans un Grand Livre, se porte sur la page à gauche, au *verso* du feuillet et en regard du *Crédit*.

DÉCOUVERT. *Crédit à découvert*, celui qu'on accorde à un banquier en acceptant les traites de son correspondant, avant d'être couvert des valeurs.

DELAISSEMENT, *voyez* ABANDONNEMENT.

DÉLÉGATION. Acte par lequel un créancier donne à un tiers une somme à prendre sur son débiteur.

DÉMARRER. Lever ou couper les amarres qui retiennent un vaisseau, pour lui faire faire route.

DÉMATER. Abattre les mâts, ou les enlever hors du vaisseau.

DÉPRÉDE, pillé. Marchandises déprédées.

DÉRADÉ. Se dit d'un vaisseau qui a quitté la rade par l'effet du gros temps, en chassant sur ses ancres.

DÉSARBORER. Abattre, couper un mât.

DÉSEMPARER un vaisseau. Ruiner, abattre ses manœuvres et le mettre hors de service dans un combat.

DÉSARMER un vaisseau. Le dégarnir de ses canons, et mettre ses agrès en magasin.

DISSOLUTION de Société. Acte par lequel des associés conviennent de faire cesser leur société.

DIVIDENDE. La part proportionnelle qui revient à un actionnaire dans le produit d'une société, ou à un créancier dans les deniers d'une faillite.

DIVISION. Quatrième règle de l'arithmétique.

DOGREBOT, ou simplement DOGRE, sorte de bâtiment pour la pêche.

DOIT. *Voyez* DÉBIT.

DRISSES. Cordages qui servent à hisser ou amener les vergues et les pavillons le long du mât.

DU-CROIRE. *Demeurer Dû-croire*, être garant de la solvabilité des débiteurs auxquels on vend pour compte d'autrui moyennant une commission d'usage. Ce mot, quoiqu'en usage, n'est pas français; le mot *Garantie* est préférable.

DUNES. Petites éminences ou hauteurs de sable sur les bords de la mer.

DUNETTES. Le plus haut étage de l'arrière d'un vaisseau où sont logés une partie des officiers.

E.

EAUX. *Être dans les eaux d'un autre vaisseau*, suivre la même route, filer dans son même sillage.

EBAROUI. Vaisseau ébaroui, c'est-à-dire desséché au soleil ou au vent, ensorte que les bordages sont retirés et les coutures ouvertes.

ÉCHÉANCE. Le jour fixé pour le paiement d'un billet ou autre obligation.

ECHOUER. Se dit d'un vaisseau qui choque contre un banc de sable ou un bas-fonds, ce qui quelquefois le fait briser et ouvrir.

ÉCOUTILLES. Ouvertures qui se trouvent sur le tillac d'un vaisseau ou d'un navire, et par lesquelles on descend dans la cale.

ÉCUBIERS. Trous qu'on fait aux deux côtés de l'avant du vaisseau pour passer les cables.

ÉLINGUE. Forte cordé dont les deux bouts sont solidement assemblés au moyen de ficelles, et dont on se sert pour embrasser un tonneau ou un autre fardeau par les deux bouts, et qu'on accroche par le milieu à un palan pour l'enlever.

EMBARGO. Mettre un embargo, donner ordre d'arrêter tous les navires dans les ports où ils se trouvent, et d'empêcher qu'il n'en sorte aucun.

ENCAN. Vendre à l'encan, c'est-à-dire publiquement et aux enchères.

ENDOS, ENDOSSEMENT. Acte par lequel on transporte à un tiers la propriété d'un effet de commerce, en le passant à son ordre. *Voyez* Code de Commerce, art. 118 et suiv.

ENSEIGNE. Pavillon d'un vaisseau.

ENSEIGNE de vaisseau. Officier qui obéit au lieutenant.

ENTREPOT, magasin de dépôt en général. C'est quelquefois un magasin de la douane, où l'on entrepose les marchandises, pour les réexporter au-dehors, sans payer de droits, ou pour n'en payer les droits qu'après un délai accordé.

ÉPAVES. *Droit d'épaves*. Droit par lequel les choses rejetées par la mer, ou trouvées et qui ne sont pas réclamées, appartiennent au souverain.

ÉPERON. Assemblage de plusieurs pièces de bois, qui font saillie à l'avant du vaisseau.

ESCOMPTE. Retenue à raison de tant pour cent par an, que fait, en payant comptant, celui qui a droit de jouir d'un terme convenu.

ESTIVE. Contre-poids qu'on donne à la charge d'un vaisseau en la répartissant de manière que chaque côté soit chargé également et que le vaisseau se tienne droit. *Voyez* ASSIETTE.

ÉTAI. Gros cordage pour soutenir les mâts et les assurer dans leur assiette.

ÉTAI. *Voile d'étai*. Voile triangulaire qu'on met sans vergue aux étais du vaisseau.

ÉTAMBORD. Pièce de bois mise en saillie à l'arrière du vaisseau pour soutenir la poupe, et à laquelle le gouvernail est attaché

ÉTRAVE. Pièce de bois ou assemblage de pièces de bois courbées en arc et en saillie à l'avant du vaisseau pour soutenir et former la proue.

EXPORTATION. Envoi ou expédition de marchandises hors d'un royame, d'un état.

F.

FACTORERIE. Lieu ou bureau principal où sont les facteurs ou commis d'une compagnie de commerce.

FACTURE. État et compte de la marchandise qu'un commerçant vend ou expédie à un autre.

FAILLITE. État d'un commerçant qui a cessé ses paiemens. *Voyez* Code de Commerce, art. 437 et suivans.

FANAL. Espèce de grosse lanterne dont on se sert sur les vaisseaux. Se dit aussi des feux qu'on allume pendant la nuit à l'entrée des ports ou sur les plages maritimes, pour guider les vaisseaux.

FASIER, verbe. On dit que *les voiles fasient*, quand le vent n'y donne pas bien.

FELOUQUE. Espèce de chaloupe dans la Méditerranée, qui va à la voile et à la rame.

FERLER. Plier les voiles, les serrer contre les vergues.

FEU-SAINT-ELME. Exhalaisons qui s'enflamment dans l'air après les orages et paraissent s'attacher aux vergues et aux mâts des vaisseaux.

FINS DE NON RECEVOIR. Moyens de droit qui empêchent une demande d'être écoutée en justice, et qui la font rejeter. Par exemple, lorsqu'on demande le paiement d'une obligation, et qu'on oppose à cette demande la prescription légale, c'est une fin de non recevoir.

Toute fin de non recevoir est odieuse d'elle-même, surtout en matière de commerce, lorsqu'elle n'est pas appuyée au moins de fortes présomptions.

FISOLÈRES. Bateaux en usage à Venise, si légers qu'un seul homme pourrait en porter un sur ses épaules.

FLOT. C'est le flux de la marée montante. *Flotter, être à flot*, se dit d'un bâtiment qui a assez d'eau pour ne pas toucher.

FLOTAISON. Partie du bâtiment qui est à fleur d'eau.

FLOTTE. Corps de plusieurs vaisseaux qui font même route ou vont de conserve.

FLUTE ou PINQUE. Sorte de bâtiment.

FOND DE CALE. Le fond d'un vaisseau au-dessous du pont.

FOQUES *de beaupré, de misaine*. Espèces de voiles dont on se sert quand le vent est faible.

FORBAN. Pirate qui attaque en mer amis et ennemis sans distinction.

FORCE MAJEURE. Ce qui ne dépend pas de la volonté, et forme un empêchement qu'on n'a pu prévoir.

FRAIS. Vent frais, vent favorable.

FRAICHIR. On dit que *le vent fraîchit*, lorsqu'il augmente et devient plus fort.

FRÉGATE. Vaisseau de guerre.

FRET ou NOLIS. Loyer du vaisseau ou prix convenu pour le port des marchandises qu'on y charge.

FRÉTER. Donner un vaisseau à louage; l'*affréter*, c'est le prendre à louage. Ainsi le *fréteur* est le maître ou patron du navire, et l'*affréteur*, celui qui le prend à loyer.

FUNER un mât. Le garnir de son étai, de ses haubans et de sa manœuvre.

FUSTE. Espèce de bâtiment qui va à voiles et à rames.

G.

GABARRE. Bateau plat qui va à la voile et à la rame sur les rivières, pour alléger les vaisseaux qui ne peuvent les remonter.

GABIER. Matelot qui est sur la hune en observation pendant son quart.

GAGE. Objet fourni en nantissement pour la garantie du paiement d'une créance.

GAGES. Loyer des matelots et gens de service.

GALAUBANS. Cordages qui prennent du haut des mâts de hune jusqu'aux deux côtés du vaisseau, et servent, avec les haubans, à tenir ces mâts.

GALÉASSE. Gros bâtiment de bas-bord, qui porte trois mâts et va à voiles et à rames.

GALÈRE. Bâtiment plat qui va également à voiles et à rames.

GOUVERNAIL. Longue et forte pièce de bois, qui se place à l'arrière d'un vaisseau, et qui est mobile sur des gonds, pour le faire mouvoir à stribord ou à bâbord.

GRAND LIVRE, que quelques personnes appellent aussi *Extrait*. C'est, après le Journal, le principal livre d'un commerçant et celui où il ouvre les comptes de chacun de ses correspondans.

GRELIN. Le plus petit des câbles d'un navire.

GROSSE AVENTURE. Argent *à la Grosse aventure*, ou simplement *à la grosse*. Argent qu'on prête ou qu'on emprunte sur le corps d'un vaisseau ou sur sa cargaison, à condition d'un profit convenu si le navire arrive à bien, ou de perte du capital s'il fait naufrage. *Voyez* CONTRAT A LA GROSSE.

H.

HABITACLE. Espèce d'armoire devant le poste du timonier, pour y serrer l'horloge, la lampe et le compas.

HALER. Tirer sur un cordage pour le tendre ou pour remorquer un bâtiment.

HAMAC, lit de matelot. Les hamacs sont des toiles suspendues à des cordes par les quatre coins dans un vaisseau.

HANSIÈRE ou **HAUSIERE.** Gros cordage qui sert à remorquer un vaisseau.

HAUBANS. Gros cordages qui soutiennent les mâts d'un vaisseau à stribord et à bâbord par derrière.

HAUTEUR. Prendre la hauteur au moyen de l'octan, ou autre instrument de marine, pour connaître la latitude du lieu où l'on est. *Voyez* LATITUDE.

HÉLER un vaisseau. C'est, lorsqu'on est à sa rencontre, lui demander d'où il est; etc.

HEU. Bâtiment plat, tirant peu d'eau, à une seule voile, en usage en Hollande.

HISSER. Hausser ou élever les voiles, etc.

HOMME DE PAILLE. Personne qui ne présente aucune garantie ou solvabilité, et qu'on interpose dans certains engagemens où l'on ne veut pas figurer d'une manière directe. Il y a bien peu de circonstances où ce moyen ne soit pas suspect.

HOMOLOGATION. Jugement ou déclaration d'un tribunal, qui donne l'authenticité à un acte ou à un contrat privé, et en autorise ou approuve l'exécution.

HOULES. Lames de mer, effet de l'agitation de la mer et des vagues.

HOURQUE. Espèce de bâtiment hollandais.

HUNE. Espèce de plate-forme soutenue par des barres de bois, et qui règne en saillie au haut d'un mât.

HUNIERS. Voiles qui se mettent aux mâts de hune.

HYDROGRAPHIE. La science de la navigation.

HYPOTHÈQUE. Charge ou engagement formé sur un bien pour sûreté d'une dette. L'hypothèque ne peut affecter que les immeubles; au contraire les meubles ne peuvent être frappés que des priviléges déterminés par la loi.

I.

IMMEUBLES. On appelle immeubles tous les biens-fonds, comme terres, maisons et usines.

IMMEUBLES PAR DESTINATION. On appelle ainsi les choses qui étant mobilières par elles-mêmes, sont fixées à perpétuelle demeure dans les murs ou dans les fonds, ou par l'usage naturel du lieu où elles se trouvent.

IMPORTATION. Introduction de marchandises de l'étranger dans l'intérieur d'un état.

INNAVIGABILITÉ. Etat d'un navire qui n'est plus en état d'aller sur mer par trop de vétusté.

INTERLOPE, *Commerce Interlope*. Commerce de contrebande, qui se fait par le moyen de vaisseaux, soit au préjudice des priviléges d'une Compagnie, soit avec les colonies d'une nation étrangère, au préjudice de la Métropole.

Ce mot est anglais, et se dit en Angleterre du vaisseau même qui sert à cette espèce de contrebande

INTERVENTION. Action par laquelle un tiers intervient dans une affaire, et y prend part soit dans son intérêt personnel, soit dans celui d'une des parties principales.

INVENTAIRE. C'est en général un état numératif d'effets et de valeurs appartenant à un individu ou à une compagnie, ou concernant un établissement particulier.

J.

JAUGE. Mesure de ce que peut ou doit contenir une futaille et même un navire.

JET. *Faire le jet*. En termes de marine, c'est jeter dans la mer une partie de ce qui charge un vaisseau, lorsqu'on y est forcé par la tempête et pour sauver le navire et l'équipage. La contribution de la perte se calcule sur la valeur tant des effets jetés que de ceux sauvés.

JONQUE. Espèce de barque ou navire en usage dans les mers de la Chine.

JOURNAL, *Livre-Journal*. Celui d'un commerçant est le principal et le plus nécessaire des livres que la loi l'oblige à tenir.

JOURS DE PLANCHE. C'est un certain nombre de jours convenu pour la décharge d'un navire à compter de son arrivée dans le port, après lesquels il doit être dédommagé s'il est retenu plus long-temps.

L.

LABOURER. On dit qu'un vaisseau *laboure*, quand il touche terre en passant par un lieu où il y a peu d'eau. On dit aussi qu'une ancre *laboure*, lorsqu'étant jetée sur un fonds mauvais, elle ne peut s'y arrêter.

LAMANAGE. Travail des pilotes qui conduisent les navires à l'entrée ou à la sortie des ports.

LAMANEUR. *Pilote lamaneur*, qui réside dans un port dont il connaît les entrées et issues, les courans, les bancs mouvans de sable, et qui est chargé de conduire les vaisseaux à l'entrée ou à la sortie Les pilotes lamaneurs encourent une grande responsabilité et doivent connaître toutes les manœuvres des vaisseaux.

LAMES de la mer, les vagues. *Voyez* HOULES.

LARGE. *Courir au large, se mettre au large*. S'éloigner de la côte ou d'un vaisseau.

LARGUER ou filer les manœuvres, c'est les lâcher. Vaisseau qui a *largué*, qui s'est ouvert par quelque endroit, dont les bordages ou les membres se quittent. Se dit encore d'un vaisseau qui profite du vent pour fuir et éviter le combat.

LAST. Charge d'Amsterdam, équivalant à deux tonneaux de mille kilogrammes chacun, ou de deux mille livres, ancien poids.

LATITUDE. Distance comprise depuis un certain point de la terre ou du ciel jusqu'à la ligne équinoxiale. On dit latitude méridionale ou septentrionale, suivant que ce point est du côté du pôle arctique ou du pôle antarctique.

LAZARET. Espèces d'hospices bâtis hors les villes dans les principaux ports de la Méditerranée, où l'on fait faire quarantaine aux équipages des vaisseaux qui viennent du levant ou des lieux où l'on soupçonne que la peste existe.

LÈGE. *Vaisseau à lège*, qui est sans charge, ou qui n'a pas assez de lest.

LEST. Poids qu'on met au fond d'un vaisseau pour lui faire prendre l'aplomb dans l'eau et l'empêcher de se renverser plus d'un côté que de l'autre. Le lest est ordinairement du sable, ou des pierres, ou des gueuses de fer.

LETTRE DE MARQUE. Patente ou permission que le souverain accorde pour armer et courir sur les vaisseaux ennemis.

LETTRES DE CHANGE. La lettre de change est formée par trois personnes : le tireur, le bénéficiaire, et l'accepteur ou *tiré*. Elle doit être tirée d'une place sur une autre. Pour les autres règles, *voyez* Code de Commerce, art. 110 et suiv.

LETTRES DE MER. Permission qu'on obtient du gouvernement pour naviguer.

LETTRES *missives*. Correspondance par lettres entre des particuliers.

LETTRES DE NATURALISATION, DE BOURGEOISIE. Patentes par lesquelles le souverain accorde à un étranger les droits civils dont jouissent les naturels dans ses états et l'assimile à eux.

LETTRE DE CRÉDIT. C'est une lettre missive par laquelle un commerçant autorise son correspondant d'une autre ville à compter jusqu'à concurrence d'une certaine somme, ou même sans limites, des deniers à un tiers, porteur de la lettre, ou qui y est désigné, et dont celui qui écrit se rend caution et garant personnellement.

LETTRE DE VOITURE. C'est un acte qui désigne la quantité et la qualité de la marchandise ou des choses qu'on envoie par eau et par terre, et le prix du transport qu'aura à payer celui à qui l'envoi est adressé par le même acte dont le voiturier est porteur. *Voyez* Code de Com., art. 101 et suiv.

LIEUE ET DEMIE PAR HEURE. Expression relative au contrat d'assurance. Il est de l'essence de ce contrat d'être *aléatoire*, c'est-à-dire qu'il y ait chances à courir de part et d'autre. Si, par exemple, un commerçant, en faisant assurer un navire avait la certitude qu'il ait fait naufrage, ce serait une fraude qui annullerait le contrat de plein droit. La présomption *légale* de cette fraude existe, sans préjudice des autres preuves, toutes les fois qu'en comptant *une lieue et demie par heure* de l'endroit où le navire s'est perdu, la nouvelle a pu en être portée au lieu où le contrat est passé, avant sa signature. Art. 38 et 39, tit. VI, liv. III de l'Ordon. de la Marine de 1681; art. 365 et 366 du Code de Com.

LIGNE. La ligne équinoxiale, l'équateur, ou tout simplement *la ligne*.

LIQUIDATION. Terme de pratique, de finance et de commerce. Action de régler d'une manière définitive toutes espèces de comptes et de les solder.

LIVRES DE COMMERCE. Les principaux sont le Journal, le Grand-Livre et le Livre des Inventaires. Les autres livres ne sont qu'auxiliaires. *Voyez* pag. 57 et suivantes, et Code de Com., art. 8 à 17.

LOF. La moitié du vaisseau supposé divisé par une ligne de la proue à la poupe. Le côté qui se trouve au vent s'appelle *lof*. Tenir le *lof*, serrer le vent, en garder l'avantage pour arriver sur un autre vaisseau qu'on observe ou qu'on veut attaquer.

LOMBARD. Nom qu'on donne aux Monts-de-piété en Flandre et en Hollande.

LONGITUDE. Distance d'un méridien à un autre méridien. Cette distance se compte par les degrés de l'équateur.

M.

MAGASINAGE. Loyer qu'on prend et qu'on passe en compte à raison du temps que les marchandises d'un envoyeur ont séjourné dans le magasin du commissionnaire.

MAIN-COURANTE. *Voyez* BROUILLARD.

MANDANT. Celui qui donne un mandat.

MANDATAIRE. Celui à qui on donne un mandat ou commission de faire une chose.

MANDAT. Charge ou commission qu'on donne ou qu'on reçoit de faire une chose. La moindre des obligations du mandataire est de se renfermer dans les termes du mandat et de le remplir au moins aussi bien qu'il le ferait pour lui-même.

MANIFESTE. État de la cargaison d'un navire. *Voyez* CHARTE-PARTIE.

Déclaration publique d'une Puissance contre une autre.

MANUFACTURE. Etablissement dans lequel on fabrique divers ouvrages de main.

MARÉES. Flux et reflux de la mer.

MASSE de créanciers. La réunion des créanciers d'un débiteur failli.

MAT. Grande pièce de bois qu'on pose droite dans un navire, et à laquelle on attache les vergues, les voiles et autres manœuvres.

MÉMORIAL, Main-Courante ou Brouillard. Ce que c'est. *Voyez* page 92.

MEUBLES. On donne ce nom en général à tout ce qui est mobile et susceptible d'être transporté d'un lieu à un autre.

MISAINE. Mât de misaine. L'un des mâts d'un vaisseau.

MONOPOLE. *Voyez* ACCAPAREMENT.

MONT-DE-PIÉTÉ. Leu où l'on prête sur gages moyennant un intérêt et pour un temps déterminé, après lequel, faute de retirer le gage, la vente s'en fait publiquement.

MOUILLAGE. Lieu où l'on peut jeter l'ancre.

MOUSSES. Apprentis matelots qui font le service de toute espèce auprès des matelots et des officiers, et obéissent à tout ce qui leur est commandé par ces derniers.

MULTIPLICATION. Troisième règle de l'arithmétique.

N.

NADIR. Point vertical qui répond à nos antipodes en passant sous nos pieds, par opposition au *zénith*, qui est le point vertical au-dessus de nos têtes.

NANTISSEMENT. *Voyez* GAGE.

NAUFRAGE. Bris, rupture et perte d'un vaisseau, qui donne contre les rochers ou coule à fond.

NAVIGATION. Science de la navigation, ou l'action de naviguer.

NÉGOCIATION. En termes de commerce, *échange*, se dit généralement du commerce de banque, du papier pour d'autre papier, ou pour de l'argent.

NET-PRODUIT. Produit de la vente des marchandises par un commissionnaire, après la déduction des frais et de la commission.

NOLIS, Nolissement ou Naulage. *Voyez* FRET.

NOMBRE, *unité* ou assemblage de plusieurs unités. *Nombre abstrait*, celui qui est considéré en lui-même, indépendamment de tout objet auquel il peut se rapporter. *Nombre concret*, celui qui désigne l'objet avec lequel on le considère, ou qui s'applique à cet objet spécialement. *Voyez* pag. 247.

NOM SOCIAL. Celui sous lequel est régie une société. *Voyez* RAISON DE COMMERCE. Le nom d'un Associé-commanditaire ne peut y être compris. La Société anonyme n'a point de nom social; elle est désignée par la nature de l'entreprise. Code de Com., art. 21, 23 et 25.

NOVATION. La novation éteint une ancienne dette en lui en substituant une nouvelle, ou en donnant un nouveau débiteur au lieu de l'ancien au créancier qui l'accepte.

O.

OEUVRES-VIVES. Toutes les parties d'un navire qui entrent dans l'eau.

OEUVRES-MORTES. Toutes les parties d'un navire qui sont hors de l'eau.

ORDRE au dos d'un effet de commerce. *Voyez* ENDOSSEMENT.

ORDRE entre des créanciers hypothécaires. C'est la collocation de leurs créances chacune suivant son rang d'inscription.

ORT, *brut*. Poids d'une marchandise, y compris ses enveloppe ou emballage.

P.

PACOTILLE. Certaine quantité de marchandises qu'il est permis à ceux qui servent sur un navire d'y embarquer pour leur propre compte, ou qu'un particulier confie au capitaine ou à quelqu'un de l'équipage pour vendre pour son compte.

PAIR du change. On distingue *le pair intrinsèque* qui résulte de l'égalité de poids et de titre de deux monnaies entr'elles, et *le pair politique* qui résulte des valeurs nominales et arbitraires que chaque état assigne à ses monnaies réelles, et de l'abondance ou de la rareté du papier sur les différentes places; ce qui produit les variations du change.

PALAN. Assemblage d'une corde, d'un moufle à deux ou même trois poulies, et d'un autre moufle qui lui est opposé, pour servir à élever des fardeaux.

PARÈRE. Espèce de mémoire dans lequel on présente, sous des noms déguisés, ou simplement sous des lettres alphabétiques, une question de droit, pour avoir l'avis ou la décision d'une chambre de commerce ou d'une réunion de commerçans.

PARTICIPATION (Société en). La société en participation n'ayant pour objet qu'une ou plusieurs opérations de commerce, et non un temps déterminé, n'est pas sujète aux mêmes règles que les autres sociétés.

PASSIF. Ce que doit un commerçant, en compensation de ce qui compose son actif.

PILOTE. Celui qui dirige la marche d'un vaisseau et tient le gouvernail. *Pilote lamaneur.* Voyez Lamaneur.

PLANCHE (jours de). *Voyez* Jours.

POINTER. En termes de commerce c'est vérifier si les articles du Journal sont exactement reportés au grand Livre tels qu'ils doivent l'être.

POLICE D'ASSURANCE. Acte ou contrat dans lequel on stipule les conditions, les causes et l'objet de l'assurance pour les risques maritimes.

PORTEUR d'un billet ou d'une lettre de change. Celui dans les mains duquel il se trouve à son échéance.

POUPE. L'arrière du vaisseau où l'on place le gouvernail.

PRESCRIPTION. Temps après lequel une action se trouve éteinte. *Voyez* Code de Com., art. 64, 108, 189, et 430 à 434.

PRÊT A LA GROSSE. *Voyez* Contrat a la Grosse.

PRIME D'ASSURANCE. C'est le prix stipulé pour l'assurance.

PROTÊT faute d'acceptation ou de paiement. Le protêt faute d'acceptation n'est pas indispensable; mais le protêt faute de paiement est de nécessité et ne peut être suppléé par aucun autre acte pour conserver le recours. Code de Commerce, art. 162 et suivans.

PROTESTATION. Acte que le propriétaire d'une lettre de change perdue est tenu de faire à l'échéance, le protêt ne pouvant être fait. *Voyez* Code de Com., art. 153.

PROUE. C'est l'avant du vaisseau, la partie qui avance la première en mer.

PROVISION. Le tireur d'une lettre de change est tenu de faire la provision à celui sur qui il tire, c'est-à-dire de lui en remettre le montant avant l'échéance. A l'égard des endosseurs, l'acceptation fait preuve suffisante de la provision. *Voyez* Code de Com., art. 115 et suiv.

Q.

QUARANTAINE, *faire quarantaine.* On fait passer un certain nombre de jours, qui est quelquefois de quarante, dans un *lazaret* ou autre lieu désigné à cet effet aux équipages des bâtimens qui viennent du Levant ou de quelque lieu soupçonné de la peste.

QUART. *Faire le quart.* C'est faire le service du vaisseau pendant qu'une partie de l'équipage dort. Le quart est ordinairement de quatre heures.

QUILLE. Longue pièce de charpente ou assemblage de plusieurs pièces dans la partie la plus basse du vaisseau et de la proue à la poupe, pour soutenir le corps du bâtiment dans toute sa longueur.

QUINTAL. Poids composé de cent livres, lorsque la livre était l'unité principale. On dit aujourd'hui *quintal métrique*, pour désigner cent kilogrammes, qui font à peu près le double de l'ancien quintal.

R.

RADE. Espace de mer à quelque distance de la côte, où les vaisseaux peuvent jeter l'ancre et mouiller sûrement en attendant le moment de faire voile, ou celui de la marée pour entrer dans le port.

RADEAU. Assemblage de pièces de bois et planches fortement liées ensemble pour soutenir sur l'eau des marchandises et les transporter sur les rivières, ou pour d'autres usages.

RADOUB. Réparation qu'on fait à un vaisseau, soit dans le bordage quand les planches sont pourries ou brisées, soit en calfatant les coutures, etc., etc.

RADOUBER. Donner le radoub à un vaisseau, le raccommoder.

RAFFALES. Bouffées de vent violent, qui exposent les navires si l'on ne fait à temps les manœuvres nécessaires pour en arrêter l'effet.

RAISON DE COMMERCE. C'est le nom commun que prennent les associés qui composent une société de commerce. Il n'y a que les noms des associés gérans et responsables qui puissent en faire partie, et non ceux des simples commanditaires. *Voyez* Nom Social.

RALINGUES. Cordes qui sont cousues autour de chaque voile pour en renforcer les bords.

RÉASSURANCES. Lorsqu'un assureur fait assurer par d'autres les risques qu'il a pris à son compte, il y a *réassurance*.

RECHANGE. En termes de marine, ce sont les doubles manœuvres mises en réserve pour remplacer celles qui se brisent ou sont hors de service.

RECHANGE. En termes de commerce, se dit du nouveau change que supporte, par un compte de retour, l'endosseur d'un effet protesté. *Voyez* Code de Com., art. 177 et suiv.

RECTO. La page à droite d'une feuille d'un registre. *Voyez* VERSO.

REGISTRES DE COMMERCE. *Voyez* LIVRES.

RÉHABILITATION. Lorsqu'un homme a subi une condamnation infamante et qu'on vient à reconnaître son innocence, on le *réhabilite*, c'est-à-dire qu'il est réintégré dans tous ses droits civils. S'il est mort par suite de cette condamnation, on réhabilite sa mémoire en proclamant son innocence.

En termes de commerce, le commerçant qui a fait faillite ne peut obtenir sa réhabilitation qu'en justifiant qu'il a payé intégralement ses créanciers en capitaux, intérêts et frais.

RELACHER. Se dit d'un navire qui s'arrête dans son voyage pour entrer dans un port sur sa route, soit qu'il y soit forcé par le gros tems ou pour se réparer ou se ravitailler.

RELACHE. Le lieu où le vaisseau a relâché, ou l'action de relâcher.

RELEVER un vaisseau. Le remettre à flot lorsqu'il a échoué ou touché.

RELEVER l'ancre. La changer de place, ou la retirer sur le vaisseau.

RELEVER le quart. Changer ceux qui sont de service, qui ont fait leur quart.

REMISE. En termes de commerce, faire remise, c'est remettre de l'argent d'une place sur une autre par le moyen de lettres de change, ou envoyer des effets.

REMORQUER. Faire marcher un vaisseau à voiles par le moyen d'un vaisseau à rames.

RÉPARTITION. Distribution qui se fait à plusieurs personnes d'une somme de deniers au prorata de chacun leurs droits. En sens inverse, contribution qu'ils font dans la même proportion pour absorber des frais ou une perte quelconque.

RETOUR (compte de). Le compte du capital et des frais d'un effet protesté, dont on tire le montant sur un des endosseurs précédens.

RETRAITE. Nouvelle lettre de change que tire le porteur d'un effet protesté sur son cédant ou autre endosseur, pour se faire rembourser de ses avances et frais.

REVIREMENT. En termes de marine, changement de route d'un navire par le moyen du gouvernail.

REVIREMENT DE PARTIES, *en banque*. Lorsqu'un créancier d'une banque transporte à un tiers une partie de sa créance, la banque passe sur les livres du débit de l'un au crédit de l'autre la somme transportée. C'est au moyen de reviremens que se faisaient autrefois ce qu'on appelait les paiemens de Lyon.

REVENDICATION. Réclamation que fait un propriétaire de marchandises ou autres objets adressés à un tiers qui se trouve saisi ou en faillite. La revendication, en matière de commerce, est aujourd'hui fort restreinte. *Voyez* Code de Com., art. 576 et suivans.

RIDES. Cordages qui servent à en tendre de plus gros.

RIS. Rang d'œillets avec des garcettes ou petites cordes pour rapetisser la voile.

RISCONTRE. Compensation, échange.

RISQUES. Chances que court l'assureur en signant la police d'assurance.

RISTORNE. Contrepassation d'écritures lorsqu'on a passé au grand livre un article à un compte pour l'autre, ou au débit pour le crédit.

RISTORNE ou **RISTOURNE.** Restitution de la prime d'assurance lorsqu'on annulle la police pour une cause quelconque. Lorsqu'on annulle un contrat d'assurance, l'assureur retient toujours demi pour cent.

S.

SABLE. Horloge de sable dont on se sert dans les navires : elle se compose de deux phioles abouchées l'une à l'autre, l'une desquelles contient assez de sable pour que l'écoulement qui s'en fait dure un temps déterminé, comme une heure ou une demi-heure, et qu'on renverse ensuite pour recommencer. *Manger le sable*, se dit du matelot qui renverse l'horloge avant que tout le sable soit écoulé, pour abréger son quart. C'est une infidélité punissable, et qui peut être dangereuse pour l'équipage en certains cas.

SABORDS. Ouvertures faites au bordage d'un vaisseau pour passer le bout des canons, et qu'on ferme hermétiquement quand on veut, au moyen d'une espèce de porte.

SAUF-CONDUIT. Assurance qu'on donne à quelqu'un qu'on a droit de faire emprisonner, au moyen de laquelle il peut vaquer à ses affaires sans craindre pour sa liberté pendant un temps déterminé.

SAUVETAGE. L'action de sauver un navire naufragé ou les marchandises qu'il contient, et les droits et devoirs réciproques des naufragés et de ceux qui travaillent à leur sauvement.

SÉQUESTRE. Mise sous main de justice des biens d'un individu, ou d'un objet litigieux, par saisie ou inventaire, et en vertu d'un jugement. *Séquestre* se dit aussi de celui qui a la disposition ou la garde de l'objet séquestré.

SERRAGE. C'est le revêtement en planches qui couvre la carcasse dans l'intérieur d'un vaisseau. *Voyez* BORDAGE.

SILLAGE. La trace que le navire laisse sur les eaux derrière lui en naviguant.

SINISTRE. En terme d'assurance, mauvaise nouvelle ou même perte des objets assurés.

SOCIÉTÉ DE COMMERCE. Le Code de Commerce distingue quatre sortes de Sociétés. La Société *en nom collectif;* c'est la plus ordinaire. La Société *en commandite*, la Société *anonyme*, et enfin *les Associations commerciales en participation.* Code de Com., art. 19 et suiv., et art. 47.

Toute Société de Commerce doit être constatée par un acte ou contrat qui en renferme les conditions.

SOLDE. Ce qu'on paie pour achever d'acquitter un compte; le reliquat d'un compte.

SOLIDARITÉ. Obligation commune de plusieurs individus à une même créance, et qui autorise à poursuivre chacun d'eux pour la totalité jusqu'au paiement intégral. Les associés d'une maison de commerce sont obligés solidairement envers les tiers.

SOMBRER *sous voile.* Se dit d'un vaisseau qui étant sous voile, s'abîme et coule bas par l'effet d'un coup de vent.

SOUSTRACTION. La seconde règle de l'arithmétique.

SOUTES. Retranchemens au fond d'un vaisseau, et qui servent de magasins pour les munitions de guerre ou de bouche. *Soute* aux poudres, *Soute* au biscuit, etc.

STATISTIQUE. Terme d'économie politique, *mot nouveau;* état du gouvernement, de la population, des établissemens publics et particuliers, de l'industrie, agriculture, arts, etc., d'un pays, d'une contrée. La science relative à cette partie.

STELLIONAT. Crime de celui qui vend ce qui ne lui appartient pas, ou ce qu'il a déjà vendu à un autre.

STIPULATION. Clause explicite contenue dans un contrat, dans un acte de société, etc.

STRIBORD. C'est le côté droit du vaisseau en regardant de la poupe à la proue.

SUBRÉCARGUE. Préposé chargé de gérer la cargaison d'un navire marchand, d'en faire les ventes et les retours.

SUBROGATION. Elle s'opère quand un créancier transporte ses droits à un tiers sur son débiteur, ou encore quand un tiers intervient pour payer à un créancier la dette de quelqu'un; soit qu'il en soit chargé ou non; mais, dans ce dernier cas, il faut qu'elle soit stipulée dans la quittance de cession. Celui qui intervient pour un tiers au paiement d'un effet protesté, est subrogé de plein droit aux droits du porteur : c'est une exception en faveur du commerce.

SYNDIC. Celui qui est choisi par une masse de créanciers pour gérer les intérêts communs.

SYNDIC PROVISOIRE. *Voyez* Code de Commerce, art. 476 et suiv.

SYNDIC DÉFINITIF. *Voyez* Code de Commerce, art. 514 et suiv.

T.

TAILLE, terme de monnaie. Se dit du nombre de pièces d'une même valeur qu'on retire du kilogramme d'or ou d'argent, etc.

TARE. S'entend quelquefois d'un défaut dans une marchandise. On dit qu'une pièce d'étoffe *est tarée, qu'elle a plusieurs tares*, pour dire qu'elle est défectueuse, qu'elle a plusieurs trous.

TARE de poids. S'entend du poids des sacs, tonneaux et enveloppes de la marchandise, dont on fait la déduction sur le poids brut pour ne payer que le net. La tare est quelquefois fixe, c'est-à-dire à tant pour cent du poids brut; et quelquefois nette, c'est-à-dire qu'on retire l'enveloppe pour la peser à part.

TARTANE. Espèce de bâtiment léger en usage dans la Méditerranée.

TIERÇON. On donne ce nom à une futaille au-dessous de la mesure ordinaire, et au-dessus de celle qu'on appelle *quart*.

TIERS. Les conventions que font deux particuliers ne peuvent obliger un tiers, ni lui nuire.

TIRANT D'EAU. La quantité de pieds et pouces dont un vaisseau chargé s'enfonce dans la mer.

TIREUR. Celui qui fournit une lettre de change sur quelqu'un, à son ordre ou à celui d'un tiers.

TITRE de l'or ou de l'argent. Se dit de leur degré de fin.

TITRE de créance. Le contrat, l'acte, ou autre écrit qui sert à établir la créance.

TOISE. Ancienne mesure de six pieds qui répond aujourd'hui à peu près à deux mètres.

TONNEAU. Futaille qui contient une mesure déterminée.

TONNEAU DE MER. On entend par ce mot un poids de mille kilogrammes, ou deux mille livres ancien poids.

TONNAGE. Le nombre de tonneaux de mer que peut contenir un navire.

TOUAGE. Touer un vaisseau, c'est le remorquer, le tirer au moyen de la hansière. *Voyez* REMORQUER.

TRAITE. Lettre de change.

TRAITE des Nègres. Commerce d'échange de marchandises à la Côte de Guinée, contre des nègres qu'on importait dans les Colonies. La traite des nègres est prohibée aujourd'hui.

TRANSACTIONS. En général ce sont toutes espèces de conventions qui se font entre particuliers.

TRANSACTION SUR PROCÈS. Acte par lequel deux personnes conviennent d'anéantir une contestation existante entre elles, en renonçant chacune à quelque partie de sa prétention.

TRANSFERT. Transport qui se fait d'une personne à une autre, par l'entremise d'un courtier ou d'un agent de change, d'une action dans une société anonyme.

TRANSIT. Ce mot signifie passage. Marchandise en transit, qui, venant de l'étranger, passe sur une partie du territoire d'un état pour aller à l'étranger, au moyen d'un acquit-à-caution.

U.

UNION de créanciers. Dans une faillite, c'est le contrat qui se forme, lorsqu'à défaut de concordat les créanciers s'emparent de l'actif du failli pour le réaliser à leur profit sous la direction d'un syndic.

USANCE. Temps plus ou moins long pour fixer le paiement d'une lettre de change. En France, l'usance est de trente jours : ainsi une lettre de change *à usance*, est payable à trente jours de sa date; *à deux usances*, à soixante jours, etc.

USINE. Nom commun qu'on donne aux immeubles destinés à une fabrication quelconque, les moulins, manufactures, etc.

USURE. Intérêt exigé au-delà du taux fixé par la loi; en général, intérêt excessif et illégitime. *Voyez* ANATOCISME.

V.

VAISSEAU. Nom générique qui appartient à tout ce qui peut être *contenant*. On donne généralement le nom de vaisseaux à toutes espèces de bâtimens propres à prendre la mer; en particulier, on appelle *vaisseaux* les bâtimens de guerre armés de canons, et généralement *navires* tous ceux de commerce, indépendamment des autres dénominations qui naissent de leurs formes particulières et de leurs différences.

VALEUR EN COMPTE, VALEUR REÇUE COMPTANT, VALEUR EN MARCHANDISES. Tous billets de commerce et lettres de change doivent exprimer, dans leurs contextes, et dans leurs endossemens, la valeur fournie, à peine de nullité. Le mot valeur *reçue* ne suffirait pas. Le mot *valeur en compte* laisse à la vérité du vague; mais il est naturel que quand un commerçant est en compte courant avec son correspondant, ils s'accordent réciproquement un crédit, et qu'ils puissent fournir des traites l'un sur l'autre en compte *courant*, sauf à se faire raison. Il n'est même guère possible que les traites sur un banquier qui accepte à découvert, soient conçues d'une autre manière.

VARANGUES. Ce sont les membres d'un navire qui sont posés immédiatement sur la quille et de distance en distance, afin de former le fond du navire.

VARECH. Nom d'une sorte d'herbe qui croît sur les bords de la mer, qu'on brûle pour en faire l'estèce de soude appelée de *varech*, qui sert en grande partie à fondre le verre commun.

VELTE. Espèce de mesure de liqueur, qui contenait environ huit pintes de Paris, ancienne mesure.

VELTAGE. Mesurage à la velte.

VENTE. Il n'y a point de vente sans un corps certain, et si l'on n'est convenu de la chose et du prix. On peut vendre à livrer plus tard.

VÉRIFICATION d'un compte, d'une créance: Examen qu'on en fait pour s'assurer de son exactitude. *Voyez* Code de Commerce, art. 501 et suiv.

VERGE. Espèce de mesure pour l'aunage des étoffes, en usage dans quelques pays.

VERGUE. *Longue pièce de bois arrondie*, plus grosse par le milieu que par les bouts, destinée pour porter une voile. Chaque vergue a sa voile qui porte son nom.

VERROTERIE. On donne ce nom à de menus ouvrages de verre, qui servent au trafic des Européens sur les côtes d'Afrique.

VERSO. La page à gauche d'un registre, et le revers du *recto*. Voyez Recto.

VICTUAILLES. Provisions de bouche qu'on embarque dans les vaisseaux, pour la nourriture de l'équipage.

VIGIE. Être en vigie sur mer, être en sentinelle sur le pont ou dans les hunes.

VIRER DE BORD. Changer de route en mettant au vent le côté du navire qui était opposé, côté pour côté.

VIREMENT DE PARTIES. *V.* Revirement.

VOILE. Assemblage de plusieurs laizes de toile forte cousues ensemble pour en faire une grande pièce qui, en recevant le vent, communique le mouvement au navire.

VOITURES publiques. Voitures de roulage pour le transport des marchandises et des voyageurs. *V.* Code de Com., art. 96 et suiv.

Y.

YACHT. Sorte de bâtiment de mer, tirant peu d'eau et propre à de petites traversées et promenades de mer.

YARD, mesure d'Angleterre pour auner les étoffes.

Z.

ZÉNITH. Point vertical qui s'élève sur notre tête, et diamétralement opposé au nadir, qui répond à nos antipodes. Notre zénith est le nadir de nos antipodes.

ZODIAQUE. Cercle dans le ciel, qui renferme les douze constellations principales, et coupe l'équateur en deux parties.

ZONE. Nom qu'on donne à chacune des cinq parties du globe terrestre, séparée par les cercles polaires et par les tropiques. Celle du milieu est la zône torride; les deux qui touchent celle-là, les zônes tempérées; et les deux autres, renfermées chacune dans un des cercles polaires, les zônes glaciales.

FIN DU VOCABULAIRE.

BIBLIOTHÈQUE NATIONALE R.F.

TABLE DES MATIÈRES.

FIN DE LA TABLE DES MATIÈRES.

ERRATA.

PAGE 99, ligne 3 : £ 14476 t^s., *lisez :* 14476 liv. 2 s. t^s.

P. 100, ligne 26 : à 1/4 p. °/o, *lisez :* à 1 1/4 p. °/o.

P. 102, ligne 26 : à 1/4 p. °/o, *lisez :* à 1 1/4 p. °/o.

P. 103, ligne 7 : à 192 1/2, *lisez :* à 192 5/8.

P. 104, ligne avant-dernière : à F. 20 le cent, *lisez :* à F. 200 le cent.

P. 106, ligne 22 : 2321, *lisez :* 2321, 25.

P. 121, ligne 32 : débité de celle qu'il emprunte, *lisez :* Crédité, etc.

P. 127, ligne 6 : débit de compte, *lisez :* Débit du compte, etc.

P. 136, ligne 28, au lieu de : F. 1650, *lisez :* 167, 50.

Ibid. ligne dernière : Traites et Remises, *ajoutez :* ct.

P. 137, ligne 30, Après : de F. 1000 », *ajoutez :* Que je remets à ces derniers.

P. 138, ligne première : 7100, 50, *lisez :* 7110, 50.

Ibid. ligne 7 : 2297, 95, *lisez :* 2197, 95.

P. 142, n°. 7, ligne 3 : à F. 280, *lisez :* à F. 2,80.

P. 149, n°. 52, ligne première : à eux négociée, *ajoutez :* à 92 1/2.

Ibid. n°. 53, ligne 3 : à F. 2,25, *lisez :* F. 2, 50.

P. 152, n°. 67, ligne 8 : à 40 jours, *lisez :* A 45 jours.

P. 156, n°. 86, ligne 7 : 107 kil. pour 5 h. d'indigo, *lisez :* Pour 107 kil. 5 hect. d'indigo.

P. 159, n°. 97, ligne 10 : de déchargement, *lisez* : De chargement.

P. 165, avant-dernière ligne : de Frédéric de, *lisez :* De Frédéric au.

P. 217, les deux avant-dernières lignes : 2900 et 900, *lisez :* 29000 et 9000.

P. 229, première ligne après les additions par colonnes, au lieu de : séparé- , *lisez :* séparément.

P. 231, sous le titre de la soustraction, 4e. ligne : sans égard au plus ou au, *ajoutez :* Moins.

P. 246, à l'addition de fractions, ligne 5 : $\frac{2}{5}$ 6 $\frac{7}{8}$, *lisez :* $\frac{2}{3}$ $\frac{5}{6}$ $\frac{7}{8}$.

P. 247, à la multiplication de fractions, ligne 5 : ou 5 $\frac{2}{7}$ *lisez :* 4 $\frac{2}{7}$.

Ibid. à la division de fractions, ligne 2 : multiplier $\frac{5}{7}$, *lisez :* Diviser $\frac{5}{7}$.

P. 248, ligne 3, au lieu de : en lui donnant, *lisez :* Qui aurait.

P. 249, à l'addition des Nombres Complexes, lignes 14 et 15, au lieu des deux 9, *mettez deux* 3

P. 256, ligne 3 : au lieu de déterminée, *lisez* : Déterminé.

P. 258, avant-dernière ligne : puor, *lisez :* Pour.

P. 261, à la Règle de Société composée, ligne 3, au lieu de : la mise totale par le temps que la Société a duré, *lisez :* En faisant de la réunion des produits le premier terme de l'opération.

P. 262, ligne 4 : 34000 — 33600, *lisez :* 26000 — 336000.

P. 318, ligne 2 : Opérations au Grand Cours, *lisez :* Opérations au Cours de Paris.

P. 371, dans l'OPÉRATION, septième ligne des antécédens : ~~3~~, ~~3~~/4, *lisez :* ~~3~~ ~~3~~/4.

P. 382, des Poids et Mesures usuelles, ligne 6 : 33 décimètres 1/3, *lisez :* 33 centimètres 1/3.

BIBLIOTHÈQUE NATIONALE R. F.